U0306752

"十三五"职业教育国家规划教材

# 机械制图

JIXIE ZHITU （第六版）

主　编　钱可强　丁　一
副主编　郁志纯　孙素梅

中国教育出版传媒集团
高等教育出版社·北京

## 内容提要

本书是“十三五”职业教育国家规划教材，是在《机械制图》(第五版)的基础上，结合高等职业教育教学改革的实践经验修订而成的。

本书的主要内容包括绪论、制图基本知识与技能、正投影作图基础、立体及其表面交线、轴测图、组合体的绘制与识读、机械图样的基本表示法、常用机件及结构要素的表示法、零件图、装配图。本书配套了丰富的教学资源，包含 PPT 教学课件、全部参考答案、微课视频、3D 模型及动画等。

本书适合作为高等职业院校机械制图课程的教材，也可作为制图员认证考试的培训教材，还可作为从事绘图工作技术人员的学习参考书。

图书在版编目(CIP)数据

机械制图/钱可强，丁一主编. —6 版. —北京：高等教育出版社，2022.7 (2023.1 重印)

ISBN 978-7-04-058780-7

Ⅰ. ①机… Ⅱ. ①钱… ②丁… Ⅲ. ①机械制图-高等职业教育-教材 Ⅳ. ①TH126

中国版本图书馆 CIP 数据核字 2022 第 105442 号

策划编辑 张尕琳 责任编辑 张尕琳 班天允 封面设计 张文豪 责任印制 高忠富

| | | | |
|---|---|---|---|
| 出版发行 | 高等教育出版社 | 网　　址 | http://www.hep.edu.cn |
| 社　　址 | 北京市西城区德外大街 4 号 | | http://www.hep.com.cn |
| 邮政编码 | 100120 | 网上订购 | http://www.hepmall.com.cn |
| 印　　刷 | 浙江天地海印刷有限公司 | | http://www.hepmall.com |
| 开　　本 | 787 mm×1092 mm 1/16 | | http://www.hepmall.cn |
| 印　　张 | 17 | 版　　次 | 2003 年 7 月第 1 版 |
| 字　　数 | 400 千字 | | 2022 年 7 月第 6 版 |
| 购书热线 | 010-58581118 | 印　　次 | 2023 年 1 月第 5 次印刷 |
| 咨询电话 | 400-810-0598 | 定　　价 | 39.50 元 |



物 料 号 58780-00

# 配套学习资源及教学服务指南

本书配套微课视频、3D模型、动画等学习资源，在书中以二维码链接形式呈现。手机扫描书中的二维码进行查看，随时随地获取学习内容，享受学习新体验。

多媒体资源：

- 授课用PPT课件
- 主要知识点讲解微视频
- “典型题解”微视频
- 典型习题参考答案
- 立体模型
- 典型零部件拆装动画

★ 可添加服务QQ（800078148）索取相关资源

# 本书二维码资源列表

| 页码 | 类型 | 名　　称 | 页码 | 类型 | 名　　称 |
| --- | --- | --- | --- | --- | --- |
| 2 | 微视频 | 世界著名科学家、“两弹一星”功勋获得者——钱学森 | 66 | 模型 | 圆柱穿孔 |
| 2 | 拓展阅读 | 《2021中国制造强国发展指数报告》发布 | 66 | 模型 | 空心圆柱穿孔 |
| 2 | 拓展阅读 | 中国古代工程图样的成就 | 67 | 微视频 | 柱锥相贯线作图 |
| 6 | 微视频 | 圆周五等分 | 68 | 模型 | 圆柱与球相贯 |
| 6 | 微视频 | 椭圆画法 | 68 | 模型 | 圆锥与球相贯 |
| 9 | 微视频 | 平面图形(二)作图步骤 | 68 | 模型 | 组合相贯 |
| 16 | 微视频 | 平面图形的作图步骤 | 69 | 模型 | 椭圆相贯线(a) |
| 17 | 微视频 | 平面图形的尺寸标注举例 | 69 | 模型 | 椭圆相贯线(b) |
| 23 | 微视频 | 扳手的画图步骤 | 69 | 模型 | 椭圆相贯线(c) |
| 30 | 微视频 | 立体表面相对位置分析 | 69 | 模型 | 椭圆相贯线(d) |
| 31 | 微视频 | 三视图的作图步骤 | 70 | 模型 | 圆柱相贯综合 |
| 32 | 微视频 | 点的三面投影 | 70 | 模型 | 半球与两圆柱相贯 |
| 35 | 微视频 | 两点的相对位置 | 70 | 微视频 | 半球与两个圆柱的相贯线 |
| 38 | 微视频 | 分析三棱台三视图中的图线 | 73 | 微视频 | 正六棱柱的正等轴测图 |
| 41 | 微视频 | 平面类型判断 | 75 | 微视频 | 立体的正等轴测图 |
| 44 | 微视频 | 判断空间四点是否在同一平面上 | 76 | 微视频 | 圆柱的正等轴测图 |
| 48 | 微视频 | 正三棱锥表面上点的投影 | 77 | 微视频 | 开槽圆柱正等测画法 |
| 52 | 微视频 | 圆球表面上点的投影 | 79 | 微视频 | 半圆头与圆角的画法 |
| 54 | 微视频 | 平面切割体的作图过程 | 81 | 微视频 | 带圆孔正六棱柱的斜二测画法 |
| 57 | 微视频 | 圆柱被正垂面斜切 | 90 | 微视频 | 叠加型组合体 |
| 58 | 微视频 | 求作带切口圆柱的侧面投影 | 91 | 微视频 | 切割型组合体 |
| 59 | 模型 | 接头表面截交线 | 94 | 模型 | 平头组合体尺寸标注 |
| 59 | 微视频 | 补全接头的三面投影 | 94 | 微视频 | 组合体的尺寸标注示例 |
| 60 | 微视频 | 圆锥被正平面切割 | 95 | 模型 | 圆头组合体尺寸标注 |
| 62 | 模型 | 半球中心切割 | 96 | 微视频 | 支座的尺寸标注 |
| 63 | 微视频 | 顶尖的投影 | 101 | 微视频 | 面形分析 |
| 65 | 微视频 | 相贯线作图 | 101 | 模型 | 压板 |

续 表

| 页码 | 类型 | 名 称 | 页码 | 类型 | 名 称 |
| --- | --- | --- | --- | --- | --- |
| 102 | 微视频 | 读图过程的线、面分析 | 141 | 微视频 | 第三角画法的六个基本视图及其展开 |
| 103 | 微视频 | 支座 | 154 | 动画 | 螺栓连接 |
| 104 | 微视频 | 想象支撑架的形状并补画俯视图 | 154 | 动画 | 螺柱连接 |
| 108 | 模型 | 圆柱左右切肩变化(一) | 154 | 动画 | 螺钉连接 |
| 108 | 模型 | 圆柱左右切肩变化(二) | 156 | 微视频 | 螺栓连接比例简化画法 |
| 109 | 微视频 | 形体构思的方法与思路 | 157 | 微视频 | 螺柱连接比例简化画法 |
| 109 | 微视频 | 构思形体 | 157 | 微视频 | 螺钉连接比例简化画法 |
| 110 | 微视频 | 读图过程的形体分析 | 160 | 微视频 | 普通平键连接画法 |
| 111 | 微视频 | 组合体读图 | 161 | 动画 | 圆柱齿轮 |
| 112 | 微视频 | 半圆筒切割面形分析 | 161 | 动画 | 锥齿轮 |
| 113 | 模型 | 形体相交分析(一) | 161 | 动画 | 蜗轮蜗杆 |
| 113 | 模型 | 形体相交分析(二) | 162 | 微视频 | 齿轮的几何要素及其代号 |
| 114 | 微视频 | 组合体错漏检查 | 164 | 微视频 | 圆柱齿轮的啮合画法 |
| 118 | 模型 | 局部视图 | 165 | 动画 | 齿轮与齿条 |
| 120 | 微视频 | 压紧杆的三视图及斜视图 | 173 | 动画 | 滑动轴承 |
| 123 | 微视频 | 画剖视图的方法和步骤 | 176 | 微视频 | 零件表达方案选择 |
| 125 | 模型 | 单一斜剖切 | 178 | 微视频 | 变速箱表达方案 |
| 125 | 模型 | 单一柱面剖切 | 186 | 微视频 | 标注尺寸示例(一) |
| 126 | 微视频 | 用几个平行的剖切平面剖切 | 187 | 微视频 | 标注尺寸示例(二) |
| 127 | 微视频 | 用两个相交的剖切平面剖切 | 199 | 微视频 | 几何公差标注示例 |
| 129 | 微视频 | 半剖视图 | 203 | 动画 | 铣刀头 |
| 129 | 模型 | 半剖视图 | 209 | 微视频 | 铣刀头装配图 |
| 130 | 微视频 | 局部剖视图 | 212 | 微视频 | 装配图中特殊画法 |
| 130 | 模型 | 局部剖视图 | 213 | 微视频 | 装配图中简化画法 |
| 132 | 模型 | 移出断面图(图 6-31) | 215 | 动画 | 千斤顶 |
| 132 | 微视频 | 移出断面图的标注 | 217 | 微视频 | 千斤顶装配图画图步骤 |
| 132 | 模型 | 移出断面图(图 6-32) | 220 | 微视频 | 读齿轮泵装配图 |
| 133 | 模型 | 移出断面图(图 6-33) | 222 | 动画 | 齿轮油泵 |
| 138 | 微视频 | 支架 | 225 | 动画 | 减速器 |
| 139 | 微视频 | 四通管 | 238 | 动画 | 机用虎钳 |

# 第六版前言

本书是依据教育部最新印发的《高等职业学校专业教学标准》中关于本课程的教学要求，并参照相关的国家职业技能标准和行业职业技能鉴定规范，在第五版的基础上修订而成的。

本书自2003年第一版至今已近二十年，经过几次修订形成了自己的特色："简明实用"的编写宗旨、"识图为主"的编写思路、"零装结合"的编写体系、"以例代理"的编写风格。对于基本理论贯彻实用、够用的原则，基本知识采取广而不深、点到为止的叙述方法，基本技能贯穿教学全过程。

经过全体编者认真讨论，并广泛听取教学一线教师的意见和建议，本次修订的主要工作有：

**1. 从课程出发，丰富和完善立体化教材体系**

(1) 打造新型的3D互动教材

充分利用现代信息技术的发展，使资源呈现立体化、动态化，并全面兼容PC端和移动端，符合移动互联网时代学生获取信息的特点。

在本次修订中，我们完善了原有按课时划分的PPT教学课件(含所有知识点的Flash动画)，配套习题集的全部参考答案(分PPT版本和CAD版本)，还建设了本书及其配套习题集中所有的3D模型、典型例题和习题的微课视频，以及典型部件拆装的3D动画，这些资源可以同时在PC端和移动端互动展示。

考虑到教学的实际需要和效果，对于本课程的重要知识点和学生不易理解的内容，以二维码形式在本书及其配套习题集中呈现。扫描二维码，学生即可反复观看微课视频的讲解，拓展学习时空；还可以参照3D模型，进行旋转、剖切等操作，助教助学；亦可观看3D动画，建立对典型零部件的感性认识。

以上所有教学资源，除了部分以二维码形式随扫随学之外，教师还可以按照书后所附方式联系咨询，灵活应用于教学中。

(2) 修订再版"补充性""延伸性"配套教材

与本书配套的《机械制图习题集》(第六版)同步出版。同时修订了配套教材《零部件测绘实训指导》，主要内容包括千斤顶、安全阀、齿轮泵、机用虎钳、减速器等五个部件的测绘过程和方法，可作为集中1～2周测绘实践教材。

**2. 强化实践能力和职业技能培养**

(1) "识图能力"是本课程重要的基本技能。在读图方法训练过程中，帮助学生找到其中规律和要领非常必要，对组合体的绘制与识读一章从不同形体到不同方法，不厌其烦地进行详尽叙述，并保留"组合体读图的讨论与思考"一节，期望得到"授人以渔"的效果。

(2) "上课听得懂、题目不会做，入门难"是学习本课程的普遍现象。为了帮助学生尽快建立空间概念，在绪论中建议教师尝试以"几何实体构成"入手，演示几何形体的建模过程和方法，对照自动生成的三视图，再通过简单的叠加或切割来观察形体的图形变化，逐步积累感性认识，建立空间概念。

(3) 适应市场需求，强化了第三角画法的内容和徒手草图的训练。

**3. 零装结合，打造本书特色**

在识读铣刀头主要零件图的基础上，再讲述铣刀头装配图，使学生初识装配图并了解装配图的内容和画法规定；以“千斤顶”为例介绍由零件图画装配图的方法及步骤，为识读较复杂的装配图作铺垫；通过“齿轮泵”“减速器”装配图，全面阐述识读装配图并拆画零件图的方法和过程，供不同要求的专业选用；最后以“机用虎钳”为例，介绍零部件测绘的基本方法，以使不安排集中测绘的院校学生对测绘的一般方法有概括了解。

通过装配图实例，由简单到复杂，从画图、读图、拆图到测绘，与习题作业相呼应，环环相扣，逐步掌握识读中等复杂程度机械图样的能力。

**4. 优化语言表达，图文并茂**

进一步理顺全书的文字叙述，更加便于教师授课和学生自学。例如，第一章第二节，删去表 1-3 圆弧连接作图举例，针对图 1-15 采用图文解说的形式，叙述圆弧连接的三种情况；第九章“读减速器装配图”实例中，关于“装配体的结构分析”，原文中只有文字叙述，本次修订增加了必要的插图，使可读性更强。

**5. 采用最新颁布的相关国家标准，更新相关内容和图例**

对全书的插图作了检查和修正，重要的或复杂的图例都配有立体润饰图帮助理解。力求图形准确、清晰和美观。

本书由钱可强、丁一担任主编，郁志纯、孙素梅担任副主编。参加修订工作的还有丁玉兴、徐滕岗、陈全、李同军等。与本书配套的多媒体课件及微课视频、习题参考答案由丁一制作，3D 模型和动画由郁志纯、魏峥制作，李同军绘制全书立体润饰图。

北京理工大学董国耀教授、同济大学何铭新教授、山东职业学院张启光教授、山东胜利职业学院赵洪庆教授以及江苏技术师范学院王槐德教授对本书提供了大量支持和帮助，李京平对全书的文字叙述和图例作了详细的校核与斧正，在此表示衷心感谢。

欢迎选用本书的师生和广大读者提出宝贵意见，以便下次修订时调整与改进。

钱可强

2022 年 5 月

# 第一版前言

本书是新世纪高职高专教改项目成果系列教材之一，适用于数控、机电、机制类专业。考虑到这类专业的教学内容和要求介于机械类和非机械类专业之间，学时数又不断压缩的实际情况，在广泛征求有关院校教学第一线老师的意见后，决定以“简明、精练”作为本教材的编写宗旨，因此，本教材具有以下特点。

针对高等职业教育培养应用型人才、重在实践能力和职业技能训练的特点，基础理论贯彻“实用为主、必须和够用为度”的教学原则，对传统的画法几何基本理论进行优化组合，删去了工程实际中应用甚少的内容，以掌握概念、强化应用、培养技能为教学重点。

本教材文字叙述力求简明扼要，通俗易懂。对一些绘图时易犯的错误，给出了正误对比图例；对复杂的投影作图例题采用了分解图示；对于难看懂的投影图附加了立体图，以帮助理解；通过举例阐明概念，将基础理论融入大量例题中。这种“以例代理”的编写风格对于职业教育的教学是恰当和有效的。

注重理论联系实际，将投影理论与图示应用相结合，加强必要的理论基础，又注意基本原理的具体应用。采用“零”“装”结合的体系，将零件与部件相结合，通过常用部件及其主要零件来阐述零件图和装配图的主干内容。

贯彻以“识图为主”的编写思路，从整体上体现培养识图能力为主的教学思想，同时又充分注意教学实践环节，安排1～2周集中进行零部件测绘。为此，本教材单列一章“零部件测绘”，对本课程的基本知识、原理、方法进行综合运用和全面训练，使本书更加贴近工程应用和生产实际。对于不执行集中测绘的专业，前九章已涵盖本课程的基本内容，教学时可删去最后一章。

加强空间思维能力的培养，强化二维平面和三维空间相互转换的训练。在习题中增加选择、填空、改错等题型，改变单纯画图练习的模式，使学生在有限时间内完成更多的练习和接受更多信息量。

为便于自学和突出重点，本书图例中的重要图线和文字采用了套红印刷。

目前的教学计划中，一般均单设“计算机绘图实训”课程，因此，本教材不含计算机绘图的内容。

在编写过程中特别注意《机械制图》国家标准的更新，全书采用截止本书出版前正式发布的最新标准。

本教材适用于72～144学时的高等职业学校工程技术类及相关专业，也可作为中高级职业资格与就业培训用书。教材内容按108～144学时的要求编写(不含1～2周集中测绘的学时)，对于学时数在72左右的专业，教学时可对本书的内容作适当删减(带*的内容)。例如第二章中的换面法；第三章中的柱、锥相贯；第四章中的斜二测画法；第五章中组合体的面形分析法；第六章中的第三角画法；第七章中的锥齿轮、蜗轮蜗杆；第九章中的画装配图的方法与步骤等内容可删减。对于第八章中的合理标注尺寸和技术要求等内容则可适当精简，降低要求。

## 第一版前言

与本教材配套的《机械制图习题集》将同时出版。习题集的编排顺序与本教材体系保持一致。

本书由同济大学钱可强教授担任主编，同济大学职业技术教育学院徐朔、常州轻工职业技术学院张熇、济南铁道职业技术学院张启光担任副主编，参加编写工作的有：安月英、程福、朱世汶、陆君臣、李年芬等。全书由中国工程图学学会职教委员会副主任、《机械制图》国家标准主要起草人王槐德副教授主审。李同军绘制了本书中全部立体润饰图。

欢迎选用本教材的师生和广大读者提出宝贵意见，以便修订时调整与改进。

编　者

2003年6月

# 目　录

# 绪　论

## 一、学习本课程的目的和任务

根据投影原理、标准或有关规定表示的工程对象，并有必要的技术说明的“图”，称为“图样”。在现代工业生产中，无论机械制造、仪器设备或建筑工程，都是根据图样进行制造和施工的，工程图样起到了比语言文字更直观、更形象的作用。

设计者通过图样来表达设计意图；制造者通过图样了解设计要求，组织制造和指导生产；使用者通过图样了解机器设备的结构和性能，进行操作、维修和保养。因此，**图样是传递和交流技术信息和思想的媒介和工具，是工程界通用的技术语言**。作为生产、管理第一线的工程与技术人员，必须学会并掌握这种语言，具备识读和绘制工程图样的基本能力。

本课程是一门学习识读和绘制机械图样的原理和方法的技术基础课。通过本课程的学习，可为学习后续的机械基础和专业课程以及发展自身的职业能力打下必要的基础。

## 二、本课程的主要内容和教学基本要求

机械制图课程的主要内容包括制图基本知识与技能、正投影法基本原理、机械图样的表示法、零件图与装配图的识读与绘制、零部件测绘等五部分。

学完本课程应达到以下基本要求：

1. 通过学习**制图基本知识与技能**，了解和熟悉机械制图国家标准的基本规定，学会正确使用绘图工具和仪器的方法，初步掌握绘图基本技能。

2. **正投影法基本原理**是识读和绘制机械图样的理论基础，是本课程的核心内容。通过学习正投影作图基础、立体及其表面交线、轴测图和组合体等，掌握运用正投影法表达空间形体的图示方法，并具备一定的空间想象和思维能力。

3. **机械图样的表示法**包括图样的基本表示法和常用机件及标准结构要素的特殊表示法。熟练掌握并正确运用各种表示法是识读和绘制机械图样的重要基础。

4. **零件图与装配图的识读和绘制**是本课程的主干内容，也是学习本课程的最终目的。通过学习了解各种技术要求的符号、代号和标记的含义，具备识读和绘制中等复杂程度的零件图和装配图的基本能力。

5. **“零部件测绘”**是本课程综合性的教学实践环节。对本课程要求较高的专业通过1～2周集中测绘，对本课程的基本知识、原理和技能得到综合运用和全面训练，使这一教学环节更加贴近工程应用和生产实际。

## 三、本课程学习方法提示

1. 本课程是一门既有理论，又具有较强实践性的技术基础课，其核心内容是学习如何

用二维平面图形来表达三维空间形体,以及由二维平面图形想象三维空间物体的形状。因此,学习本课程的重要方法是自始至终把物体的投影与物体的空间形状紧密联系,不断地"由物画图"和"由图想物",既要想象构思物体的形状,又要思考作图的投影规律,使固有的三维形态思维提升到形象思维和抽象思维相融合的境界,逐步提高空间想象和思维能力。

2. 学与练相结合。每堂课后,要认真完成相应的习题或作业,才能使所学知识得到巩固。虽然本课程的教学目标是以识图为主,但是"读图源于画图",所以要"读画结合",通过画图训练促进读图能力的培养。

3. 要重视实践,树立理论联系实际的学风。在零部件测绘阶段,应综合运用基础理论,表达和识读工程实际中的零部件,既要用理论指导画图,又要通过画图实践加深对基础理论和作图方法的理解,以利于工程意识和工程素质的培养。

4. 工程图样不仅是我国工程界的技术语言,也是国际上通用的工程技术语言,不同国籍的工程技术人员都能看懂。工程图样之所以具有这种性质,是因为工程图样是按国际上共同遵守的若干规则绘制的。这些规则可归纳为两个方面,一方面是规律性的投影作图,另一方面是规范性的制图标准。学习本课程时,应遵循这两方面的规律和规定,不仅要熟练地掌握空间形体与平面图形的对应关系,具有丰富的空间想象力以及识读和绘制图样的基本能力,同时还要了解并熟悉技术制图、机械制图国家标准的相关内容,并严格遵守。

## 四、迅速建立空间概念

学习本课程的核心内容是必须学会由物体画出三视图,并且要掌握由给出的三视图想象出物体形状。初学者感觉"由物画图"不难,但对于"由图想物"感到十分困难,空间概念建立不起来,为此非常苦恼,教师也讲得很累。怎样跨越这个障碍?建议尝试从"几何实体构成"开始。

选用最易操作的软件(如 SolidWorks),演示几何形体(柱、锥、球)的建模过程和方法,对照自动生成的三视图,初步认识空间形体与平面图形的对应关系。再通过几何形体的简单叠加或切割来观察形体的图形变化,进一步认识三维空间形体与二维平面图形之间的变化规律,逐步建立空间概念。

目前计算机已经十分普及,教师可以在课余时间指导学生自己建模,与三视图对照,在"玩电脑"的过程中,不断丰富和积累感性认识。这样,在学习投影理论时就不会觉得抽象而难以理解了。一旦掌握了三维建模的方法,在后续内容(如组合体或零件图)中也可以运用自如了!

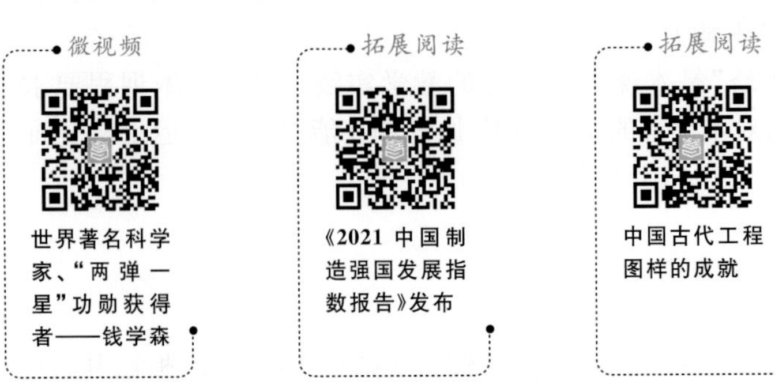

# 第一章　制图基本知识与技能

工程图样是现代工业生产中的重要技术资料，也是工程界交流信息的共同语言，具有严格的规范性。掌握制图基本知识与技能，是正确绘制和识读工程图样的基础。本章将着重介绍国家标准技术制图和机械制图中的有关规定，并简要介绍绘图工具的使用以及平面图形的画法。

## 第一节　绘制简单平面图形

通过绘制图1-1所示的简单平面图形，学会使用绘图仪器和工具作图，掌握等分圆周和正多边形的作图方法，了解图样中各种线型规格，从而具备尺规绘图的初步能力。

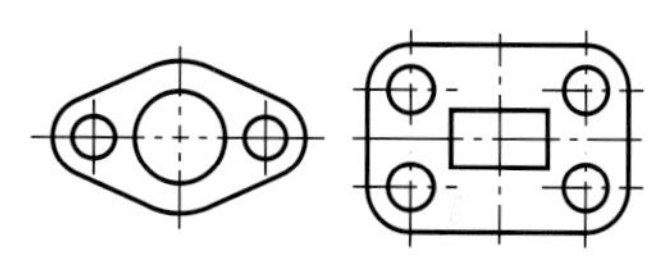

图1-1　简单平面图形

### 一、尺规绘图的工具和仪器用法

#### 1. 图板和丁字尺

画图时，先将图纸用胶带纸固定在图板上，丁字尺头部紧靠图板左边，画线时铅笔垂直于纸面向右倾斜约30°（图1-2a）。丁字尺上下移动到画线位置，自左向右画水平线（图1-2b）。

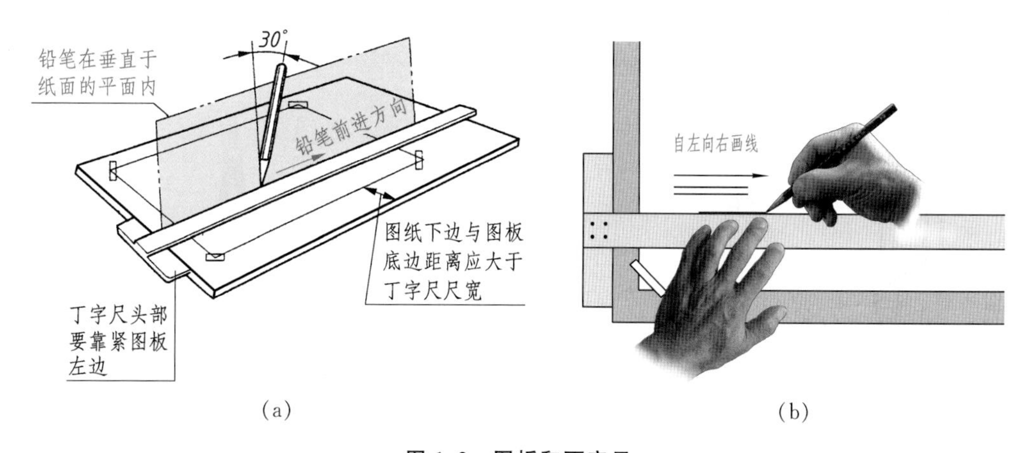


图1-2　图板和丁字尺

#### 2. 三角板

一副三角板由45°和30°(60°)两块直角三角板组成。三角板与丁字尺配合使用可画垂直线(图 1-3),还可画出与水平线成 30°、45°、60°以及 75°、15°的常用角度倾斜线(图 1-4)。

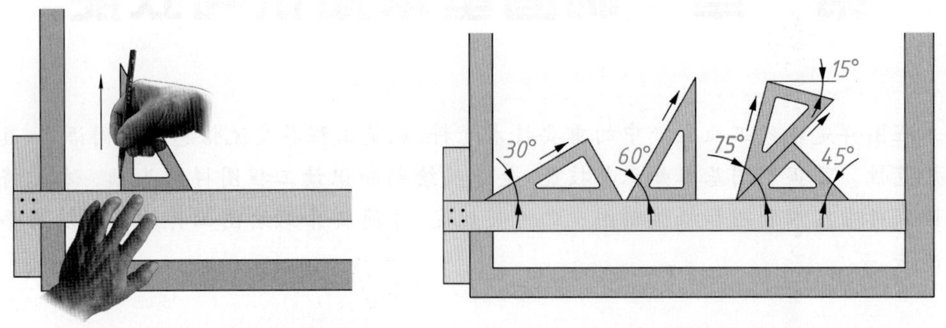


**图 1-3　用三角板、丁字尺画垂直线**　　**图 1-4　用三角板画常用角度倾斜线**

两块三角板配合使用,可画出任意已知直线的平行线或垂直线,见图 1-5。

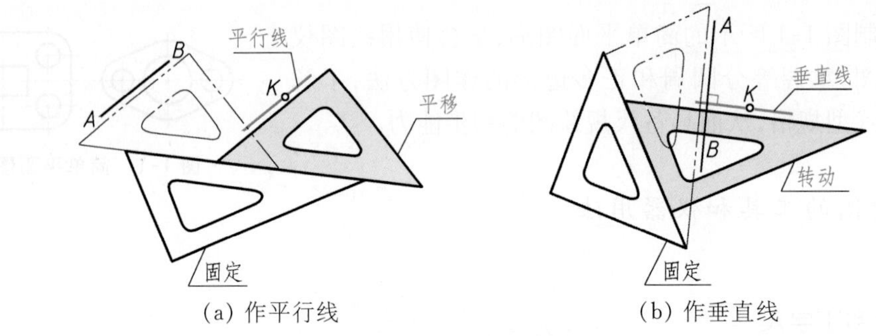


**图 1-5　两块三角板配合使用**

### 3. 圆规和分规

**圆规**　用来画圆和圆弧。画圆时,圆规的钢针应使用有台阶的一端,以避免图纸上的针孔不断扩大,并使笔尖与纸面垂直,圆规使用方法见图 1-6。

**分规**　用来截取线段、等分直线或圆周,以及从尺上量取尺寸,见图 1-7a。分规的两个针尖并拢时应对齐,见图 1-7b。

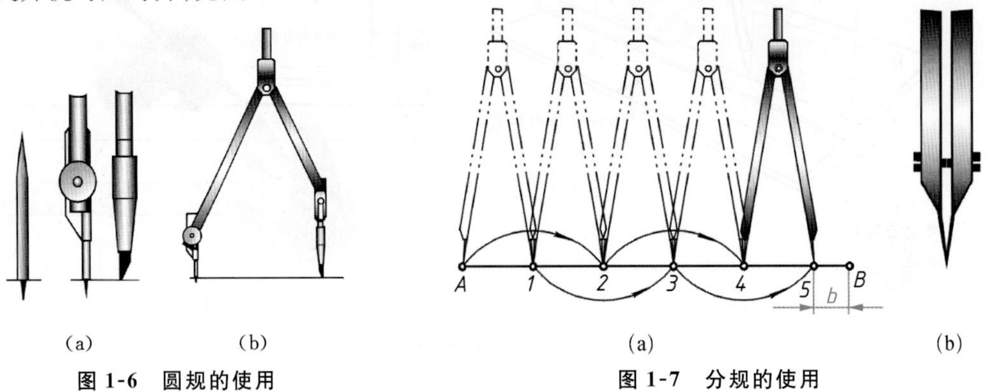


**图 1-6　圆规的使用**　　**图 1-7　分规的使用**

### 4. 铅笔

绘图铅笔用“B”和“H”代表铅芯的软硬程度。“B”表示软性铅笔,B 前面的数字越大,表示铅芯越软(黑);“H”表示硬性铅笔,H前面的数字越大,表示铅芯越硬(淡);“HB”表示铅芯软硬适中。画粗线常用B或HB铅笔,画细线常用H或2H铅笔,写字常用HB或H铅笔。画底稿时建议用2H铅笔。画圆或圆弧时,圆规插脚中的铅芯应比画直线的铅芯软1～2挡。

除了上述工具外,绘图时还要备有削铅笔的小刀、磨铅芯的砂纸、橡皮以及固定图纸的胶带纸等。有时为了画非圆曲线,还要用曲线板。如果需要描图,还要用直线笔(鸭嘴笔)或针管笔。

## 二、等分圆周作正多边形

机件轮廓形状虽各有不同,但都是由各种基本几何图形组成的,所以绘制平面图形前应掌握常见几何图形的画法。表1-1列出了常见的圆周等分以及正多边形的作图方法和步骤。

**表1-1　圆周等分以及正多边形的作图方法和步骤**

| | |
|---|---|
| 圆周四、八等分 | 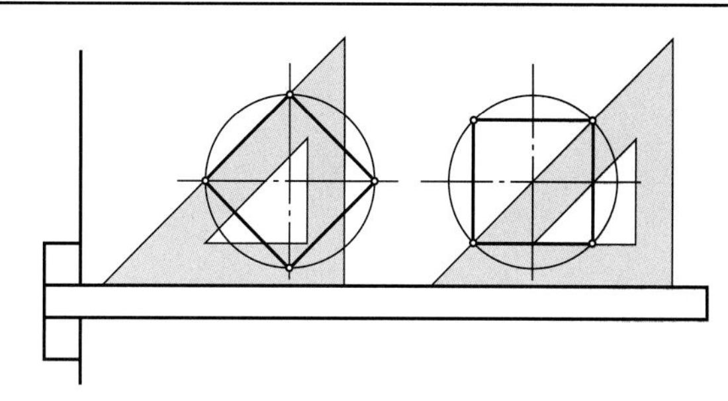 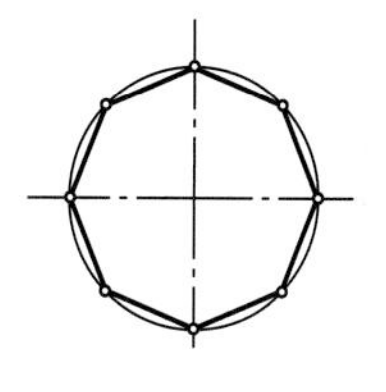<br>用45°三角板和丁字尺配合作图,可四等分、八等分圆周,并作出正四边形和正八边形 |
| 圆周三、六等分 | 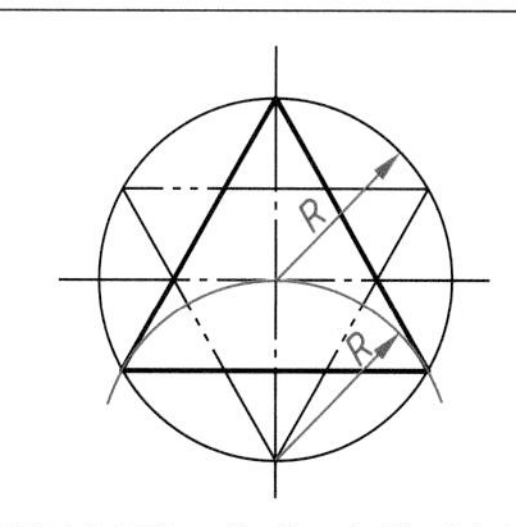 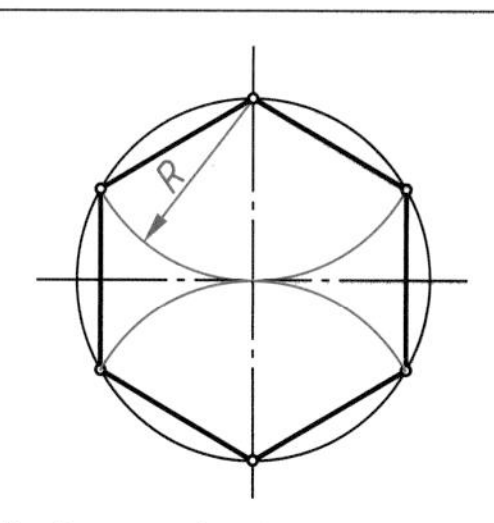 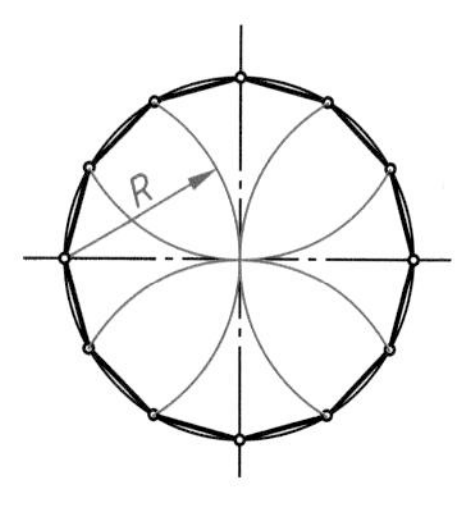<br>用圆规可三等分、六等分圆周,并作出正三角形和正六边形、正十二边形<br>**思考**　蜂巢的造型是由哪个正多边形构成的 |
| | 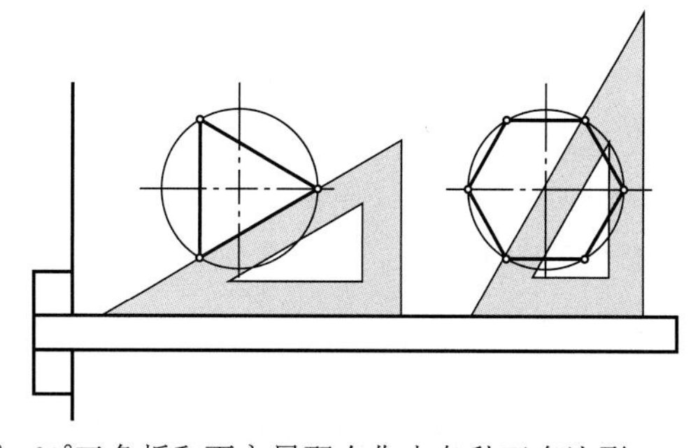 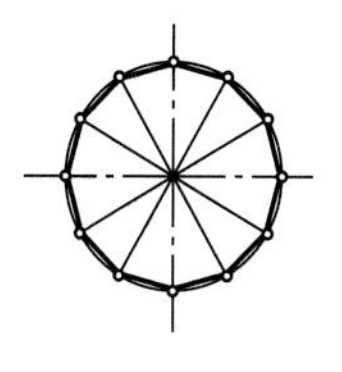<br>用30°、60°三角板和丁字尺配合作出各种正多边形<br>**思考**　仔细观察足球是由哪些正多边形组合而成的 |

续　表

| | |
|---|---|
| 圆周五等分 | 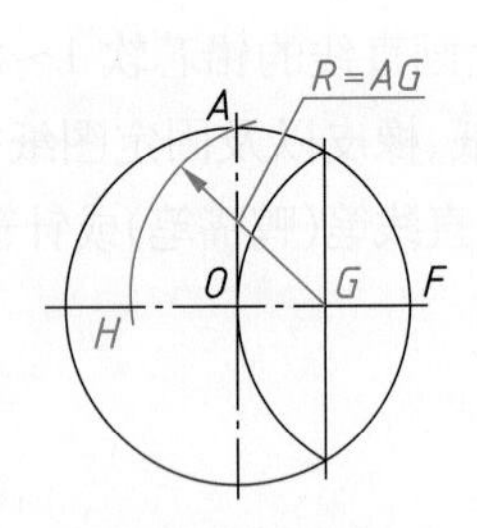  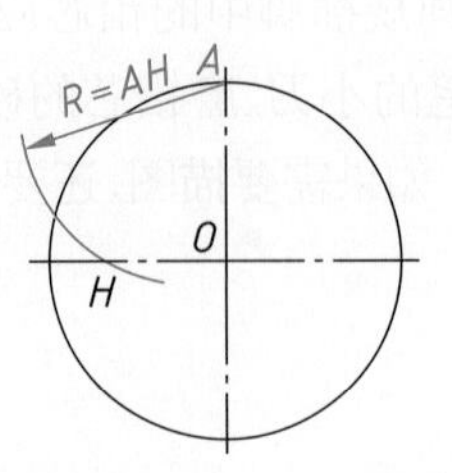  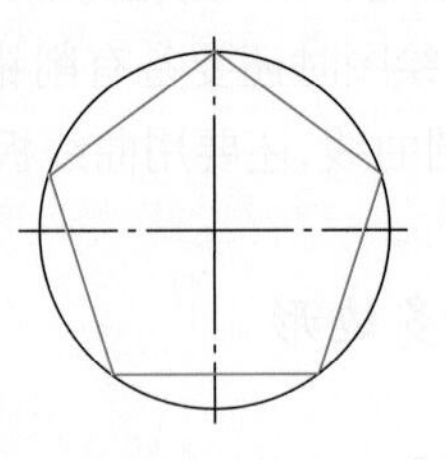<br>1. 作半径 $OF$ 的等分点 $G$，以 $G$ 为圆心、$AG$ 为半径画圆弧交水平直径线于 $H$；<br>2. 以 $AH$ 为半径，分圆周为五等份，顺序连接各分点即成。<br>**思考**　怎样作出一个五角星 |
| 椭圆 | 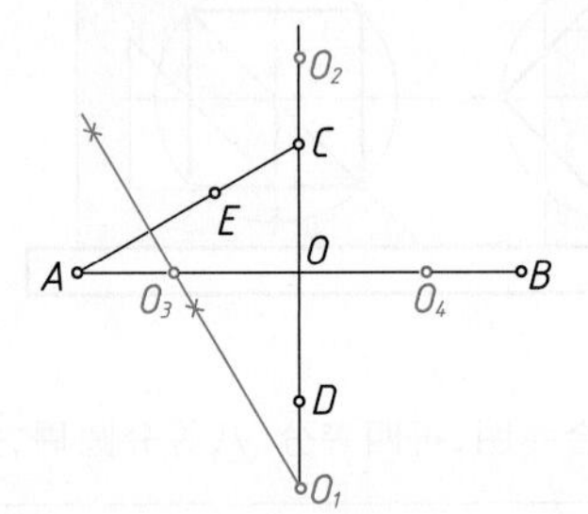  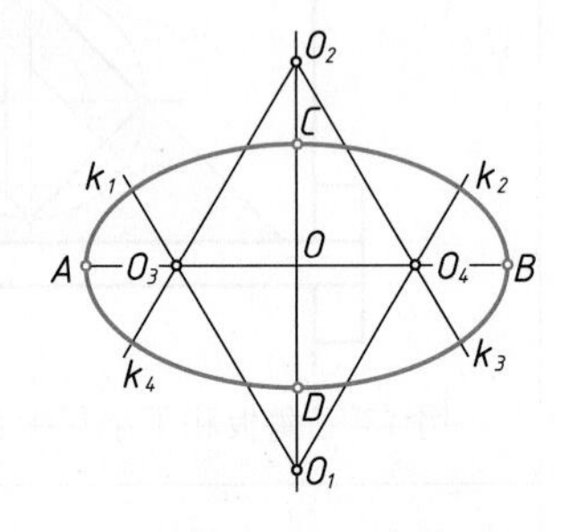 <br>1. 取 $CE=CF$，作出点 $E$；<br>2. 作 $AE$ 的中垂线与长轴 $AB$ 和短轴 $CD$ 交于点 $O_3$、$O_1$，并作出对称点 $O_4$、$O_2$；<br>3. 分别以 $O_1$、$O_2$、$O_3$、$O_4$ 为圆心，以 $O_1C$、$O_2D$、$O_3A$、$O_4B$ 为半径作四段圆弧 |

微视频

圆周五等分

微视频

椭圆画法

## 三、图线（GB/T 17450、GB/T 4457.4）①

### 1. 图线的型式及应用

绘图时应采用国家标准规定的图线型式和画法。国家标准《技术制图　图线》规定了绘制各种技术图样的 15 种基本线型。根据基本线型及其变形，机械图样中规定了 9 种图线，其名称、型式、宽度以及应用示例见表 1-2 和图 1-8。

① 我国国家标准的代号是“GB”。例如 GB/T 4457.4—2002，其中 GB/T 为推荐性国标，4457.4 为发布顺序号，2002 是年号。《机械制图》标准适用于机械图样，《技术制图》标准适用于工程界各种专业技术图样。

**表 1-2 图线的型式与应用(摘自 GB/T 4457.4)**

| 图线名称 | 图线型式 | 图线宽度 | 一般应用举例 |
| --- | --- | --- | --- |
| 粗 实 线 | | 粗($d$) | 可见轮廓线 |
| 细 实 线 | | 细($d/2$) | 尺寸线及尺寸界线<br>剖面线<br>重合断面的轮廓线<br>过渡线 |
| 细 虚 线 | | 细($d/2$) | 不可见轮廓线 |
| 细点画线 | | 细($d/2$) | 轴线<br>对称中心线 |
| 粗点画线 | | 粗($d$) | 限定范围表示线 |
| 细双点画线 | | 细($d/2$) | 相邻辅助零件的轮廓线<br>轨迹线<br>极限位置的轮廓线<br>中断线 |
| 波 浪 线 | | 细($d/2$) | 断裂处的边界线<br>视图与剖视图的分界线 |
| 双 折 线 | | 细($d/2$) | 同波浪线 |
| 粗 虚 线 | | 粗($d$) | 允许表面处理的表示线 |

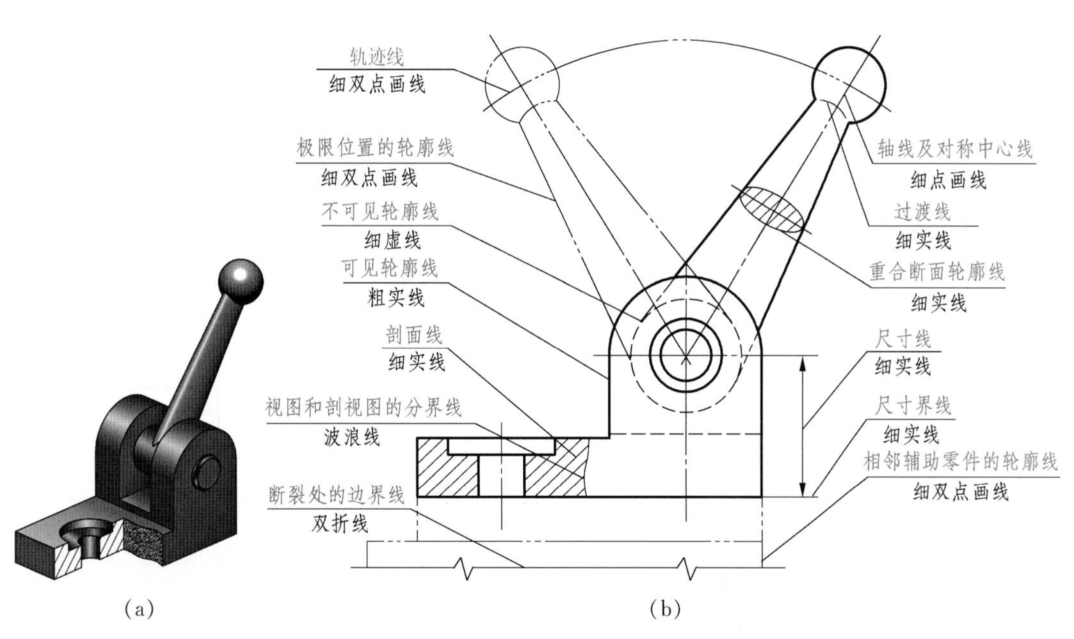


**图 1-8 图线应用示例**

### 2. 图线宽度

机械图样中采用粗细两种图线宽度，它们的比例关系为 2∶1。图线的宽度($d$)应按图样的类型和尺寸大小，在下列数系中选取：0.13、0.18、0.25、0.35、0.5、0.7、1.0、1.4、2(单位：mm)。粗线宽度通常采用 $d$=0.5 mm 或 0.7 mm。为了保证图样清晰，便于复制，图样上应尽量避免出现线宽小于 0.18 mm 的图线。

### 3. 注意事项(图 1-9)

(1) 在同一图样中，同类图线的宽度应一致，细虚线、细点画线、细双点画线的线段长度和间隔应大致相同。

(2) 绘制圆的对称中心线时，圆心应在画与画的相交处，细点画线应超出圆的轮廓线约 3 mm。当所绘圆的直径较小、画细点画线有困难时，细点画线可用细实线代替。

(3) 细虚线、细点画线与其他图线相交时，都应以画相交。当细虚线处于粗实线的延长线上时，细虚线与粗实线之间应有空隙。

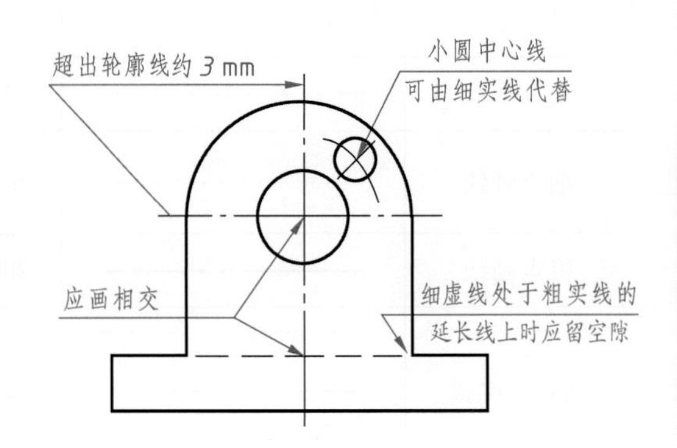


图 1-9　图线画法的注意事项

[例 1-1]　按给定的尺寸绘制图 1-10 所示平面图形。

**作图**

(1) 画水平、竖直中心线和大小两个矩形(图 1-11a)。

(2) 定出四个圆角和小圆的圆心(图 1-11b)。

(3) 画出四个小圆和圆弧，描粗可见轮廓线，擦去多余作图线(图 1-11c)。

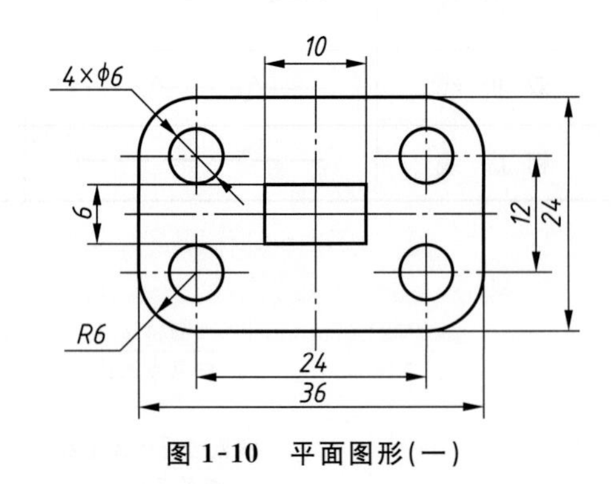


图 1-10　平面图形(一)

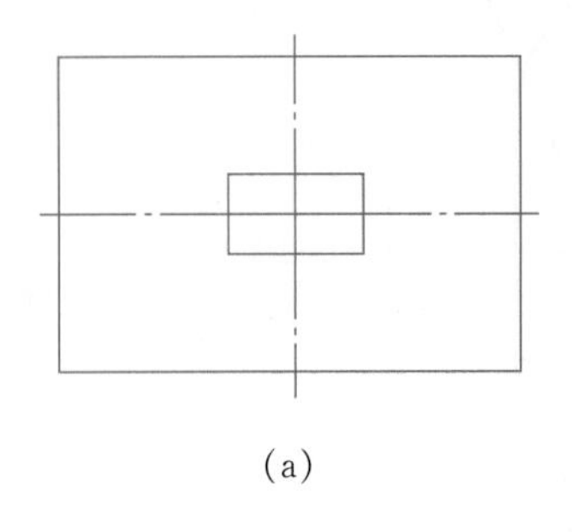

(a)

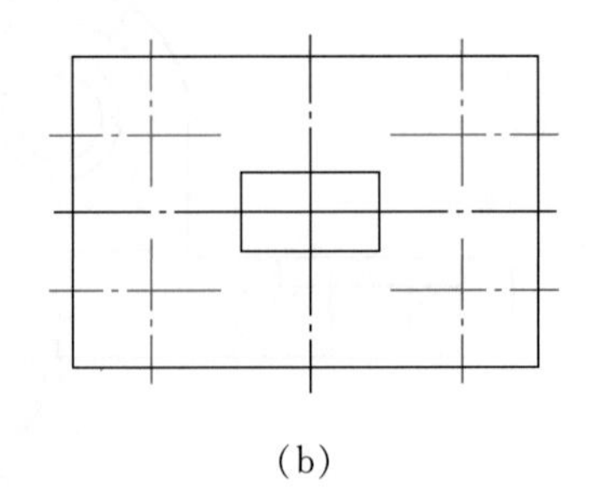

(b)

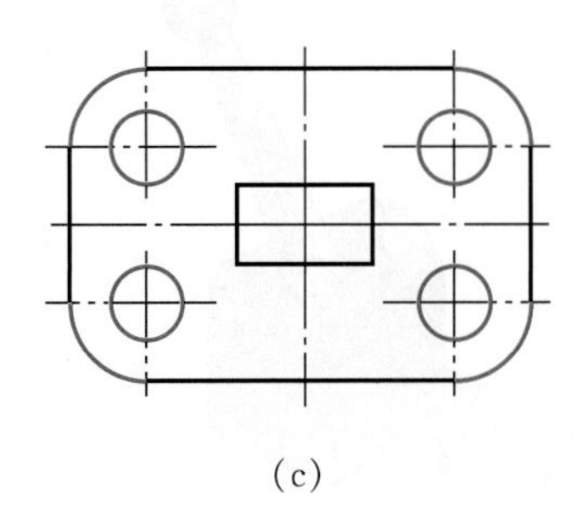

(c)

图 1-11　平面图形(一)作图步骤

［例 1-2］ 按给定的尺寸绘制图 1-12 所示平面图形。

**作图**

(1) 画水平、竖直中心线和三个圆(图 1-13a)。

(2) 按 $\phi20$ 和 $R5$ 分别画出四段圆弧(图 1-13b)。

(3) 作四段圆弧的公切线,描粗可见轮廓线,擦去多余作图线(图 1-13c)。

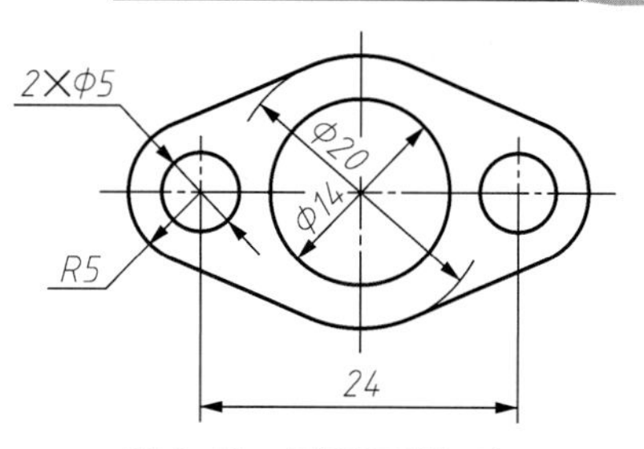


图 1-12　平面图形(二)

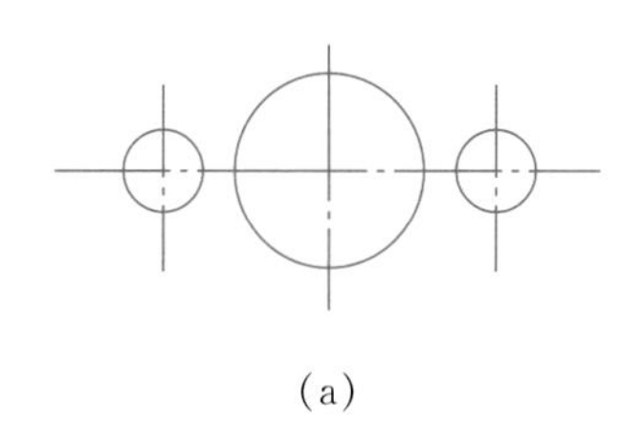

(a)

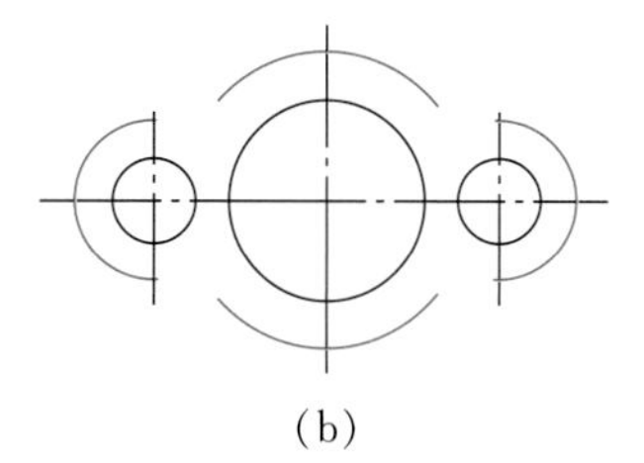

(b)

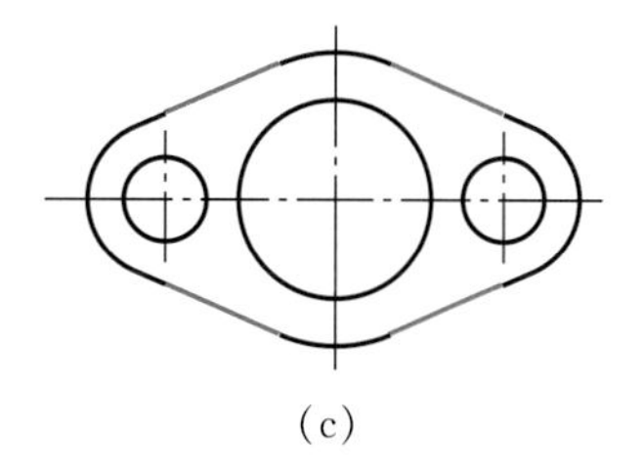

(c)

图 1-13　平面图形(二)作图步骤

微视频

平面图形(二)作图步骤

# 第二节　绘制复杂平面图形

如图 1-14 所示,连杆或扳手等机件(轮廓形状)的平面图形通常由若干线段(直线或圆弧)连接而成,图形比较复杂。作图前应对图形中的线段和尺寸进行必要的分析。通过绘制这些机件的平面图形,学会各种圆弧连接的作图方法,了解尺寸标注的规则和注法。

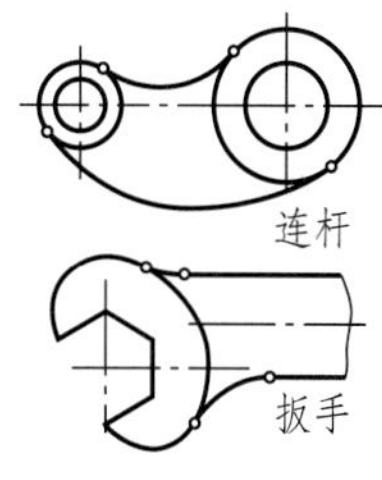


图 1-14　较复杂平面图形

## 一、圆弧连接

用一段圆弧光滑地连接相邻两已知线段(直线或圆弧)的作图方法称为圆弧连接。例如在图 1-15 中,用圆弧 $R16$ 连接两直

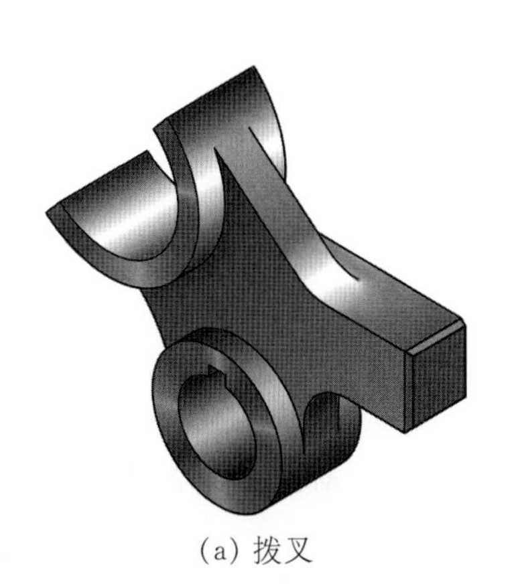

(a) 拨叉

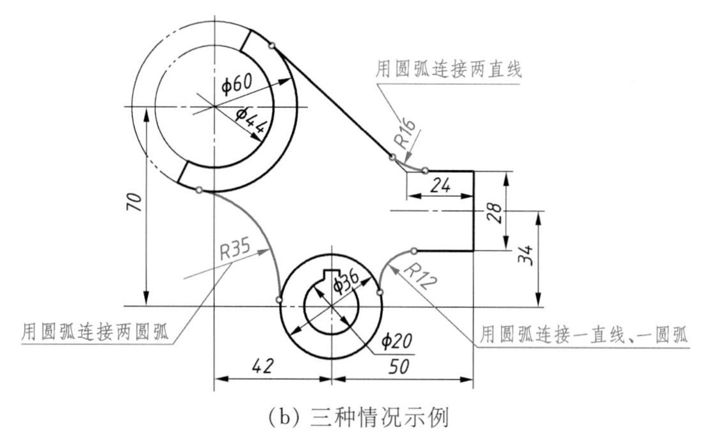


(b) 三种情况示例

图 1-15　圆弧连接的三种情况

线、用圆弧 $R12$ 连接一直线和一圆弧、用圆弧 $R35$ 连接两圆弧等。要保证圆弧连接光滑,作图时必须先求作连接圆弧的圆心以及连接圆弧与已知线段的切点,以保证连接圆弧与线段在连接处相切。

### 1. 用圆弧连接两直线

已知两直线以及连接圆弧的半径 $R$,求作两直线的连接弧(图 1-16a)。

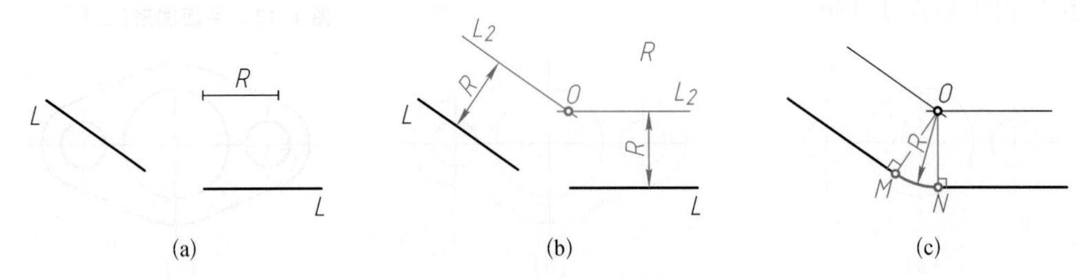


图 1-16 用圆弧连接两直线

(1) 求连接弧圆心

作与已知两直线分别相距为 $R$ 的平行线,交点 $O$ 即为连接弧圆心(图 1-16b)。

(2) 求连接弧切点

从圆心 $O$ 分别向两直线作垂线,垂足 $M$、$N$ 即为切点(图 1-16c)。

(3) 以 $O$ 为圆心,$R$ 为半径在两切点 $M$、$N$ 之间作圆弧,即为所求连接弧。

### 2. 用圆弧连接一直线和一圆弧

已知圆心为 $O_1$、半径为 $R_1$ 的圆弧和直线 $L_1$,以及连接圆弧半径 $R$,求作圆弧与直线的连接弧(图 1-17)。

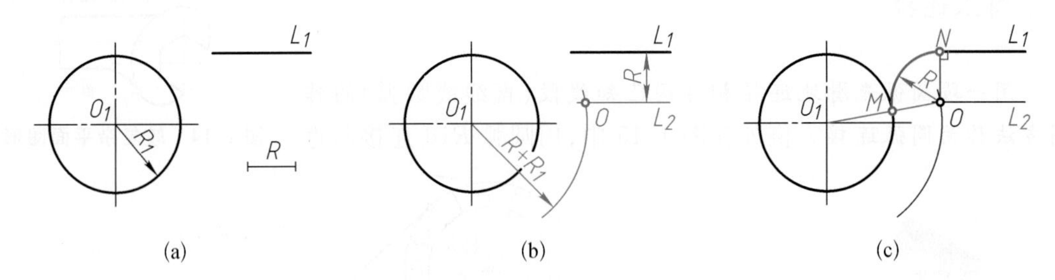


图 1-17 用圆弧连接一直线和一圆弧

(1) 求连接弧圆心

作直线 $L_1$ 的平行线 $L_2$,两平行线间的距离为 $R$,以 $O_1$ 为圆心,$R+R_1$ 为半径画圆弧,直线 $L_2$ 与圆弧的交点 $O$ 即为所求连接弧的圆心(图 1-17b)。

(2) 求连接弧切点

从点 $O$ 向直线 $L_1$ 作垂线得垂足 $N$,连接 $OO_1$ 与已知弧相交得交点 $M$,点 $M$、$N$ 即为切点(图 1-17c)。

(3) 以 $O$ 为圆心,$R$ 为半径,在两切点 $M$、$N$ 之间作圆弧,即为所求连接弧。

### 3. 用圆弧连接两圆弧

已知两圆弧圆心 $O_1$、$O_2$ 及其半径 $R30$ 和 $R18$，用半径 $R35$ 的圆弧连接两圆弧(图 1-18a)。

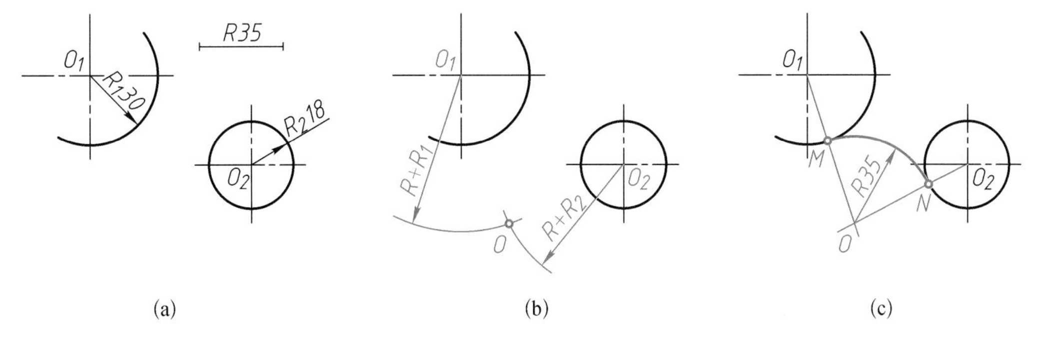


(a)　　(b)　　(c)

**图 1-18　用圆弧连接两圆弧**

(1) 求连接弧圆心

以 $O_1$ 为圆心，$R+R_1=65$ 为半径画圆弧，以 $O_2$ 为圆心，$R+R_2=53$ 为半径画圆弧，两圆弧交点 $O$ 即为连接弧圆心(图 1-18b)。

(2) 求连接弧切点

连接 $OO_1$ 交圆 $O_1$ 得点 $M$，连接 $OO_2$ 交圆 $O_2$ 得点 $N$，点 $M$、$N$ 即为切点(图 1-18c)。

(3) 以 $O$ 为圆心，$R35$ 为半径画圆弧 $\widehat{MN}$，$\widehat{MN}$ 即为所求连接弧。

**[例 1-3]**　作右图所示连杆的平面图形。

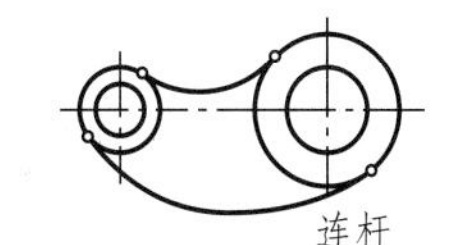


**图 1-19　连杆**

用半径为 $R15$ 的圆弧外切两已知圆弧的画法(外连接)与图 1-18 所示画法类似，不再赘述(图 1-20a)。

已知两圆圆心 $O_1$、$O_2$ 及其半径 $R5$、$R10$，用 $R30$ 的圆弧内连接两圆。

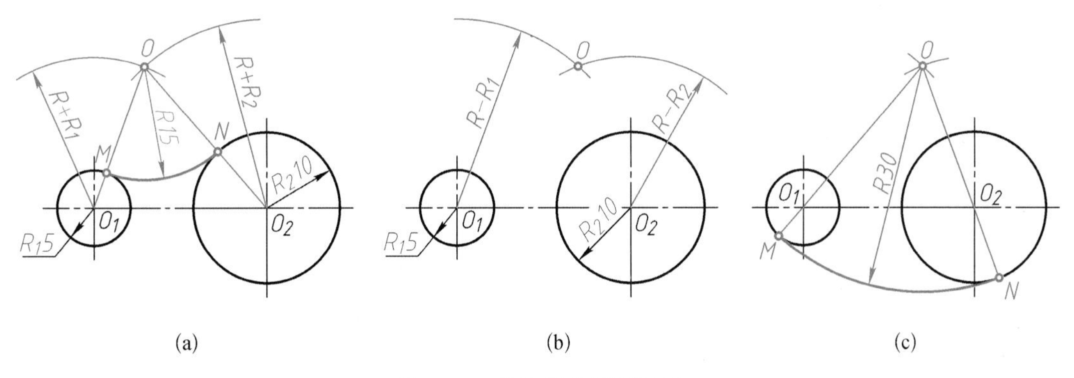


(a)　　(b)　　(c)

**图 1-20　作连杆的平面图形**

(1) 求连接弧圆心

以 $O_1$ 为圆心，$R-R_1=30-5=25$ 为半径画弧，以 $O_2$ 为圆心，$R-R_2=30-10=20$ 为半径画弧，两圆弧交点 $O$ 即为连接弧圆心(1-20b)。

(2) 求连接弧切点

连接 $OO_1$ 并延长得点 $M$,连接 $OO_2$ 并延长得点 $N$,点 $M$、$N$ 即为切点(图 1-20c)。

(3) 以 $O$ 为圆心,$R30$ 为半径画圆弧$\widehat{MN}$, $\widehat{MN}$即为所求内连接圆弧。

## 二、尺寸注法

图形只能表示物体的形状,而其大小由标注的尺寸确定。尺寸是图样中的重要内容之一,是制造机件的直接依据。因此,在标注尺寸时,必须严格遵守国家标准有关规定,做到**正确、齐全、清晰和合理**。本节主要介绍标注尺寸怎样达到正确的要求。所谓正确,是指标注尺寸要符合尺寸注法的规定。尺寸注法的依据是 GB/T 4458.4、GB/T 16675.2。

### 1. 尺寸标注的基本规则

(1) 机件的真实大小应以图样上所注的尺寸数值为依据,与图形的比例及绘图的准确度无关。

(2) 图样中的尺寸以 mm 为单位时,不必标注计量单位的符号(或名称);如采用其他单位,则应注明相应的单位符号。

(3) 图样中所注的尺寸为该图样所示机件的最后完工尺寸,否则应另加说明。

(4) 机件的每一尺寸一般只注一次,并应标注在表示该结构最清晰的图形上。

### 2. 尺寸标注的要素

尺寸标注由**尺寸界线**、**尺寸线**和**尺寸数字**三个要素组成,如图 1-21 所示。

尺寸界线和尺寸线画成细实线,尺寸线的终端有箭头(图 1-22a)和斜线(图 1-22b)两种形式。通常机械图样的尺寸线终端画箭头,土建图的尺寸线终端画斜线。当没有足够的地方画箭头时,可用小圆点代替(图 1-22c)。尺寸数字一般注写在尺寸线的上方。

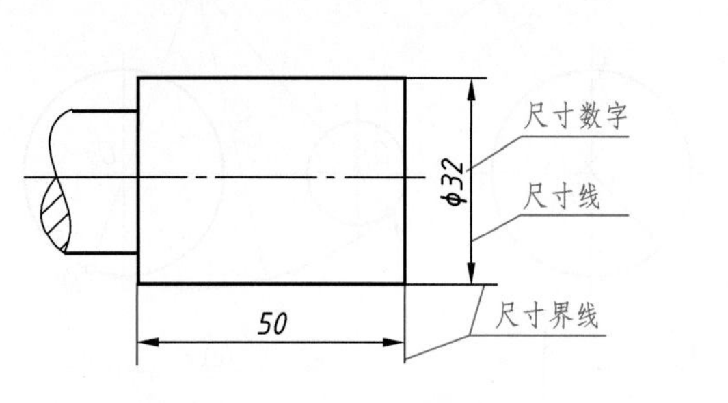


图 1-21 标注尺寸的要素

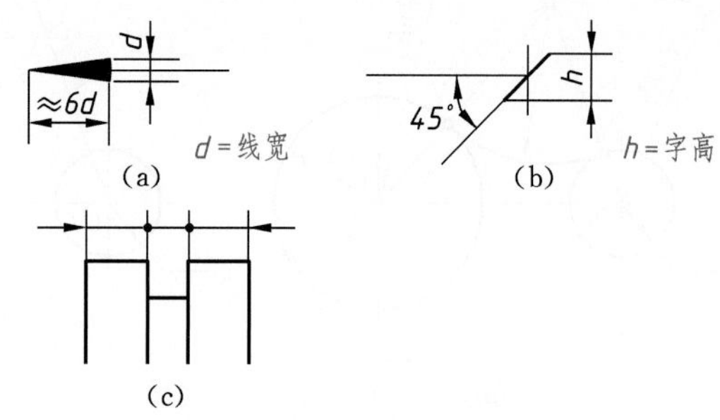


图 1-22 尺寸线的终端形式

### 3. 尺寸注法示例

尺寸注法示例见表 1-3。

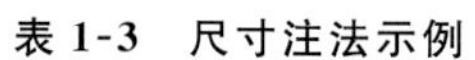

**表 1-3　尺寸注法示例**

| 项目 | 图　　例 | 说　　明 |
| --- | --- | --- |
| 尺寸界线 | 轮廓线作尺寸界线<br>中心线作尺寸界线<br>2～3 mm | 尺寸界线应由图形的轮廓线、轴线或对称中心线处引出，也可利用轮廓线、轴线或对称中心线作尺寸界线；<br>尺寸界线一般应与尺寸线垂直并超过尺寸线 2～3 mm |
| 尺寸线 | 小尺寸在里<br>大尺寸在外<br>间距 5～7 mm 为宜 | 尺寸线不能用其他图线代替，一般也不得与其他图线重合或画在其他图线的延长线上；<br>尺寸线应平行于被标注的线段，其间隔及两平行的尺寸线间的间隔以 5～7 mm为宜；<br>尺寸线间或尺寸线与尺寸界线之间应尽量避免相交 |
| 尺寸数字 | 30° 16 16 16 16 16<br>(a)<br>16 16<br>(b)<br>φ16 6 φ16 φ8<br>(c) | 尺寸数字一般注写在尺寸线的上方或中断处；<br>线性尺寸数字的注写方向如图 a 所示，并尽量避免在 30°范围内标注尺寸，当无法避免时，可按图 b 所示的形式标注；<br>尺寸数字不能被图样上的任何图线遮挡，当不可避免时，必须将图线断开，如图 c 所示 |

续　表

| 项目 | 图　　例 | 说　　明 |
|---|---|---|
| 直径和半径 | 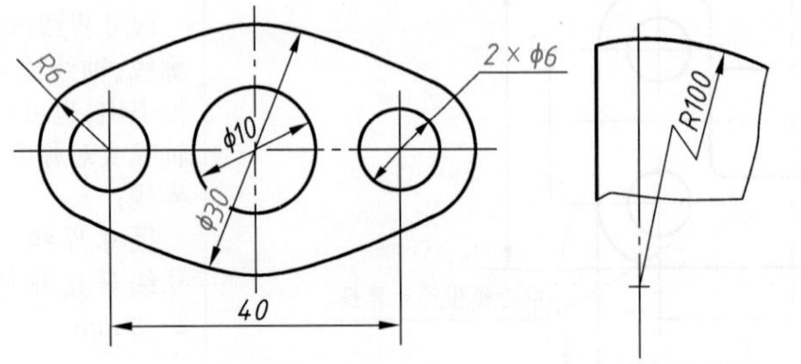 R6　$\phi10$　$2\times\phi6$　$\phi30$　40　R100<br>(a)　(b) | 标注直径时，在尺寸数字前加注符号“$\phi$”，标注半径时，在尺寸数字前加注符号“$R$”，其尺寸线应通过圆心，尺寸线的终端应画成箭头(图 a)；<br>相同圆孔的直径尺寸前应加圆孔数量，如 $2\times\phi6$；相同圆弧的半径尺寸前不必加数量；<br>当圆弧半径过大或在图纸范围内无法标出其圆心位置时，可按图 b 的形式标注 |
| 角度 | 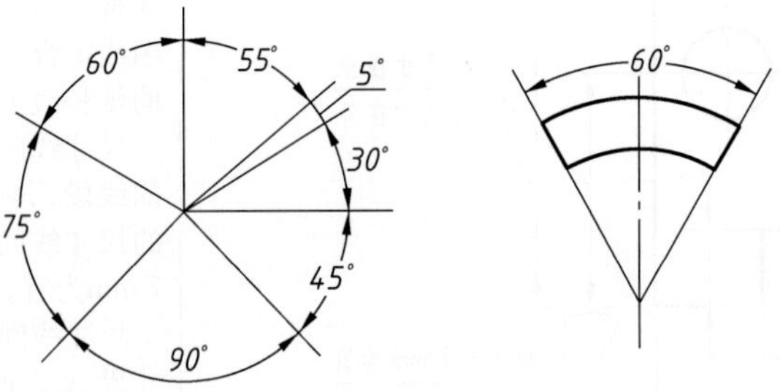 60°　55°　5°　30°　75°　45°　90°　60° | 角度尺寸的尺寸界线应沿径向引出，尺寸线是以角度顶点为圆心的圆弧线，角度的数字应水平注写，一般注写在尺寸线的中断处，必要时也可注写在尺寸线的上方、外侧或引出标注 |
| 小尺寸 | 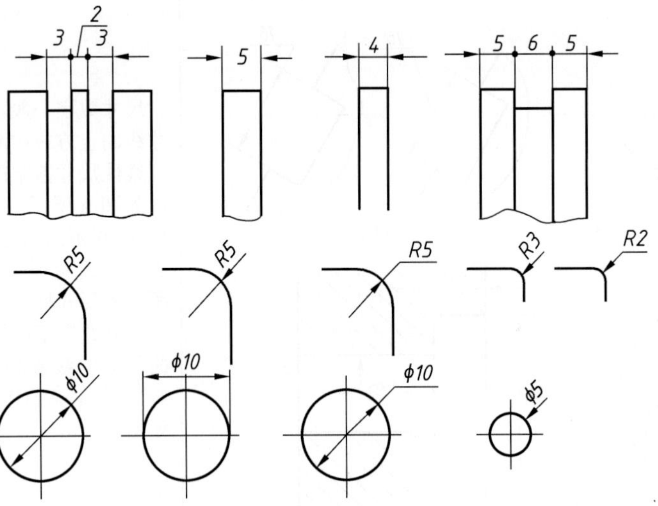 2　3　3　5　4　5　6　5<br>R5　R5　R5　R3　R2<br>$\phi10$　$\phi10$　$\phi10$　$\phi5$ | 无足够位置注写小尺寸时，箭头可外移或用小圆点代替两个箭头；尺寸数字也可注写在尺寸界线外或引出标注 |

## 三、斜度和锥度

**斜度** 指一直线或一平面对另一直线或平面的倾斜度。在图样上通常以 1∶$n$ 的形式标注,并在前面加注斜度符号。

**锥度** 指正圆锥底圆直径与圆锥高度之比,在图样上通常以 1∶$n$ 的形式标注,并在前面加注锥度符号。

斜度和锥度的画法见表 1-4。

**表 1-4 斜度和锥度画法**

| 种类 | 作图步骤 | 说明 |
| --- | --- | --- |
| 斜度 | 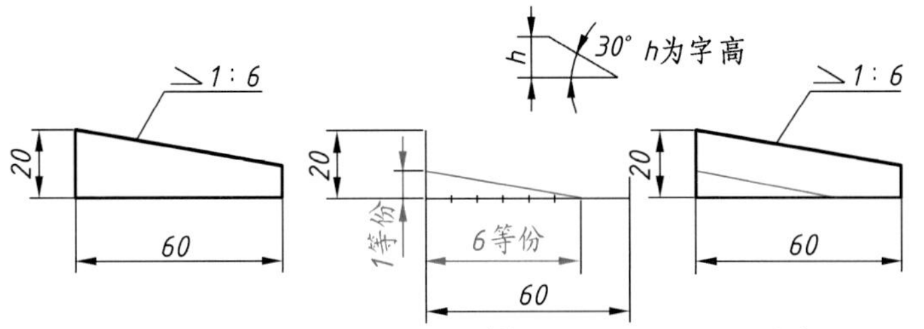 1∶6, 20, 60 (1)<br>30° h为字高, 20, 1等份, 6等份, 60 (2)<br>1∶6, 20, 60 (3) | (1) 给出图形;<br>(2) 作斜度 1∶6 的辅助线;<br>(3) 完成作图并标注尺寸。<br>注:标注斜度符号时,其符号的斜边的斜向应与斜度的方向一致 |
| 锥度 | 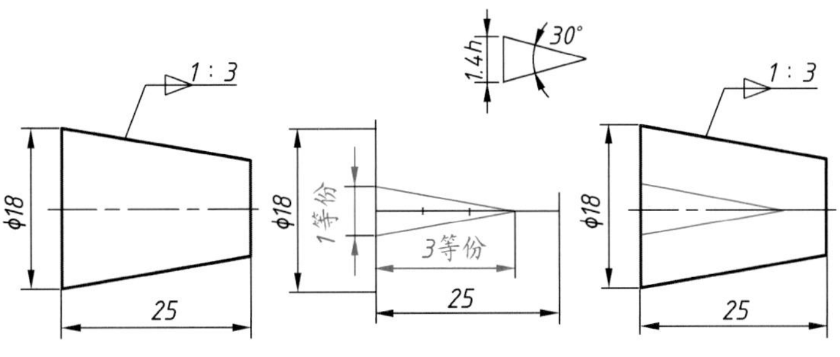 1∶3, φ18, 25 (1)<br>30°, 1.4h, φ18, 1等份, 3等份, 25 (2)<br>1∶3, φ18, 25 (3) | (1) 给出图形;<br>(2) 作锥度 1∶3 的辅助线;<br>(3) 完成作图并标注尺寸。<br>注:标注锥度符号时,其锥度符号的尖端应与圆锥的锥顶方向一致 |

## 四、平面图形的分析与作图

平面图形由若干直线和曲线封闭连接组合而成,这些线段之间的相对位置和连接关系根据给定的尺寸来确定。在平面图形中,有些线段的尺寸已完全给定,可以直接画出,而有些线段要按照相切的连接关系画出。因此,绘图前应对所绘图形进行分析,从而确定正确的作图方法和步骤。下面以图 1-23 所示图形为例进行尺寸和线段分析。

### 1. 尺寸分析

平面图形中所注尺寸按其作用可分为两类:

**定形尺寸** 确定图形中各线段形状大小的尺寸，如$\phi$15、$\phi$30、$R$18、$R$30、$R$50以及80、10。一般情况下确定几何图形所需定形尺寸的个数是一定的，如矩形的定形尺寸是长度和宽度、圆和圆弧的定形尺寸是直径和半径等。

**定位尺寸** 确定图形中各线段间相对位置的尺寸，如尺寸50和70是以下部矩形的底边和右边为基准①确定$\phi$15、$\phi$30圆心位置的定位尺寸。必须注意，有时一个尺寸既是定形尺寸，也是定位尺寸，如尺寸80是矩形的长度，也是$R$50圆弧水平方向的定位尺寸。

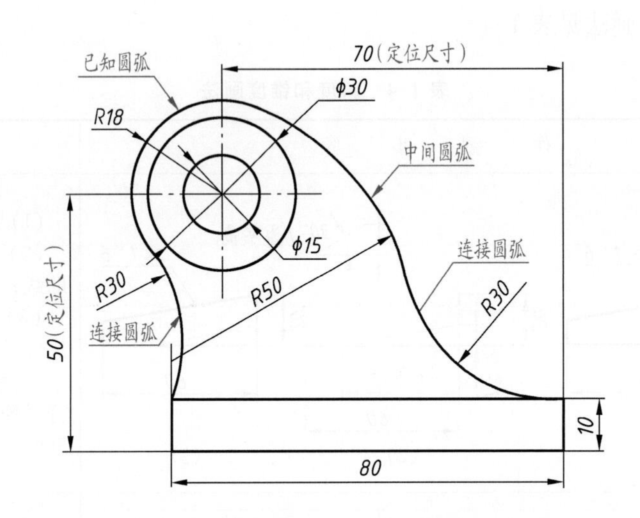


图 1-23 平面图形的尺寸分析与线段分析

## 2. 线段分析

平面图形中，有些线段具有完整的定形和定位尺寸，可根据标注的尺寸直接画出；有些线段的定形和定位尺寸并未全部注出，要根据已注出的尺寸和该线段与相邻线段的连接关系，通过几何作图才能画出。因此，通常按线段的尺寸是否标注齐全将线段分为三种。

**已知线段** 定形、定位尺寸全部注出的线段，如$\phi$15、$\phi$30的圆，$R$18的圆弧，80和10矩形的长度、宽度等，均属于已知线段。

微视频

平面图形的作图步骤

**中间线段** 注出定形尺寸和一个方向的定位尺寸，必须依靠相邻线段间的连接关系才能画出的线段，如$R$50圆弧。

**连接线段** 只注出定形尺寸，未注出定位尺寸的线段，其定位尺寸需根据该线段与相邻两线段的连接关系，通过几何作图方法求出，如两个$R$30圆弧。

图1-24所示为平面图形的作图步骤。

① 基准是指在机构中或加工时用以确定零件及其几何元素位置的一些点、线、面。在平面图形中，确定尺寸位置的几何元素称尺寸基准。

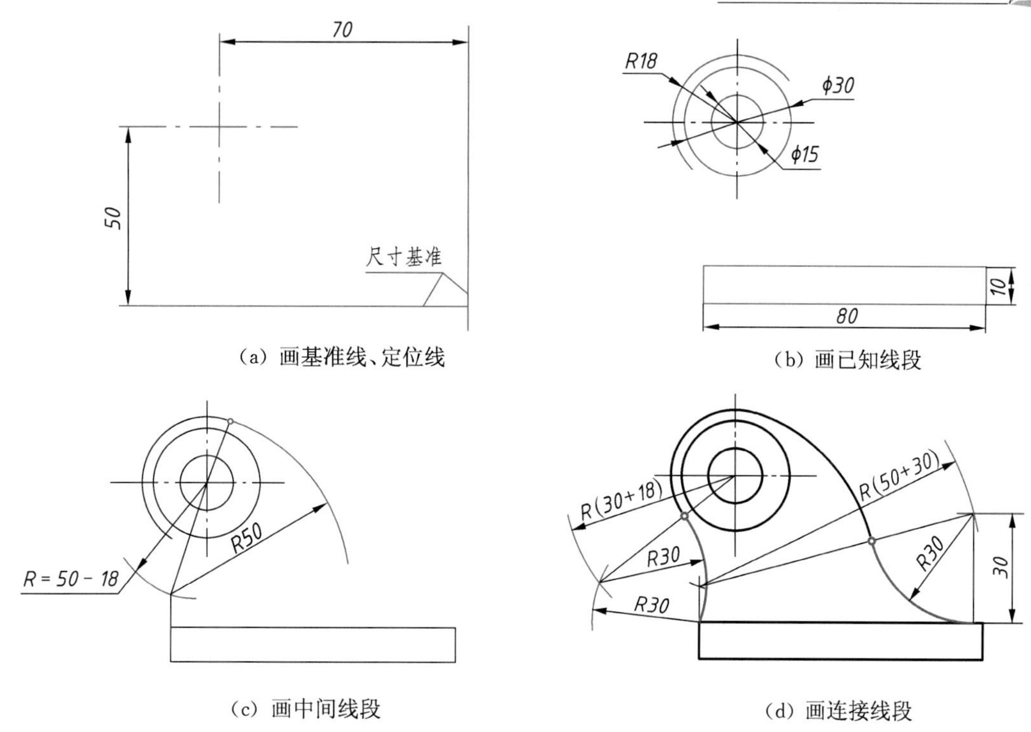


(a) 画基准线、定位线　(b) 画已知线段

(c) 画中间线段　(d) 画连接线段

**图 1-24　平面图形的作图步骤**

## 五、平面图形的尺寸标注

平面图形尺寸标注的基本要求是：正确、齐全、清晰。

标注尺寸首先要遵守国家标准有关尺寸注法的基本规定，通常先标注定形尺寸，再标注定位尺寸。通过几何作图可以确定的线段，不要标

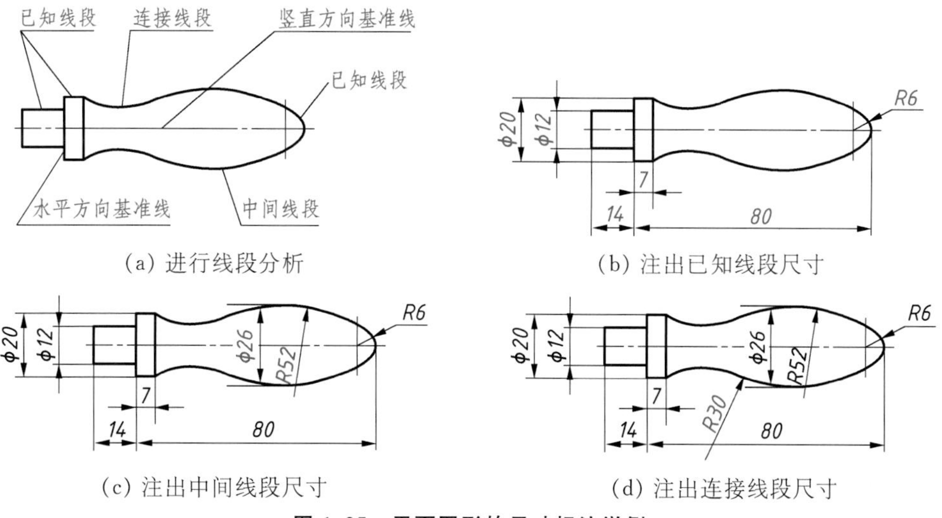


(a) 进行线段分析　(b) 注出已知线段尺寸

(c) 注出中间线段尺寸　(d) 注出连接线段尺寸

**图 1-25　平面图形的尺寸标注举例**

注尺寸。尺寸标注完成后要检查是否有重复或遗漏。在作图过程中没有用到的尺寸是重复尺寸，要删除；如果按所注尺寸无法完成作图，说明尺寸不齐全，应补注所需尺寸。标注尺寸时应注意布局清晰。图 1-25 所示为平面图形的尺寸标注示例。其方法和步骤如下：

(1) 先在水平及竖直方向选定尺寸基准。

(2) 进行线段分析，即确定已知线段、中间线段和连接线段。

(3) 按已知线段、中间线段、连接线段的顺序逐个标注尺寸。

# 第三节　图样的格式、字体及绘图步骤

虽然目前技术图样已经逐步由计算机绘制，但尺规绘图仍然是工程技术人员必备的基本技能，同时也是学习和巩固图学理论知识不可忽视的训练方法，因此必须熟练掌握。

本节简要介绍图纸幅面和格式、比例、字体等国家标准有关规定。

## 一、图纸幅面和格式(GB/T 14689)

### 1. 图纸幅面

图纸幅面是指由图纸宽度与长度组成的图面。

为了使图纸幅面统一，便于装订和管理，并符合缩微复制原件的要求，绘制技术图样时应按以下规定选用图纸幅面。

(1) 应优先采用表 1-5 中规定的图纸基本幅面(表中符号 $B$、$L$、$e$、$c$、$a$ 见图 1-27)。基本幅面共有 5 种，其尺寸关系见图 1-26。

**表 1-5　图纸幅面尺寸**

<table>
<tr><th>幅面代号</th><th>$B\times L$</th><th>$e$</th><th>$c$</th><th>$a$</th></tr>
<tr><td>A0</td><td>841×1 189</td><td rowspan="2">20</td><td rowspan="3">10</td><td rowspan="5">25</td></tr>
<tr><td>A1</td><td>594×841</td></tr>
<tr><td>A2</td><td>420×594</td><td rowspan="3">10</td></tr>
<tr><td>A3</td><td>297×420</td><td rowspan="2">5</td></tr>
<tr><td>A4</td><td>210×297</td></tr>
</table>

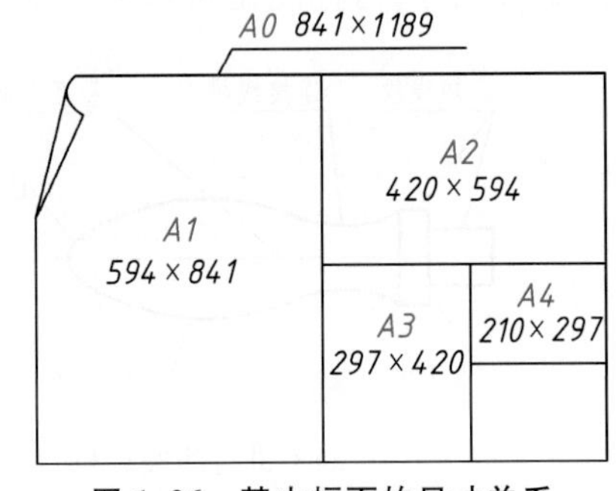


**图 1-26　基本幅面的尺寸关系**

(2) 必要时允许选用加长幅面，其尺寸必须是由基本幅面的短边成整数倍增加后得出的。

### 2. 图框格式

图纸上限定绘图区域的线框称为图框。

(1) 在图纸上必须用粗实线画出图框,其格式分为留装订边和不留装订边两种(图 1-27a、b)。

(2) 同一产品图样只能采用一种格式。

### 3. 看图方向和对中符号

图框右下角必须画出标题栏,标题栏中的文字方向为**看图方向**。为了使图样复制时定位方便,在各边长的中点处分别画出**对中符号**(粗实线)。如果使用预先印制的图纸,需要改变标题栏的方位时,必须将其旋转至图纸的右上角。此时,为了明确绘图与看图的方向,应在图纸的下边对中符号处画出**方向符号**,如图 1-27c 所示。

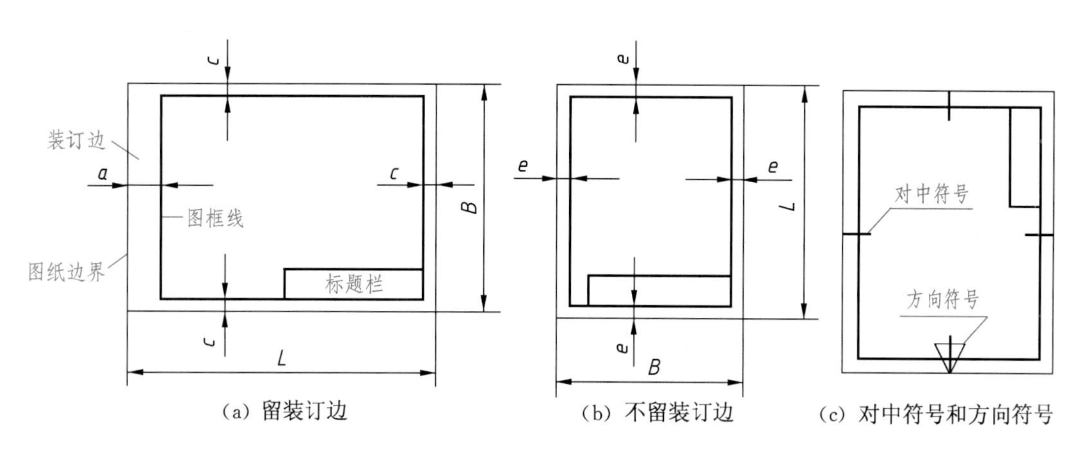


**图 1-27 图框格式和看图方向**

### 4. 标题栏

国家标准(GB/T 10609.1)对标题栏的内容、格式及尺寸做了统一规定,如图 1-28 所示。本书在制图作业中建议采用图 1-29 所示的标题栏格式。

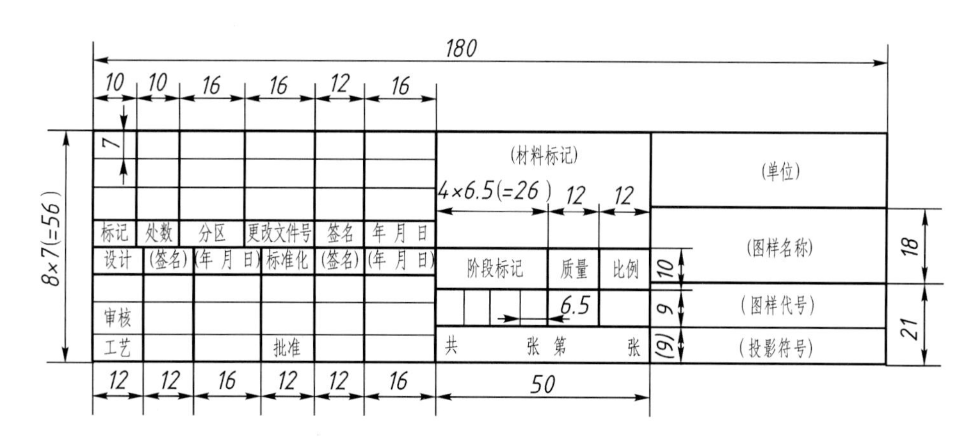


**图 1-28 国家标准规定的标题栏格式**

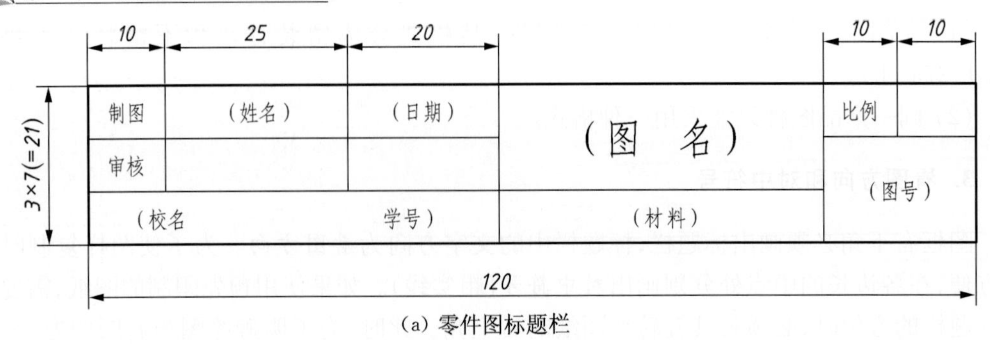


(a) 零件图标题栏

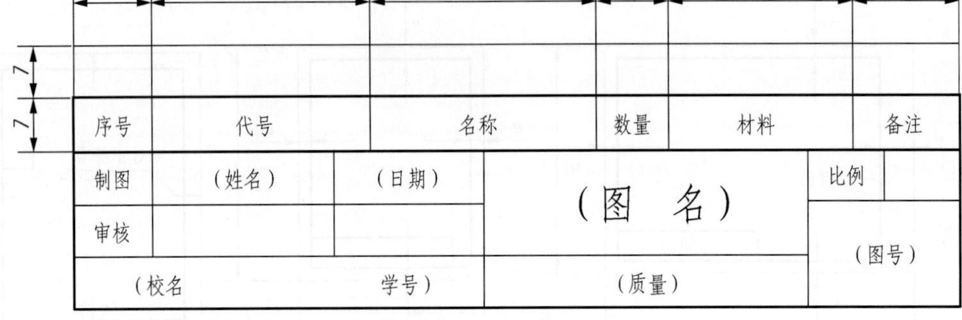


(b) 装配图标题栏

**图 1-29 制图作业用简化标题栏**

## 二、比例(GB/T 14690)

**比例是指图样中图形与其实物相应要素的线性尺寸之比。**绘图时,应从表 1-6 规定的系列中选取比例。

**表 1-6 常用的比例(摘自 GB/T 14690)**

| 种 类 | 比 例 |
|---|---|
| 原值比例 | 1∶1 |
| 放大比例 | 2∶1 2.5∶1 4∶1 5∶1 10∶1 |
| 缩小比例 | 1∶1.5 1∶2 1∶2.5 1∶3 1∶4 1∶5 |

为了从图样上直接反映实物的大小,绘图时应优先采用原值比例。若机件太大或太小,可采用缩小或放大比例绘制。选用比例的原则是有利于图形的清晰表达和图纸幅面的有效利用。必须注意,不论采用何种比例绘图,标注尺寸时,均按机件的实际尺寸大小注出,如图 1-30 所示。

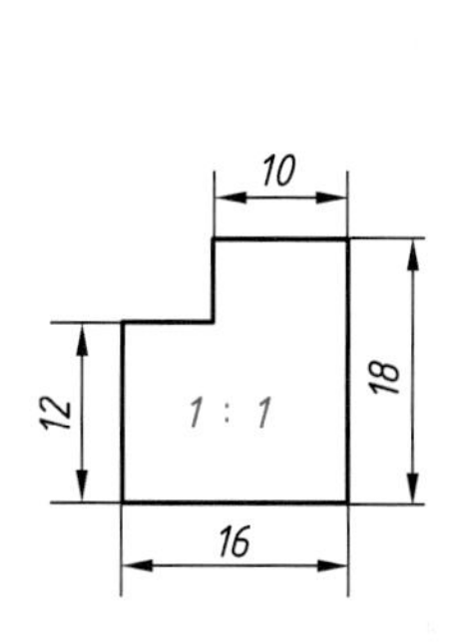

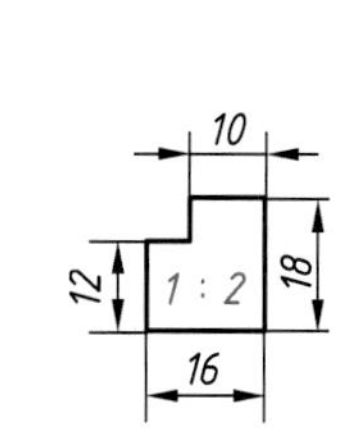

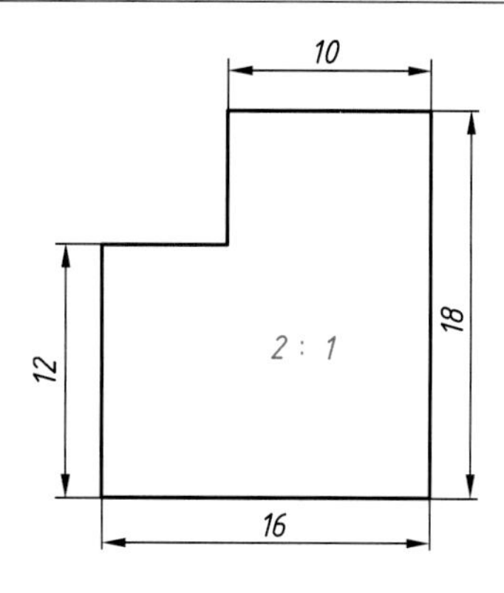


**图 1-30 不同比例绘制的图形**

## 三、字体(GB/T 14691)

图样中书写的汉字、数字和字母,必须做到:字体工整、笔画清楚、间隔均匀、排列整齐。字体的号数即字体的高度 $h$,分为八种:20、14、10、7、5、3.5、2.5、1.8(单位:mm)。

汉字应写成长仿宋体,并采用国家正式公布的简化字。汉字的高度不应小于 3.5 mm,其宽度一般为字高 $h$ 的 $1/\sqrt{2}$。

数字和字母分为 A 型和 B 型。A 型字体的笔画宽度 $d$ 为字高 $h$ 的 1/14, B 型字体的笔画宽度 $d$ 为字高 $h$ 的 1/10。数字和字母可写成直体或斜体(常用斜体),斜体字字头向右倾斜,与水平基准线约成 75°。

**字体示例:**

**汉字** 10 号字

字体工整笔画清楚间隔均匀排列整齐

7 号字

横平竖直 注意起落 结构均匀 填满方格

5 号字

技术制图机械电子汽车船舶土木建筑矿山井坑港口纺织服装

3.5 号字

螺纹齿轮端子接线飞行指导驾驶舱位挖填施工引水通风闸阀坝棉麻化纤

**汉字结构分析:**

变 1/2 1/2　材 1/2 1/2　章 1/3 1/3 1/3　锻 1/3 1/3 1/3　1/3 2/3 符　2/3 1/3 塑　2/5 3/5 泵　锌 2/5 3/5

阿拉伯数字

0123456789

大写拉丁字母

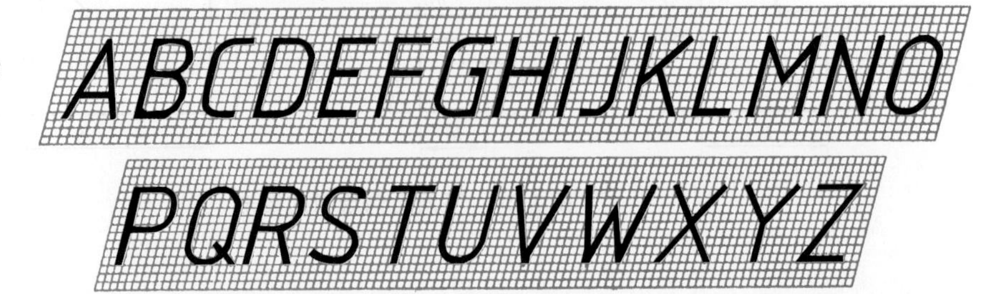


小写拉丁字母

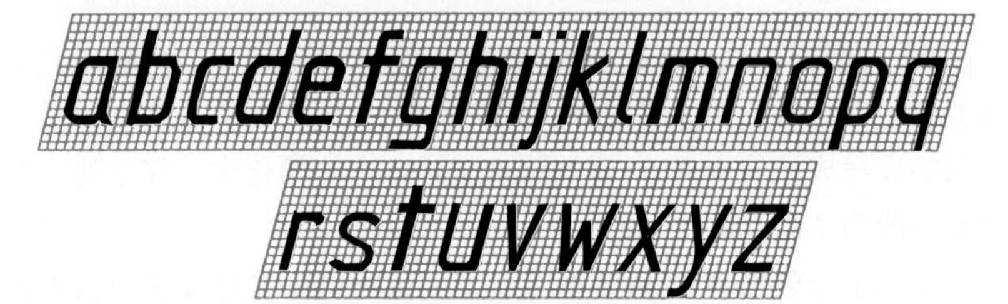


罗马数字

## 四、尺规绘图的方法和步骤

### 1. 画图前的准备工作

(1) 分析图形的尺寸与线段,初拟作图步骤。

(2) 确定比例,选取图纸幅面。

(3) 画出图框和标题栏。

### 2. 画底稿

(1) 画作图基准线,确定图形位置。

(2) 依次画出已知线段、中间线段和连接线段,完成图形。

(3) 画尺寸界线和尺寸线。

(4) 检查底稿,修正错误,擦去多余作图线。

**3. 描深**

按标准线型描深图线,描深的顺序为:

(1) **先粗后细** 先描深全部粗实线(用 HB 或 B 铅笔),再描深全部细虚线、细点画线和细实线(用 H 或 2H 铅笔),以提高绘图速度并保证同类线型粗细、深浅一致。

(2) **先曲后直** 描深同一种线型时,应先画圆弧,后画直线段,以保证连接光滑。

(3) **先水平后垂直** 先从上而下画水平线,再从左到右画垂直线,最后画倾斜线,以保证图面清洁。

最后,画箭头,填写尺寸数字及标题栏等。

**[例 1-4]** 绘制图 1-31 所示扳手的平面轮廓图形。

**图形分析**

如图 1-31a 所示,扳手钳口是正六边形的四条边。扳手弯头形状由一个 $R18$ 圆弧和两个 $R9$ 圆弧组成,圆心位置已知,$R16$、$R8$、$R4$ 均为连接圆弧。

**画底稿**

底稿一般用较硬的铅笔(H 或 2H)轻淡地画出。画底稿的步骤如下:

(1) 根据已知尺寸画出扳手的轴线和中心线及手柄的轮廓(图 1-31b)。

(2) 根据尺寸 16 作出正六边形,再由 $R18$ 和两个 $R9$ 圆弧作出扳手头部弯头的图形,圆弧的连接点是 *1* 和 *2*(图 1-31c)。

(3) 作连接圆弧 $R16$ 的圆心。以 $O_1$ 为圆心,以 $R = 18 + 16 = 34$ 为半径画弧,作与直线 *I* 平行且距离为 16 的直线 *II*,直线 *II* 与圆弧的交点 *O* 即为圆心。作 $R16$ 圆弧,点 *3*、*4* 为切点(图 1-31d)。$R8$ 和 $R4$ 的圆心求法相同。

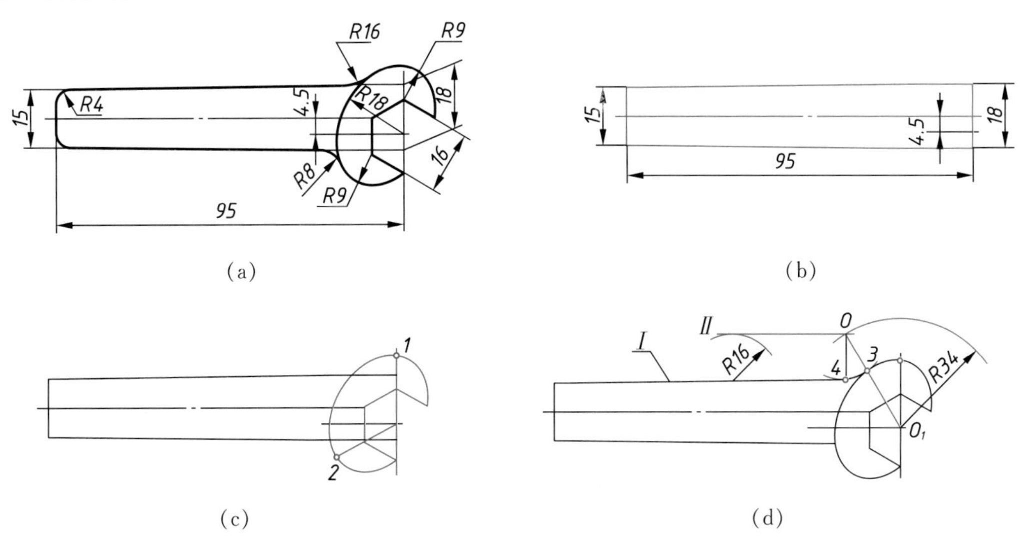


(a) (b) (c) (d)

图 1-31 扳手的画图步骤

**描深**

底稿完成后,要仔细校对,修正错误,并擦去多余的作图线,再按各种图线的线宽要求进行描深，一般用 B 或 HB 铅笔描深粗实线，圆规用的铅芯应比画直线用的铅芯软一号。

描深粗实线时，先描深圆或圆弧，再从图的左上方开始，顺次向下描深所有水平方向的粗实线；仍从图的左上方开始，顺次向右描深所有垂直方向的粗实线。

按上述顺序，用 H 铅笔描深全部细线(细实线、细点画线、细虚线)。

**画箭头、注尺寸、填写标题栏**

图 1-32 所示为完成的扳手平面图形。

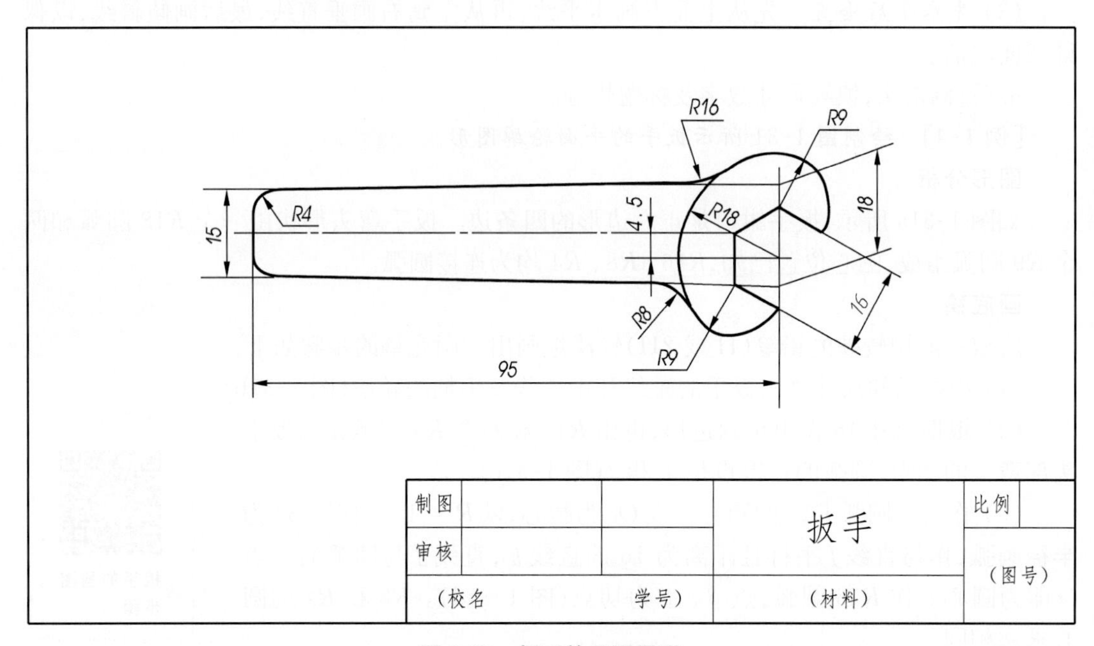


图 1-32　扳手的平面图形

# 第二章 正投影作图基础

正投影图能准确表达物体的形状，度量性好，作图方便，所以在工程上得到广泛应用。机械图样主要是用正投影法绘制的，因此，正投影法的基本原理是识读和绘制机械图样的理论基础，也是本课程的核心内容。

## 第一节 投影法概述

物体在阳光或灯光照射下，在地面或墙面上会产生影子，人们对这种自然现象加以抽象研究，总结其中规律，创造了投影法。

投射线通过物体，向选定的面投射，并在该面上得到图形的方法称为投影法。

### 一、投影法分类

#### 1. 中心投影法

投射线汇交于投射中心的投影方法称为中心投影法。

如图 2-1a 所示，设 $S$ 为投射中心，$SA$、$SB$、$SC$ 为投射线，平面 $P$ 为投影面。延长 $SA$、$SB$、$SC$ 与投影面 $P$ 相交，交点 $a$、$b$、$c$ 即为三角形顶点 $A$、$B$、$C$ 在 $P$ 面上的投影。日常生活中的照相、放映电影都是中心投影的实例。透视图(图 2-1b)就是用中心投影法绘制的，与人的视觉习惯相符，能体现近大远小的效果，形象逼真，具有强烈的立体感，广泛用于建筑、机械产品等效果图。

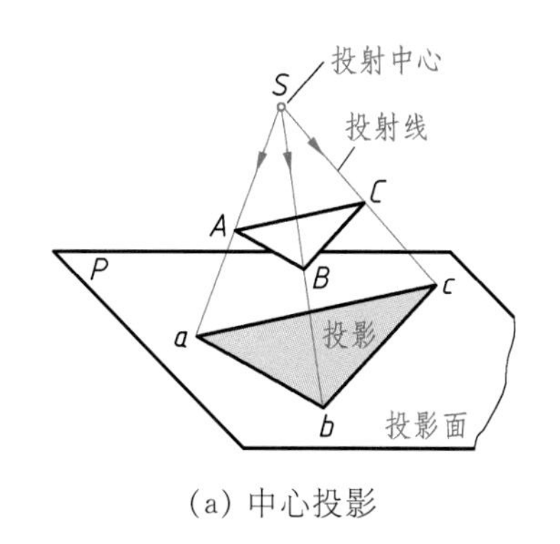


(a) 中心投影

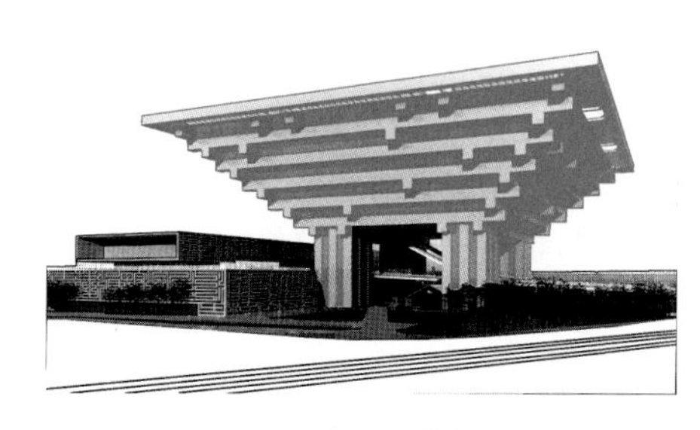

(b) 透视图实例

**图 2-1 中心投影法**

#### 2. 平行投影法

投射线互相平行的投影方法称为平行投影法。按投射线与投影面倾斜或垂直，平行投影法又分为斜投影法和正投影法。

斜投影法　投射线与投影面倾斜的平行投影法(图 2-2a)。

正投影法　投射线与投影面垂直的平行投影法(图 2-2b)。

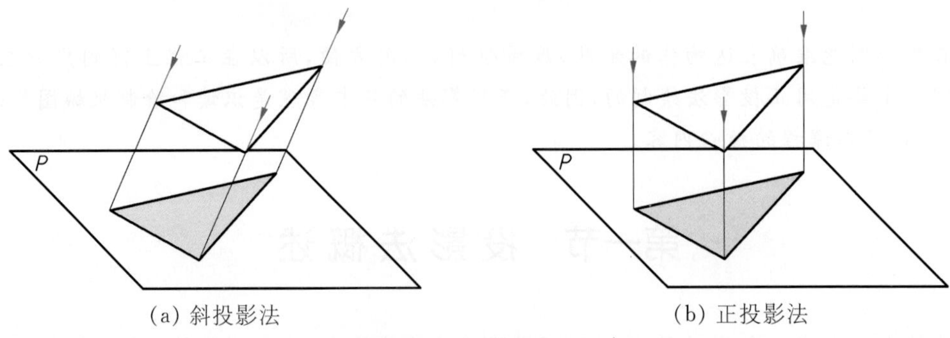


(a) 斜投影法　　(b) 正投影法

图 2-2　平行投影法

由于正投影法所得到的正投影能准确反映物体的形状和大小,度量性好,作图简便,因此,机械图样是采用正投影法绘制的。本书除第四章中的斜轴测图以外,都属于“正投影”。为方便叙述,以下将正投影简称为“投影”。

## 二、直线和平面的正投影特性

### 1. 真实性

当直线或平面平行于投影面时,直线的投影反映实长,平面的投影反映实形,这种投影特性称为真实性(图 2-3a)。

### 2. 积聚性

当直线或平面垂直于投影面时,直线的投影积聚成点,平面的投影积聚成一直线,这种投影特性称为积聚性(图 2-3b)。

### 3. 类似性

当直线或平面倾斜于投影面时,直线的投影仍为直线,但小于实长,平面的投影是其原图形的类似形(类似形是指两图形相应线段间保持定比关系,即边数、平行关系、凹凸关系不变),这种投影特性称为类似性(图 2-3c)。

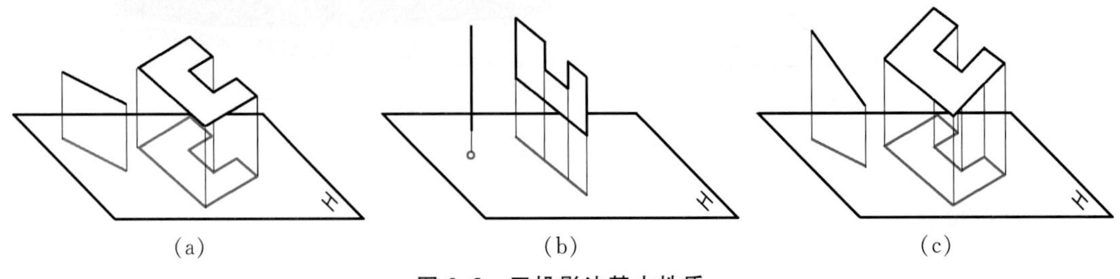


(a)　　(b)　　(c)

图 2-3　正投影法基本性质

# 第二节　三视图的形成及其对应关系

## 一、三投影面体系的建立

一般情况下，物体的一个投影不能确定其形状。如图 2-4 所示，三个形状不同的物体，它们在同一投影面上的投影却相同。所以，要反映物体的完整形状，必须增加不同投射方向得到的投影图，互相补充，才能将物体表达清楚。工程上常用三投影面体系来表达外形简单的物体形状。

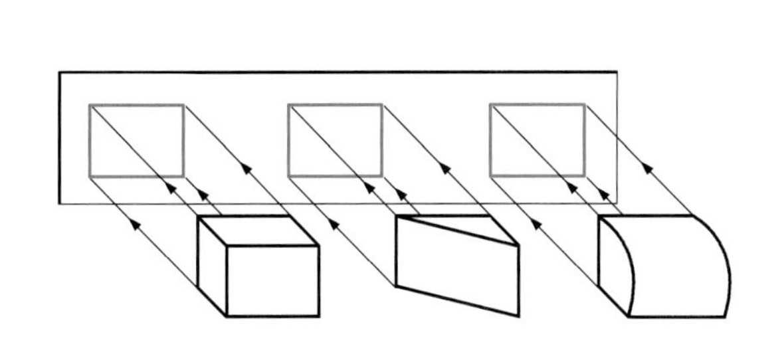

图 2-4　单面投影不能确定物体形状

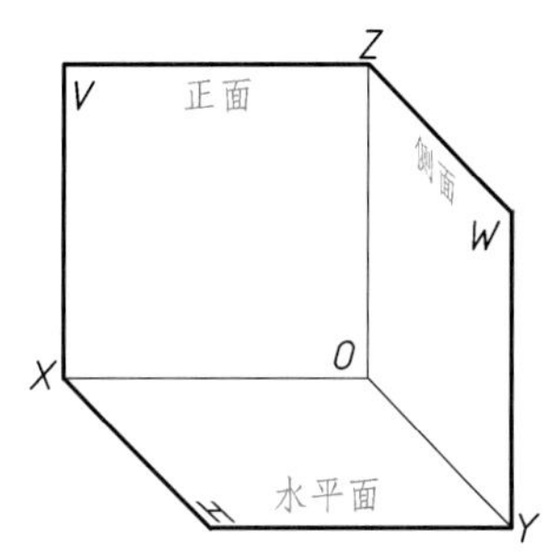


图 2-5　三投影面体系

如图 2-5 所示，设三个互相垂直的投影面：**正立投影面** *V*（简称正面）、**水平投影面** *H*（简称水平面）、**侧立投影面** *W*（简称侧面）。三个投影面的交线 *OX*、*OY*、*OZ* 称为**投影轴**，也互相垂直，分别代表长、宽、高三个方向。三根投影轴交于一点 *O*，称为**原点**。

## 二、三视图的形成

如图 2-6a 所示，将物体放在三投影面体系中，按正投影法向各投影面投射，即可分别得到正面投影、水平投影和侧面投影。**在工程图样中“根据有关标准绘制的多面正投影图”也称为“视图”**。在三投影面体系中，物体的三面视图是国家标准中基本视图①中的三个，规定的名称是：

**主视图**——由前向后投射，在正面上所得的视图；

**俯视图**——由上向下投射，在水平面上所得的视图；

**左视图**——由左向右投射，在侧面上所得的视图。

为了画图和看图方便，必须使处于空间位置的三视图在同一个平面上表示出来。如图 2-6b 所示，规定正面不动，将水平面绕 *OX* 轴旋转 90°，将侧面绕 *OZ* 轴旋转 90°，使它们

① 国家标准规定基本视图共有六个（在第六章中介绍）。

与正面处在同一平面上。如图 2-6c 所示，在旋转过程中，$OY$ 轴一分为二，随 $H$ 面旋转的 $Y$ 轴用 $Y_H$ 表示，随 $W$ 面旋转的 $Y$ 轴用 $Y_W$ 表示。由于画图时不必画出投影面和投影轴，所以去掉投影面的边框和投影轴就得到如图 2-6d 所示的三视图。

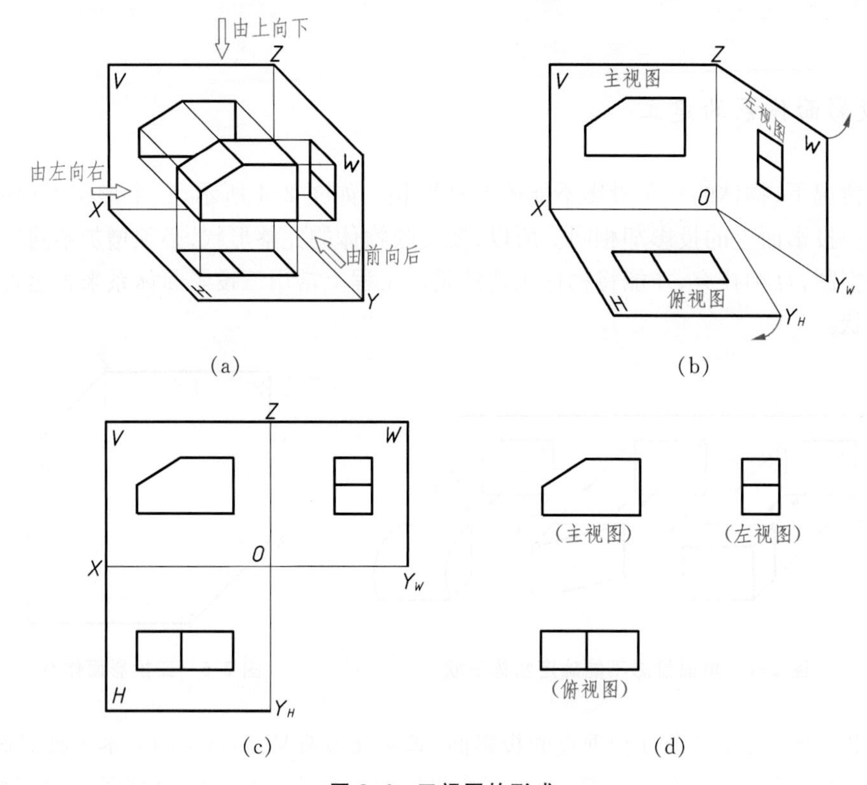


图 2-6　三视图的形成

## 三、三视图之间的对应关系

### 1. 投影对应关系

从三视图的形成过程中可看出，三视图间的位置关系是俯视图在主视图的正下方，左视图在主视图的正右方。按此位置配置的三视图，不需注写其名称。

如图 2-7a 所示，物体有长、宽、高三个方向的尺寸。通常规定：*物体左右之间的距离为长($X$)；前后之间的距离为宽($Y$)；上下之间的距离为高($Z$)。*

从图 2-7b 可看出，一个视图只能反映两个方向的尺寸。主视图反映物体的长和高，俯视图反映物体的长和宽，左视图反映物体的宽和高。由此可归纳得出三视图之间的投影对应关系：

主视图、俯视图反映了物体左、右方向的同样长度(*等长并对正*)；

主视图、左视图反映了物体上、下方向的同样高度(*等高且平齐*)；

俯视图、左视图反映了物体前、后方向的同样宽度(*等宽且前后对应*)。

通过以上分析，三视图之间的投影关系可概括为(图 2-7c)：

主视图、俯视图长对正；

主视图、左视图高平齐；

俯视图、左视图宽相等。

“长对正、高平齐、宽相等”的投影对应关系是三视图的重要特性，也是画图和读图的依据。

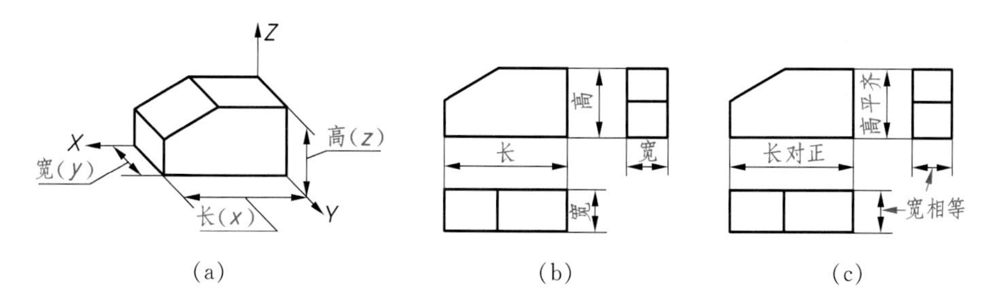


**图 2-7　三视图的投影对应关系**

**2. 方位对应关系**

如图 2-8a 所示，物体有上、下、左、右、前、后六个方位。从图 2-8b 可看出：

主视图反映物体的上、下和左、右的相对位置关系；

俯视图反映物体的前、后和左、右的相对位置关系；

左视图反映物体的前、后和上、下的相对位置关系。

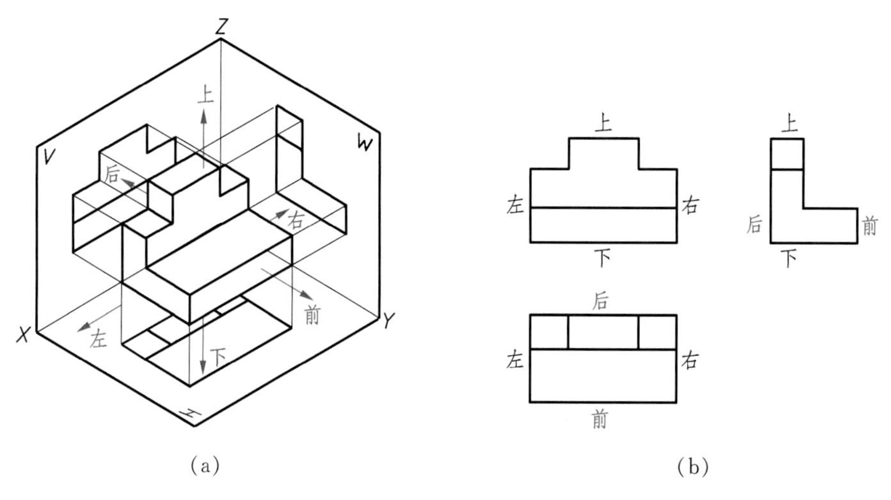


**图 2-8　三视图的方位关系**

画图和读图时，应特别注意俯视图与左视图之间的前、后对应关系。在俯视图、左视图中，靠近主视图的边表示物体的后面，远离主视图的边则表示物体的前面。所以，物体的俯视图、左视图不仅宽相等，还应保持前、后位置的对应关系。

［例 2-1］　根据缺角长方体的立体图和主视图、俯视图(图 2-9a)，补画左视图。

**分析**

应用三视图的投影和方位对应关系这个特性来想象和补画左视图。

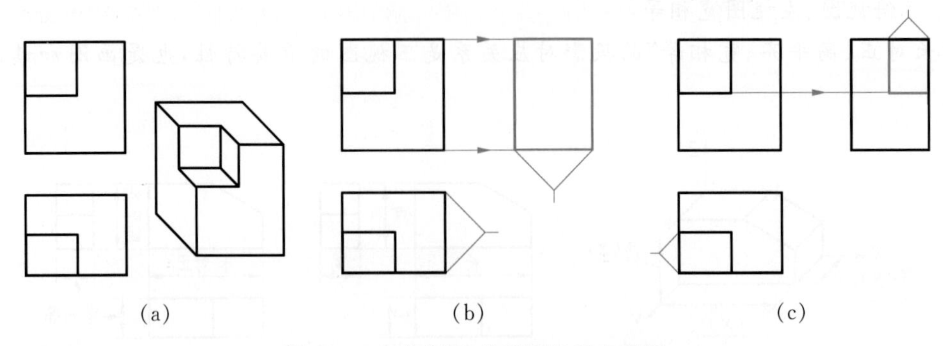


图 2-9　由主视图、俯视图补画左视图

**作图**

(1) 按长方体的主视图、左视图高平齐，俯视图、左视图宽相等的投影关系，补画长方体的左视图(图 2-9b)。

(2) 按同样方法补画长方体上缺角的左视图，此时必须注意缺角在长方体中前、后位置的方位对应关系(图 2-9c)。

**讨论**

微视频

立体表面相对位置分析

怎样判断长方体上各表面间的相对位置？根据方位对应关系，主视图反映物体上、下和左、右相对位置关系，但不能反映物体的前、后方位关系。同样，俯视图不能反映物体的上、下方位关系，左视图不能反映物体的左、右方位关系。因此，如果在主视图上来判断长方体上前、后两个表面的相对位置，必须从俯视图或左视图上找到前、后两个表面的位置，才能确定哪个表面在前、哪个表面在后，如图 2-10a 所示。

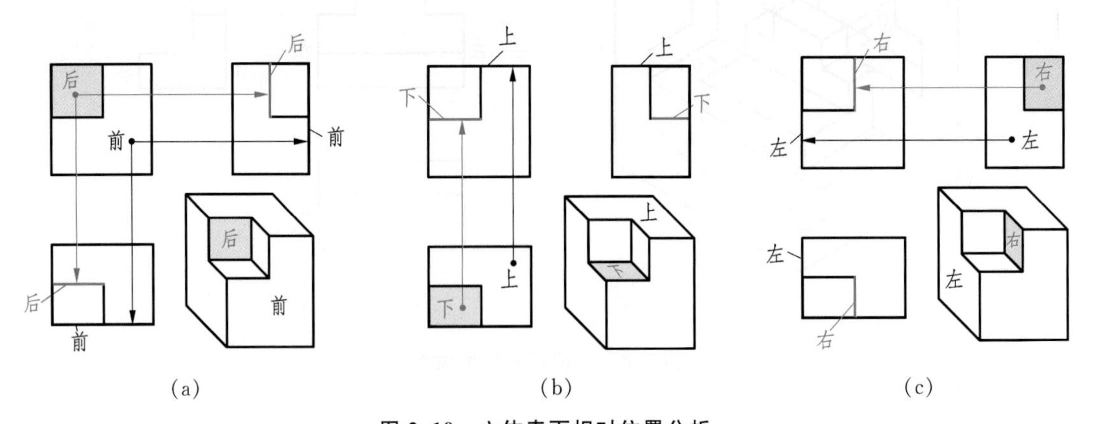


图 2-10　立体表面相对位置分析

用同样的方法在俯视图上判断长方体上、下两个表面的相对位置，在左视图上判断长方体左、右两个表面的相对位置，如图 2-10b、c 所示。

## 四、物体三视图的作图方法与步骤

根据物体(或立体图)画三视图时,首先要分析其形状特征选择主视图的投射方向,并使物体的主要表面与相应的投影面平行。如图 2-11 所示的直角弯板,在它的左端底板上开了一个方槽,右端竖板上切去一角。根据直角弯板 L 形的形状特征,选择由前向后的主视图投射方向,并使 L 形前、后壁与正面平行,底面与水平面平行。

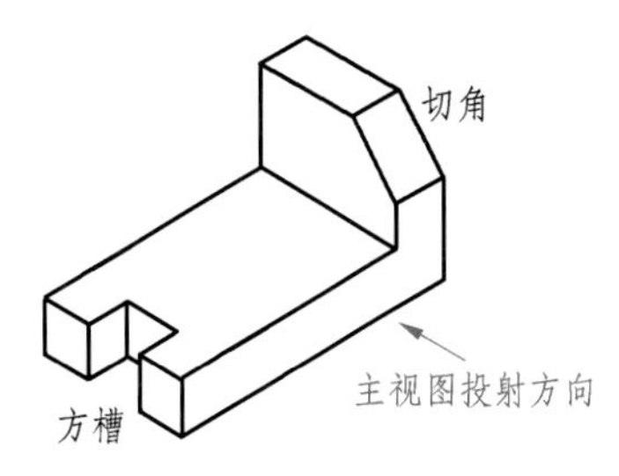


**图 2-11　选择主视图投射方向**

画三视图时,应先画反映形状特征的视图,再按投影关系画出其他视图。作图步骤如图 2-12 所示。

(1) *画直角弯板轮廓的三视图*　先画反映直角弯板形状特征 L 形的主视图(尺寸从立体图中量取),再按投影关系画出俯视图、左视图(图 2-12a)。

(2) *画方槽的三面投影*　先画反映方槽形状特征的俯视图,再按长对正和宽相等的投影关系分别画出主视图中的细虚线(视图上对于不可见轮廓线的投影画细虚线)和左视图中的图线(图 2-12b)。

(3) *画右部切角的三面投影*　先画反映切角形状特征的左视图,再按高平齐、宽相等的投影关系分别画出主视图和俯视图中的图线。画俯视图中的图线时,应注意前后对应关系(图 2-12c)。

(4) 检查无误,完成三视图(图 2-12d)。

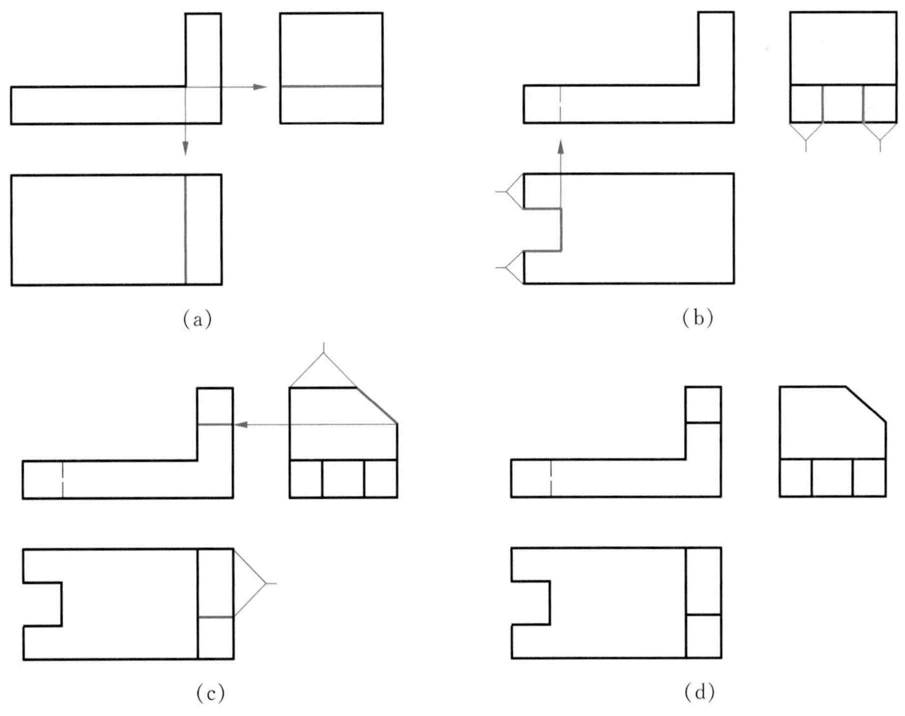


**图 2-12　三视图的作图步骤**

# 第三节　点、直线、平面的投影

任何物体的表面都包含点、线和面等几何元素，如图 2-13 所示三棱锥，就是由四个平面、六条直线和四个点组成的。绘制三棱锥的三视图，实际上就是画出构成三棱锥表面的这些点、直线和平面的投影。因此，要正确而迅速地表达物体，就要掌握这些几何元素的投影特性和作图方法，这对今后的画图和读图具有重要意义。

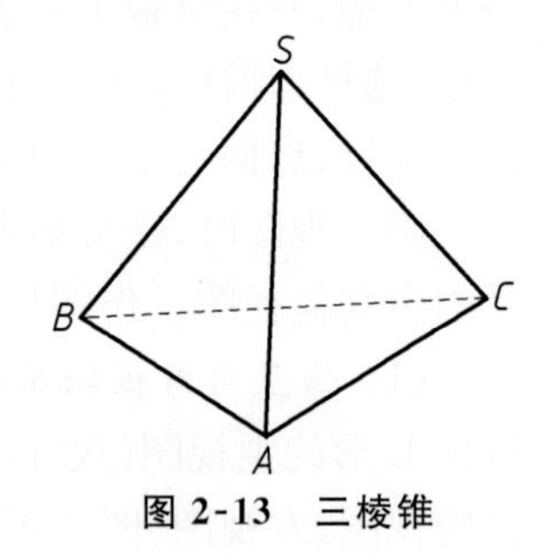

图 2-13　三棱锥

## 一、点的投影

### 1. 点的投影规律

如图 2-14a 所示，过点 $A$ 分别向 $H$ 面、$V$ 面、$W$ 面投射，得到的三面投影分别为 $a$、$a'$、$a''$①。按前述展开的方法把三个投影面展平到一个平面上(图 2-14b)，去掉投影面边框，即得点 $A$ 的三面投影(图 2-14c)，点的三面投影具有以下投影规律：

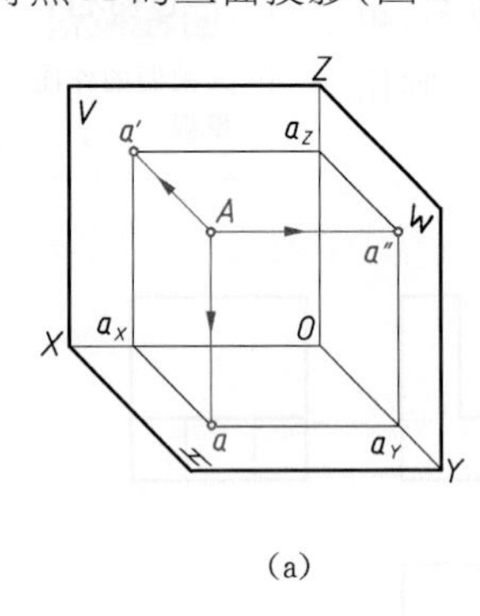

(a)

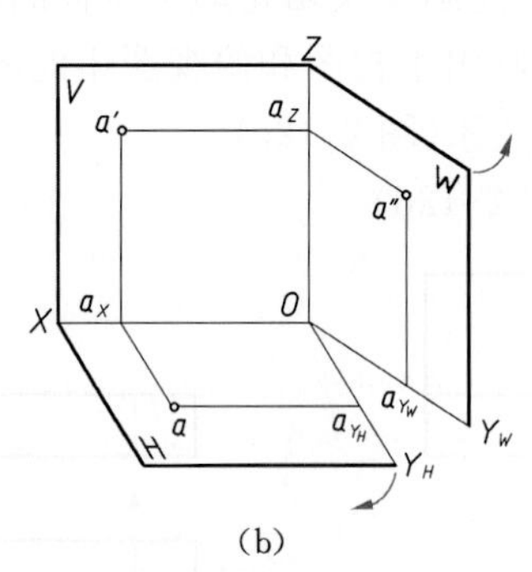

(b)

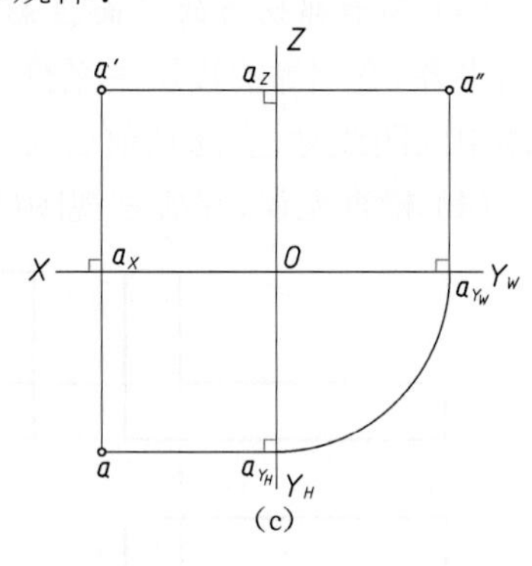

(c)

图 2-14　点的三面投影

(1) 点的两面投影的连线必垂直于投影轴，即：

$$a'a \perp OX$$
$$a'a'' \perp OZ$$
$$aa_{Y_H} \perp OY_H、a''a_{Y_W} \perp OY_W$$

(2) 点的投影到投影轴的距离，等于空间点到对应投影面的距离，即：

$$a'a_X = a''a_{Y_W} = 点 A 到 H 面的距离 Aa$$
$$aa_X = a''a_Z = 点 A 到 V 面的距离 Aa'$$
$$aa_{Y_H} = a'a_Z = 点 A 到 W 面的距离 Aa''$$

① 空间点用大写字母表示，$H$ 面投影用相应的小写字母表示，$V$ 面投影用相应的小写字母加“′”表示，$W$ 面投影用相应的小写字母加“″”表示。

根据上述投影规律，在点的三面投影中，只要知道其中任意两个面的投影，就可以求作第三面投影。

**［例 2-2］** 已知点 $B$ 的 $V$ 面投影 $b'$ 与 $H$ 面投影 $b$，求作 $W$ 面投影 $b''$（图 2-15a）。

**分析**

根据点的投影规律可知，$b'b'' \perp OZ$，过 $b'$ 作 $OZ$ 轴的垂线 $b'b_Z$，所求 $b''$ 必在 $b'b_Z$ 的延长线上。由 $b''b_Z = bb_X$，可确定 $b''$ 的位置。

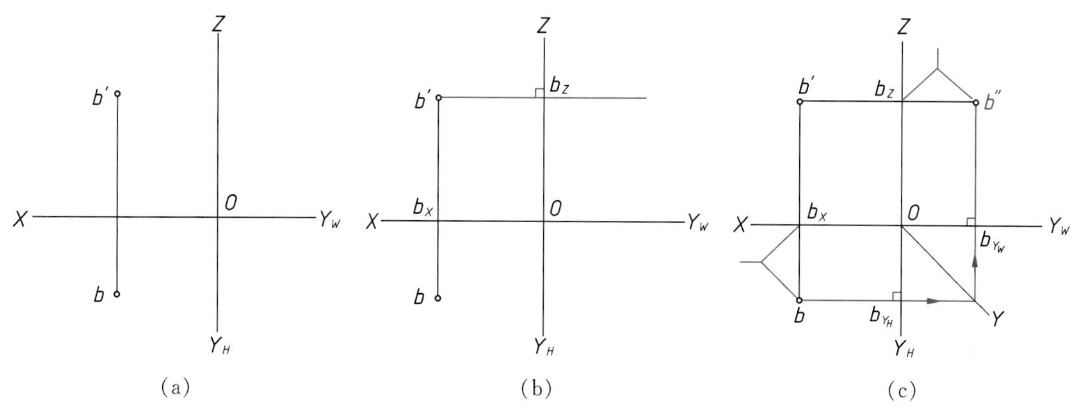


**图 2-15　已知点的两面投影求第三面投影**

**作图**

(1) 过 $b'$ 作 $b'b_Z \perp OZ$，并延长（图 2-15b）。

(2) 量取 $b''b_Z = bb_X$，求得 $b''$。也可利用 45°线作图（图 2-15c）。

**2. 点的三面投影与直角坐标的关系**

如图 2-16a 所示，点在空间的位置可由点到三个投影面的距离来确定。如果将三个投影面作为坐标面，投影轴作为坐标轴，则点的三面投影与点的三个坐标值有以下对应关系：

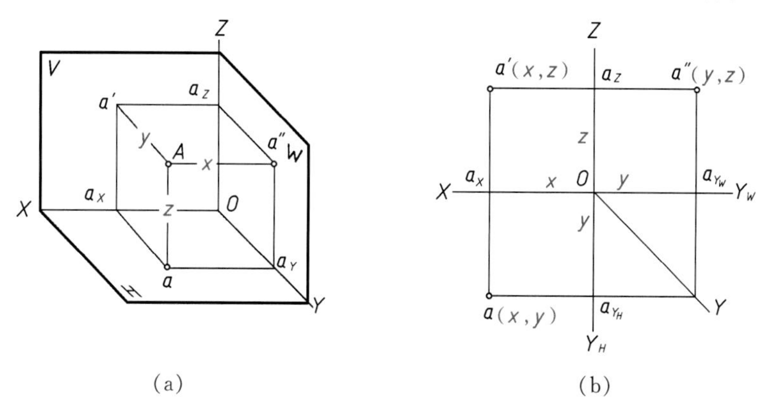


**图 2-16　点的投影与直角坐标的关系**

点到 $W$ 面的距离 $a''A = a_Za' = a_Ya = Oa_X = x$ 坐标

点到 $V$ 面的距离 $a'A = a_Xa = a_Za'' = Oa_Y = y$ 坐标

点到 $H$ 面的距离 $aA = a_Xa' = a_Ya'' = Oa_Z = z$ 坐标

空间点的位置可由该点的坐标$(x, y, z)$确定。如图 2-16b 所示，点 $A$ 三面投影的坐标分别为 $a(x, y)$, $a'(x, z)$, $a''(y, z)$。任一投影都包含两个坐标，所以一个点的两个投影就包含了确定该点空间位置的三个坐标，即确定了点的空间位置。

［例 2-3］　已知空间点 $B$ 的坐标为：$x = 12$，$y = 10$，$z = 17$（单位为 mm，下同），也可写成$B(12, 10, 17)$。求作点 $B$ 的三面投影。

**分析**

已知空间点的三个坐标，便可作出该点的两个投影，再求作另一投影。

**作图**

(1) 在 $OX$ 轴上向左量取 12，得 $b_X$（图 2-17a）。

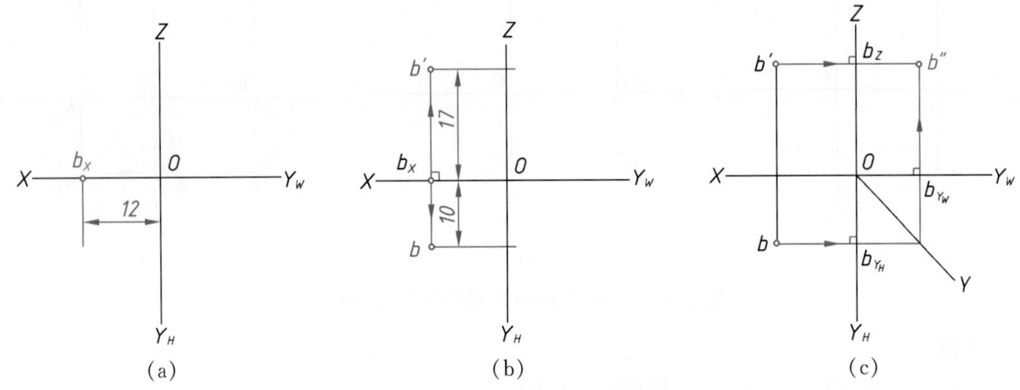


**图 2-17　已知点的坐标作投影图**

(2) 过 $b_X$ 作 $OX$ 轴的垂线，在此垂线上向下量取 10 得 $b$，向上量取 17 得 $b'$（图2-17b）。

(3) 由 $b$、$b'$ 作出 $b''$（图 2-17c）。

**思考**

如果已知空间点 $C(15, 10, 0)$，即点 $C$ 的 $z$ 坐标为“0”，它在三投影面体系中处于什么位置？请读者思考，并画出点 $C$ 的三面投影。

### 3. 两点相对位置

两点的相对位置由两点的坐标差确定，如图 2-18 所示。

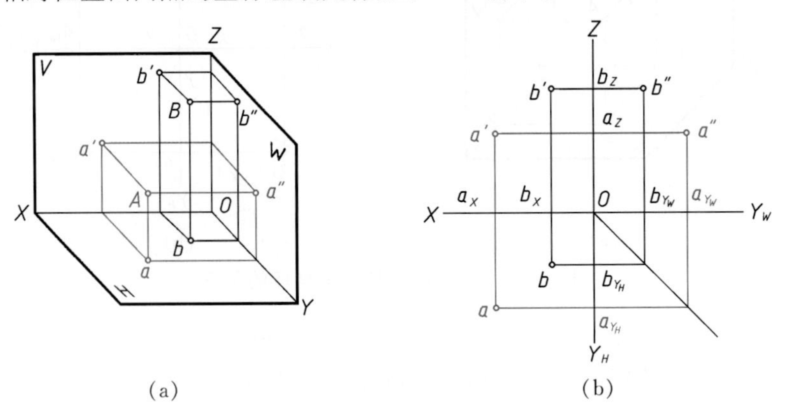


**图 2-18　两点的相对位置**

两点的左、右相对位置由 $x$ 坐标确定，$x_A > x_B$，点 $A$ 在点 $B$ 的左方。

两点的前、后相对位置由 $y$ 坐标确定，$y_A > y_B$，点 $A$ 在点 $B$ 的前方。

两点的上、下相对位置由 $z$ 坐标确定，$z_B > z_A$，点 $B$ 在点 $A$ 的上方。

**［例 2-4］** 已知空间点 $C(7, 12, 6)$，点 $D$ 在点 $C$ 的左方 5、后方 6、上方 4。求作点 $D$ 的三面投影，如图 2-19 所示。

**分析**

点 $D$ 在点 $C$ 的左方和上方，说明点 $D$ 的 $x$、$z$ 坐标大于点 $C$ 的 $x$、$z$ 坐标；点 $D$ 在点 $C$ 的后方，说明点 $D$ 的 $y$ 坐标小于点 $C$ 的 $y$ 坐标。可根据两点的坐标差作出点 $D$ 的三面投影。

**作图**

(1) 根据点 $C$ 的三坐标作出三面投影 $c$、$c'$、$c''$(图 2-19a)。

(2) 沿 $X$ 轴方向量取 $7+5=12$ 作 $X$ 轴的垂线，沿 $Y$ 轴方向量取 $12-6=6$ 作 $Y_H$ 轴的垂线，与 $X$ 轴的垂线相交，交点为点 $D$ 的 $H$ 面投影 $d$(图 2-19b)。

(3) 沿 $Z$ 轴方向量取 $6+4=10$ 作 $Z$ 轴的垂线，与 $X$ 轴的垂线相交，交点为点 $D$ 的 $V$ 面投影 $d'$。再作出 $d''$，完成点 $D$ 的三面投影(图 2-19c)。

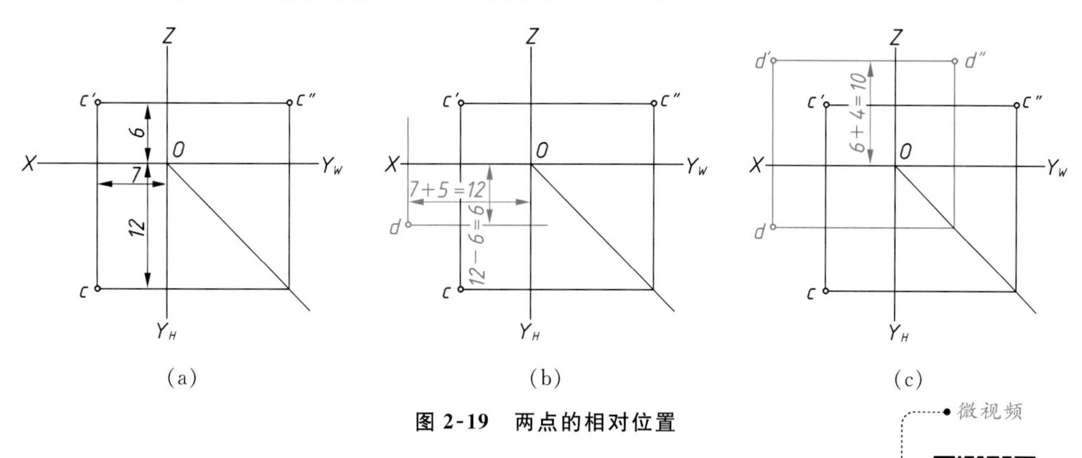


**图 2-19　两点的相对位置**

微视频

两点的相对位置

**思考**

(1) 在投影图上标出点 $A$、$B$ 的两面投影(图 2-20a)；

(2)、(3) 在立体图上标出点 $C$、$D$ 和 $E$、$F$ 的位置(图 2-20b、c)。

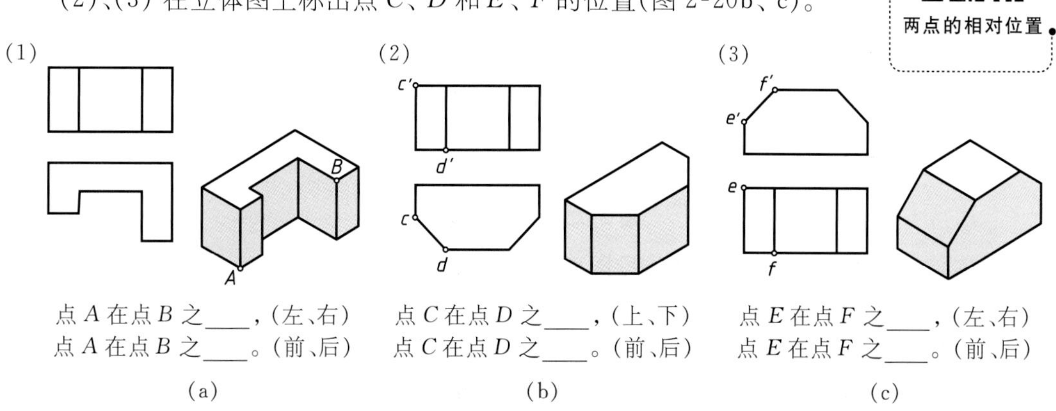


**图 2-20　思考题**

**4. 重影点的可见性判别**

空间两点在某一投影面上的投影重合称为重影。如图2-21a所示，点$B$和点$A$在$H$面上的投影$b(a)$重影，称为重影点。两点重影时，远离投影面的一点为可见，另一点为不可见，并规定在不可见点的投影符号外加括号表示，如图2-21b所示。重影点的可见性可通过该点的另两个投影来判别，例如，在图2-21b中，从$V$面(或$W$面)投影可知，点$B$在点$A$之上，可判断在$H$面投影中$b$为可见，$a$为不可见。

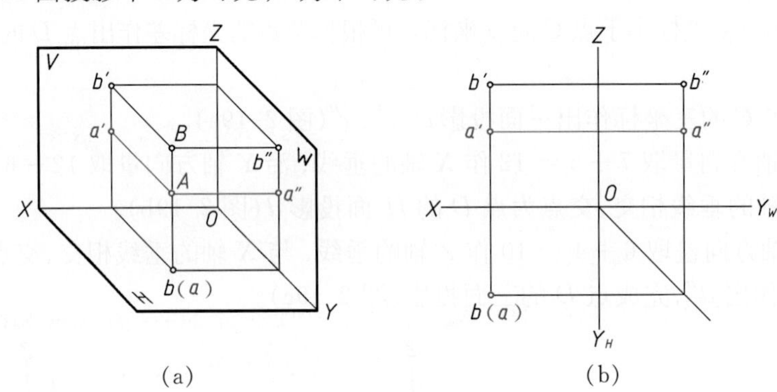


(a)　(b)

**图2-21　重影点的投影**

## 二、直线的投影

直线的投影一般仍是直线(当直线垂直于投影面时，在该投影面上的投影积聚成一点)。直线的投影通常可由线段上两点在同一投影面上的投影(称同面投影)相连而得。如图2-22所示，要作出直线$AB$的三面投影，可先作出其两端点的投影$a$、$a'$、$a''$和$b$、$b'$、$b''$(图2-22a)，将其同面投影相连，即得直线$AB$的三面投影$ab$、$a'b'$、$a''b''$(图2-22b)。

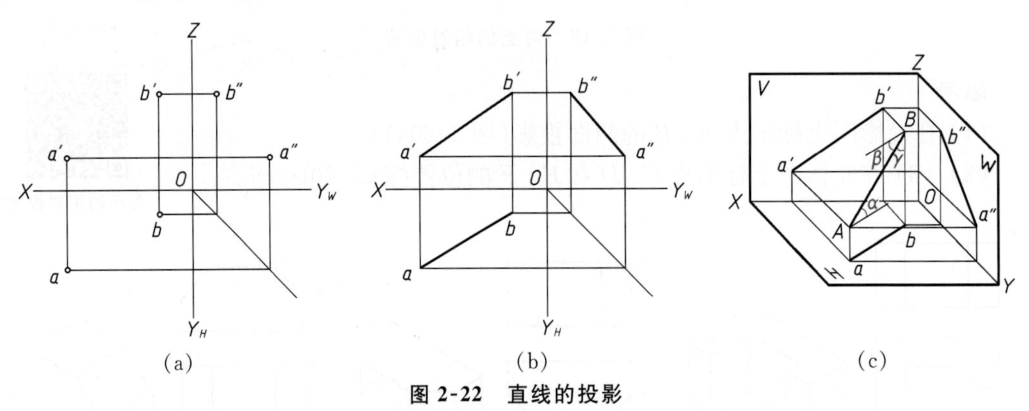


(a)　(b)　(c)

**图2-22　直线的投影**

在三投影面体系中，直线按其与投影面的相对位置，可分为三种：

一般位置直线——与三个投影面都倾斜的直线。

投影面平行线——平行于一个投影面、倾斜于另外两个投影面的直线。

投影面垂直线——垂直于一个投影面、平行于另外两个投影面的直线。

投影面平行线和投影面垂直线又称为特殊位置直线。

### 1. 一般位置直线

既不平行也不垂直于任何一个投影面，即与三个投影面都处于倾斜位置的直线，称为一般位置直线，如图 2-22c 所示的直线 $AB$。一般位置直线的投影特性如下：

(1) 三个投影均不反映实长。

(2) 三个投影均对投影轴倾斜。

在三投影面体系中，直线对 $H$、$V$、$W$ 面的倾角分别用 $\alpha$、$\beta$、$\gamma$ 表示。

### 2. 投影面平行线

投影面平行线有三种位置(图 2-23)：

　　**水平线**——平行于水平面的直线($AC$)。

　　**正平线**——平行于正面的直线($BC$)。

　　**侧平线**——平行于侧面的直线($AB$)。

投影面平行线的投影特性见表 2-1。

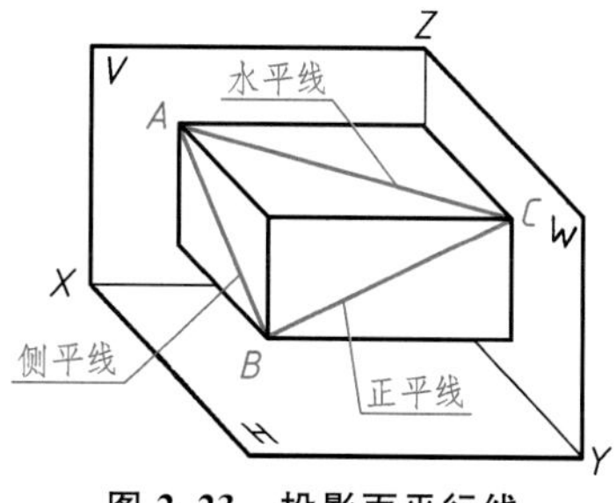


**图 2-23　投影面平行线**

**表 2-1　投影面平行线的投影特性**

| 水平线 | 正平线 | 侧平线 |
| --- | --- | --- |

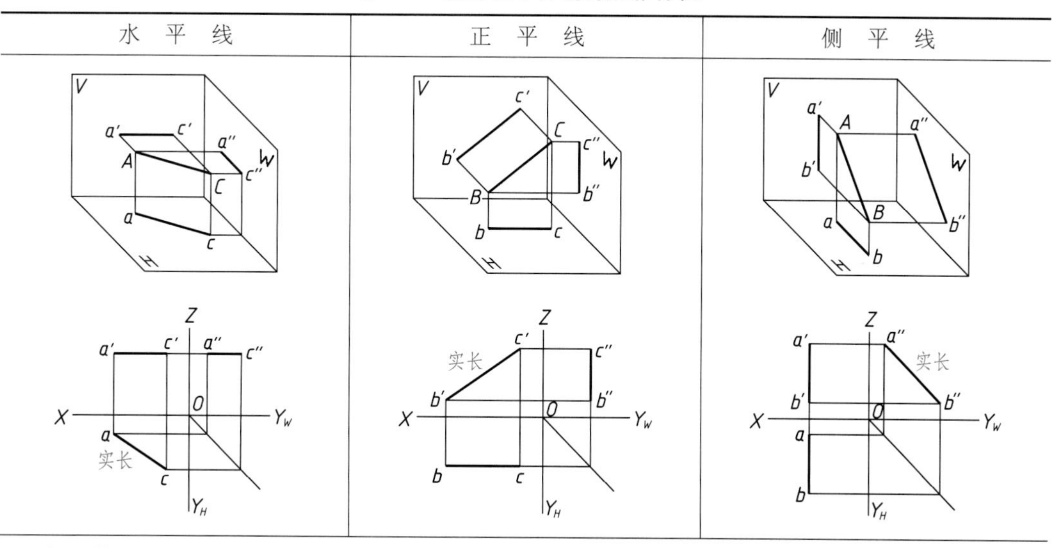


投影特性：

1. 投影面平行线的三个投影都是直线，其中在与直线平行的投影面上的投影反映线段实长。
2. 另外两个投影都短于线段实长，且分别平行于相应的投影轴

### 3. 投影面垂直线

投影面垂直线也有三种位置(图 2-24)：

　　**铅垂线**——垂直于水平面的直线($AC$)。

　　**正垂线**——垂直于正面的直线($AB$)。

　　**侧垂线**——垂直于侧面的直线($AD$)。

投影面垂直线的投影特性见表 2-2。

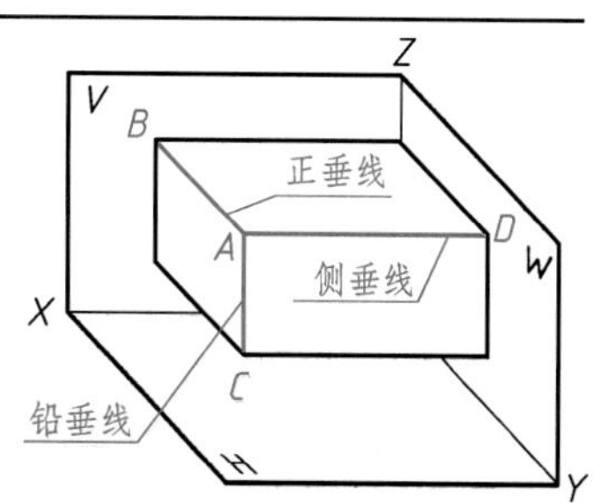


**图 2-24　投影面垂直线**

**表 2-2　投影面垂直线的投影特性**

| 铅　垂　线 | 正　垂　线 | 侧　垂　线 |
| --- | --- | --- |

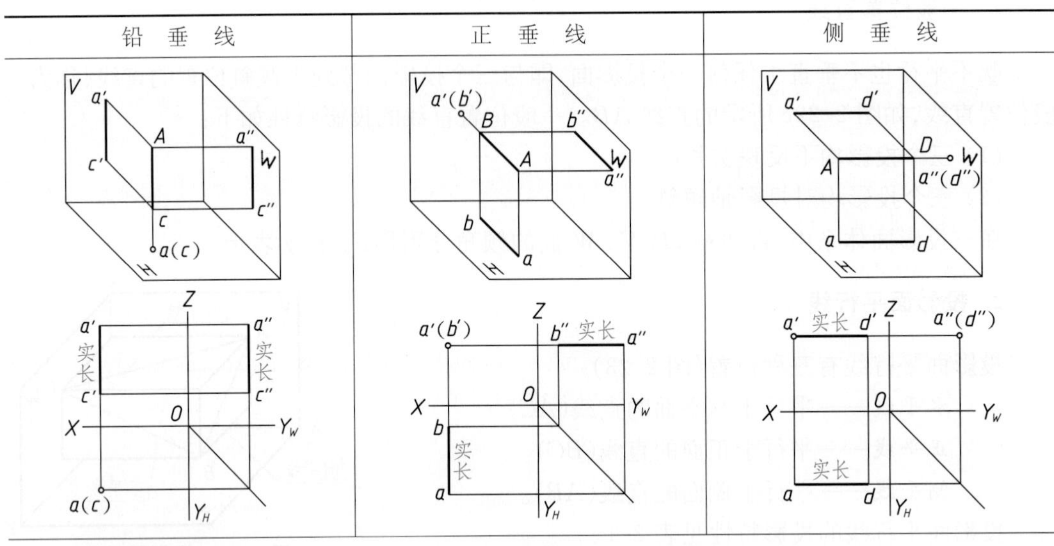


投影特性：
1. 投影面垂直线在所垂直的投影面上的投影积聚成为一个点。
2. 另外两个投影都反映线段实长，且垂直于相应的投影轴

［例 2-5］　分析正三棱锥各棱线与投影面的相对位置(图 2-25)。

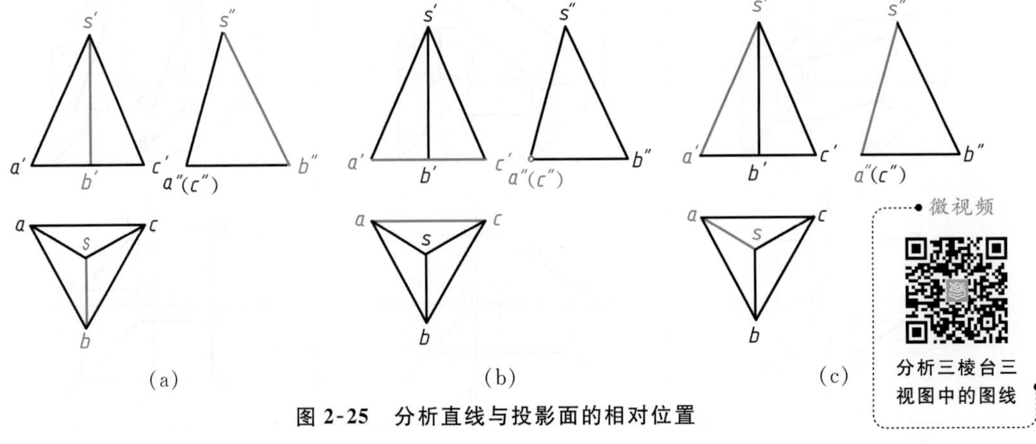


**图 2-25　分析直线与投影面的相对位置**

(1) 棱线 $SB$　$sb$ 和 $s'b'$ 分别平行于 $OY_H$ 和 $OZ$，可确定 $SB$ 为侧平线，侧面投影 $s''b''$ 反映实长(图 2-25a)。

(2) 棱线 $AC$　侧面投影 $a''(c'')$ 重影，可判断 $AC$ 为侧垂线，$a'c' = ac = AC$ (图 2-25b)。

(3) 棱线 $SA$　三个投影 $sa$、$s'a'$、$s''a''$ 对投影轴都倾斜，所以必定是一般位置直线(图 2-25c)。

**思考**

分析图 2-26 所示正三棱台的三视图中的图线，其中水平线有____条，侧平线有____条，侧垂线有____条，一般位置直线有____条。

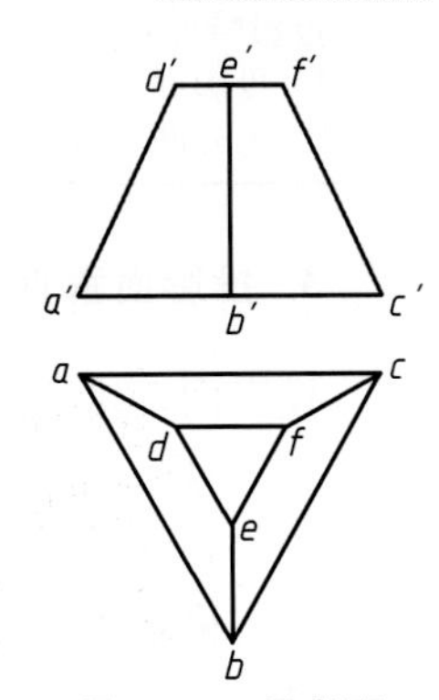


**图 2-26　思考题**

## 三、平面的投影

平面的投影一般仍为平面(当平面垂直于投影面时,在该投影面上的投影积聚成一直线)。不在同一直线上的三点可以确定一个平面,所以作平面的投影时,只要作出平面上各点的投影,然后连接其同面投影即可。在投影图上,平面通常用三角形、四边形、圆等平面图形表示。

在三投影面体系中,平面对投影面的相对位置有三种:

投影面平行面——平行于一个投影面、垂直于另外两个投影面的平面;

投影面垂直面——垂直于一个投影面、倾斜于另外两个投影面的平面;

一般位置平面——与三个投影面都倾斜的平面。

### 1. 投影面平行面

投影面平行面可分为三种(图 2-27):

水平面——平行于 $H$ 面并垂直于 $V$、$W$ 面的平面($A$);

正平面——平行于 $V$ 面并垂直于 $H$、$W$ 面的平面($B$);

侧平面——平行于 $W$ 面并垂直于 $V$、$H$ 面的平面($C$)。

投影面平行面的投影特性见表 2-3。

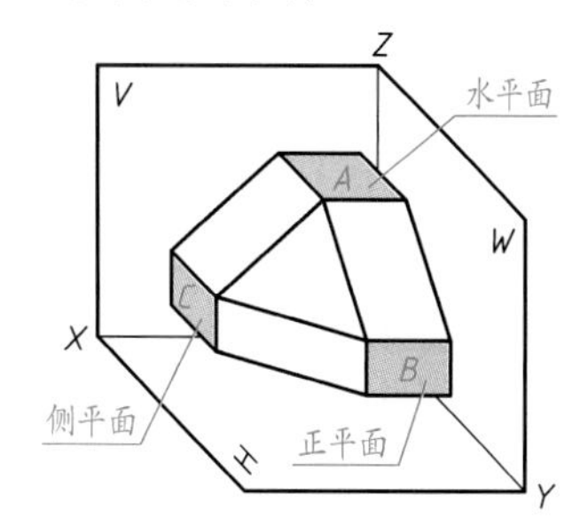


图 2-27　投影面平行面

表 2-3　投影面平行面的投影特性

| 水　平　面 | 正　平　面 | 侧　平　面 |
| --- | --- | --- |
| V　a′　a″　A　W　a　H　a′　a″　a | V　b′　W　b″　B　H　b　b′　b″　b | V　c′　C　c″　W　c　H　c′　c″　c |

投影特性:

1. 在与平面平行的投影面上,该平面的投影反映实形。
2. 其余两个投影为水平线段或铅垂线段,都具有积聚性

## 2. 投影面垂直面

投影面垂直面也可分为三种(图 2-28)：

铅垂面——垂直于 $H$ 面并与 $V$、$W$ 面倾斜的平面($P$)；

正垂面——垂直于 $V$ 面并与 $H$、$W$ 面倾斜的平面($Q$)；

侧垂面——垂直于 $W$ 面并与 $H$、$V$ 面倾斜的平面($R$)。

在三投影面体系中,平面对投影面的倾角分别用 $\alpha$、$\beta$、$\gamma$ 表示。

投影面垂直面的投影特性见表 2-4。

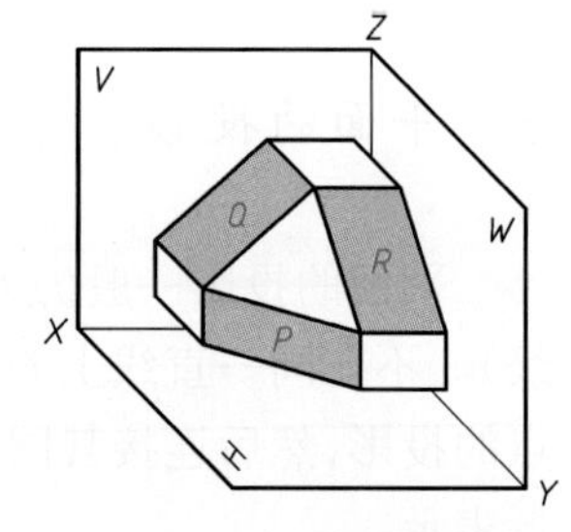


图 2-28　投影面垂直面

表 2-4　投影面垂直面的投影特性

| 铅　垂　面 | 正　垂　面 | 侧　垂　面 |
| --- | --- | --- |
| V, p′, P, p″, W, p, H; p′, p″, β, γ, p | V, q′, Q, q″, W, q, H; q′, γ, α, q″, q | V, r′, R, W, r″, r, H; r′, β, r″, α, r |

投影特性：
1. 在与平面垂直的投影面上,该平面的投影为一倾斜线段,有积聚性,且反映与另两投影面的倾角。
2. 其余两个投影都是缩小的类似形

## 3. 一般位置平面

与三个投影面都倾斜的平面称为一般位置平面。

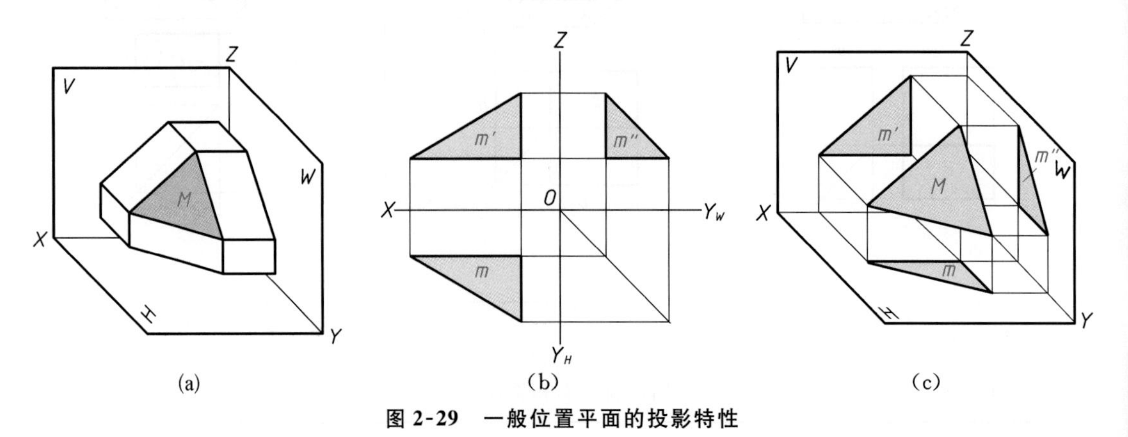


图 2-29　一般位置平面的投影特性

图 2-29a 中形体上的平面 $M$ 对三个投影面既不平行也不垂直，所以在图 2-29b、c 中，它的 $H$、$V$、$W$ 面投影均为平面 $M$ 的类似形。

［例 2-6］ 分析正三棱锥各棱面与投影面的相对位置（图 2-30）。

（1）底面 $ABC$ 如图 2-30a 所示，$V$ 面和 $W$ 面投影积聚为水平线，分别平行于 $OX$ 轴和 $OY_W$ 轴，可确定底面 $ABC$ 是水平面，水平投影反映实形。

（2）棱面 $SAB$ 如图 2-30b 所示，三个投影 $sab$、$s'a'b'$、$s''a''b''$ 都没有积聚性，均为棱面 $SAB$ 的类似形，可判断棱面 $SAB$ 是一般位置平面。

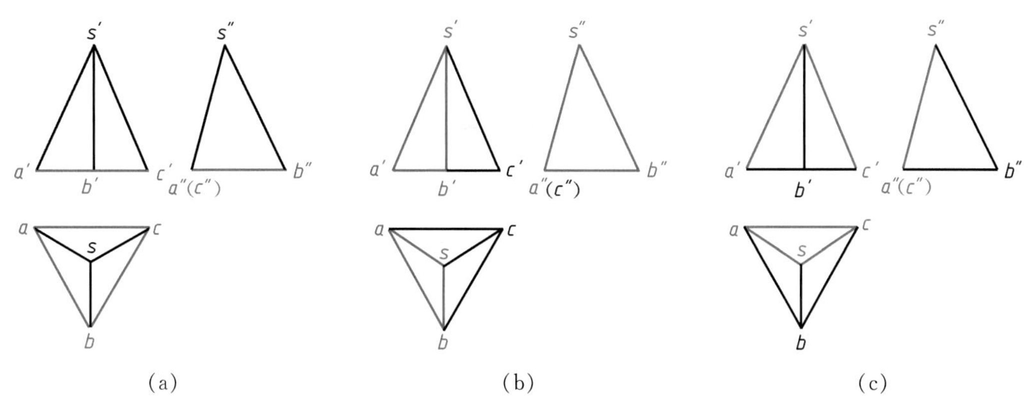


图 2-30 分析平面与投影面的相对位置

（3）棱面 $SAC$ 如图 2-30c 所示，从 $W$ 面投影中的重影点 $a''(c'')$ 可知，棱面 $SAC$ 的一边 $AC$ 是侧垂线。根据几何定理，一个平面上的任一直线垂直于另一平面，则两平面互相垂直。因此，可判断棱面 $SAC$ 是侧垂面，$W$ 面投影积聚成一条直线。

**思考**

如图 2-31 所示，对照立体图，分析并指出该物体上有____个水平面，____个正平面，____个侧平面，____个正垂面和____个侧垂面。

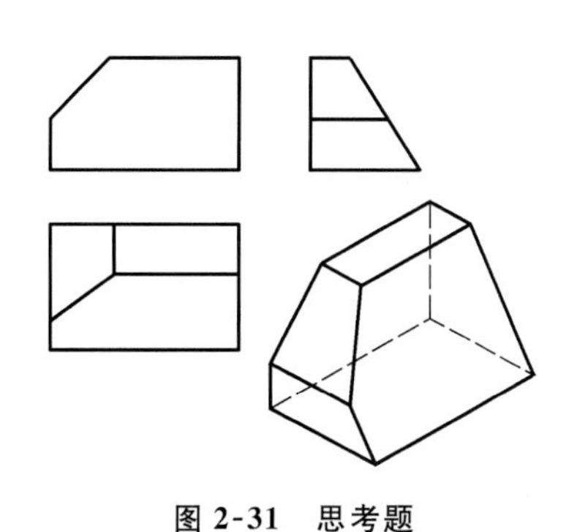

图 2-31 思考题

## 四、点在直线和平面上的投影作图

### 1. 点在直线上

如果点在直线上，则点的各投影必在该直线的同面投影上，并将直线的各个投影分割成和空间相同的比例。

如图 2-32 所示，若点 $C$ 在直线 $AB$ 上，则 $c'$ 在 $a'b'$ 上，$c$ 在 $ab$ 上，$c''$ 在 $a''b''$ 上，并且 $AC/CB = a'c'/c'b' = ac/cb = a''c''/c''b''$。

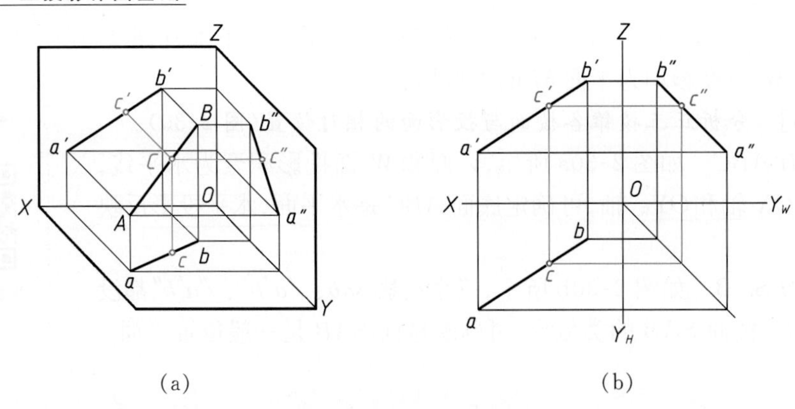


(a)　　　　　　　　(b)

图 2-32　直线上点的投影

［例 2-7］　如图 2-33a 所示，已知点 $M$ 在直线 $CD$ 上，求作它们的三面投影。

**分析**

由于点 $M$ 在直线 $CD$ 上，所以点 $M$ 的各投影必在 $CD$ 的同面投影上。

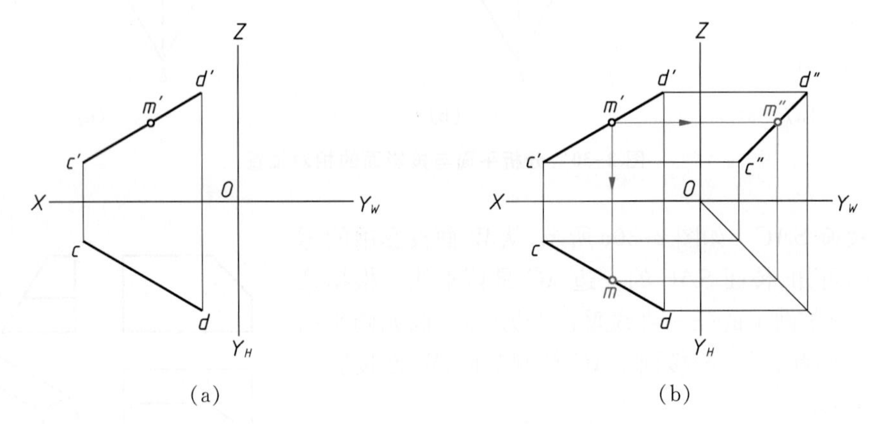


(a)　　　　　　　　(b)

图 2-33　直线上点的投影作图

**作图**

如图 2-33b 所示，作出直线 $CD$ 的侧面投影 $c''d''$ 后，即可在 $cd$ 和 $c''d''$ 上确定点 $M$ 的水平投影 $m$ 和侧面投影 $m''$。

［例 2-8］　如图 2-34a 所示，已知点 $K$ 在直线 $EF$ 上，求点 $K$ 的正面投影。

**分析**

点 $K$ 的正面投影 $k'$ 一定在 $e'f'$ 上，但由于 $EF$ 是侧平线，由 $k$ 作垂直于 $OX$ 轴的投影连线，不能在 $e'f'$ 上定出 $k'$，必须先作出侧面投影 $e''f''$，由 $k$ 作投影连线在 $e''f''$ 上求得 $k''$，再由 $k''$ 作投影连线求得 $k'$，如图 2-34b 所示。

另一种方法如图 2-34c 所示，用分割线段成定比的方法作图。

**作图**

(1) 自 $e'f'$ 的一个端点 $e'$ 任作一辅助线，在此线上截取 $e'K_0 = ek$、$K_0F_0 = kf$。

(2) 连接 $f'F_0$,并由 $K_0$ 作 $f'F_0$ 的平行线,此平行线与 $e'f'$的交点,即点 $K$ 的正面投影 $k'$。

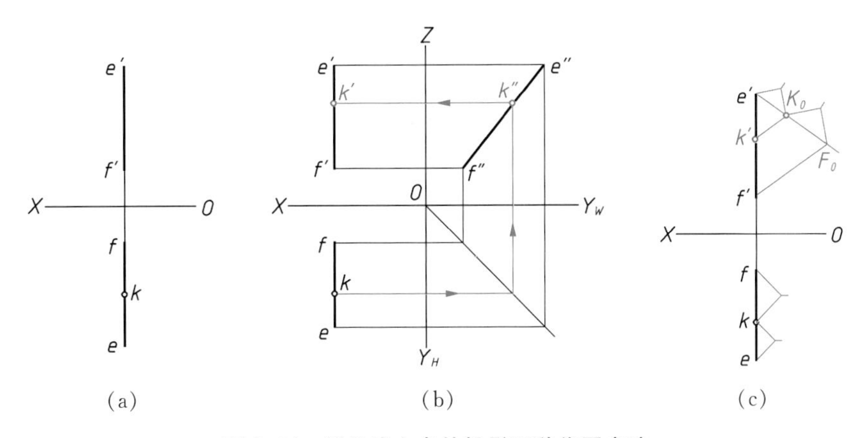


图 2-34　侧平线上点的投影两种作图方法

## 2. 点在平面上

(1) 点在特殊位置平面上　如图 2-35a 和 b 所示,已知正垂面上点 $K$ 的 $H$ 面投影 $k$,可利用平面的积聚性直接作出点 $K$ 的 $V$、$W$ 面投影 $k'$和 $k''$。

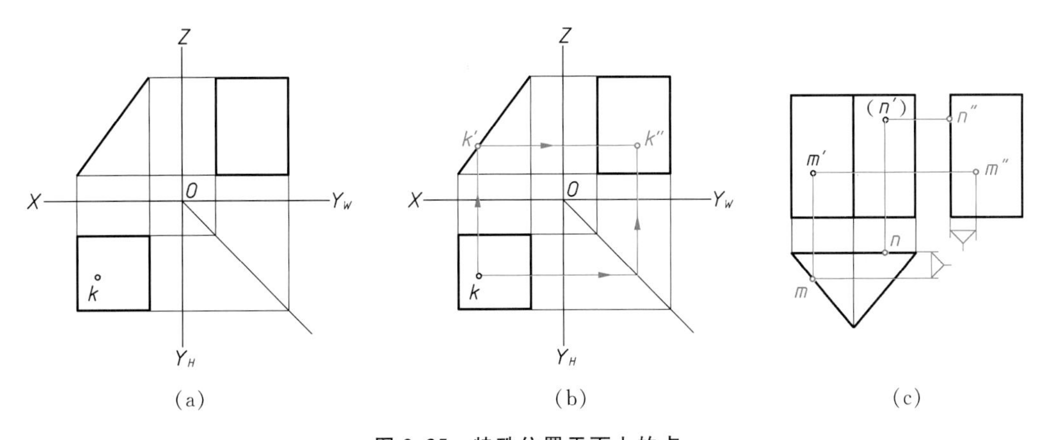


图 2-35　特殊位置平面上的点

如图 2-35c 所示,已知三棱柱棱面上点 $M$ 的 $V$ 面投影 $m'$,可直接作出 $m$ 和 $m''$。已知另一点 $N$ 的正面投影($n'$),因为($n'$)不可见,说明点 $N$ 在三棱柱的后棱面上,又由于后棱面的 $H$、$W$ 面投影都有积聚性,所以可由($n'$)直接作出 $n$ 和 $n''$。

(2) 点在一般位置平面上　由于一般位置平面的投影没有积聚性,所以在求作平面上点的投影时不能直接作出,必须在平面上作一条辅助线。

如图 2-36a 所示,已知△$ABC$ 上一点 $K$ 的 $V$ 面投影 $k'$,求作 $k$。

点在平面上的几何条件为:若一点在平面内的任一直线上,则此点必定在该平面上。因此,在求作平面上点的投影时,可先在平面上作辅助线,然后在辅助线的投影上求作点的投影。

作图方法如图 2-36b 所示,在 $V$ 面投影中,过 $a'$、$k'$作辅助线,与 $b'c'$交于 $d'$。由 $d'$作

$OX$ 轴的垂线，与 $bc$ 交于 $d$，则 $ad$ 即为辅助线的 $H$ 面投影。再由 $k'$ 作 $OX$ 轴的垂线，与 $ad$ 交于 $k$，即为点 $K$ 的 $H$ 面投影。

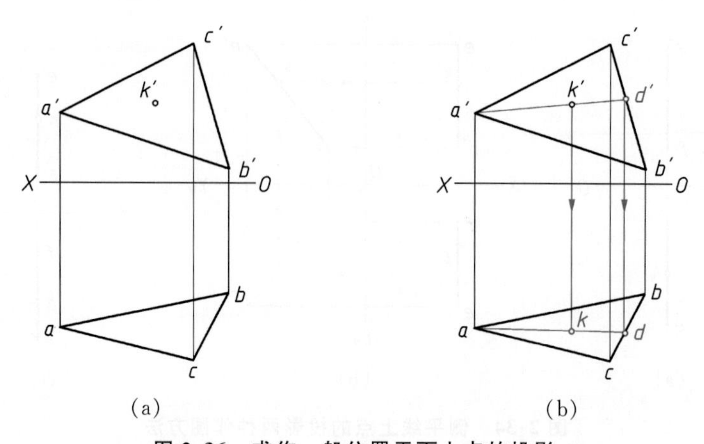


图 2-36　求作一般位置平面上点的投影

［例 2-9］　判断 $A$、$B$、$C$、$D$ 四点是否在同一平面上(图 2-37a)。

**分析**

空间两点可连成一直线，空间不在一直线上的三个点可确定一平面。如果空间有四个点，它们不一定在同一平面上。判断的方法可将其中三个点构成一个三角形，再检查另一点是否在这个三角形平面上。

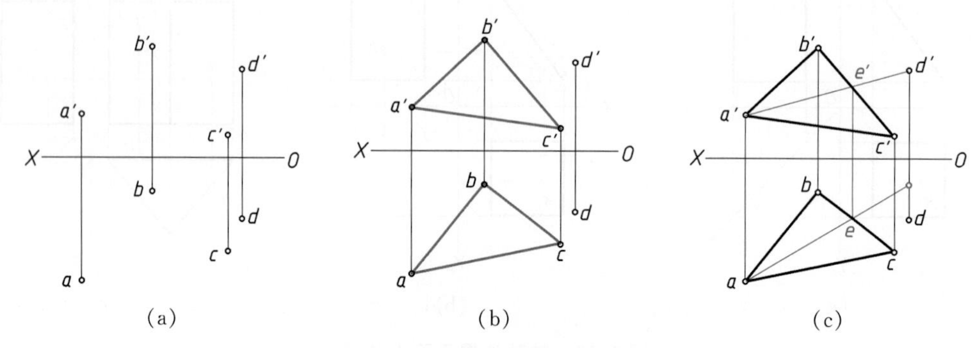


图 2-37　判断空间四点是否在同一平面上

**作图**

(1) 连接 $a'$、$b'$，$b'$、$c'$，$c'$、$a'$ 和 $a$、$b$，$b$、$c$，$c$、$a$，即得△$ABC$ 的两面投影(图 2-37b)。

(2) 连接 $a'$、$d'$，与 $b'c'$ 相交于 $e'$，作出 $e$，并连接 $a$、$e$。如果 $ae$ 的延长线经过 $d$，则空间点 $D$ 在直线 $AE$ 上，即点 $D$ 与点 $A$、$B$、$C$ 在同一平面上。图 2-37c 所示 $d$ 不在 $ae$ 的延长线上，说明点 $D$ 不在直线 $AE$ 上，则 $A$、$B$、$C$、$D$ 四点不在同一平面上。

**思考**

如图 2-38 所示，已知四边形 $ABCD$ 的水平投影 $abcd$ 及正面投影 $a'b'$ 和 $a'd'$，试完成四边形的正面投影。

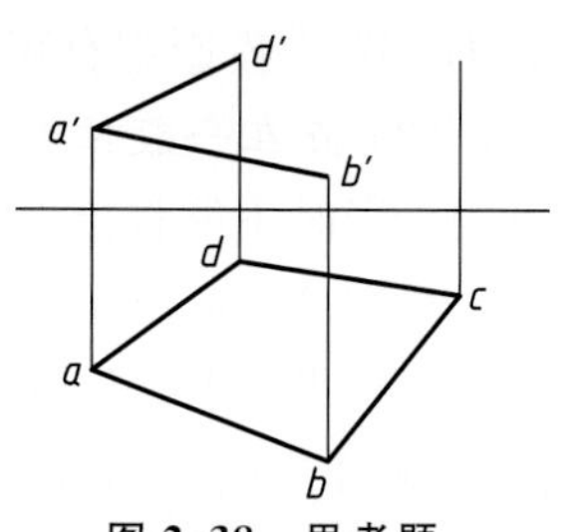


图 2-38　思考题

# 第三章 立体及其表面交线

任何物体都可以看成由若干基本体组合而成。基本体有平面体和曲面体两类。平面体的每个表面都是平面,如棱柱、棱锥;曲面体至少有一个表面是曲面,常见的曲面体为回转体,如圆柱、圆锥、圆球等。

工程上常见的形体多数具有立体被切割或两立体相交而形成的截交线或相贯线(图 3-1)。了解这些交线的性质并掌握交线的画法,有助于正确表达机件的结构形状以及读图时对机件进行形体分析。

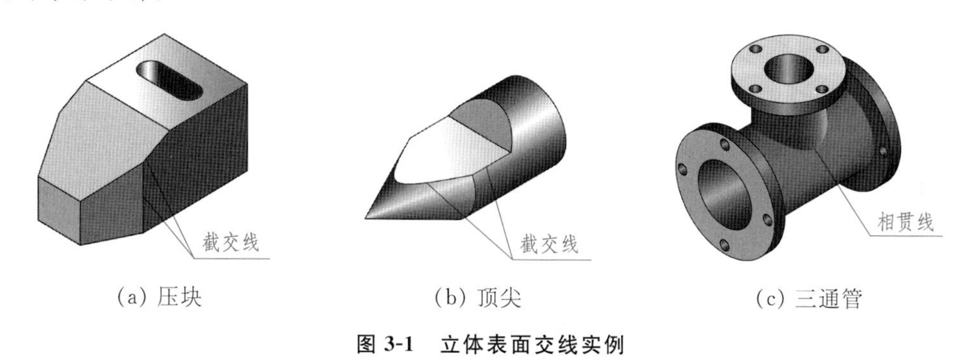


图 3-1 立体表面交线实例

## 第一节 平面体的投影作图

### 一、棱柱

棱柱的棱线互相平行。常见的棱柱有三棱柱、四棱柱、五棱柱和六棱柱等。下面以正六棱柱为例,分析其投影特征和作图方法。

#### 1. 投影分析

图 3-2 所示的正六棱柱的顶面和底面是互相平行的正六边形,六个棱面均为矩形,且与顶面和底面垂直。为作图方便,选择正六棱柱的顶面和底面平行于水平面,并使前、后两个棱面与正面平行,如图 3-2a 所示。正六棱柱的投影特征是:

俯视图　俯视图为正六边形,是顶面和底面的重合投影,反映实形;六条边是六个棱面的积聚投影。

主视图　主视图为三个矩形线框,中间的矩形是前、后棱面的重合投影,反映实形;左、右两个矩形是其余四个棱面的重合投影,为缩小的类似形;顶面和底面为水平面,其正面投影积聚为上、下两条水平线。

**左视图**　左视图为两个相同的矩形线框，是左、右四个棱面的重合投影，均为缩小的类似形；顶面和底面仍为两条水平线。

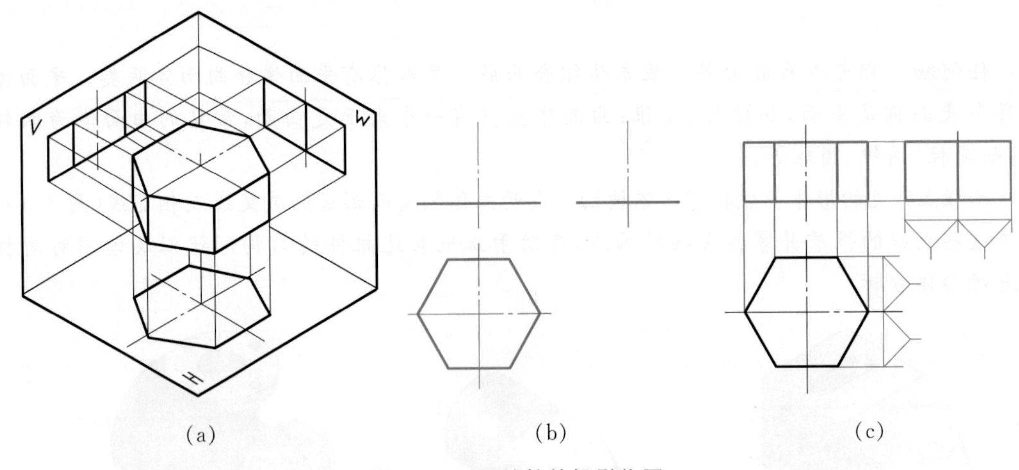


图 3-2　正六棱柱的投影作图

**2. 作图步骤**

(1) 作正六棱柱的对称中心线和底面基线，先画出具有轮廓特征的俯视图——正六边形(图 3-2b)。

(2) 按长对正的投影关系，并量取正六棱柱的高度画出主视图，再按高平齐、宽相等的投影关系画出左视图(图 3-2c)。

**3. 棱柱表面上点的投影**

如图 3-3a 所示，已知正六棱柱的侧棱面 $ABCD$ 上的点 $M$ 的正面投影 $m'$，求作 $m$ 和 $m''$。由于点 $M$ 所在棱面是铅垂面，其水平投影积聚成直线 $a(b)d(c)$，因此，点 $M$ 的水平投影必在该直线上，可由 $m'$ 直接作出 $m$，再由 $m'$ 和 $m$ 作出 $m''$。因为侧棱面 $ABCD$ 的侧面投影可见，所以 $m''$ 可见。

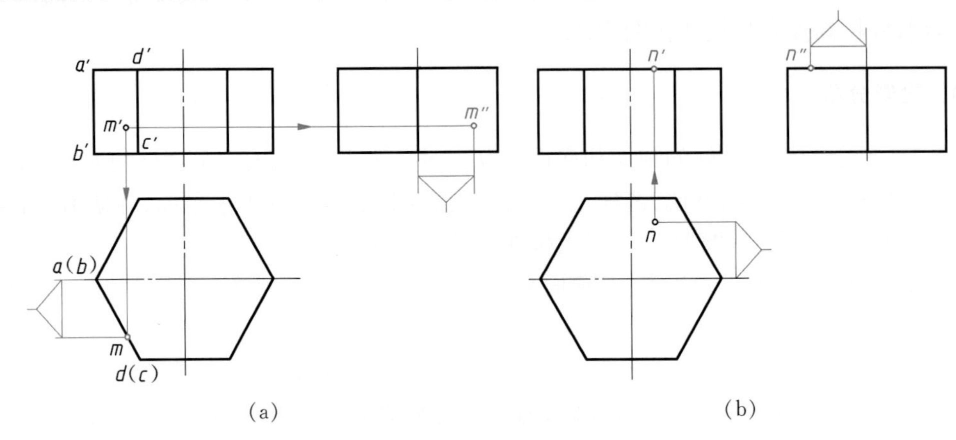


图 3-3　正六棱柱表面上点的投影作图

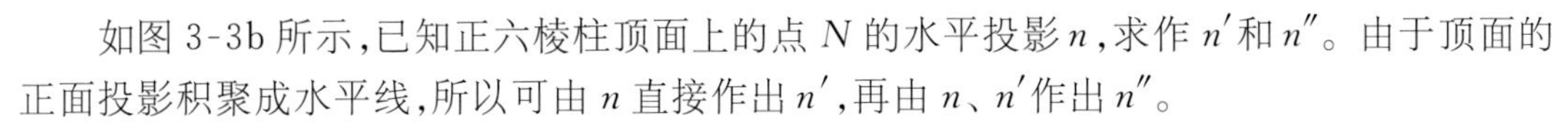

如图 3-3b 所示,已知正六棱柱顶面上的点 $N$ 的水平投影 $n$,求作 $n'$ 和 $n''$。由于顶面的正面投影积聚成水平线,所以可由 $n$ 直接作出 $n'$,再由 $n$、$n'$ 作出 $n''$。

作图时应注意点 $M$、点 $N$ 分别所处的前后位置关系。

## 二、棱锥

**棱锥的棱线交于一点**。常见的棱锥有三棱锥、四棱锥、五棱锥等。下面以图 3-4 所示四棱锥为例,分析其投影特征和作图方法。

### 1. 投影分析

图 3-4a 所示四棱锥前后、左右对称,底面平行于水平面,其水平投影反映实形。左、右两个棱面垂直于正面,它们的正面投影积聚成直线。前、后两个棱面垂直于侧面,它们的侧面投影积聚成直线。与锥顶相交的四条棱线不平行于任一投影面,所以它们在三个投影面上的投影都不反映实长。

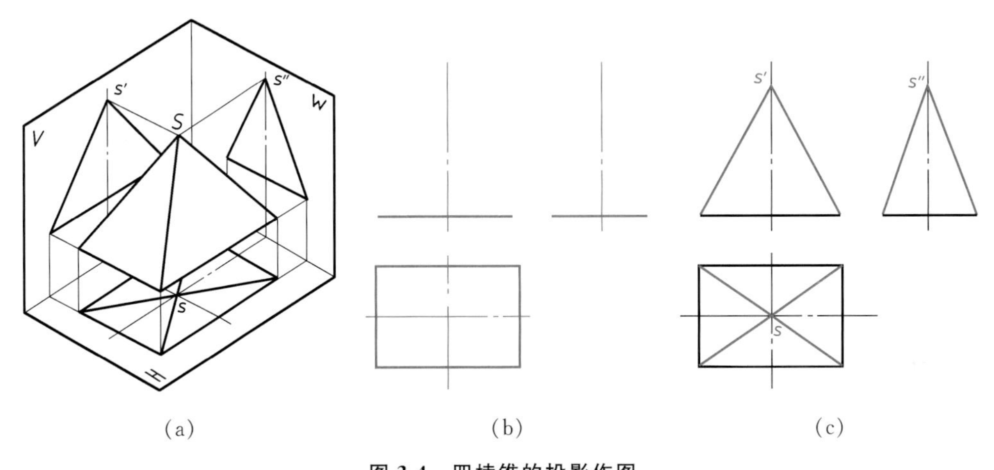


图 3-4　四棱锥的投影作图

### 2. 作图步骤

(1) 作四棱锥的对称中心线、轴线和底面,先画出底面俯视图——矩形(图 3-4b)。

(2) 根据四棱锥的高度在轴线上定出锥顶 $S$ 的三面投影位置,然后在主、俯视图上分别用直线连接锥顶与底面四个顶点的投影,即得四条棱线的投影。再由主、俯视图画出左视图(图 3-4c)。

### 3. 四棱锥表面上点的投影

如图 3-5 所示,已知四棱锥棱面 $SBC$ 上的点 $M$ 的正面投影 $m'$,求作 $m$ 和 $m''$。作图方法是:在 $SBC$ 棱面上,由锥顶 $S$ 过点 $M$ 作辅助线 $SE$,因为点 $M$ 在直线 $SE$ 上,则点 $M$ 的投影必在直线 $SE$ 的同面投影上。所以只要作出 $SE$ 的水平投影 $se$,即可作出点 $M$ 的水平投影 $m$。

作图步骤(图 3-5b)是:在主视图上由 $s'$ 过 $m'$ 作直线交于 $b'c'$ 得 $e'$,再由 $s'e'$ 作出 $se$,在 $se$ 上定出 $m$。由于棱面 $SBC$ 是侧垂面,也可由 $m'$ 直接作出 $m''$。

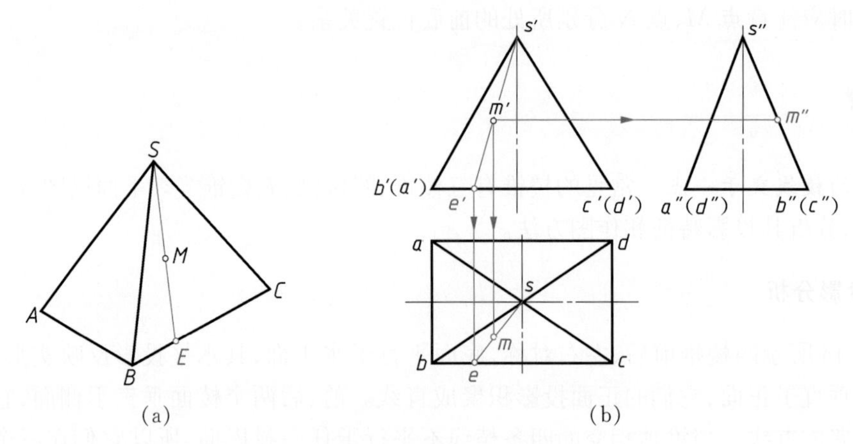


图 3-5 四棱锥表面上点的投影作图

图 3-6a 所示为求作棱锥表面上点的投影的另一种作图方法:过平面上的点 $N$ 作该平面上任一直线的平行线(如 $EF \parallel BC$),则该点的投影必在该平行线的同面投影上。如图 3-6b 所示,已知三棱锥棱面 $SBC$ 上点 $N$ 的正面投影 $n'$,求作 $n$ 和 $n''$。作图步骤是:过点 $N$ 作 $BC$ 的平行线 $EF$,即先过 $n'$ 作辅助线的正面投影 $e'f' \parallel b'c'$,再作出辅助线的水平投影 $ef \parallel bc$,则 $n$ 必在 $ef$ 上,从而作出点 $N$ 的水平投影 $n$。再由 $n'$ 和 $n$ 作出 $n''$。必须注意,因为棱面 $SBC$ 的水平投影可见,侧面投影不可见,所以 $n$ 可见,$(n'')$ 不可见。

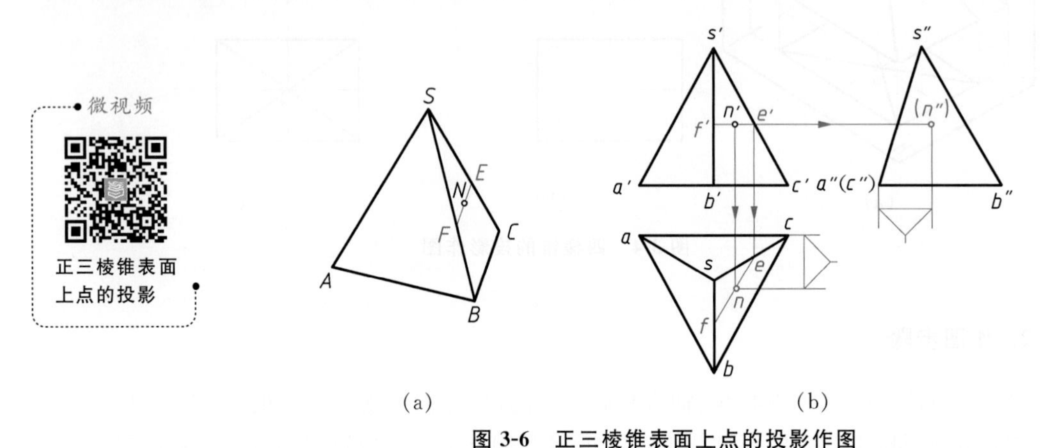


图 3-6 正三棱锥表面上点的投影作图

# 第二节 曲面体的投影作图

## 一、圆柱

圆柱的表面包括圆柱面与上、下两底面。圆柱面可看作由一条直母线绕平行于它的轴

线回转而成(图 3-7a)。直母线处于圆柱面上的任一位置时,称为圆柱面的素线。

### 1. 投影分析

如图 3-7b、c 所示,当圆柱轴线垂直于水平面时,其投影特征是:

俯视图　俯视图是一个圆,是圆柱面的积聚性投影,也是上、下底面的重合投影,用垂直相交的细点画线(称中心线)表示圆心的位置。

主视图　主视图是一个矩形线框,是圆柱面的投影,两条竖线是圆柱面上最左、最右素线的投影,也是圆柱面前、后分界的转向轮廓线。用细点画线表示圆柱轴线的投影。

左视图　左视图也是矩形线框,两条竖线是圆柱面上最前、最后素线的投影,也是圆柱面左、右分界的转向轮廓线。圆柱的轴线仍用细点画线表示。

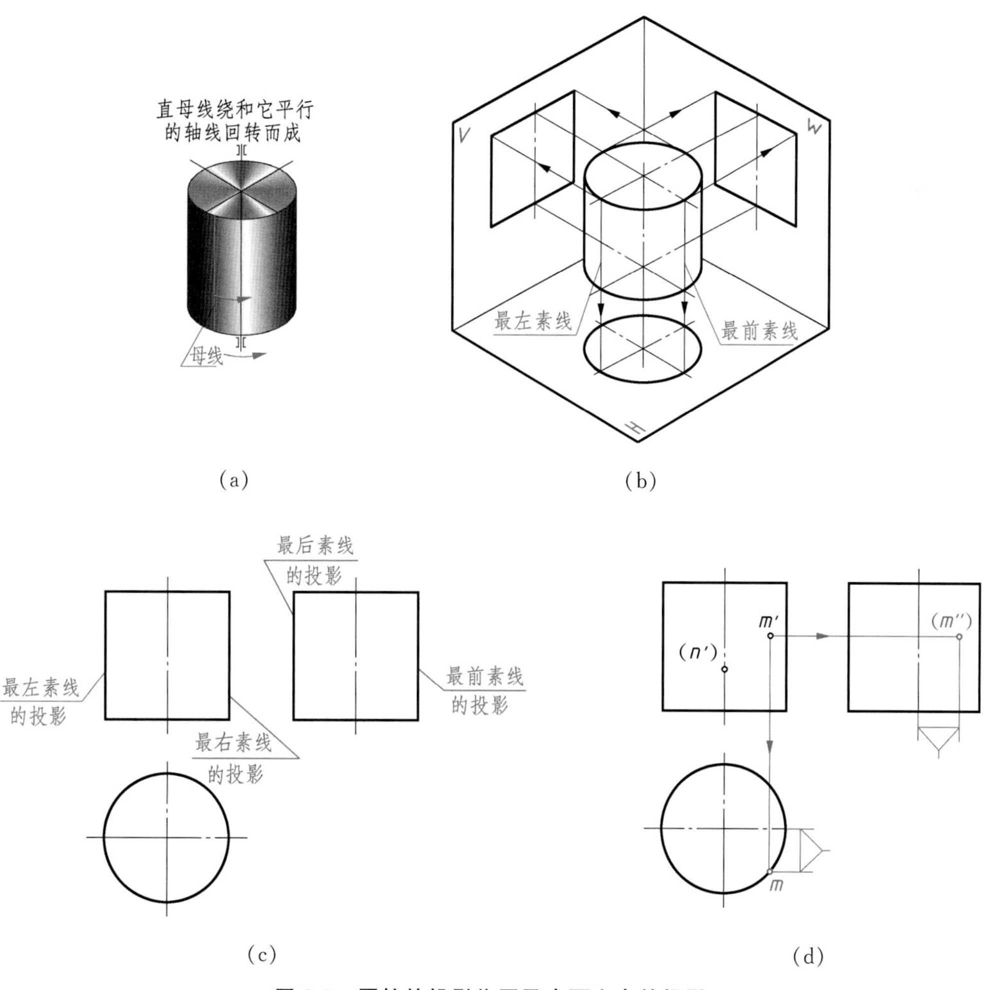


图 3-7　圆柱的投影作图及表面上点的投影

### 2. 作图方法

画圆柱的三视图时,先画各投影的中心线,再画圆柱面具有积聚性投影圆的俯视图,然后根据圆柱体的高度画出另外两个视图,如图 3-7c 所示。

### 3. 圆柱表面上点的投影

如图 3-7d 所示,已知圆柱面上点 $M$ 的正面投影 $m'$,求作 $m$ 和 $m''$。首先根据圆柱面水平投影的积聚性作出 $m$,由于 $m'$ 是可见的,则点 $M$ 必在前半圆柱面上,$m$ 必在水平投影圆的前半圆周上。再按投影关系作出 $m''$。由于点 $M$ 在右半圆柱面上,所以($m''$)不可见。

若已知圆柱面上点 $N$ 的正面投影($n'$),怎样求作 $n$ 和 $n''$ 以及判别可见性,请读者自行分析。

## 二、圆锥

圆锥的表面包括圆锥面和底面。**圆锥面可看作由一条直母线绕与它斜交的轴线回转而成**(图 3-8a)。直母线处于圆锥面上的任一位置时,称为圆锥面的素线。

### 1. 投影分析

图 3-8b 所示为轴线垂直于水平面的正圆锥,锥底面平行于水平面,水平投影反映实形,正面和侧面投影积聚成直线。圆锥面的三个投影都没有积聚性,其水平投影与底面的水平投影重合,全部可见。正面投影由前、后两个半圆锥面的投影重合为一等腰三角形,三角形的两腰分别是圆锥面最左、最右素线的投影,也是圆锥面前、后分界的转向轮廓线。侧面投影由左、右两半圆锥面的投影重合为一等腰三角形,三角形的两腰分别是圆锥最前、最后素线的投影,也是圆锥面左、右分界的转向轮廓线。

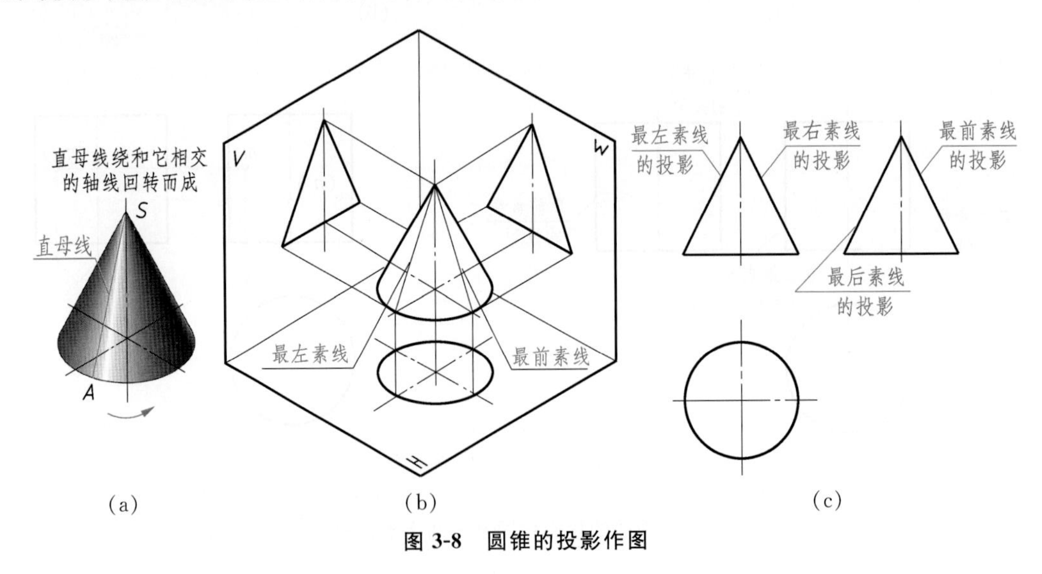


**图 3-8　圆锥的投影作图**

### 2. 作图方法

画圆锥的三视图时,先画各投影的轴线,再画底面圆的各投影,然后画出锥顶的投影和

锥面的投影(等腰三角形),完成圆锥的三视图(图 3-8c)。

### 3. 圆锥表面上点的投影

如图 3-9 所示,已知圆锥表面上点 $M$ 的正面投影 $m'$,求作 $m$ 和 $m''$。根据点 $M$ 的位置和可见性,可确定点 $M$ 在前、左圆锥面上,点 $M$ 的三面投影均为可见。

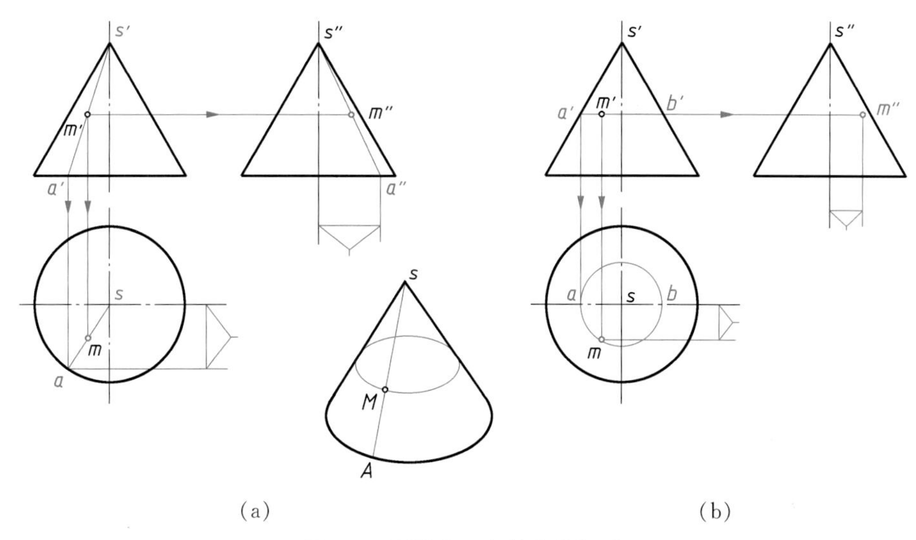


**图 3-9　圆锥表面上的点的投影**

作图方法有两种:

(1) 辅助素线法　如图 3-9a 所示,过锥顶 $S$ 和点 $M$ 作辅助素线 $SA$,即在投影图中作连线 $s'm'$,并延长与底面的正面投影相交于 $a'$,由 $s'a'$ 作出 $sa$,由 $sa$ 作出 $s''a''$,再按点在直线上的投影关系由 $m'$ 作出 $m$ 和 $m''$。

(2) 辅助纬圆法　如图 3-9b 所示,过点 $M$ 在圆锥面上作垂直于圆锥轴线的水平辅助纬圆(参阅立体图),点 $M$ 的各投影必在该圆的同面投影上,即在投影图中过 $m'$ 作圆锥轴线的垂直线,交圆锥左、右轮廓线于 $a'$、$b'$, $a'b'$ 即辅助纬圆的正面投影,以 $s$ 为圆心、$a'b'$ 为直径,作辅助纬圆的水平投影。由 $m'$ 求得 $m$,再由 $m'$、$m$ 求得 $m''$。

## 三、圆球

圆球面可看作由一条半圆母线绕其直径回转而成(图 3-10a)。

### 1. 投影分析

从图 3-10b、c 可看出,球面上最大圆 $A$ 将圆球分为前、后两个半球,前半球可见,后半球不可见,正面投影为圆 $a'$,形成了主视图的轮廓线,而其水平投影和侧面投影都与相应的中心线重合,不必画出;最大圆 $B$ 将圆球分为上、下两个半球,上半球可见,下半球不可见,俯视图中只要画出 $B$ 的水平投影圆 $b$;最大圆 $C$ 将圆球分为左、右两个半球,左半球可见,右半球不可见,左视图中只要画出 $C$ 的侧面投影圆 $c''$;$B$、$C$ 的其余两投影与相应的中心线重合，均不必画出，因此圆球的三视图均为大小相等的圆，其直径与球的直径相等。

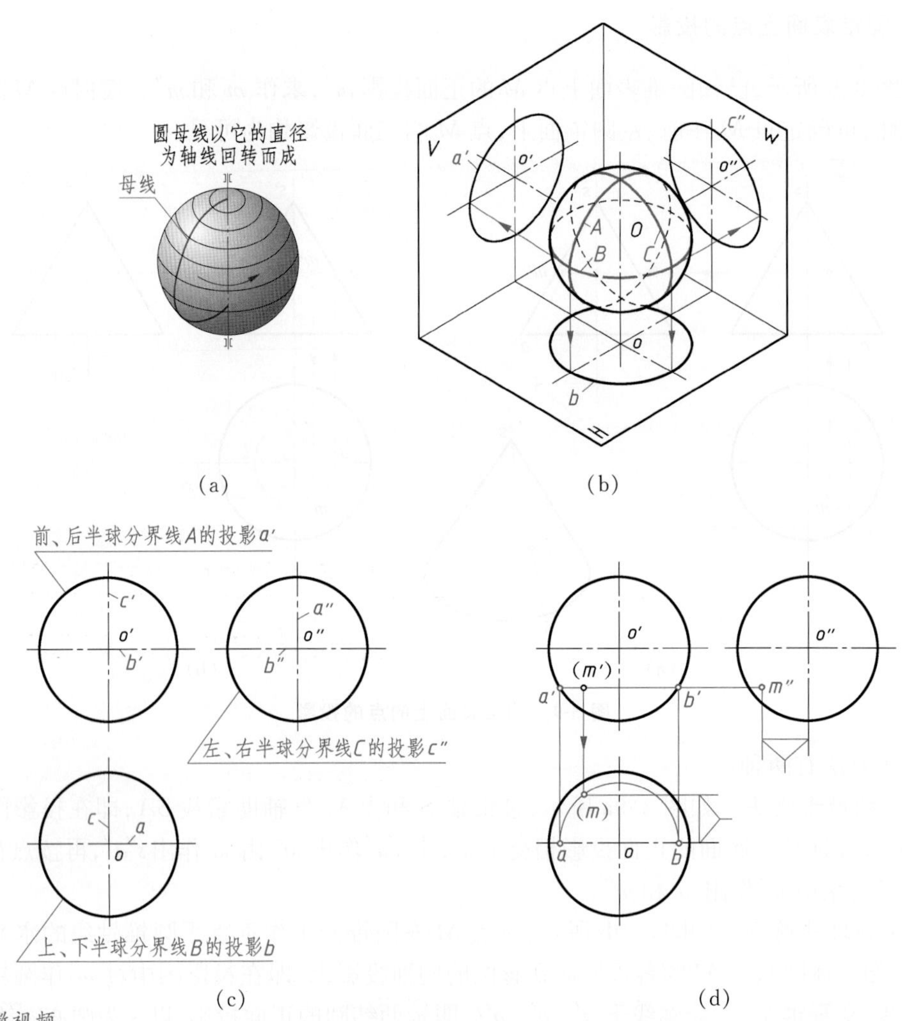


(a)　(b)　(c)　(d)

图 3-10　圆球的投影作图与表面上点的投影

微视频

圆球表面上点的投影

**2. 作图方法**

如图 3-10c 所示，先确定球心的三面投影，过球心分别画出圆球垂直于投影面的轴线的三投影，再画出与球等直径的圆。

**3. 圆球表面上点的投影**

如图 3-10d 所示，已知球面上点 $M$ 的正面投影 $(m')$，求 $m$ 和 $m''$。由于球面的三个投影都没有积聚性，可利用辅助纬圆法求解。过 $(m')$ 作水平纬圆的正面投影 $a'b'$，再作出其水平投影（以 $o$ 为圆心、$a'b'$ 为直径画圆）。由 $(m')$ 在该圆的水平投影上求得 $m$，由于 $(m')$ 不可见，所以 $m$ 在后半球面上。又由于 $(m')$ 在下半球面上，所以 $(m)$ 不可见，在投影符号上加括号。再由 $(m')$、$(m)$ 求得 $m''$。由于点 $M$ 在左半球面上，故 $m''$ 可见。

# 第三节 切割体的投影作图

用平面切割立体，平面与立体表面的交线称为截交线，该平面为截平面，由截交线围成的平面图形称为截断面(图 3-11a)。截交线是封闭的平面图形，是截平面与被切割立体表面的共有线。

## 一、平面切割平面体

平面与平面体相交，其截断面为一平面多边形。

［例 3-1］ 如图 3-11a 所示，三棱锥被正垂面 $P$ 切割，求作切割后三棱锥的三视图。

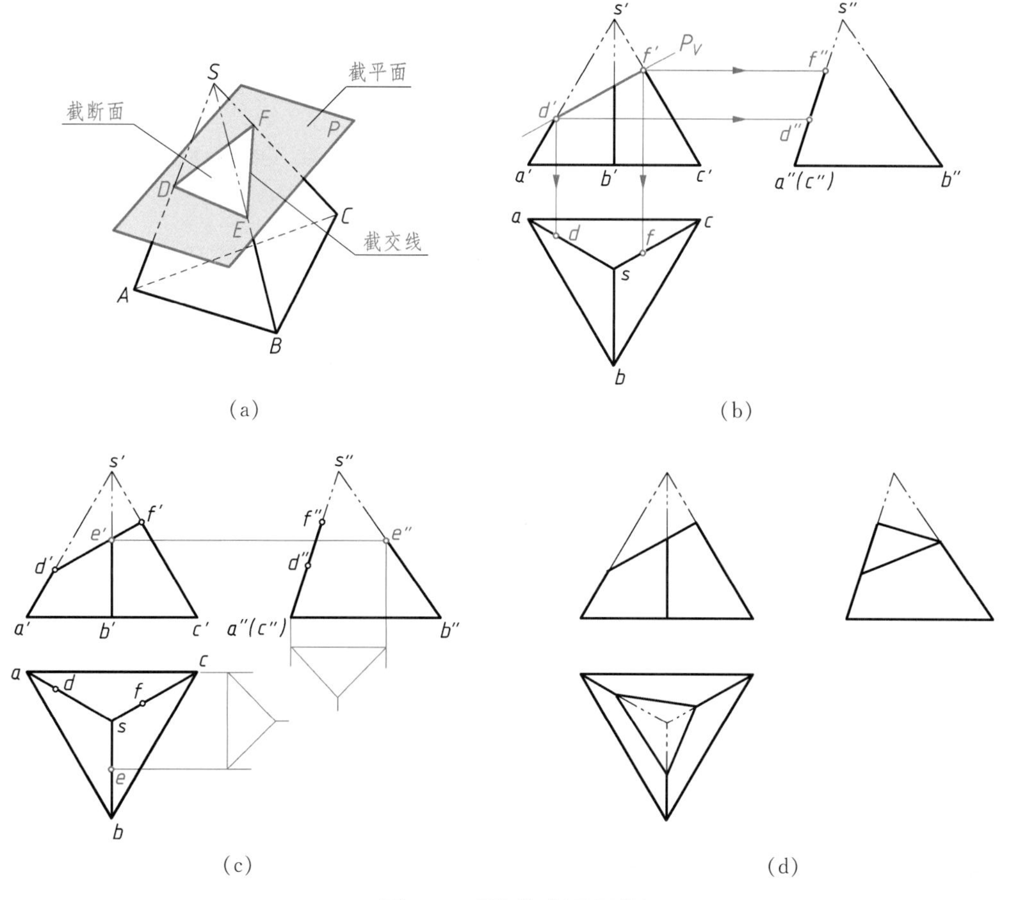


图 3-11 平面切割平面体

**分析**

正垂面 $P$ 与三棱锥的三条棱线都相交，所以截交线构成一个三角形，其顶点 $D$、$E$、$F$

是各棱线与平面 $P$ 的交点。由于这些交点的正面投影与正垂面 $P$ 的正面投影重合，所以可利用直线上点的投影特性，由截交线的正面投影作出水平投影和侧面投影①。

**作图**

(1) 作出三棱锥的三视图以及截平面的正面投影 $P_V$，由 $s'a'$ 和 $s'c'$ 与 $P_V$ 的交点 $d'$ 和 $f'$，分别在 $sa$、$sc$ 和 $s''a''$、$s''c''$ 上直接作出 $d$、$f$ 和 $d''$、$f''$(图 3-11b)。

(2) 由于 $SB$ 是侧平线，可由 $s'b'$ 与 $P_V$ 的交点 $e'$ 先在 $s''b''$ 上作出 $e''$，再利用宽相等的投影关系在 $sb$ 上作出 $e$(图 3-11c)。

(3) 连接各顶点的同面投影，即为所求截交线的三面投影，画出切割后的三棱锥(图 3-11d)。

**[例 3-2]**　画出图 3-12 所示平面切割体的三视图。

**分析**

该切割体可看成是用正垂面 $P$ 和铅垂面 $Q$ 分别切去长方体的左上角和左前角而形成的。平面 $P$ 与长方体表面的交线 ⅠⅡ、ⅢⅣ 是正垂线(图 3-13a)；平面 $Q$ 与长方体表面的交线 $AB$、$CD$ 是铅垂线，而 $P$ 面与 $Q$ 面的交线 $AD$ 则是一般位置直线(图 3-13b)。本题作图的关键是求作 $AD$ 的侧面投影 $a''d''$。

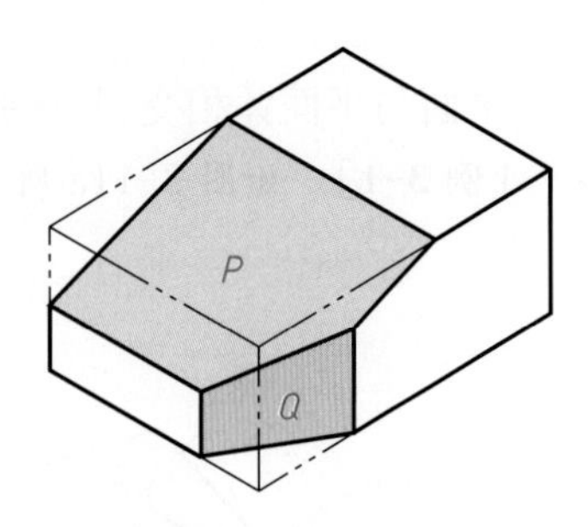


图 3-12　平面切割体

**作图**

(1) 作出长方体被正垂面 $P$ 切割后的投影(图 3-13a)。

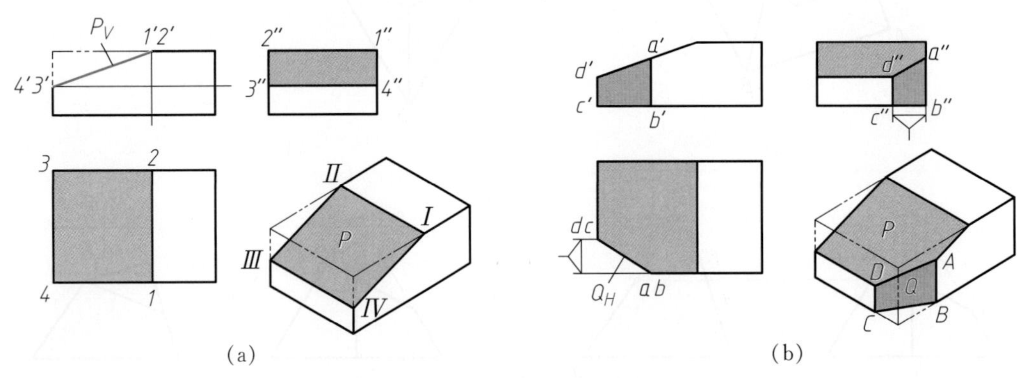


图 3-13　平面切割体的作图过程

微视频
平面切割体的作图过程

(2) 作出截断面 $Q$ 的投影(图 3-13b)。铅垂面 $Q$ 产生的交线为梯形 $ABCD$。先画出有积聚性的水平投影，再作出铅垂线 $AB$ 和 $CD$ 的正面和侧面投影 $a'b'$、$c'd'$、$a''b''$、$c''d''$，连接端点 $a''$、$d''$ 即为一般位置直线 $AD$ 的侧面投影。值得注意的是：长方体被正垂面 $P$ 切割后的 $P$ 面的水平和侧面投影是类似的五边形；被铅垂面切割后的 $Q$ 面的正面和侧面投影是类似的四边形。

① 为使图形清晰，从本例开始，重影点中不可见投影不再加括号。

**思考**

如果该形体用铅垂面再切去一个角(前后对称),试补画其左视图(图 3-14)。

## 二、平面切割回转曲面体

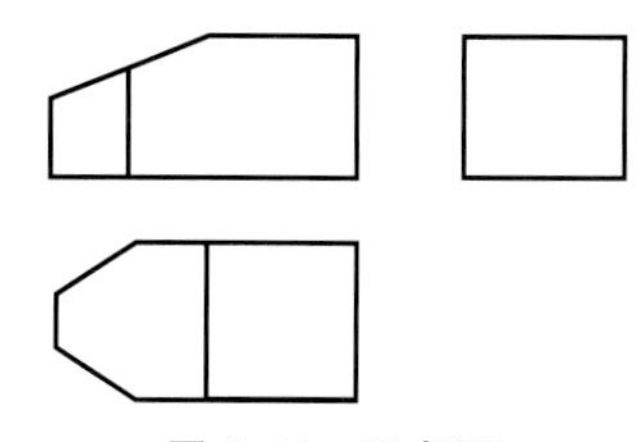

图 3-14　思考题

平面切割曲面体时,截交线的形状取决于曲面体表面的形状以及截平面与曲面体的相对位置。当平面与曲面体相交时,截交线的形状和性质见表 3-1。

表 3-1　平面切割回转曲面体

| | |
|---|---|
| 截平面与圆柱轴线平行,截交线为矩形 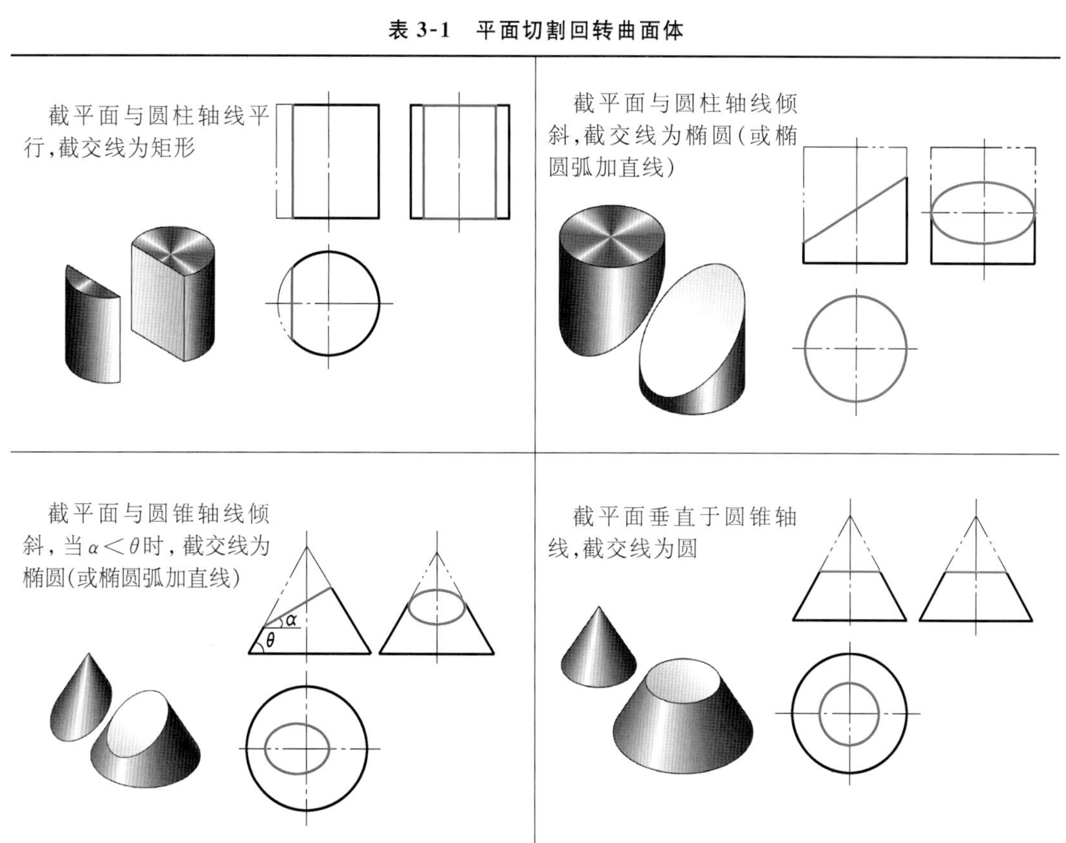 | 截平面与圆柱轴线倾斜,截交线为椭圆(或椭圆弧加直线) |
| 截平面与圆锥轴线倾斜,当 $\alpha<\theta$ 时,截交线为椭圆(或椭圆弧加直线) | 截平面垂直于圆锥轴线,截交线为圆 |
| 截平面与圆锥轴线平行或倾斜,当 $\alpha>\theta$ 时,截交线为双曲线加直线 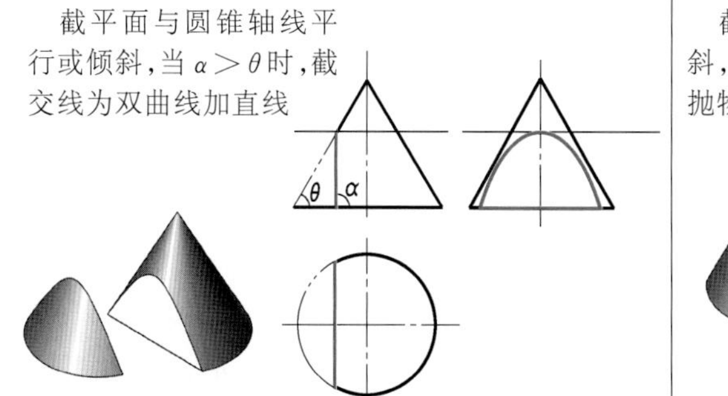 | 截平面与圆锥轴线倾斜,当 $\alpha=\theta$ 时,截交线为抛物线加直线 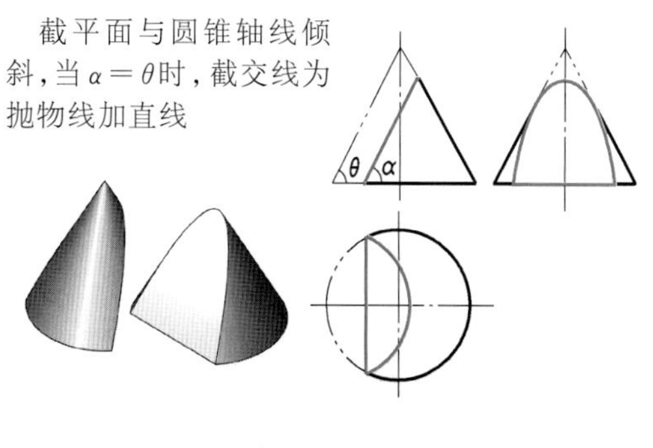 |

续　表

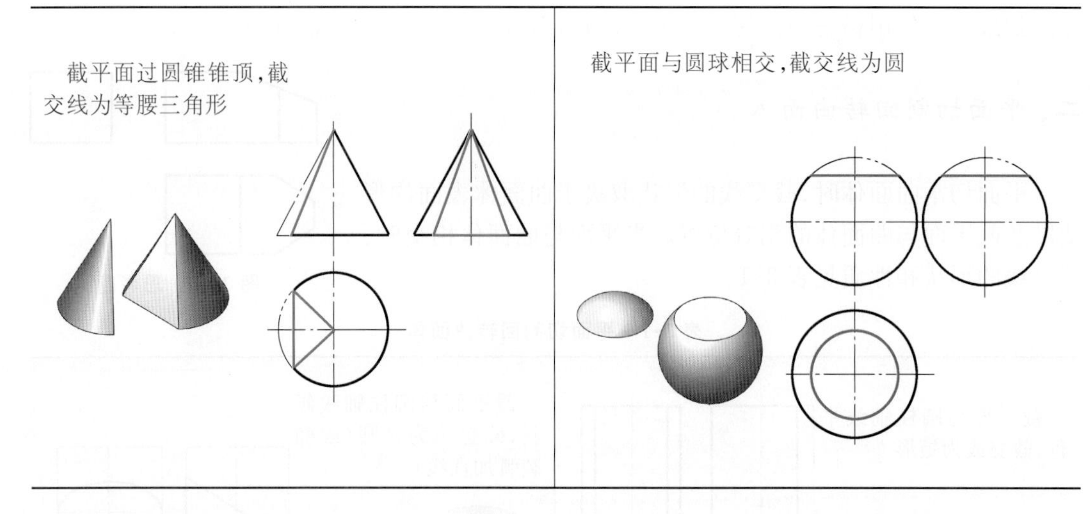


平面与回转曲面体相交时，其截交线一般为封闭的平面曲线或直线，或直线与平面曲线组成的封闭平面图形。作图的基本方法是求出曲面体表面上若干条素线与截平面的交点，然后光滑连接而成。*截交线上一些能确定其形状和范围的点，如最高与最低点、最左与最右点、最前与最后点，以及可见与不可见的分界点等，均称为特殊点*。作图时通常先作出截交线上的特殊点，再按需要作出一些中间点，最后依次连接各点，并注意投影的可见性。

**1. 平面与圆柱相交**

平面与圆柱相交时，根据平面与圆柱轴线不同的相对位置可形成两种(当截平面与圆柱轴线垂直时，截交线为圆，未列入表内)不同形状的截交线(表 3-1)。

**[例 3-3]**　*图 3-15a 所示为圆柱被正垂面斜切，已知主视图、俯视图，求作左视图。*

**分析**

截平面 $P$ 与圆柱的轴线倾斜，截交线为椭圆。由于 $P$ 面是正垂面，所以截交线的正面投影积聚在 $P_V$ 上；因为圆柱面的水平投影有积聚性，所以截交线的水平投影积聚在圆周上。而截交线的侧面投影在一般情况下仍为椭圆。

**作图**

(1) *求特殊点*　由图 3-15a 可知，最低点 $A$、最高点 $B$ 是椭圆长轴的两端点，也是位于圆柱最左、最右素线上的点。最前点 $C$、最后点 $D$ 是椭圆短轴两端点，也是位于圆柱最前、最后素线上的点。$A$、$B$、$C$、$D$ 的正面投影和水平投影可利用积聚性直接作出，然后由正面投影 $a'$、$b'$、$c'$、$d'$ 和水平投影 $a$、$b$、$c$、$d$ 作出侧面投影 $a''$、$b''$、$c''$、$d''$(图 3-15b)。

(2) *求中间点*　为了准确作图，还必须在特殊点之间作出适当数量的中间点，如 $E$、$F$、$G$、$H$ 各点。可先作出它们的水平投影 $e$、$f$、$g$、$h$ 和正面投影 $e'$、$f'$、$g'$、$h'$，再作出侧面投影 $e''$、$f''$、$g''$、$h''$(图 3-15c)。

(3) 依次光滑连接 $a''$、$e''$、$c''$、$g''$、$b''$、$h''$、$d''$、$f''$、$a''$,即为所求截交线椭圆的侧面投影,圆柱的轮廓线在 $c''$、$d''$处与椭圆相切。描深(图 3-15d)。

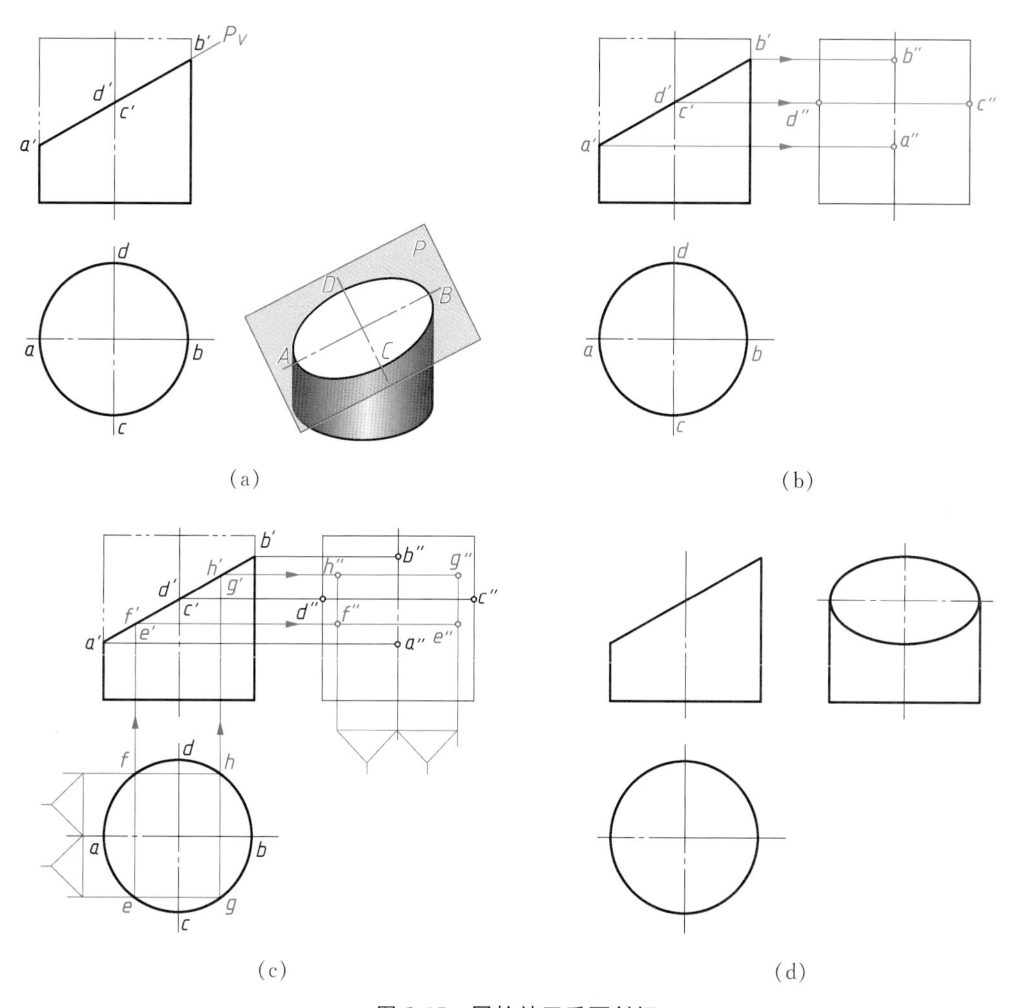


**图 3-15　圆柱被正垂面斜切**

**思考**

随着截平面与圆柱轴线倾角的变化,所得截交线椭圆的长轴的投影也相应变化(短轴投影不变)。当截平面与轴线成 45°时(正垂面位置),交线的空间形状仍为椭圆,请读者思考,截交线的侧面投影为什么是圆?

[例 3-4]　求作带切口圆柱的侧面投影(图 3-16a)。

**分析**

圆柱切口由水平面 $P$ 和侧平面 $Q$ 切割而成。如图 3-16a 所示,由截平面 $P$ 所产生的交线是一段圆弧,其正面投影是一段水平线(积聚在 $P_V$ 上),水平投影是一段圆弧(积聚在圆柱的水平投影上)。

截平面 $P$ 与 $Q$ 的交线是一条正垂线 $BD$,其正面投影 $b'd'$ 积聚成点,水平投影 $bd$ 重合

于侧平面 $Q$ 的积聚性投影上。

由截平面 $Q$ 所产生的截交线是两段铅垂线 $AB$ 和 $CD$(圆柱面上两段素线)。它们的正面投影 $a'b'$ 与 $c'd'$ 积聚在 $Q_V$ 上,水平投影分别为圆周上两个点 $a$ 与 $b$、$c$ 与 $d$。$Q$ 面与圆柱顶面的交线是一条正垂线 $AC$,其正面投影 $a'c'$ 积聚成点,水平投影 $ac$ 与 $bd$ 重合,也积聚在侧平面 $Q$ 的积聚性平面上。

微视频

求作带切口圆柱的侧面投影

**作图**

(1) 由 $P_V$ 向右引投影连线,再从俯视图上量取宽度定出 $b''$、$d''$(图 3-16b)。

(2) 由 $b''$、$d''$分别向上作竖直线与顶面交于 $a''$、$c''$,即得由截平面 $Q$ 所产生的截交线 $AB$、$CD$ 的侧面投影 $a''b''$、$c''d''$(图 3-16c)。

(3) 作图结果如图 3-16d 所示。

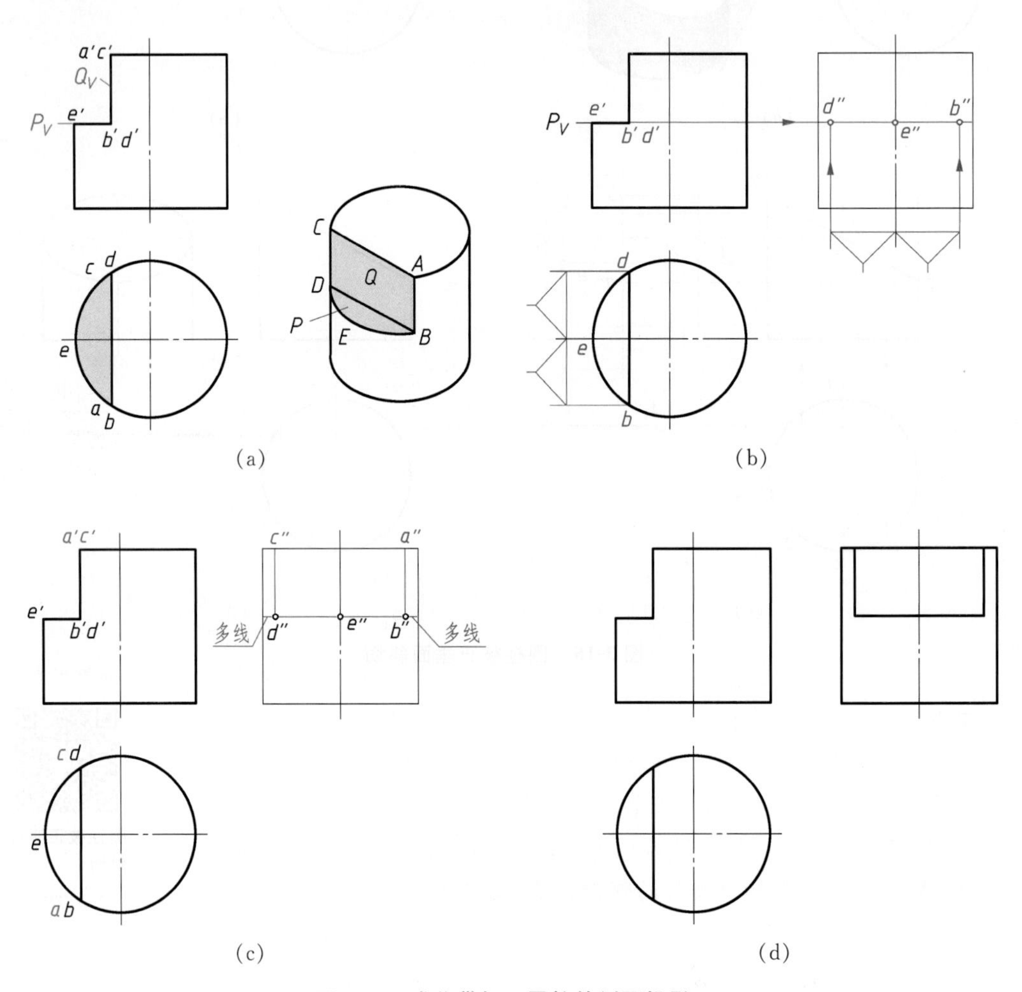


**图 3-16 求作带切口圆柱的侧面投影**

**思考**

如果扩大切割圆柱的范围,使截平面 $P$ 切过圆柱的轴线,如图 3-17 所示的侧面投影与图 3-16d 所示的侧面投影有所不同，因为截平面 $P$ 已切过圆柱轴线，圆柱面的最前和最后两段轮廓已被切去。读者要仔细分析由于切割位置不同而形成侧面投影所画轮廓线的区别。

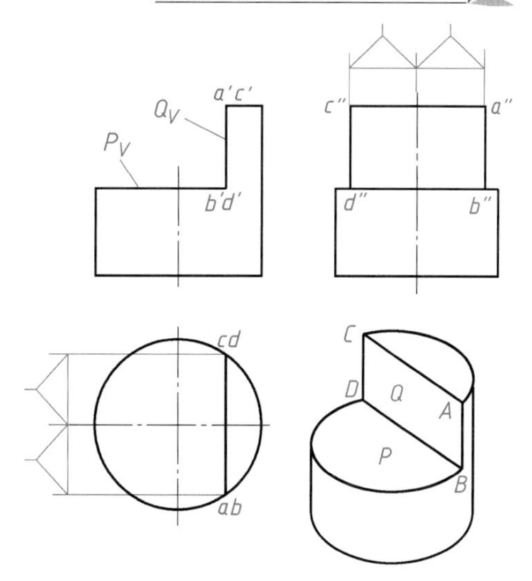


图 3-17　不同位置切口侧面投影的变化

［例 3-5］　补全接头的三面投影（图3-18a）。

**分析**

接头是一个圆柱体左端开槽（中间被两个正平面和一个侧平面切割），右端切肩（上、下被水平面和侧平面对称地切去两块）而形成。所产生的截交线均为直线和平行于侧面的圆。

**作图**

（1）根据槽口的宽度，按前后对称作出槽口的侧面投影（两条竖线），再按投影关系作出槽口的正面投影（图 3-18b）。

（2）根据切肩的厚度，作出切肩的侧面投影（两条细虚线），再按投影关系作出切肩的水平投影（图 3-18c）。

（3）擦去多余作图线，描深。图 3-18d 为完整的接头三视图。

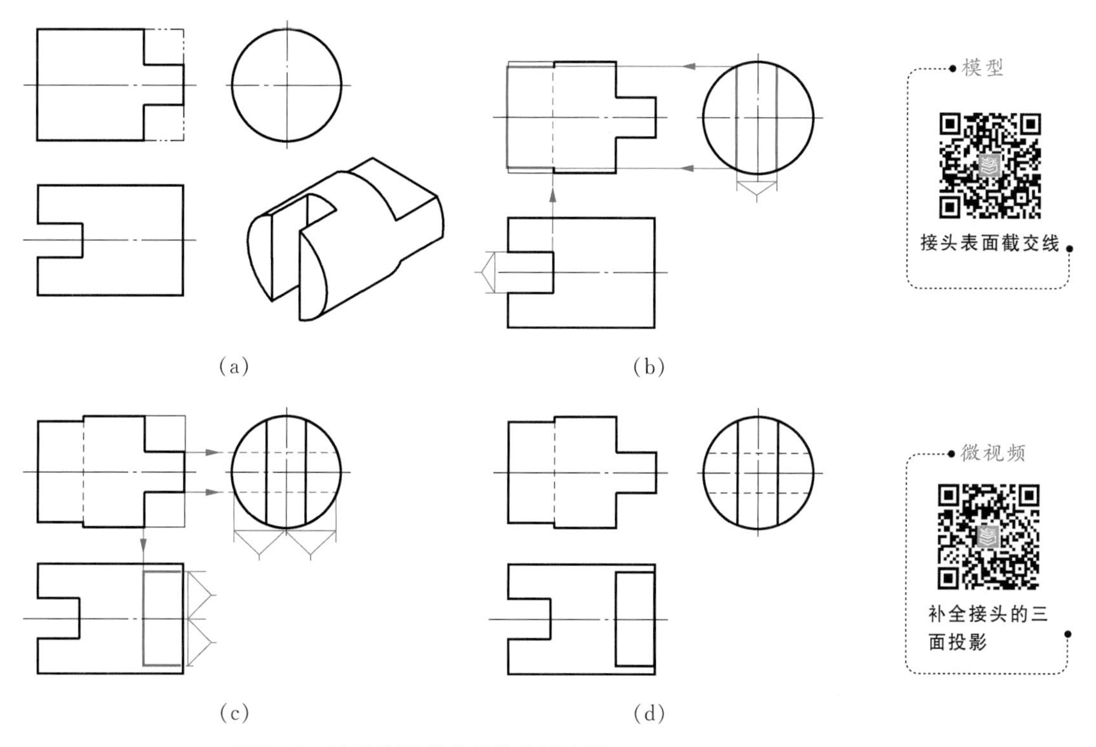


图 3-18　接头表面截交线的作图步骤

**讨论**

由图 3-18d 的正面投影可看出：圆柱体的最高、最低两条素线因左端开槽而各截去一段，所以正面投影的外形轮廓线在开槽部位向轴线“收缩”，其收缩程度与槽宽有关。又从水平投影可看出：圆柱体右端切肩被切去上、下对称两块，其截交线的水平投影为矩形，因为圆柱体上最前、最后素线的切肩部位未被切去，所以圆柱体水平投影的外形轮廓线是完整的。

### 2. 平面与圆锥相交

如表 3-1 所示，根据截平面对圆锥轴线的位置不同，圆锥面截交线有五种情况：椭圆、圆、双曲线、抛物线和相交两直线。除了过锥顶的截平面与圆锥面的截交线是相交两直线外，其他四种情况的截交线都是曲线。但不论为何种曲线（圆除外），其作图步骤总是先作出截交线上的特殊点，再作出若干中间点，然后连成光滑曲线。

微视频

圆锥被正平面切割

［例 3-6］　求作圆锥被正平面切割后的投影（图 3-19）。

**分析**

正平面与圆锥轴线平行，与圆锥面的交线为双曲线（图 3-19a），其正面投影反映实形，水平和侧面投影均积聚为直线（只要作出双曲线的正面投影）。

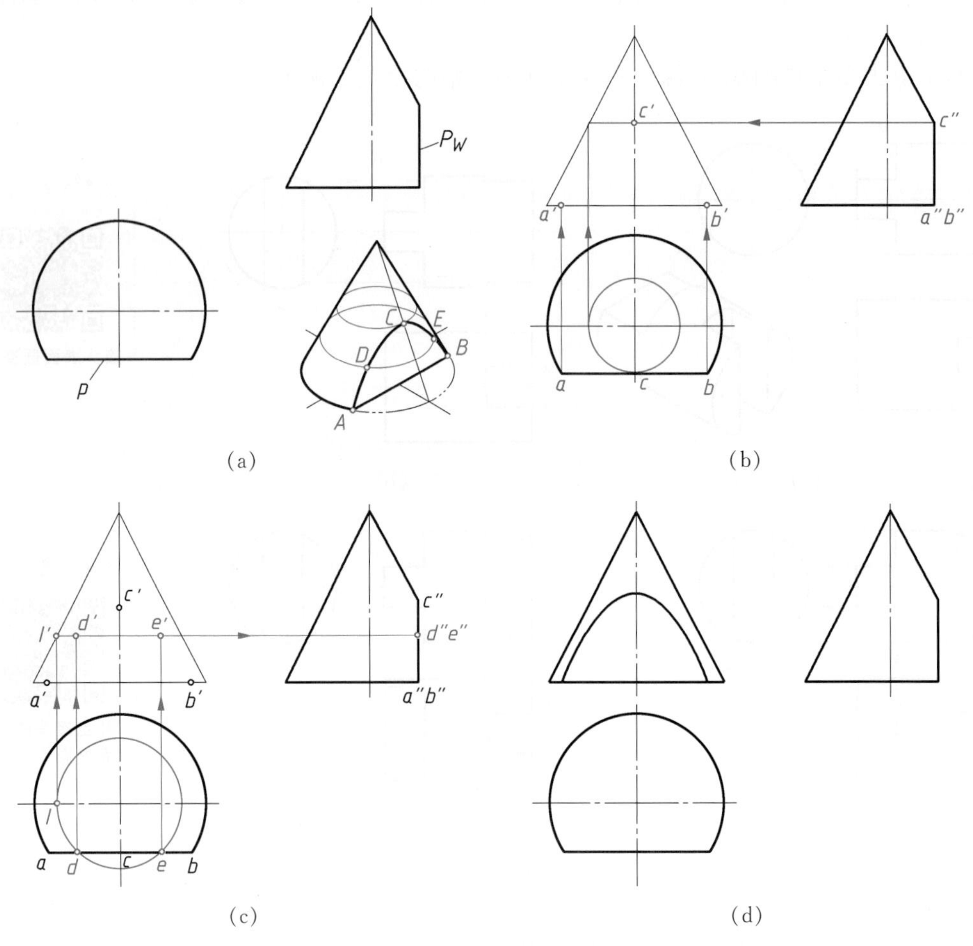


图 3-19　圆锥被正平面切割

**作图**

(1) *求特殊点*　先画出圆锥的正面投影。$A$、$B$ 两点位于底圆上，是截交线上最低、最左、最右点；点 $C$ 位于圆锥的最前素线上，是最高点。可利用投影关系直接求得 $a'$、$b'$和 $c'$(图 3-19b)。

(2) *求中间点*　用纬圆法在特殊点之间再作出若干中间点，如 $D$、$E$($d'$、$e'$)等(图 3-19c)。

(3) 依次光滑连接各点的正面投影即为所求(图 3-19d)。

**思考**

如图 3-20 所示，水平面 $P$ 和正垂面 $Q$ 切割圆锥，水平面切割圆锥的截交线是水平圆，而正垂面斜切圆锥，当 $\alpha=\theta$时，圆锥面的交线是什么曲线？试作出圆锥被切割后的水平投影和侧面投影。

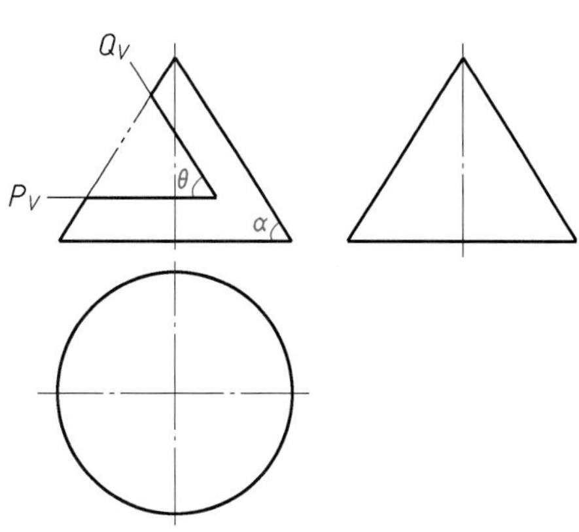


图 3-20　思考题

### 3. 平面与圆球相交

平面与圆球相交，不论平面与圆球的相对位置如何，其截交线总是圆。根据平面对投影面的相对位置不同，所得截交线的投影可以是圆、直线或椭圆。如图 3-21a 所示，当截平面平行于投影面时，截交线圆在该投影面上的投影反映实形，而在另外两个投影面上的投影积聚成长度等于该圆直径的直线段。当截平面垂直于投影面时，如图 3-21b 所示，正垂面与圆球的截交线是圆，圆的正面投影积聚成直线，其水平投影和侧面投影都是椭圆，限于篇幅，作图方法略。

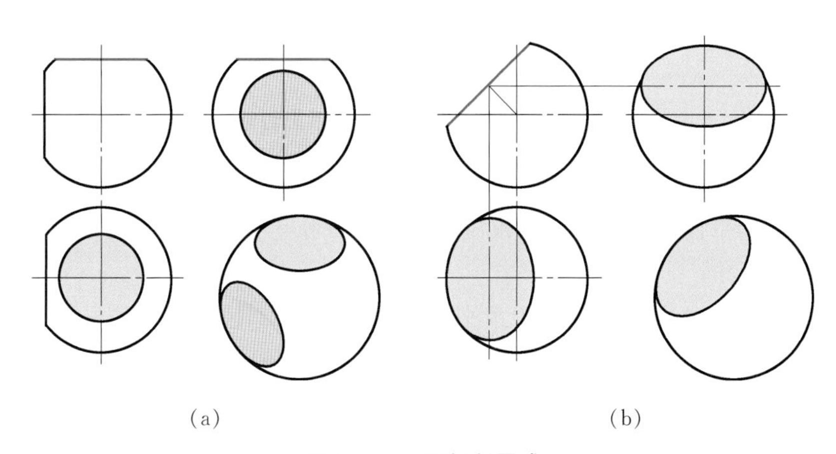

(a)　　　　(b)

图 3-21　平面切割圆球

［例 3-7］　补全半球被截平面 $P$、$Q$ 切割后的俯视图，并画出左视图(图 3-22a)。

**分析**

截平面 $P$ 是水平面，截半球所得的截交线是一段圆弧$\widehat{ABC}$，其正面投影 $a'b'c'$积聚在 $P_V$ 上。截平面 $Q$ 是侧平面，截半球所得的截交线也是一段圆弧$\widehat{ADC}$，其正面投影 $a'd'c'$积聚

在 $Q_V$ 上。

截平面 $P$ 和 $Q$ 的交线是正垂线 $AC$，其正面投影为 $a'c'$。

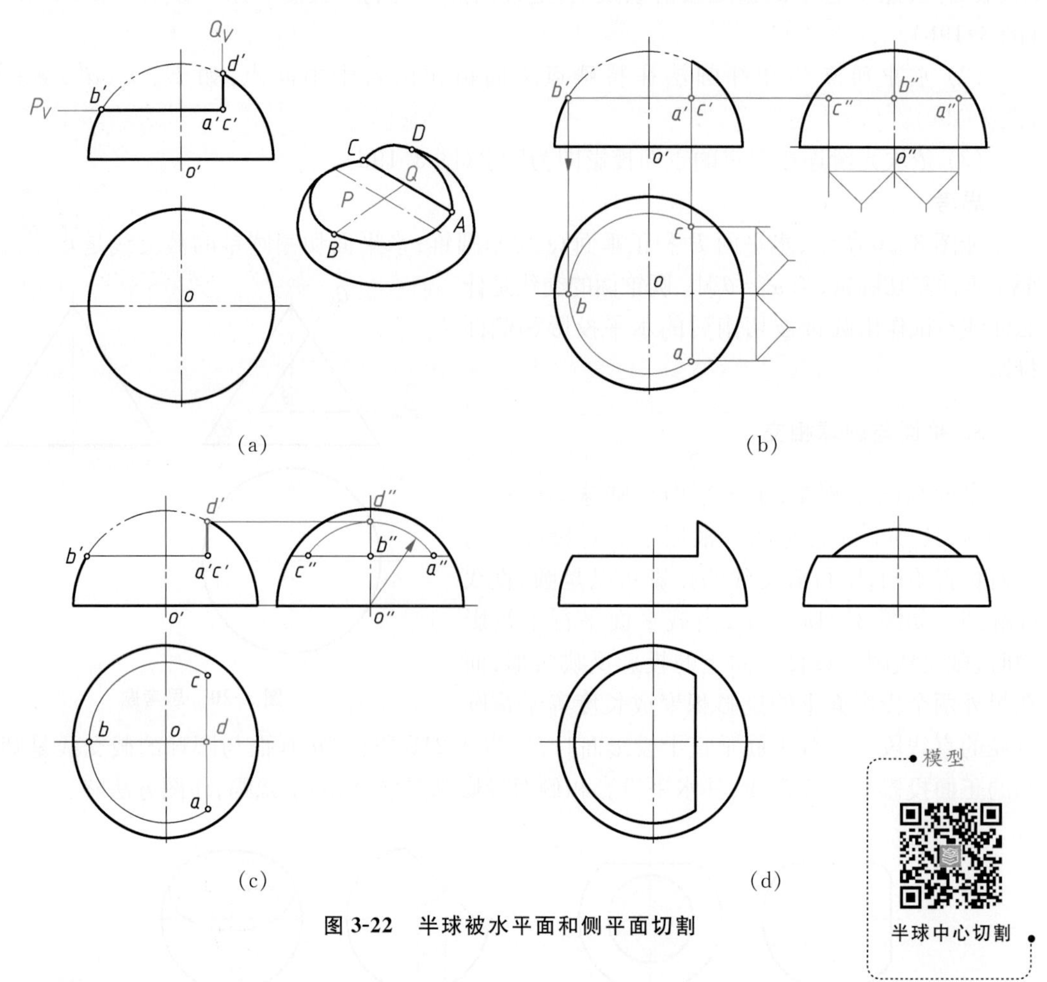


图 3-22　半球被水平面和侧平面切割

**作图**

(1) 作 $P$ 面与半球的交线$\widehat{ABC}$的水平投影——反映实形的圆弧$\widehat{abc}$及侧面投影——直线段 $a''b''c''$(图 3-22b)。

(2) 作 $Q$ 面与半球的交线$\widehat{ADC}$的水平投影(积聚成直线 $adc$)及侧面投影(反映实形)。由 $d'$ 作出 $d''$后，圆弧$\widehat{a''d''c''}$可以 $o''$ 为圆心，$o''d''$ 为半径作出。应注意，此圆弧必须经过 $a''$、$c''$两点(图 3-22c)。

(3) 描深，作图结果如图 3-22d 所示。

**思考**

如图 3-23 所示，半球被两个对称的侧平面和一个水平面切割。两个侧平面与球面的截交线各为一段平行于侧面的圆弧，其侧面投影反映圆弧实形，正

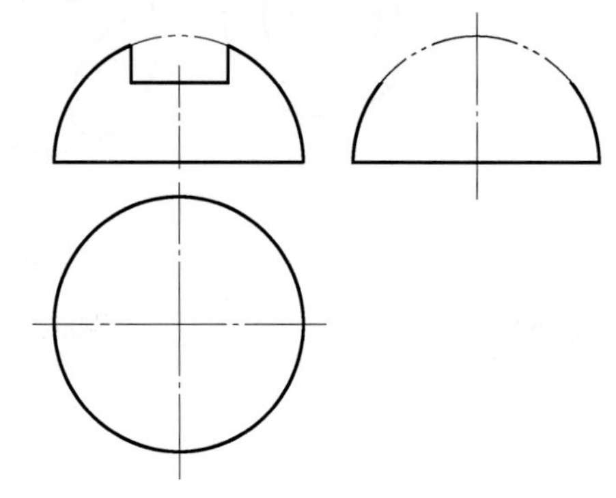

图 3-23　思考题

面和水平投影各积聚为一直线段。水平面与球面的截交线为两段水平的圆弧，其水平投影反映圆弧实形，正面和侧面投影各积聚为一直线段。根据上述分析，请读者思考并补画半球被切割后的俯视图与左视图。

［**例 3-8**］ 绘制图 3-24 所示顶尖的三视图。

**分析**

顶尖头部由同轴（侧垂线）的圆锥和圆柱被水平面 $P$ 和正垂面 $Q$ 切割而成。平面 $P$ 与圆锥面的交线为双曲线，与圆柱面的交线为两条侧垂线（$AB$、$CD$）。平面 $Q$ 与圆柱面的交线为椭圆弧。$P$、$Q$ 两平面的交线 $BD$ 为正垂线。由于 $P$ 面和 $Q$ 面的正面投影以及 $P$ 面和圆柱面的侧面投影都有积聚性，所以只要作出截交线以及截平面 $P$ 和 $Q$ 交线的水平投影。

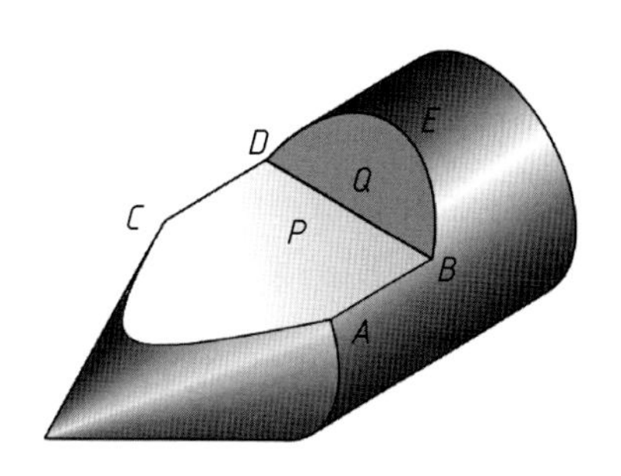


**图 3-24 顶尖**

**作图**

（1）画出同轴回转体完整的三视图，在主视图上作出平面 $P_V$、$Q_V$ 有积聚性的正面投影（图 3-25a）。

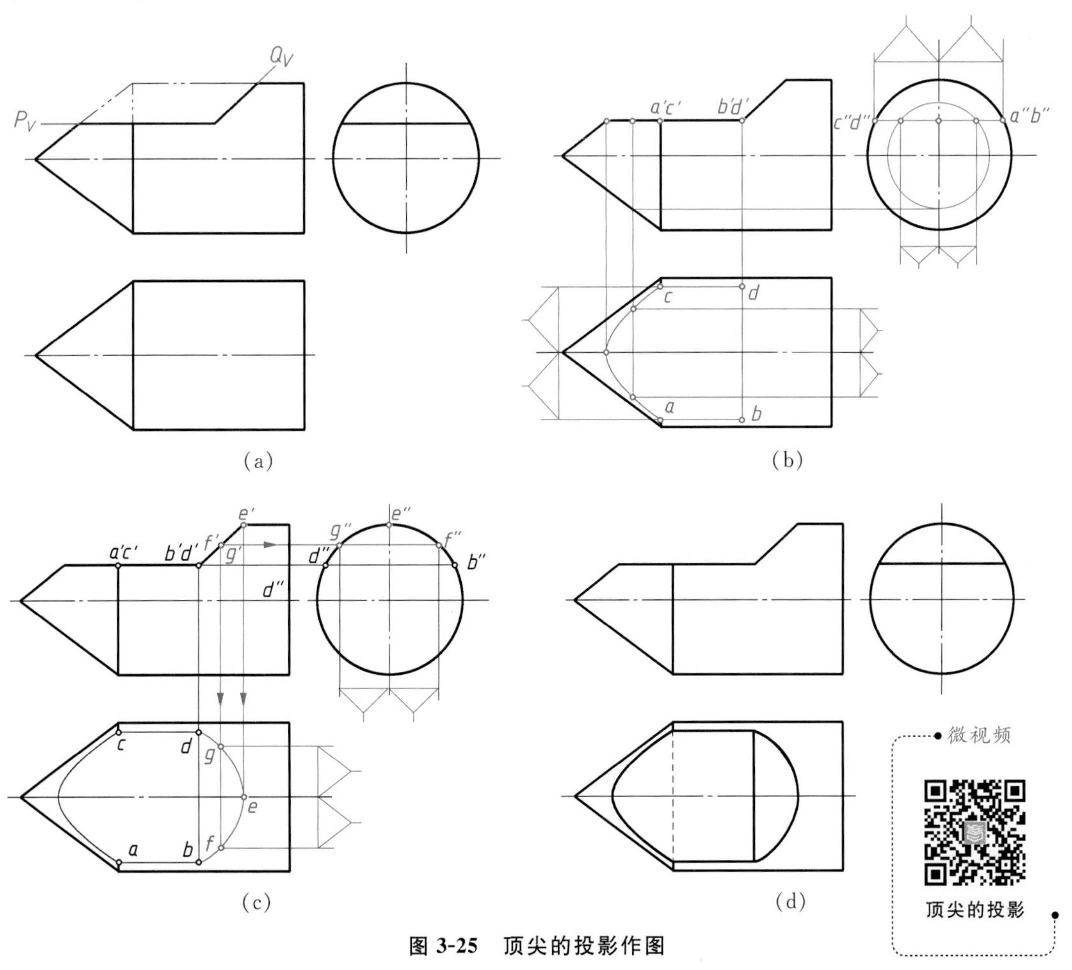


**图 3-25 顶尖的投影作图**

(2) 参照图 3-19 所示的方法作出平面 $P$ 与圆锥面的交线(双曲线)。按投影关系作出平面 $P$ 与圆柱的交线 $AB$、$CD$ 的水平投影 $ab$、$cd$,以及 $P$、$Q$ 两平面交线 $BD$ 的水平投影 $bd$(图 3-25b)。

(3) 正垂面 $Q$ 与圆柱面的交线(椭圆弧)的正面投影积聚为直线,侧面投影积聚为圆。由 $e'$ 作出 $e$ 和 $e''$,在椭圆弧正面投影的适当位置定出 $f'$、$g'$,直接作出侧面投影 $f''$、$g''$,再由 $f''$、$g''$ 和 $f'$、$g'$ 作出 $f$、$g$。依次连接 $b$、$f$、$e$、$g$、$d$ 即为平面 $Q$ 与圆柱面交线的水平投影(图3-25c)。

(4) 作图结果如图 3-25d 所示。注意俯视图中圆锥与圆柱交接处的一段细虚线不要遗漏。

## 第四节　两回转体相贯线的投影作图

两回转体相交,最常见的是圆柱与圆柱相交、圆锥与圆柱相交以及圆柱与圆球相交,其交线称为相贯线,相贯线的形状取决于两回转体各自的形状、大小和相对位置,一般情况下为闭合的空间曲线。**两回转体的相贯线,实际上是两回转体表面上一系列共有点的连线,求作共有点的方法通常采用表面取点法(积聚性法)和辅助平面法。**

### 一、圆柱与圆柱相交

两圆柱正交是工程上最常见的,图 3-1c 所示三通管就是轴线正交的两圆柱表面所形成相贯线的实例。

**[例 3-9]**　两个直径不等的圆柱正交,求作相贯线的投影(图 3-26a)。

**分析**

两圆柱轴线垂直相交称为正交,当直立圆柱轴线为铅垂线,水平圆柱轴线为侧垂线时,直立圆柱面的水平投影和水平圆柱面的侧面投影都具有积聚性,所以相贯线的水平投影和侧面投影分别积聚在它们的圆周上(图 3-26a)。因此,只要根据已知的水平和侧面投影求作相贯线的正面投影即可。

两不等径圆柱正交形成的相贯线为空间曲线,如图 3-26b 立体图所示。因为相贯线前后对称,在其正面投影中,可见的前半部分与不可见的后半部分重合,且左右对称。因此,求作相贯线的正面投影,只需作出前面的一半。

**作图**

(1) **求特殊点**　水平圆柱的最高素线与直立圆柱最左、最右素线的交点 $A$、$B$ 是相贯线上的最高点,也是最左、最右点。$a'$、$b'$、$a$、$b$ 和 $a''$、$b''$ 均可直接作出。点 $C$ 是相贯线上最低点,也是最前点,$c''$ 和 $c$ 可直接作出,再由 $c''$、$c$ 求得 $c'$(图 3-26b)。

(2) **求中间点**　利用积聚性,在侧面投影和水平投影上定出 $e''$、$f''$ 和 $e$、$f$,再作出 $e'$、$f'$(图 3-26c)。

(3) 光滑连接 $a'$、$e'$、$c'$、$f'$、$b'$ 即为相贯线的正面投影,作图结果如图 3-26d 所示。

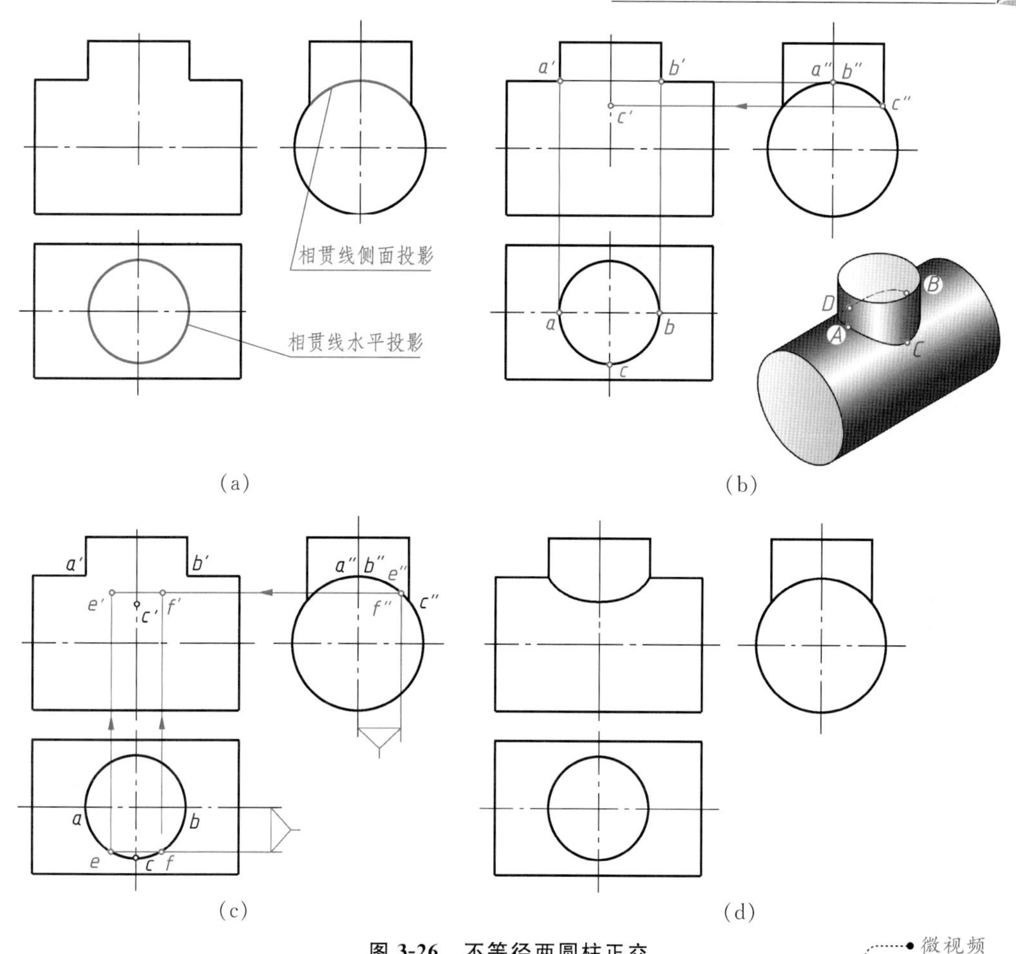


图 3-26　不等径两圆柱正交

## 讨论

(1) 如图 3-27a 所示,若在水平圆柱上穿孔,就出现了圆柱外表面与圆柱孔内表面的相贯线。这种相贯线可以看成是直立圆柱与水平圆柱相贯后,再把直立圆柱抽去而形成的。

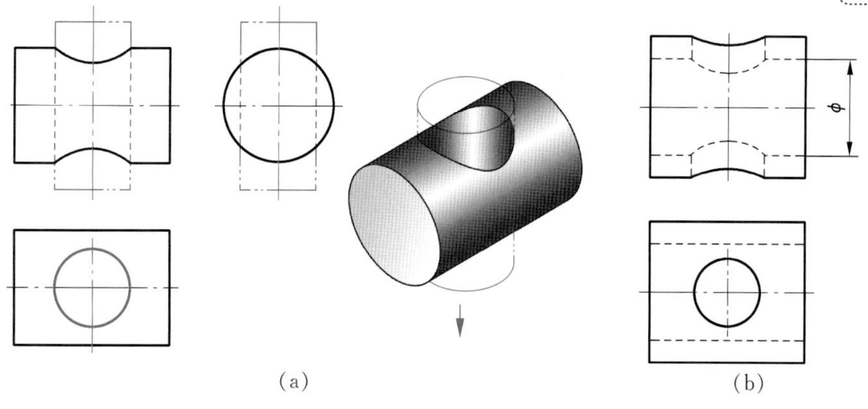


图 3-27　圆柱穿孔后相贯线的投影

再如图 3-27b 所示,若要求作两圆柱孔内表面的相贯线,作图方法与求作两圆柱外表面相贯线的方法相同。

(2) 如图 3-28 所示,当正交两圆柱的相对位置不变,而相对大小发生变化时,相贯线的形状和位置也将随之变化。

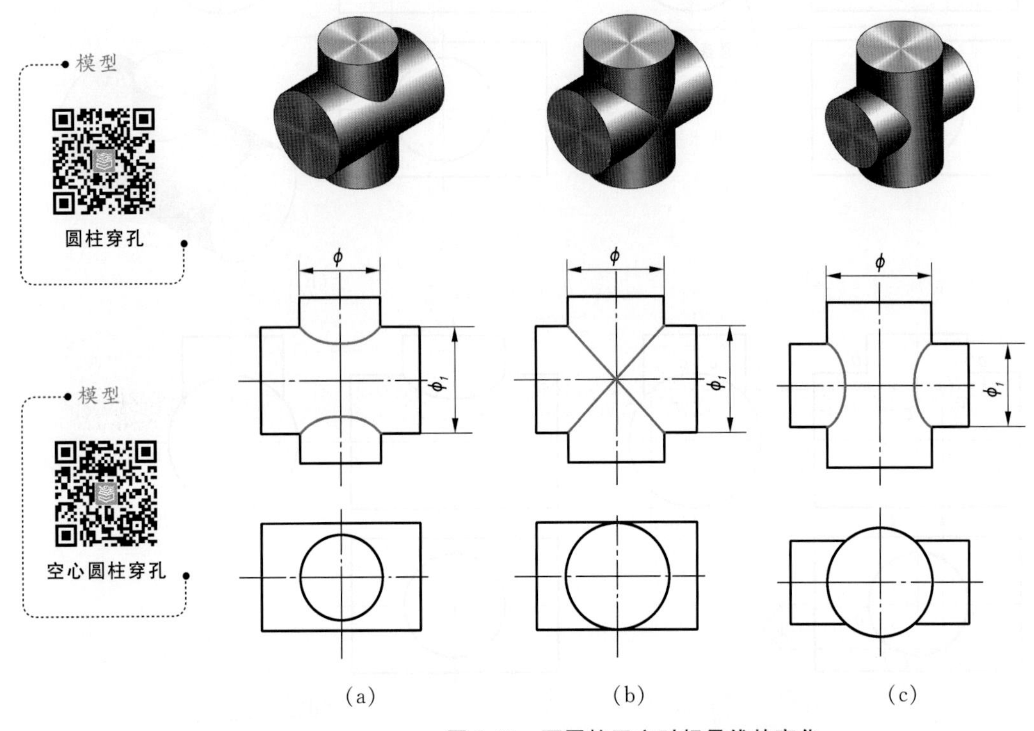


**图 3-28 两圆柱正交时相贯线的变化**

当 $\phi_1 > \phi$ 时,相贯线的正面投影为上下对称的曲线(图 3-28a)。

当 $\phi_1 = \phi$ 时,相贯线在空间为两个相交的椭圆,其正面投影为两条相交的直线(图3-28b)。

当 $\phi_1 < \phi$ 时,相贯线的正面投影为左右对称的曲线(图 3-28c)。

从图 3-28a、c 可看出,在相贯线的非积聚性投影上,相贯线的弯曲方向总是朝向较大圆柱的轴线。

(3) 工程上两圆柱正交的实例很多,为了简化作图,国家标准规定,允许采用**简化画法**作出相贯线的投影,即**以圆弧代替非圆曲线**。当轴线垂直相交,且轴线均平行于正面的两个不等径圆柱相交时,相贯线的正面投影以大圆柱的半径为半径画圆弧即可。简化画法的作图过程如图 3-29 所示。

## 二、圆锥与圆柱相交

由于圆锥面的投影没有积聚性,因此,当圆锥与圆柱相交时,不能利用积聚性法作图,而要采用**辅助平面法**求出两曲面体表面上若干共有点,从而画出相贯线的投影。

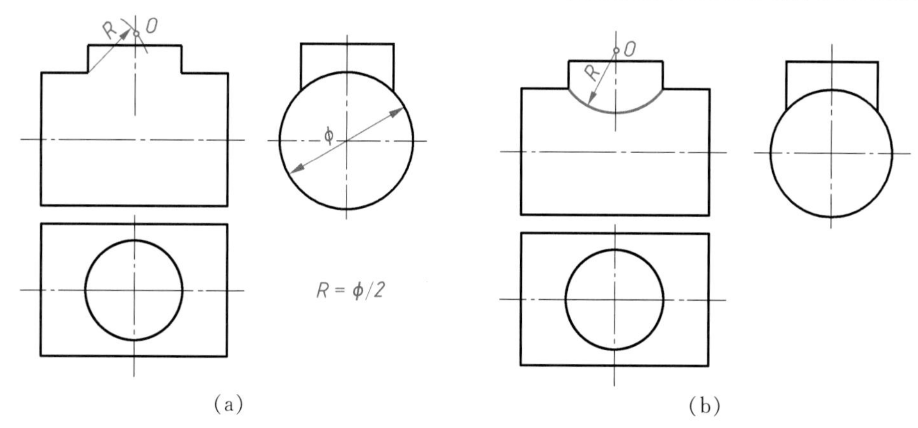


图 3-29　相贯线简化画法

［例 3-10］　轴线正交的圆台和圆柱相贯，求相贯线投影(图 3-30a)。

**分析**

圆台和圆柱轴线垂直相交，其相贯线为左右、前后都对称的封闭空间曲线。由于圆柱轴线垂直于侧面，其侧面投影积聚成圆，因此，相贯线的侧面投影也积聚在该圆周上，是圆台和圆柱的侧面投影共有部分的一段圆弧。相贯线的正面投影和水平投影采用辅助平面法求作。

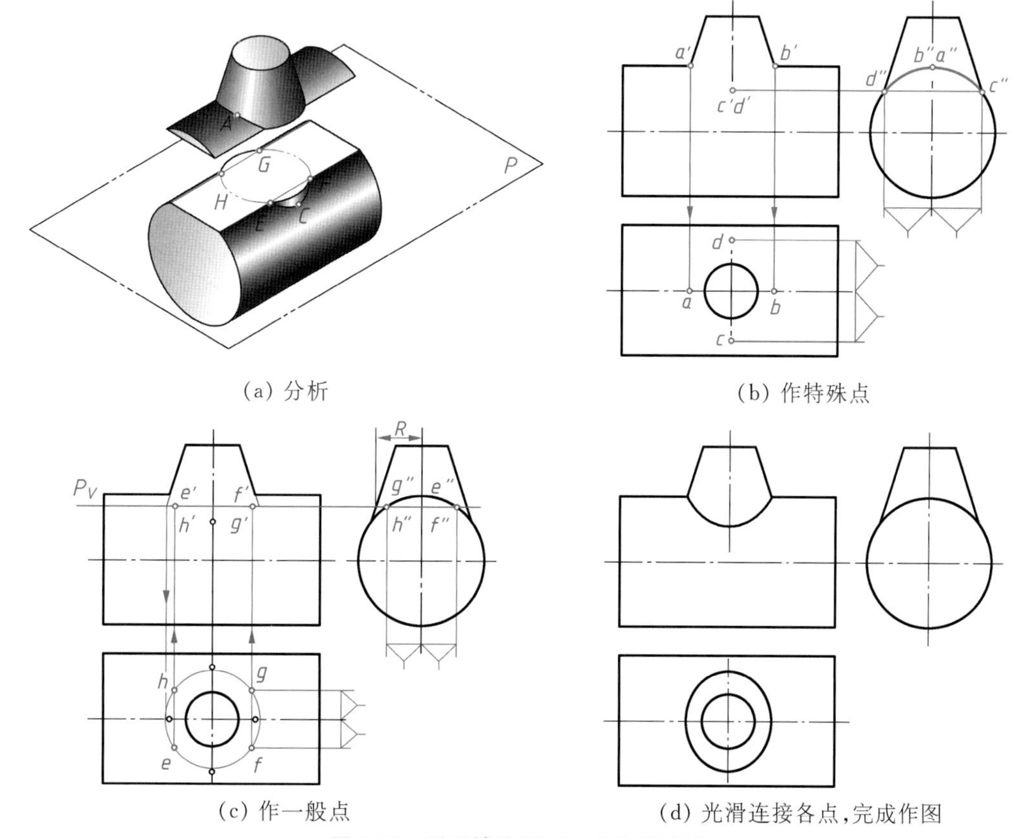


(a) 分析　(b) 作特殊点

(c) 作一般点　(d) 光滑连接各点，完成作图

图 3-30　利用辅助平面法求作相贯线

**作图**

(1) *求特殊点*　根据相贯线的最高点 $A$、$B$(也是最左、最右点)和最低点 $C$、$D$(也是最前、最后点)的侧面投影 $a''$、$b''$和 $c''$、$d''$直接作出正面投影 $a'$、$b'$、$c'$、$d'$以及水平投影 $a$、$b$、$c$、$d$(图 3-30b)。

(2) *求中间点*　在最高点与最低点之间的适当位置作辅助平面 $P$。如图 3-30c 所示,$P$ 面(水平面)与圆台的交线是圆,其水平投影反映实形,该圆的半径可在侧面投影中量取($R$),或者在正面投影中通过圆台外轮廓线的延长线与 $p'$的交点投影作圆。$P$ 面与圆柱面的交线是两条与轴线平行的直线,它们在水平投影中的位置也从侧面投影中量取。在水平投影中,圆与两条直线的交点 $e$、$f$、$g$、$h$ 即为相贯线上四个点的水平投影,再由水平投影作出正面投影 $e'$、$f'$、$g'$、$h'$。

(3) 在正面投影和水平投影上分别依次光滑连接各点,作图结果如图 3-30d 所示。

## 三、相贯线的特殊情况

### 1. 相贯线为平面曲线

(1) 两个同轴回转体相交时,它们的相贯线一定是垂直于轴线的圆。当回转体轴线平行于某投影面时,这个圆在该投影面的投影为垂直于轴线的直线(图 3-31)。

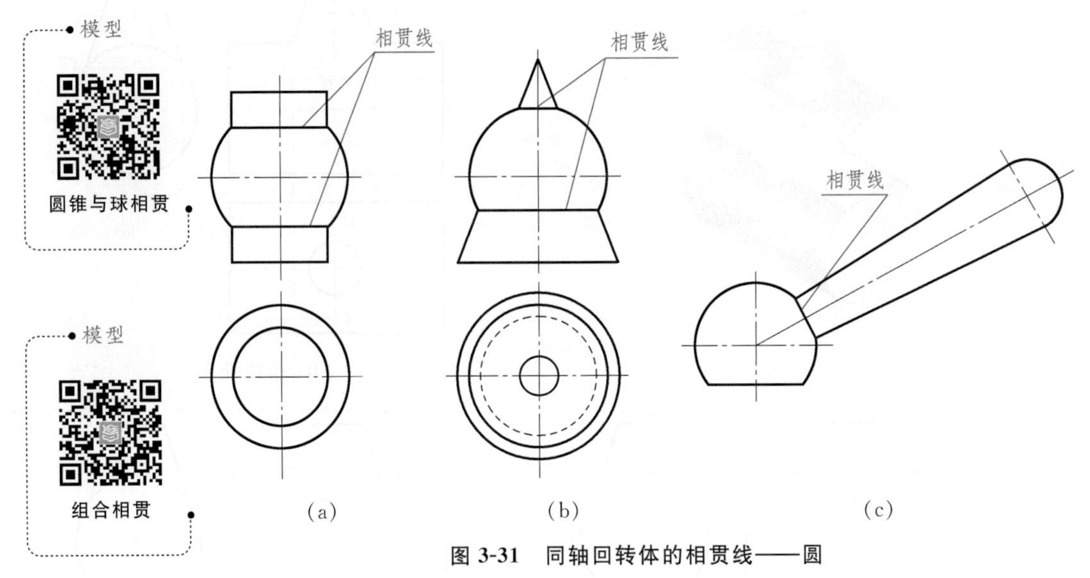


图 3-31　同轴回转体的相贯线——圆

(2) 当轴线相交的两圆柱或圆柱与圆锥公切于一个球面时,相贯线是平面曲线——两个相交的椭圆。该椭圆的正面投影积聚为直线段,水平投影为类似形(椭圆)(图 3-32)。

### 2. 相贯线为直线

当相交两圆柱的轴线平行时,相贯线为直线(图 3-33)。当两圆锥共顶时,相贯线为直线(图 3-34)。

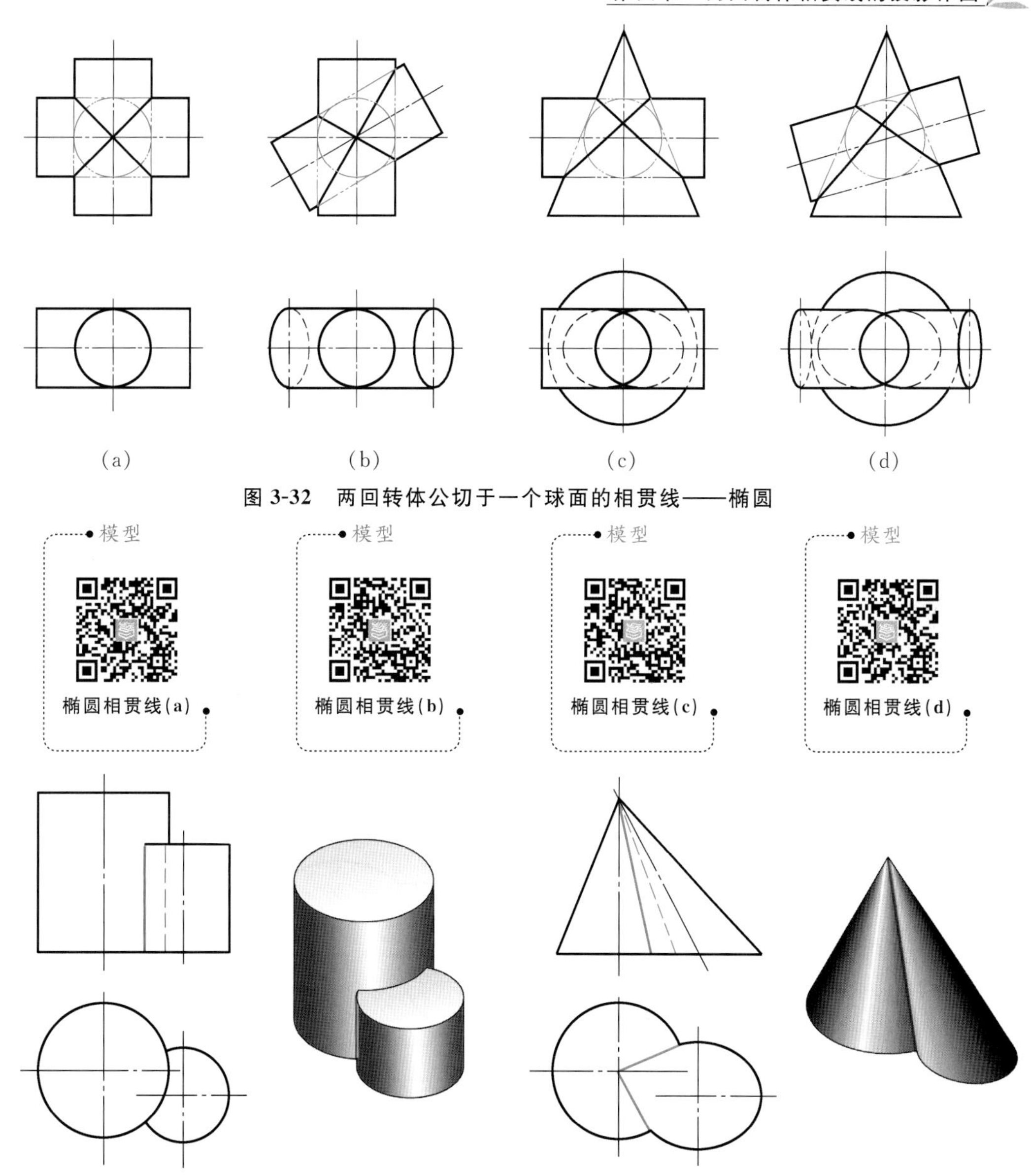


图 3-32 两回转体公切于一个球面的相贯线——椭圆

图 3-33 轴线平行的相交两圆柱的相贯线——直线

图 3-34 相交两圆锥共顶的相贯线——直线

## 四、综合举例

［例 3-11］ 已知相贯体的俯、左视图，求作主视图（图 3-35a）。

**分析**

由图 3-35a 所示立体图可看出，该相贯体由一直立圆筒与一水平半圆筒正交，内外表面都有交线。外表面为两个等径圆柱面相交，相贯线为两条平面曲线（椭圆），其水平投影和侧面投影都积聚在它们所在的圆柱面有积聚性的投影上，正面投影为两段直线。内表面的相贯线为两段空间曲线，水平投影和侧面投影也都积聚在圆柱孔有积聚性的投影上，正面投影为两段曲线。

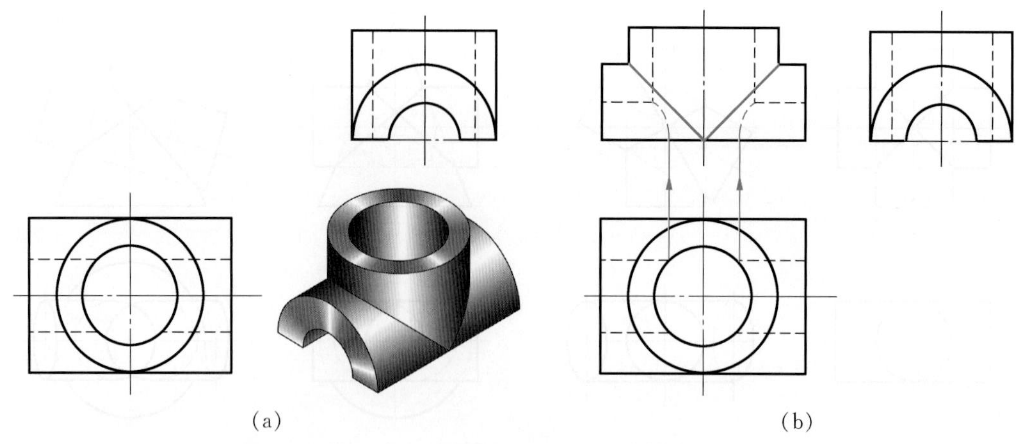


**图 3-35　已知俯、左视图，求作主视图**

模型
圆柱相贯综合

模型
半球与两圆柱相贯

**作图**(图 3-35b)

(1) 作两等径圆柱外表面相贯线的正面投影，两段 45°斜线。

(2) 作圆孔内表面相贯线的正面投影。可以用图 3-26 所示的方法作这两段曲线，也可以采用图 3-29 所示的简化画法作两段圆弧。

［**例 3-12**］ *求作半球与两个圆柱的组合相贯线*(图 3-36)。

**分析**

三个或三个以上的立体相交，其表面形成的交线称为组合相贯线。

如图 3-36 所示，相贯体中的大圆柱与半球相切，左侧小圆柱的上半部与半球相交，是共有侧垂轴的同轴回转体，相贯线是垂直于侧垂轴的半圆。

小圆柱的下半部与大圆柱相交，相贯线是一条空间曲线。由于相贯体前后对称，所以相贯线的正面投影前后重合。

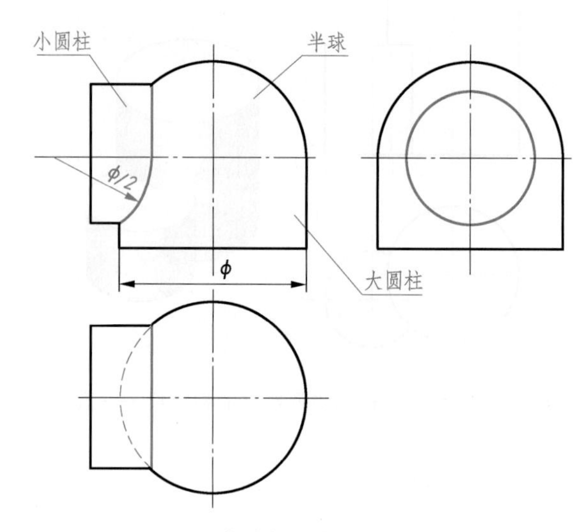


**图 3-36　半球与两个圆柱的相贯线**

**作图**

(1) 小圆柱面与半球面的相贯线是半个侧平圆弧，其正面投影和水平投影均积聚为直线。

微视频
半球与两个圆柱的相贯线

(2) 小圆柱面与大圆柱面的相贯线的正面投影采用简化画法画出(半径为 $\phi/2$ 的圆弧)；水平投影与大圆柱面的水平投影(积聚圆的虚线部分)重合。

(3) 由于小圆柱轴线是侧垂线，所以相贯线的侧面投影与小圆柱的侧面投影(积聚圆)重合。

# 第四章 轴 测 图

正投影图能够准确、完整地表达物体的形状，且作图简便，但是缺乏立体感。因此，工程上常采用直观性较强、富有立体感的轴测图作为辅助图样，用以说明机器及零部件的外观、内部结构和工作原理。

在制图课程的教学过程中，学习轴测图画法，尤其是掌握了绘制轴测草图的技能，可以帮助初学者提高理解形体的空间想象能力，为读懂正投影图提供形体分析与构思的思路和方法。

## 第一节 轴测图的基本知识

### 一、轴测图的形成

如图 4-1a 所示，将物体连同其参考直角坐标系，沿不平行于任一坐标面的方向，用平行投影法投射在单一投影面（轴测投影面）上得到具有立体感的图形，称为轴测图。

直角坐标轴 $O_0X_0$、$O_0Y_0$、$O_0Z_0$ 在轴测投影面上的投影 $OX$、$OY$、$OZ$ 称为轴测轴，三条轴测轴的交点 $O$ 称为原点。

**轴间角** 轴测投影中两轴测轴之间的夹角（$\angle XOY$、$\angle YOZ$、$\angle ZOX$），称为轴间角。

**轴向伸缩系数** 轴测轴上的单位长度与相应投影轴上的单位长度的比值，即轴向伸缩系数。$OX$、$OY$、$OZ$ 轴上的伸缩系数分别用 $p$、$q$、$r$ 简化表示。

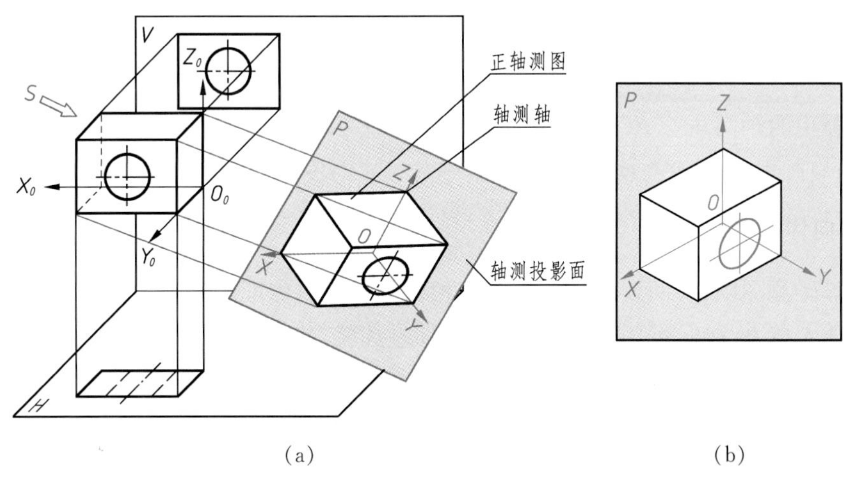


**图 4-1 轴测图的形成**

## 二、轴测图的投影特性

(1) 物体上互相平行的线段,在轴测图上仍互相平行;平行于坐标轴的线段,在轴测图上仍平行于相应的轴,且在作图时可以沿轴测量,即物体上长、宽、高三个方向的尺寸可沿其对应轴直接量取。

(2) 物体上不平行于轴测投影面的平面图形,在轴测图上变成原形的类似形。如正方形的轴测投影可能是平行四边形、圆的轴测投影可能是椭圆等。

## 三、轴测图的分类

根据投射方向(S)与轴测投影面的相对位置,轴测图分为两类:投射方向与轴测投影面垂直所得的轴测图称为“正轴测图”;投射方向与轴测投影面倾斜所得的轴测图称为“斜轴测图”。

轴间角和轴向伸缩系数是绘制轴测图的两个主要参数。正(斜)轴测图按伸缩系数是否相等又分为等测、二等测和不等测三种。

GB/T 14692 推荐了工程上常用的三种轴测图——正等测、正二测和斜二测。由于正二测作图比较烦琐,本章仅介绍最常用的正等轴测图(正等测)和斜二等轴测图(斜二测)的画法。

# 第二节 正等轴测图

## 一、轴间角和简化轴向伸缩系数

### 1. 轴间角

正等测中的轴间角 $\angle XOY = \angle YOZ = \angle XOZ = 120°$。作图时,通常将 $OZ$ 轴画成铅垂位置,然后画出 $OX$、$OY$ 轴,如图 4-2 所示。

### 2. 轴向伸缩系数

在正等轴测图中,空间直角坐标系的三根轴与轴测投影面的倾角都是约 35°16′,三根轴的轴向伸缩系数 $\approx \cos 35°16' \approx 0.82$。在画轴测图时,物体上长、宽、高方向的尺寸均要缩小,约为原长的 82%。为了作图方便,通常取轴向伸缩系数 $p = q = r = 1$ (图 4-2)。作图时,凡平行于轴测轴的线段,可直接按物体上相应线段的实际长度量取,不必换算。按这种方法画出的正等轴测图,各轴向的长度分别都放大了约 $1/0.82 \approx 1.22$ 倍,但形状没有改变。

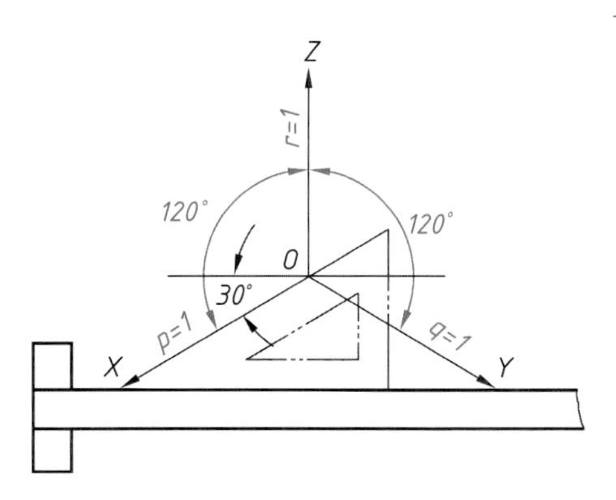


图 4-2 正等轴测图的轴间角和轴向伸缩系数

## 二、平面立体正等轴测图的画法

画物体轴测图的基本方法是**坐标法**和**切割法**。坐标法是沿坐标轴测量画出各顶点的轴测投影，并依次连接各点完成物体的轴测图。对于不完整的形体，也可先按完整形体画出，然后用切割的方法画出其不完整部分。

［例 4-1］ 作图 4-3a 所示正六棱柱的正等轴测图。

**分析**

正六棱柱前后、左右对称，将坐标原点 $O_0$ 设定在顶面正六边形的中心，以正六边形的对称中心线为 $X_0$、$Y_0$ 轴。这样便于直接作出顶面六边形各顶点的坐标，用坐标法从顶面开始作图。

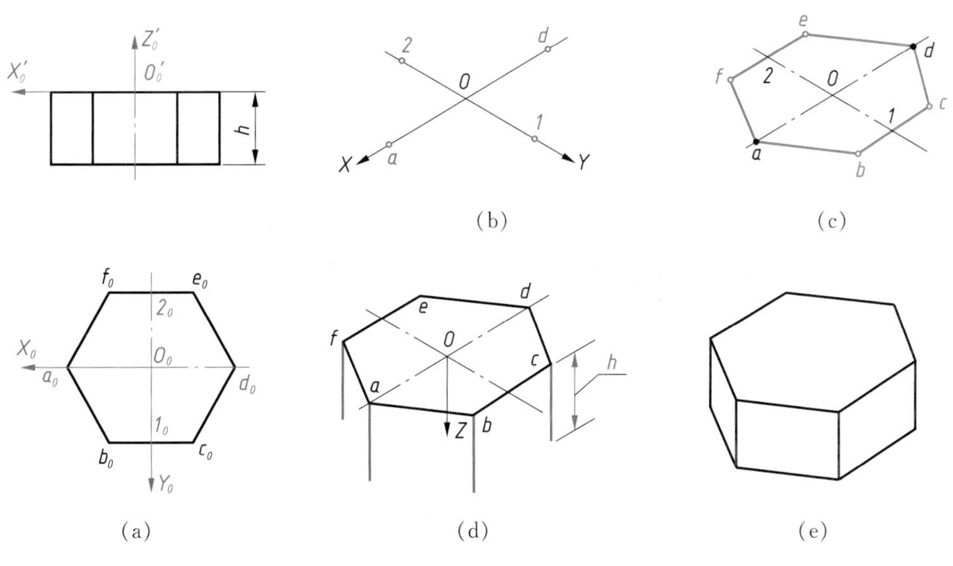


图 4-3 正六棱柱的正等轴测图画法

**作图**

(1) 定出坐标原点 $O_0$ 和坐标轴 $O_0X_0$、$O_0Y_0$、$O_0Z_0$(图 4-3a)。

(2) 画出轴测轴 $OX$、$OY$,由于 $a_0$、$d_0$ 和 $1_0$、$2_0$ 分别在 $O_0X_0$、$O_0Y_0$ 轴上,可直接量取,并在 $OX$、$OY$ 上作出 $a$、$d$ 和 $1$、$2$(图 4-3b)。

(3) 通过 $1$、$2$ 作 $OX$ 轴的平行线,分别量得 $b$、$c$ 和 $e$、$f$,连接各点 $a$、$b$、$c$、$d$、$e$、$f$,即得顶面正六边形轴测图(图 4-3c)。

(4) 作轴测轴 $OZ$,由 $a$、$b$、$c$、$f$ 各点向下作 $OZ$ 轴的平行线,并在其上截取高度 $h$ 作出底面上可见的各顶点(图 4-3d)。

(5) 连接底面各点,擦去作图线,描深,完成正等轴测图(图 4-3e)。

由作图过程可知,因为轴测图只要求画出可见轮廓线,不可见轮廓线一般不必画出,所以将原点取在顶面上,直接画出可见轮廓线,使作图过程简化。

**[例 4-2]** 作图 4-4a 所示楔形块的正等轴测图。

**分析**

对于图 4-4a 所示的楔形块,可采用切割法作图,将它看成由一个长方体斜切一角而成。对于切割后的斜面中与三个坐标轴都不平行的线段,在轴测图上不能直接从正投影图中量取,必须按坐标求出其端点,然后再连线。

**作图**

(1) 定坐标原点及坐标轴(图 4-4a)。

(2) 按给出的尺寸 $a$、$b$、$h$ 作出长方体的轴测图(图 4-4b)。

(3) 按给出的尺寸 $c$、$d$ 定出斜面上线段端点的位置,并连成平行四边形(图 4-4c)。

(4) 擦去作图线,描深,完成楔形块正等轴测图(图 4-4d)。

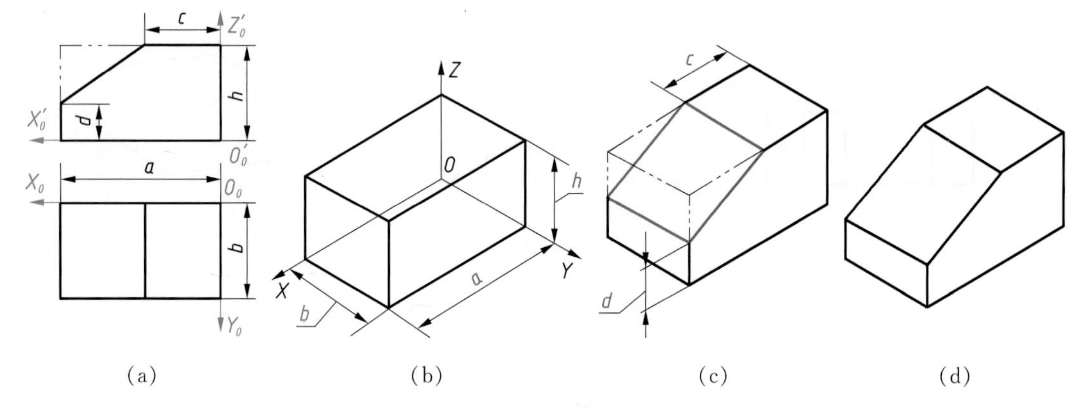


**图 4-4 楔形块正等轴测图画法**

**讨论**

画柱体的正等轴测图时,也可以先画出物体上特征面的轴测图,再按厚度或高度画出其他可见轮廓线。如图 4-5a 所示,主视图反映形体特征,在 $XOZ$ 坐标面上作出特征面的轴测图,再沿 $OY$ 轴量取厚度,作出后端面的可见轮廓线。在图 4-5b、c 中,俯视图、左视图反映形体特征,在 $XOY$ 和 $YOZ$ 坐标面上作出特征面轴测图后,分别沿 $OZ$ 轴和 $OX$ 轴量取高度或厚度画出轴测图。

原点 $O$ 和轴测轴 $OX$、$OY$、$OZ$ 的位置可根据需要选定。

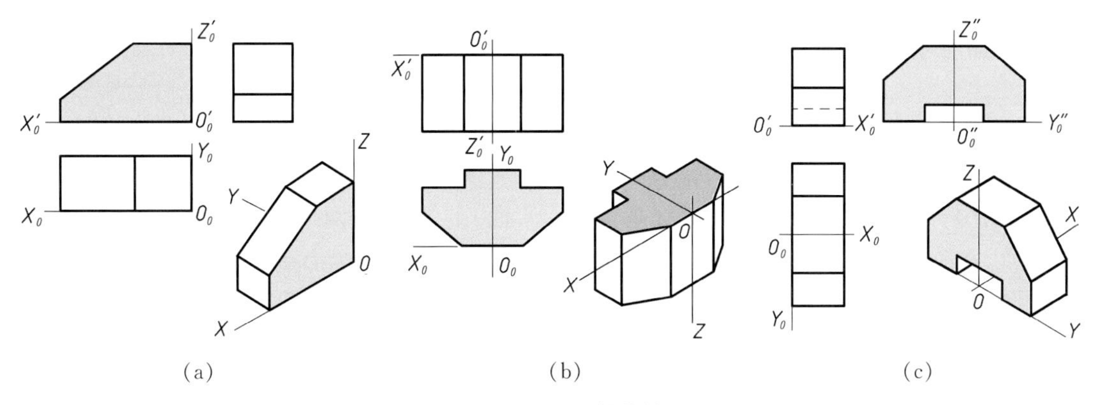


(a)　　　　(b)　　　　(c)

**图 4-5　按特征面画柱体轴测图**

［**例 4-3**］　根据图 4-6a 所示的三视图，画正等轴测图。

立体的正等轴测图

**分析**

该形体可看作一个长方体经过简单的切割和叠加而成。

**作图**

(1) 画轴测轴，先作出完整的长方体，再切割成 L 形柱体(图 4-6b)。

(2) 切去左上角(图 4-6c)。

(3) 切去左下角(图 4-6d)。

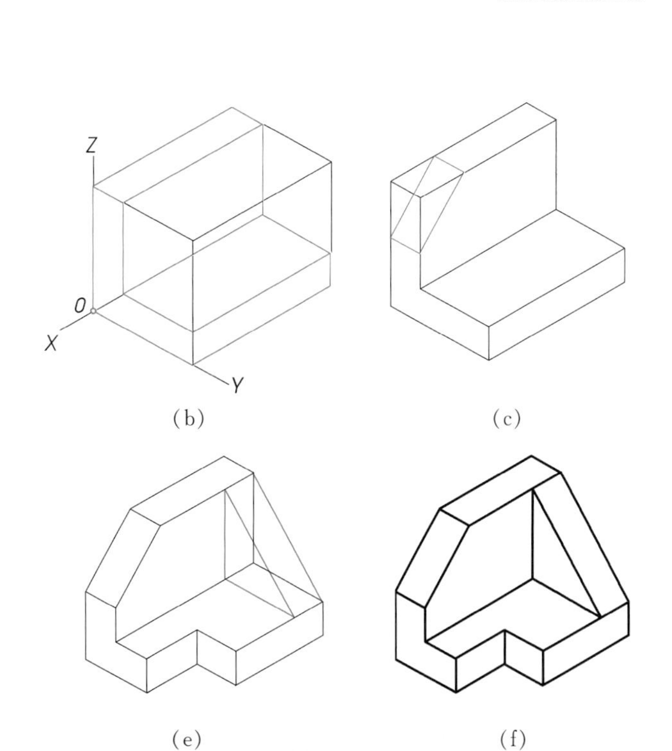


(a)　　　　(b)　　　　(c)

(d)　　　　(e)　　　　(f)

**图 4-6　画立体的正等轴测图**

(4) 叠加一个三棱柱(图 4-6e)。

(5) 描深可见轮廓线,擦去多余作图线,完成正等轴测图(图 4-6f)。

## 三、曲面立体正等轴测图的画法

### 1. 圆柱与圆锥

如图 4-7a 所示,直立圆柱的轴线垂直于水平面,上、下底为两个与水平面平行且大小相同的圆,其轴测投影为椭圆。根据圆的直径 $\phi$ 和柱高 $h$ 作出两个形状、大小相同,中心距为 $h$ 的椭圆,然后作两椭圆的公切线,即得圆柱的正等轴测图。具体的作图步骤为:

圆柱的正等轴测图

(1) 以上底圆的圆心为原点 $O_0$,上底圆的中心线 $O_0X_0$、$O_0Y_0$ 和圆柱轴线 $O_0Z_0$ 为坐标轴,作上底圆的外切正方形,得切点 $a_0$、$b_0$、$c_0$、$d_0$(图 4-7a)。

(2) 作轴测轴和四个切点的轴测投影 $a$、$b$、$c$、$d$,过四点分别作 $OX$、$OY$ 的平行线,得外切正方形的轴测菱形(图 4-7b)。

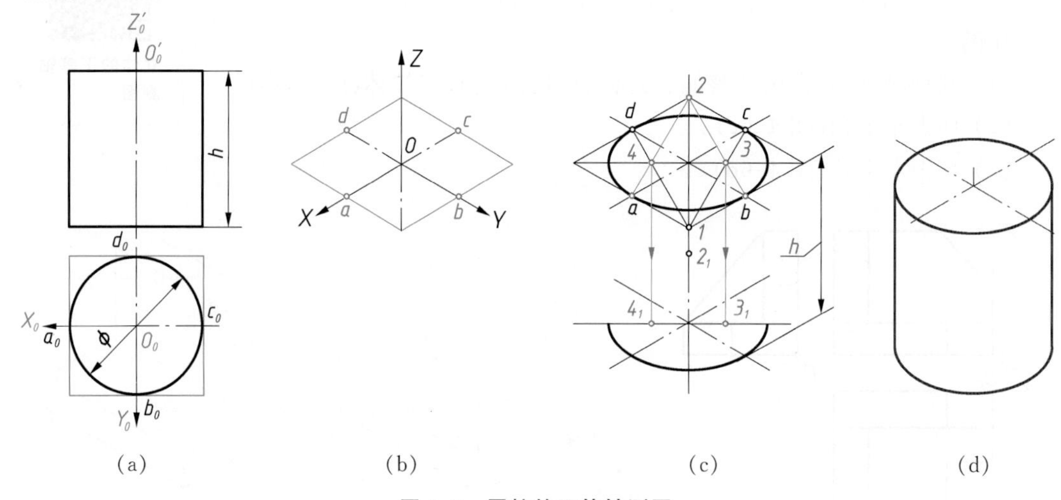


图 4-7　圆柱的正等轴测图

(3) 过菱形顶点 1、2 连接 1、$c$ 和 2、$b$,与菱形的对角线相交得交点 3,连接 2、$a$ 和 1、$d$ 得交点 4,则 1、2、3、4 各点即为作近似椭圆四段圆弧的圆心。以 1、2 为圆心,$1c$、$2a$ 为半径作 $\overset{\frown}{cd}$ 和 $\overset{\frown}{ab}$,以 3、4 为圆心,$3b$、$4d$ 为半径作 $\overset{\frown}{bc}$ 和 $\overset{\frown}{da}$,即为上底圆的轴测椭圆。将椭圆的三个圆心 2、3、4 沿 $Z$ 轴平移高度 $h$,作出下底椭圆,下底椭圆看不见的一半椭圆弧不必画出(图 4-7c)。

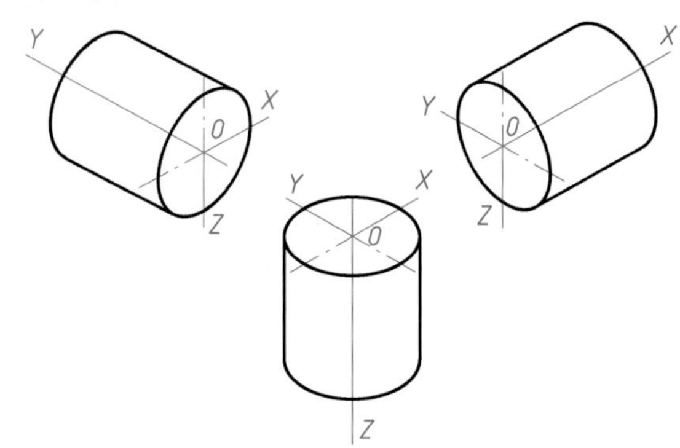


图 4-8　不同方向圆柱的轴测图

(4) 作两椭圆公切线,擦去作图线,描深(图 4-7d)。

当圆柱轴线垂直于正面或侧面时,轴测图画法与上述相同,只是圆平面内所含的轴线应分别为 $OX$、$OZ$ 和 $OY$、$OZ$ 轴,如图 4-8 所示。

[例 4-4]　如图 4-9a 所示,作带平面切口的圆柱的正等轴测图。

**分析**

图 4-9a 给出带平面切口圆柱的主视图、左视图。面 $P$ 与圆柱面的交线是平行于侧面的圆弧;面 $Q$ 与圆柱面的交线是两条平行于 $O_0X_0$ 轴的直线(素线);面 $Q$ 与圆柱端面的交线以及两截平面的交线都平行于 $O_0Y_0$ 轴。先画出完整的圆柱体,再用切割的方法画出切口部分。为了便于切口部分的作图,将坐标原点定在左端面的中心,使 $O_0X_0$ 轴与圆柱轴线重合。

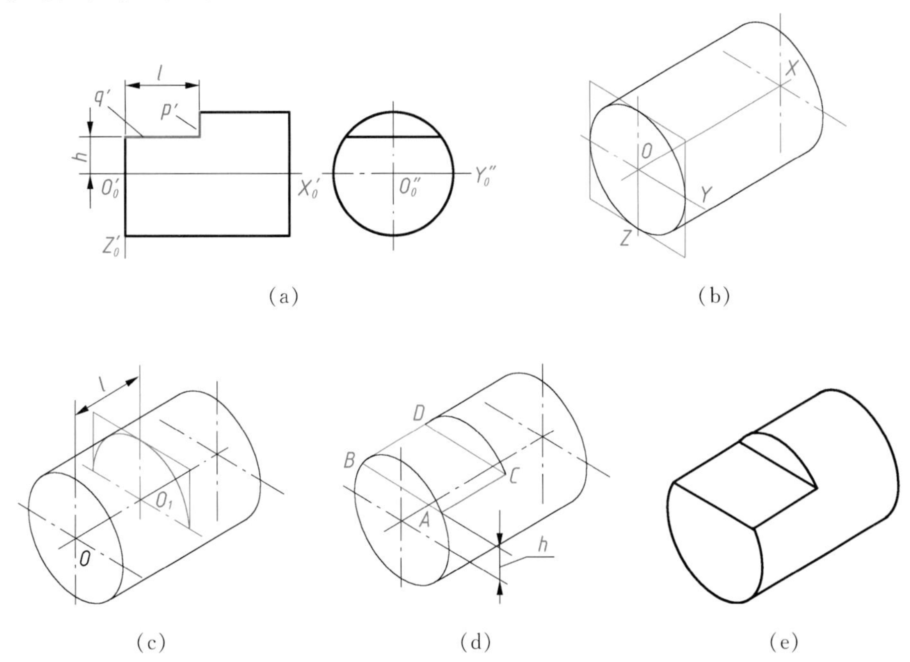


图 4-9　带切口圆柱的正等轴测图的画法

**作图**

(1) 画出轴测轴和完整的圆柱体(图 4-9b)。

(2) 在 $OX$ 轴上量取 $l$,作出侧平面 $P$ 与圆柱面的交线椭圆弧(图 4-9c)。

(3) 在 $OZ$ 轴上量取 $h$,作出水平面 $Q$ 与圆柱左端面的交线 $AB$,与圆柱面的交线 $AC$、$BD$,以及面 $P$ 与面 $Q$ 的交线 $CD$(图 4-9d)。

(4) 清理图面,加深可见轮廓线,完成作图(图 4-9e)。

**讨论**

如图 4-10a 所示,圆柱左端开一方槽,其正等测画法与上述类似,作图步骤如图 4-10b～e 所示。读者还可以参照上述方法画出图 3-18 所示接头的轴测图。

微视频

开槽圆柱正等测画法

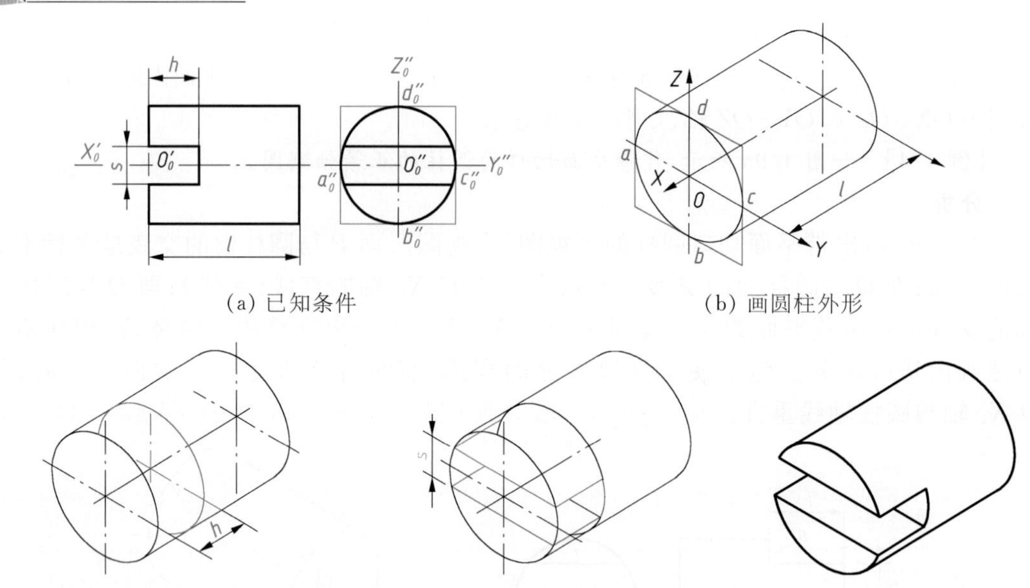


(a) 已知条件　(b) 画圆柱外形

(c) 按槽口深度 $h$ 作槽口底面椭圆　(d) 按槽口宽度 $s$ 作槽口部分轴测图　(e) 描深可见部分轮廓线

**图 4-10　开槽圆柱正等测画法**

［例 4-5］　如图 4-11a 所示，画正圆锥被正平面 $P$ 切割后的正等轴测图。

**分析**

正平面切割正圆锥形成的交线是一条双曲线，图 4-11a 所示为在正投影图上近似画出的该曲线投影。画轴测图时可用坐标法定出曲线上各点的位置，然后连成曲线。

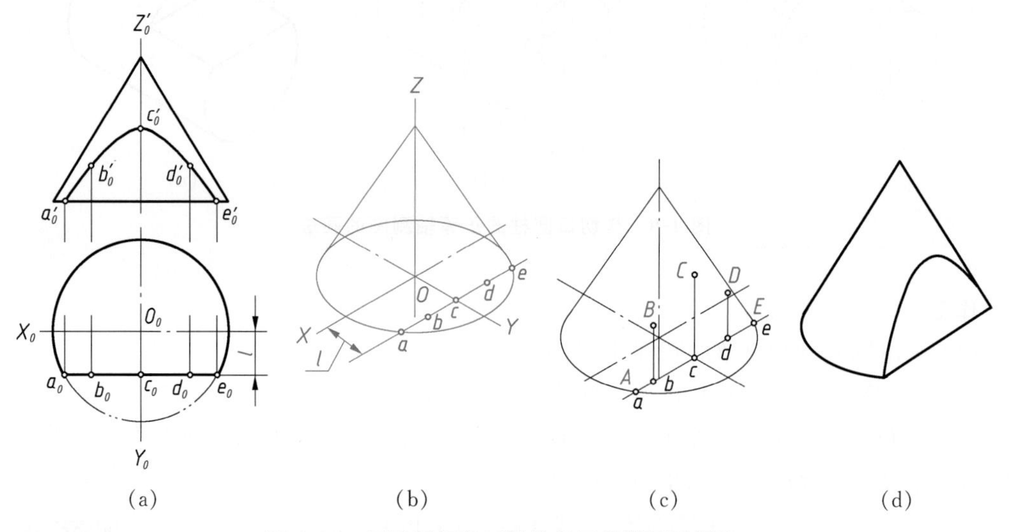


(a)　(b)　(c)　(d)

**图 4-11　正平面切割正圆锥的正等轴测图画法**

**作图**

(1) 画出完整正圆锥的正等轴测图，沿 $OY$ 轴截取 $l$ 作 $AE$ // $OX$，即正平面 $P$ 与锥底面的交线，按俯视图上 $a_0$、$b_0$、$c_0$、$d_0$、$e_0$ 各分点的坐标，在轴测图上作出 $a$、$b$、$c$、$d$、$e$ 各点的位置(图 4-11b)。

(2) 过 $a$、$b$、$c$、$d$、$e$ 各点作平行于 $OZ$ 轴的直线,并在其上量取它们在主视图中相应的高度,得交线上一系列点 $A$、$B$、$C$、$D$、$E$(图 4-11c)。

(3) 依次光滑连接 $A$、$B$、$C$、$D$、$E$,即得交线的轴测图。清理图面,描深切割正圆锥后的可见轮廓线,完成全部作图(图 4-11d)。

**2. 半圆头与圆角**

半圆头柱体与四分之一圆周的圆角是机件中最常见的形体,图 4-12a 所示的形体由半圆头竖板和具有圆角的底板两部分组成。作图步骤如图 4-12 所示:

(1) 先画出 L 形柱体的轴测图,并按半圆头和圆角的半径得到切点 $A$、$B$、$C$ 和 $D$、$E$、$F$、$G$(图 4-12b)。

(2) 过底板上圆弧切点 $D$、$E$ 和 $F$、$G$ 分别作相应各边的垂线,得交点 $O_3$ 和 $O_4$,以 $O_3$、$O_4$ 为圆心,$O_3D$、$O_4F$ 为半径作圆弧(图 4-12c)。

(3) 从圆心 $O_3$、$O_4$ 向下量取底板的厚度,得到下底面上的圆心,同样方法作圆弧(图 4-12d)。

(4) 如图 4-12b～d 所示,画底板圆角的同时,也显示了竖板半圆头的作图过程。作竖板前后壁两段圆弧以及底板右端两段小圆弧的公切线。清理图面,描深可见轮廓线(图 4-12e)。

微视频

半圆头与圆角的画法

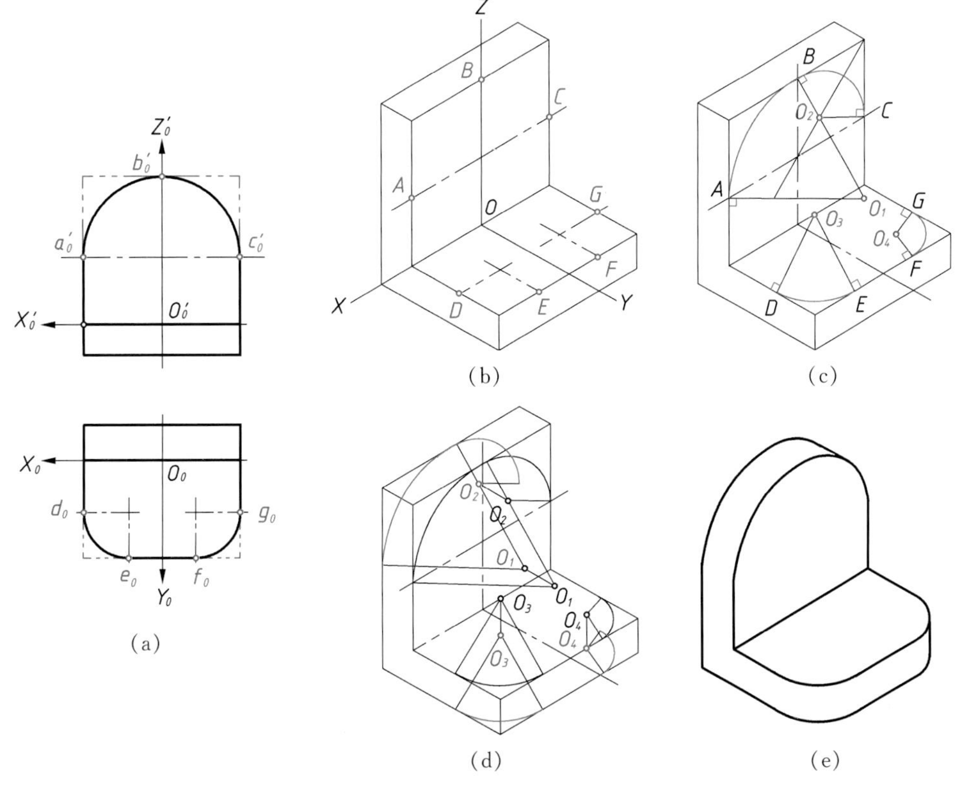


图 4-12　半圆头与圆角的画法

平行于坐标面的圆角是圆的一部分,特别是常见的四分之一圆周的圆角,如图 4-13 所示,其正等测恰好是近似椭圆的四段圆弧中的一段。从而可以理解为什么从切点作相应棱线的垂线就可获得圆弧的圆心。

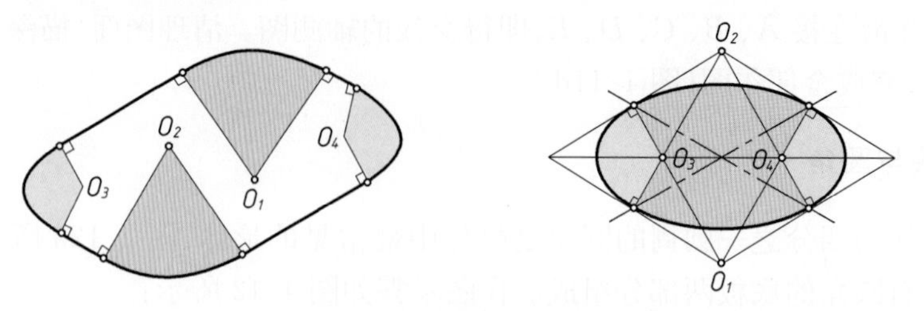


图 4-13 四分之一圆弧的画法

# 第三节 斜二等轴测图

如图 4-14a 所示,将坐标轴 $O_0Z_0$ 放置成铅垂位置,并使坐标面 $X_0O_0Z_0$ 平行于轴测投影面 $P$($P$ 面//$V$ 面),用斜投影法将物体连同其参考坐标系一起向轴测投影面投射,所得到的轴测图称为斜轴测图。

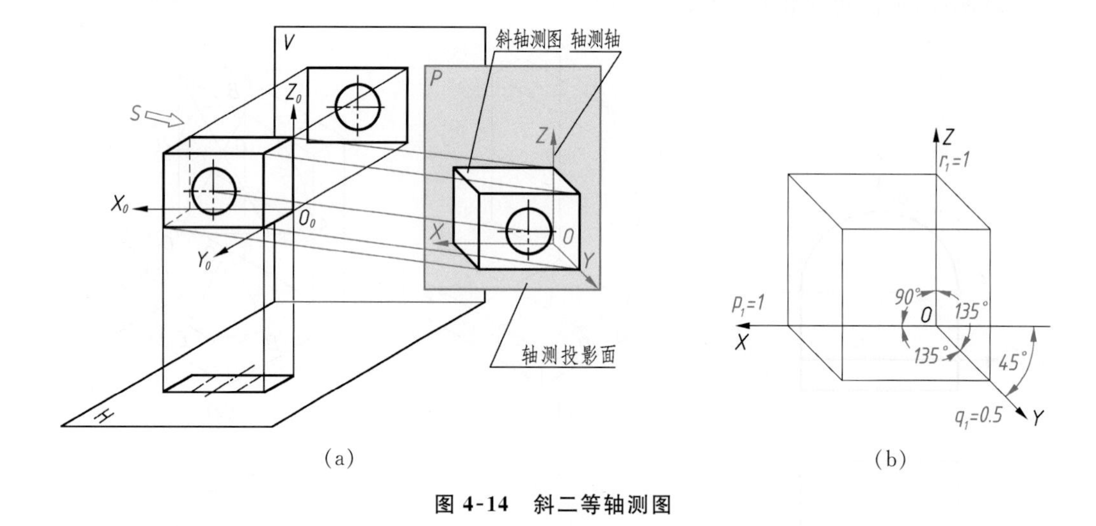


(a) (b)

图 4-14 斜二等轴测图

## 一、轴间角和轴向伸缩系数

由于 $X_0O_0Z_0$ 坐标面平行于轴测投影面 $P$,所以轴测轴 $OX$、$OZ$ 仍分别为水平方向和铅垂方向,其轴向伸缩系数 $p_1 = r_1 = 1$,轴间角 $\angle XOZ = 90°$。轴测轴 $OY$ 的方向和轴向伸缩系数可随着投射方向的变化而变化。为了绘图简便,国家标准规定,选取轴间角 $\angle XOY = \angle YOZ = 135°$,$q_1 = 0.5$,如图 4-14b 所示。按照这些规定绘制的斜轴测图称为斜二等轴测图,简称斜二测。

## 二、斜二测画法

在斜二等轴测图中，由于物体上平行于 $X_0O_0Z_0$ 坐标面的直线和平面图形均反映实长和实形。所以当物体上有较多的圆或圆弧平行于 $X_0O_0Z_0$ 坐标面时，采用斜二测作图比较方便。下面举两个常见图例来说明斜二测的画法。

### 1. 带圆孔的正六棱柱

微视频

带圆孔正六棱柱的斜二测画法

**分析**

图 4-15a 所示带圆孔的正六棱柱，其前(后)端面平行于正面，确定直角坐标系时，使坐标轴 $O_0Y_0$ 与圆孔轴线重合，坐标面 $X_0O_0Z_0$ 与前端面重合，选择坐标面 $X_0O_0Z_0$ 作为轴测投影面。这样，物体上的正六边形和圆的轴测投影均为实形，作图很方便。

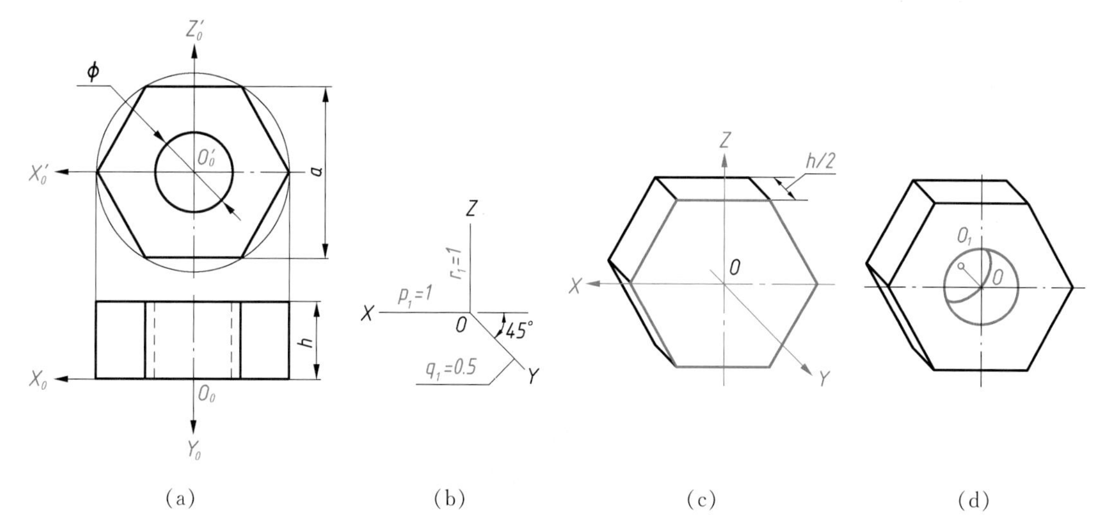


**图 4-15　带圆孔正六棱柱的斜二测画法**

**作图**

(1) 定出直角坐标轴并画出轴测轴(图 4-15b)。

(2) 画出前端面正六边形，由正六边形各顶点沿 $OY$ 轴方向向后平移 $h/2$，画出后端面正六边形的可见轮廓(图 4-15c)。

(3) 根据圆孔直径 $\phi$ 在前端面上作圆，由点 $O$ 沿 $OY$ 轴方向向后平移 $h/2$ 得圆心 $O_1$，作出后端面圆的可见部分(图 4-15d)。

### 2. 圆台

**分析**

图 4-16a 所示是一个具有同轴圆柱孔的圆台，圆台的前、后端面及孔口都是圆。因此，将前、后端面平行于正面放置，并将后端面作为坐标面 $X_0O_0Z_0$，作图很方便。

**作图**

(1) 作轴测轴,在 $OY$ 轴上量取 $L/2$,定出前端面的圆心 $A$(图 4-16b)。

(2) 画出前后端面圆的轴测图,作两端面圆的公切线(图 4-16c)。

(3) 擦去多余作图线,描深(图 4-16d)。

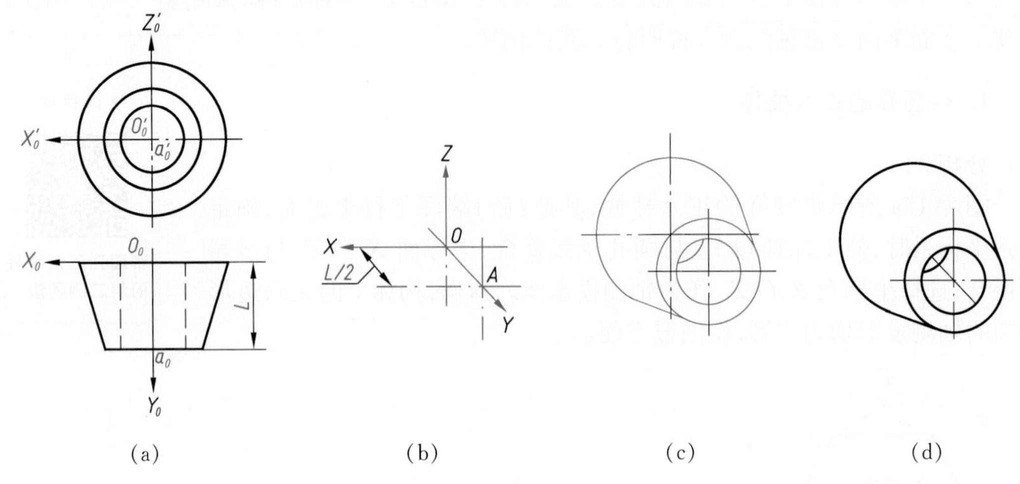


(a)　(b)　(c)　(d)

**图 4-16　作圆台的斜二等轴测图**

［**例 4-6**］　作图 4-17a 所示支座的斜二等轴测图。

**分析**

图示支座的前、后端面平行于 $V$ 面,采用斜二等轴测图作图最方便。

**作图**

(1) 选择坐标轴和原点(图 4-17a)。

(2) 画轴测轴,并画出与主视图完全相同的前端面的图形(图 4-17b)。

(3) 由 $O$ 沿 $OY$ 轴向后移 $L/2$ 得 $O_1$,以 $O_1$ 为圆心画出后端面的可见图形,再画出其他可见轮廓线以及圆弧的公切线(图 4-17c)。

(4) 清理图面,描深,完成作图(图 4-17d)。

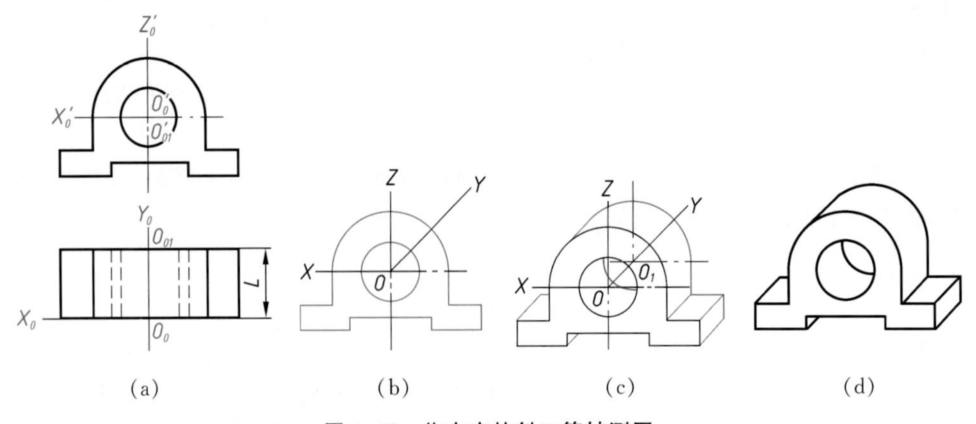


(a)　(b)　(c)　(d)

**图 4-17　作支座的斜二等轴测图**

# 第四节 轴测草图画法

不用绘图仪器和工具，通过目测形体各部分的尺寸和比例，徒手画出的图样称为**草图**。草图是创意构思、技术交流、测绘机件常用的绘图方法。草图虽然是徒手绘制的，但绝不是潦草的图，仍应做到：图形正确、线型粗细分明、字体工整、图面整洁。

徒手绘制的轴测图也称**轴测草图**。由于徒手绘图具有灵活快捷的特点，因而有很大的实用价值，特别是随着计算机绘图的普及，徒手绘制草图的应用将更加广泛。

## 一、徒手绘图的基本技法

### 1. 直线的画法

画轴测草图时，一般先画水平线和垂直线，以确定轴测图的位置和图形的主要基准线。在画直线的运笔过程中，小手指轻抵纸面，视线略超前一些，不宜盯着笔尖，而要目视运笔的前方和笔尖运行的终点。如图 4-18 所示，画水平线时宜自左向右、画垂直线时宜自上而下运笔。画斜线的运笔方向以顺手为原则，若与水平线相近，自左向右，若与垂直线相近，则自上向下运笔。如果将图纸沿运笔方向略为倾斜，则画线更加顺手。若所画线段比较长，不便于一笔画成，可分几段画出，但切忌一小段一小段画出。

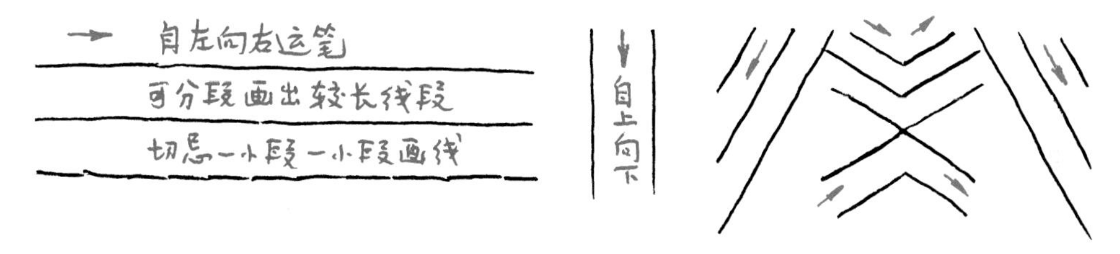


图 4-18 徒手画直线

### 2. 等分线段

(1) 八等分线段(图 4-19a) 先目测取得中点 *4*，再取分点 *2*、*6*，最后取其余分点 *1*、*3*、*5*、*7*。

(2) 五等分线段(图 4-19b) 先目测以 2∶3 的比例将线段分成不相等的两段，然后将小段平分，较长段三等分。

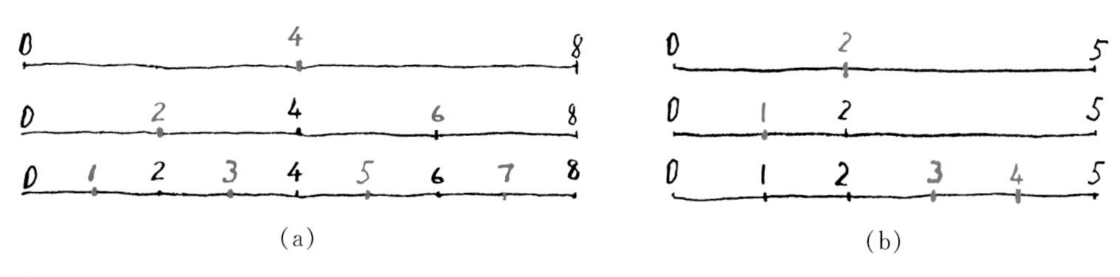


图 4-19 等分线段

### 3. 常用角度画法

画轴测草图时，首先要徒手画出轴测轴。如图 4-20a 所示，正等轴测图的轴测轴 $OX$、$OY$ 与水平线成 30°角，可利用直角三角形两条直角边的长度比定出两端点，连成直线。图 4-20b 所示为斜二等轴测图的轴测轴画法。也可以如图 4-20c 所示将 1/4 圆弧二等分或三等分画出 45°和 30°斜线。

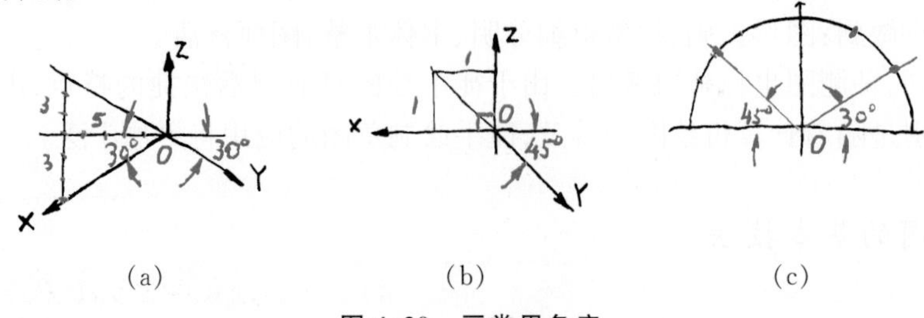


(a)　　(b)　　(c)

图 4-20　画常用角度

### 4. 徒手画圆、圆角和圆弧

画较小的圆时，可如图 4-21a 所示，在已绘中心线上按半径目测定出四点，徒手画成圆。也可以过四点先作正方形，再作内切的四段圆弧。画直径较大的圆时，只取中心线上的四点不易准确作圆，可如图 4-21b 所示，过圆心再画两条 45°斜线，并在斜线上也目测定出四点，过八点画圆。

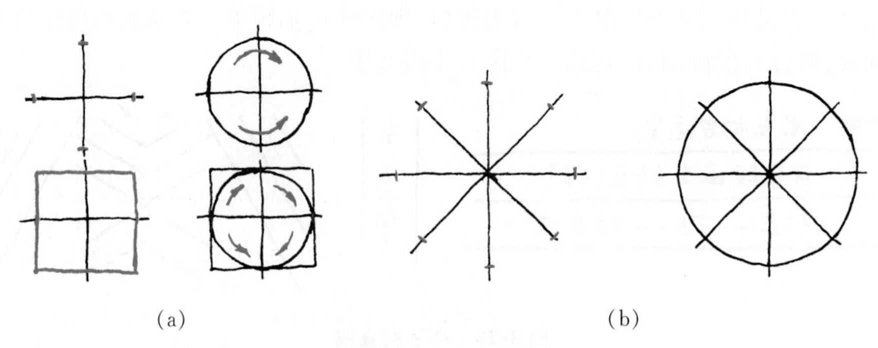

(a)　　(b)

图 4-21　徒手画圆

画圆角时，先徒手画相交两直线，作分角线，再在分角线上定出圆心位置，使它与角两边的距离等于圆角的半径(图 4-22a)。过圆心向两直线引垂线定出圆弧的起点和终点，在分角线上也定出圆周上的一点，然后徒手把三点连成圆弧(图 4-22b)。用类似的方法还可画圆弧连接(图 4-22c)。

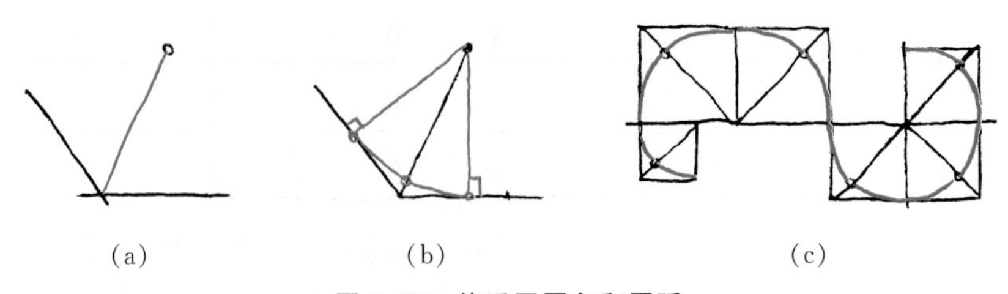

(a)　　(b)　　(c)

图 4-22　徒手画圆角和圆弧

### 5. 徒手画椭圆

画较小的椭圆时，先在中心线上定出长、短轴或共轭轴的四个端点，作矩形或平行四边形，再作四段椭圆弧，如图 4-23a 所示。画较大的椭圆时，可按图 4-23b 所示的方法，在平行四边形的四条边上取中点 *1*、*3*、*5*、*7*，在对角线上再取四点 *2*、*4*、*6*、*8*(由 *B7* 和 *A3* 的中点 *M*、*N*，与 *AB* 的中点 *1* 相连接，连线 *1M* 和 *1N* 分别与对角线 *BD*、*AC* 交于点 *8* 和 *2*，再作出它们的对称点 *6* 和 *4*)，使椭圆分为八段，然后顺次连接画出(图 4-23c)。

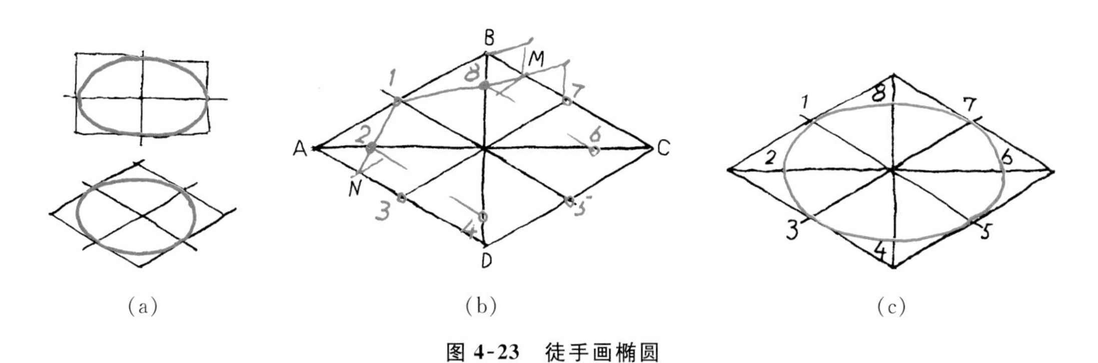


图 4-23 徒手画椭圆

### 6. 徒手画正六边形

徒手画正六边形的方法如图 4-24 所示，以正六边形的对角距(*14*)为直径画圆，取半径(*01*)中点 *K* 作垂线与圆周交于点 *2*、*6*，再作出对称点 *3*、*5*，连接各点即为正六边形(图 4-24a)。用类似的方法作出正六边形的正等轴测图(图 4-24b)。

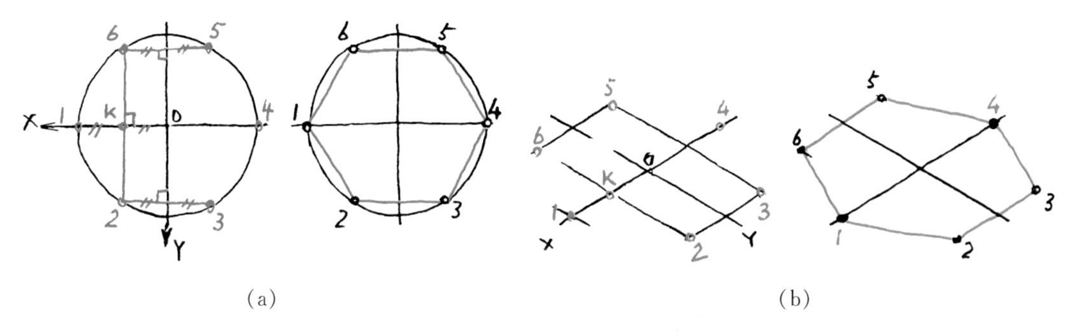


图 4-24 徒手画正六边形

## 二、轴测草图画法示例

图 4-25 所示为根据简单形体的两视图画出轴测草图，作图步骤如下(正等测)：

(1) 圆的轴测投影是椭圆，为了作椭圆方便，通常先画圆的包络正方形(图 4-25a)。

(2) 画圆柱和半圆柱的外切棱柱体的正等轴测图，借助菱形画轴测图上的椭圆(图 4-25b)。

(3) 检查、描深，完成正等轴测草图(图 4-25c)。

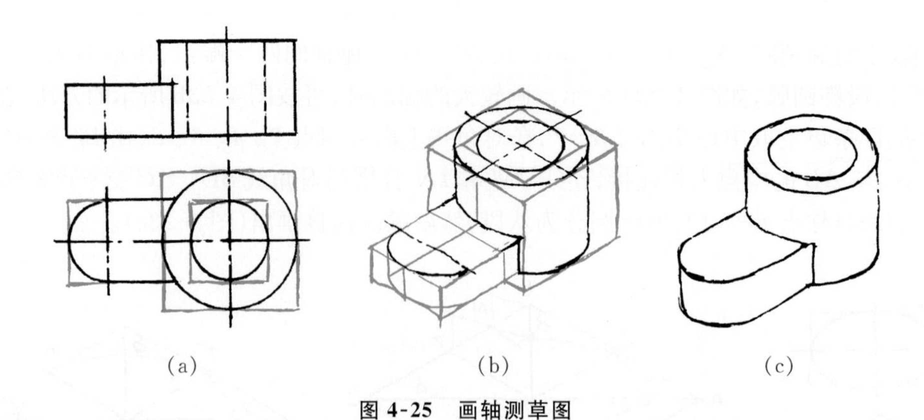

(a)　　(b)　　(c)

**图 4-25　画轴测草图**

图 4-26 所示为圆柱和圆孔倒角的轴测草图画法。圆柱端部倒角实际上是一个圆台，在轴测图上，两椭圆的中心沿轴线的距离为倒角的高度 $h$，椭圆的大小分别按 $\phi$、$\phi_1$ 画出。

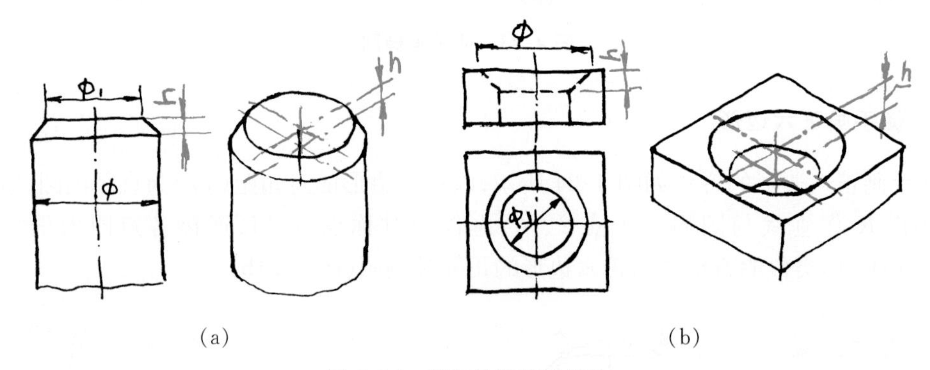

(a)　　(b)

**图 4-26　倒角轴测草图画法**

草图图形的大小是根据目测估计画出的，目测尺寸比例要准确。初学徒手画图，可在网格纸上进行，如图 4-27 所示。

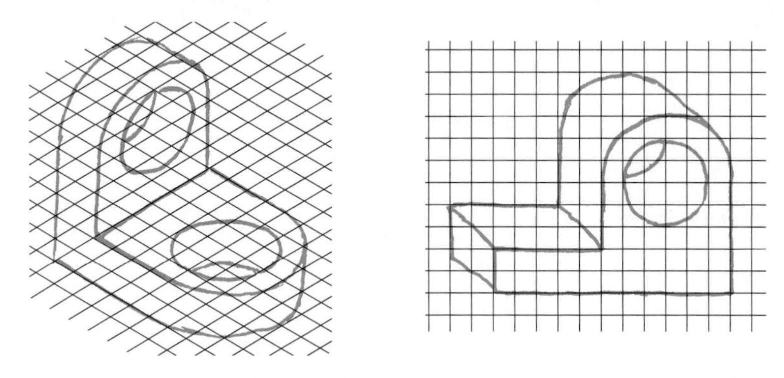

**图 4-27　在网格纸上徒手画图**

# 第五章　组合体的绘制与识读

任何机器零件,从形体的角度来分析,都可以看成是由一些简单的基本体经过叠加、切割或穿孔等方式组合而成的。这种由两个或两个以上的基本体组合构成的整体称为组合体。

组合体大多是由机件抽象而成的几何模型。掌握组合体的画图与读图方法十分重要,将为进一步学习零件图的绘制与识读打下基础。

## 第一节　组合体的组合形式

### 一、组合体的构成方式

组合体按其构成的方式,通常分为**叠加型**和**切割型**两种。叠加型组合体由若干基本体叠加而成,如图 5-1a 所示的螺栓(毛坯)是由正六棱柱、圆柱和圆台叠加而成的。切割型组合体则可看成由基本体经过切割或穿孔后形成,如图 5-1b 所示的压块(模型)是由四棱柱经过若干次切割再穿孔以后形成的。多数组合体则是既有叠加又有切割的综合型,如图 5-1c 所示的支座。

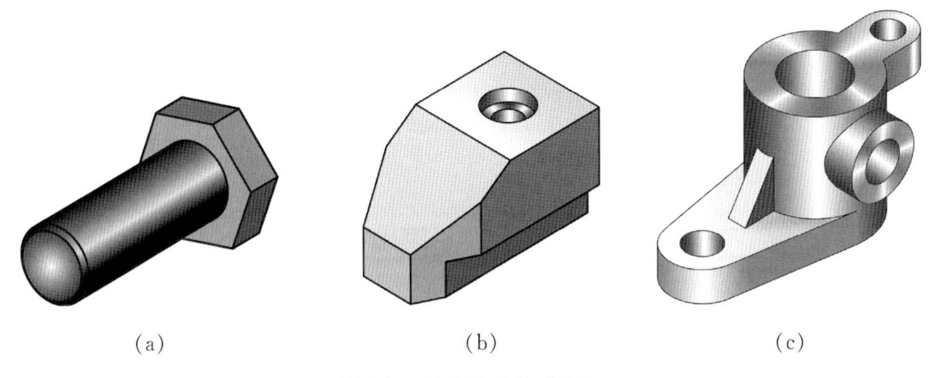


图 5-1　组合体的构成方式

### 二、组合体上相邻表面之间的连接关系

组合体中的基本形体经过叠加、切割或穿孔后,形体的相邻表面之间可能形成**平齐**或**不平齐**、**相切**或**相交**四种关系,如图 5-2 所示。画组合体视图时应注意处理好相邻表面之间的连接关系:

(1) 表面平齐　相邻两形体的表面平齐(共面)叠加时,不应有线隔开(图 5-2a)。

(2) 表面不平齐　相邻两形体的表面相错(不共面)叠加时,应有线隔开(图 5-2b)。

(3) 表面相切　相邻两形体的表面相切时,由于相切处两表面是光滑过渡的,所以相切处不应画线(图 5-2c)。

(4) 表面相交　相邻两形体的表面相交时,在相交处应画出交线(图 5-2d)。

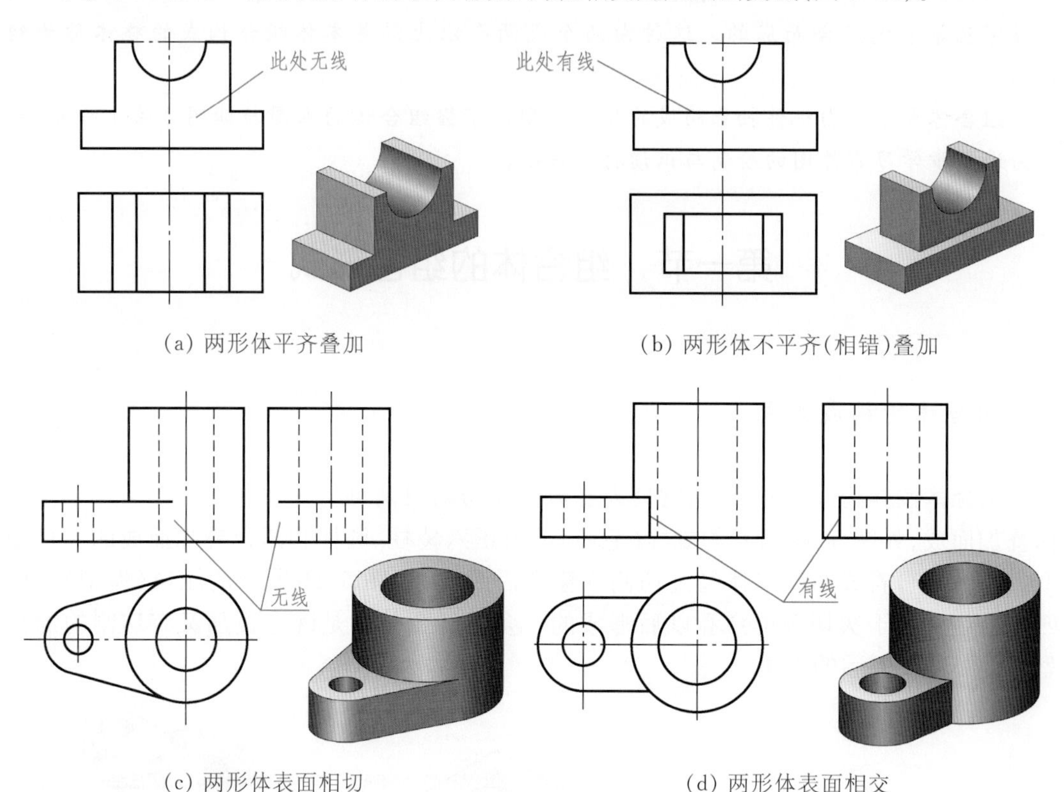


(a) 两形体平齐叠加　(b) 两形体不平齐(相错)叠加

(c) 两形体表面相切　(d) 两形体表面相交

图 5-2　相邻表面之间的连接关系

## 第二节　画组合体视图的方法与步骤

画组合体的视图时,首先要运用形体分析法将组合体分解为若干基本形体,分析它们的组合形式和相对位置,判断形体间相邻表面是否处于平齐、相切或相交的关系,然后逐个画出各基本形体的三视图。

### 一、叠加型组合体的视图画法

#### 1. 形体分析

如图 5-3a 所示支座,根据形体特点,可将其分解为五部分,如图 5-3b 所示。

从图 5-3a 可看出:肋板的底面与底板的顶面叠合,底板的两侧面与圆柱体相切,肋板与耳板的侧面均与圆柱体相交,凸台与圆柱体轴线垂直相交,两圆柱的通孔连通。

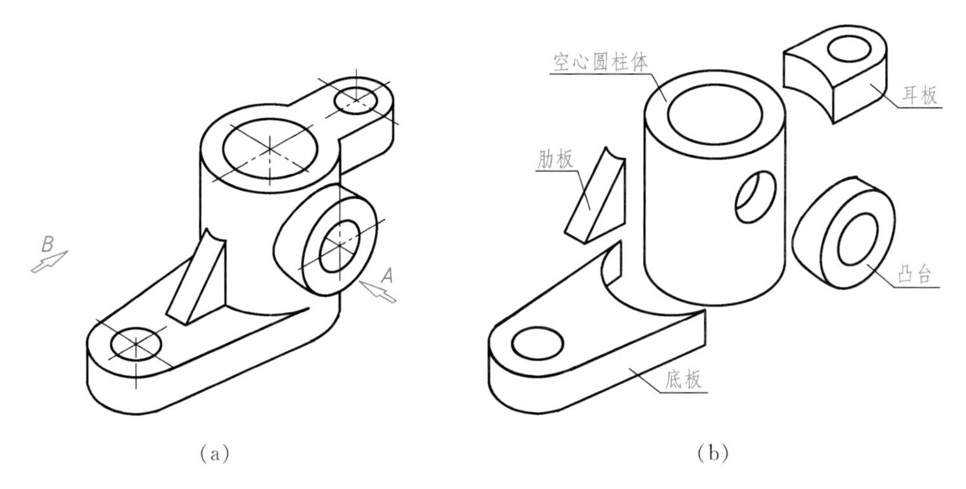


图 5-3 支座及其形体分析

**2. 选择视图**

如图 5-3a 所示,将支座按自然位置安放后,比较箭头所示两个投射方向,选择 $A$ 向作为主视图的投射方向显然比 $B$ 向好。因为组成支座的基本形体及它们之间的相对位置关系在此方向表达最清晰,能反映支座的整体结构形状特征。

**3. 画图步骤**

选好适当比例和图纸幅面,然后确定视图位置,画出各视图主要中心线和基准线。按形体分析法,从主要的形体(如圆柱体)着手,并按各基本形体的相对位置以及表面连接关系,逐个画出它们的三视图,具体作图步骤如图 5-4 所示。

画组合体的三视图应注意以下几点:

(1) 运用形体分析法,逐个画出各部分的基本形体,同一形体的三视图应按投影关系同时画出,而不是先画完组合体的一个视图后,再画另一个视图。这样可以减少投影作图错误,也能提高绘图速度。

(2) 画每一部分的基本形体时,应先画反映该部分形状特征的视图。例如圆筒、底板以及耳板等都是在俯视图上反映它们的形状特征,所以应先画俯视图,再画主视图、左视图。

(3) 完成各基本形体的三视图后,应检查形体间表面连接处的投影是否正确。如图 5-4e 所示,底板前后侧面与圆柱表面相切,底板的顶面轮廓线在主视图上应画到切点处;凸台与圆筒相交,在左视图上要画出内、外相贯线;耳板前、后侧面与圆筒表面相交,要画出交线,并且耳板顶面与圆筒顶面共面,不画分界线,但应画出耳板底面与圆柱面的交线(细虚线)。

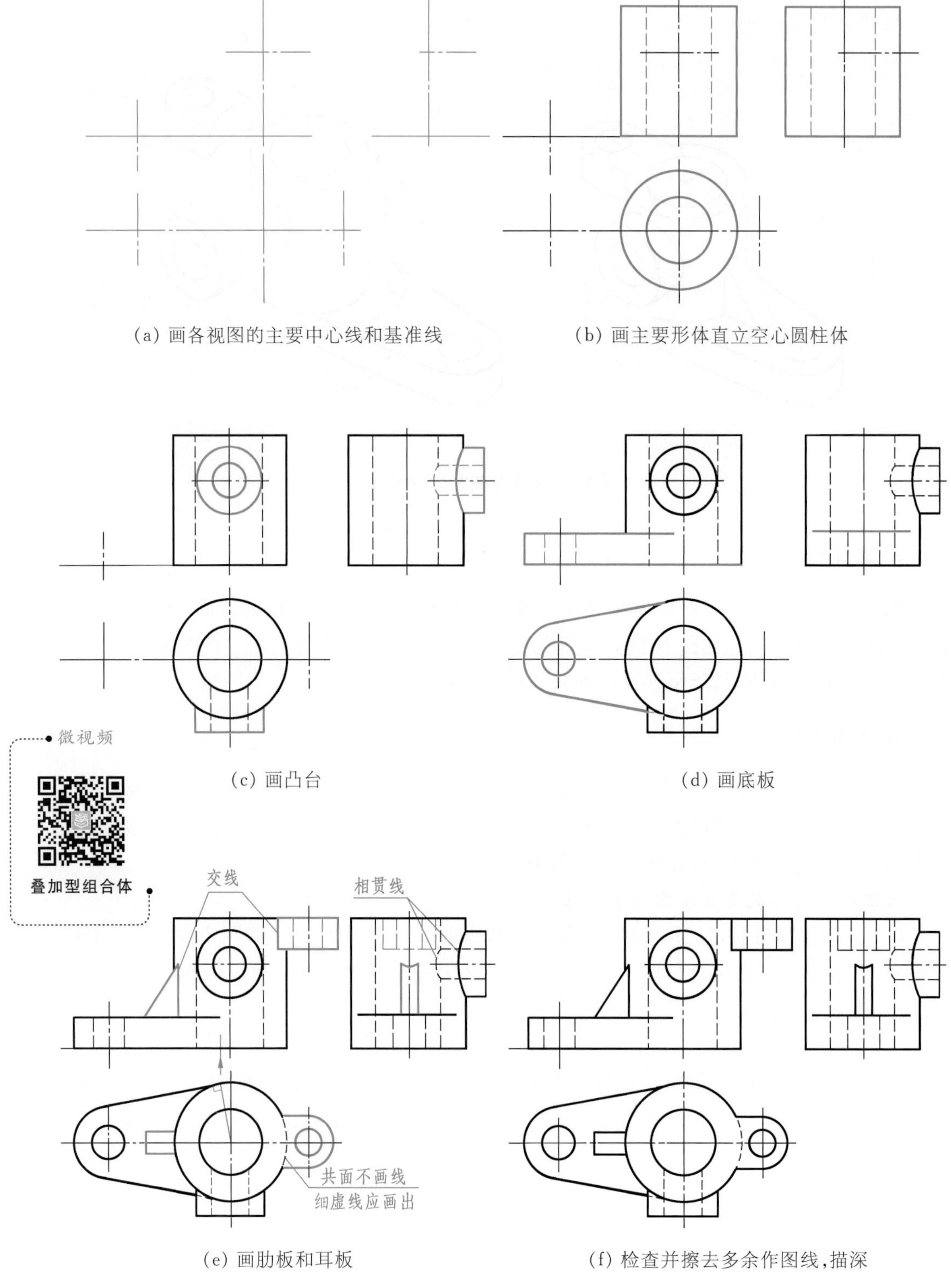


(a) 画各视图的主要中心线和基准线

(b) 画主要形体直立空心圆柱体

(c) 画凸台

(d) 画底板

(e) 画肋板和耳板

(f) 检查并擦去多余作图线,描深

**图 5-4　叠加型组合体的作图步骤**

## 二、切割型组合体的视图画法

图 5-5 所示组合体可看作由长方体切去基本形体 *1*、*2*、*3* 而形成。切割型组合体的作图步骤如图 5-5 所示。

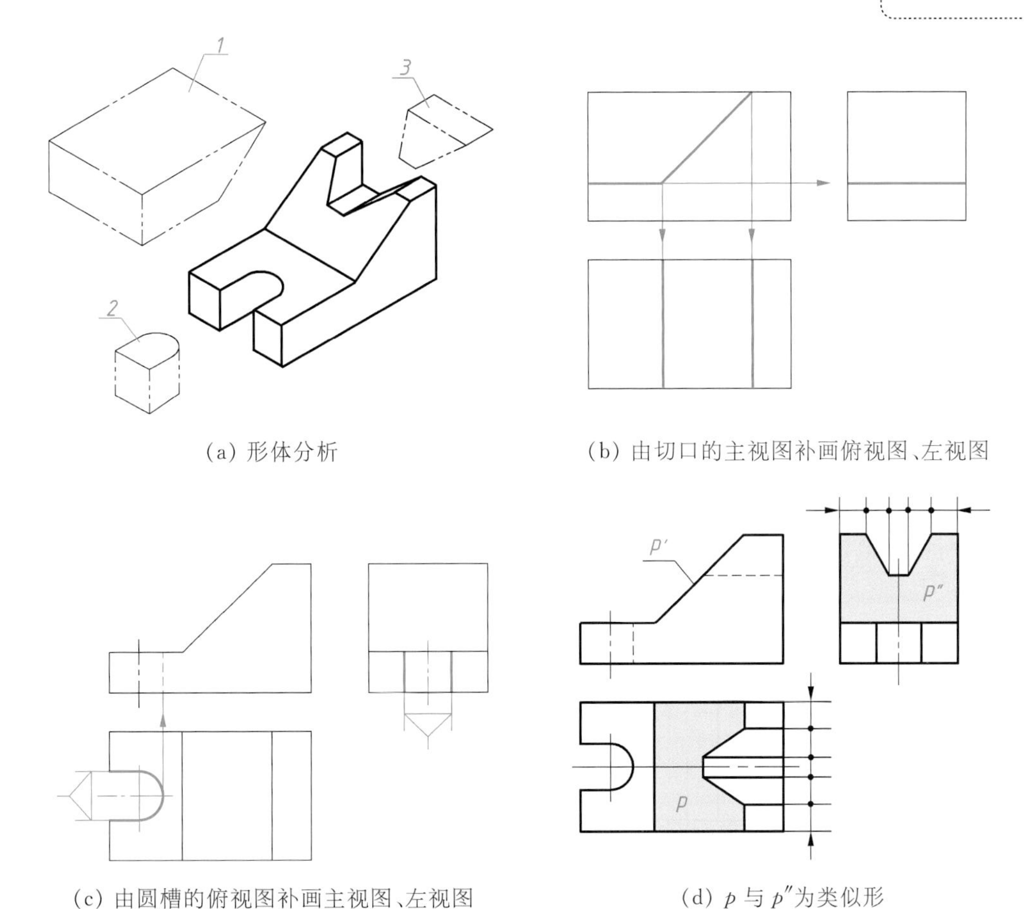


(a) 形体分析　　(b) 由切口的主视图补画俯视图、左视图

(c) 由圆槽的俯视图补画主视图、左视图　　(d) $p$ 与 $p''$为类似形

**图 5-5　切割型组合体的作图步骤**

画切割体三视图时应注意以下几点：

(1) 作每个切口投影时，应先从反映形体特征轮廓，且具有积聚性投影的视图开始，再按投影关系画出其他视图。例如第一次切割时(图 5-5b)，先画切口的主视图，再画出俯视图、左视图中的图线；第二次切割时(图 5-5c)，先画圆槽的俯视图，再画出主视图、左视图中的图线；第三次切割时(图 5-5d)，先画梯形槽的左视图，再画出主视图、俯视图中的图线。

(2) 注意切口截面投影的类似性。如图 5-5d 中的梯形槽与斜面 $P$ 相交而形成的截面，其水平投影 $p$ 与侧面投影 $p''$应为类似形。

# 第三节　组合体的尺寸标注

组合体尺寸标注的基本要求是：正确、齐全和清晰。正确是指符合国家标准的规定；齐全是指标注尺寸既不遗漏，也不多余；清晰是指尺寸注写布局整齐、清楚，便于看图。本节着重讨论如何使尺寸标注齐全和清晰。

## 一、基本体的尺寸标注

要掌握组合体的尺寸标注，必须了解和熟悉基本体的尺寸标注。基本体的大小通常由长、宽、高三个方向的尺寸来确定。

### 1. 平面体

平面体的尺寸应根据其具体形状进行标注。如图 5-6a 所示，应注出正三棱柱的底面尺寸和高度。对于图 5-6b 所示的正六棱柱，在标注了高度尺寸之后，底面尺寸有两种注法，一种是注出正六边形的对角线长度，另一种是注出正六边形的对边距离（扳手尺寸），常用的是后一种注法，而将对角线长度作为参考尺寸（加括号）。图 5-6c 所示正五棱柱的底面为正五边形，在标注了高度之后，底面尺寸只需标注其外接圆直径。图 5-6d 所示四棱台必须注出上、下底的长度、宽度尺寸和高度尺寸。

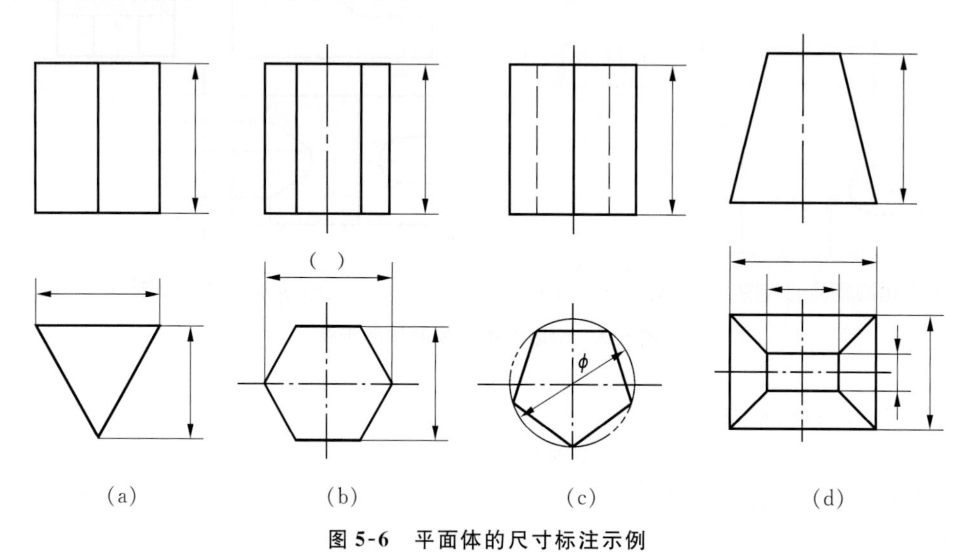


图 5-6　平面体的尺寸标注示例

### 2. 曲面体

如图 5-7a、b 所示，圆柱（或圆锥）应注出底圆直径和高度尺寸，圆台还要注出顶圆直径。在标注直径尺寸时应在数字前加注“ϕ”。图 5-7c 所示的圆环要注出母线圆及中心圆的直径尺寸。值得注意的是，当完整标注了圆柱（或圆锥）、圆环的尺寸之后，只要用一个视图就能确定其形状和大小，其他视图可省略不画。图 5-7d 所示的圆球只用一个视图加注尺寸即可，圆球在直径数字前应加注“$S\phi$”。

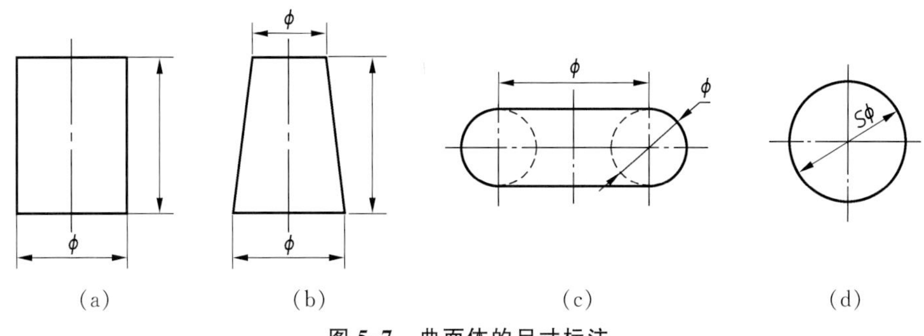


**图 5-7 曲面体的尺寸标注**

### 3. 带切口形体的尺寸标注

对于带切口的形体，除了标注基本形体的尺寸外，还要注出确定截平面位置的尺寸。必须注意，由于形体与截平面的相对位置确定后，切口的交线已完全确定，因此不应在交线上标注尺寸。图 5-8 中打“×”的为多余的尺寸。

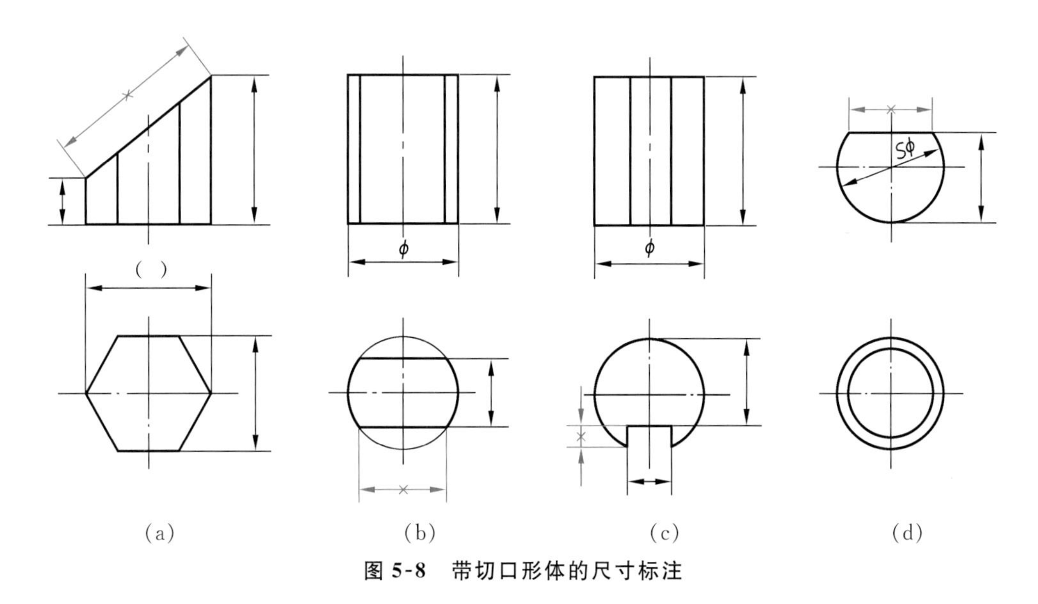


**图 5-8 带切口形体的尺寸标注**

## 二、组合体的尺寸标注

以图 5-9 所示组合体为例，说明组合体尺寸标注的基本方法。

### 1. 尺寸齐全

要使尺寸标注齐全，既不遗漏，也不重复，应先按形体分析的方法注出各基本形体的大小尺寸，再确定它们之间相对位置的定位尺寸，最后根据组合体的结构特点注出总体尺寸。

(1) **定形尺寸**——确定组合体中各基本形体大小的尺寸(图 5-9a)。

图 5-9a 中的定形尺寸有:底板长、宽、高尺寸(40、24、8),底板上圆孔和圆角尺寸(2×$\phi$6、$R$6)(必须注意,相同的圆孔 $\phi$6 要注写数量,如 2×$\phi$6,但相同的圆角 $R$6 不注数量,两者都不必重复标注);竖板长、宽、高尺寸(20、7、22)和圆孔直径尺寸($\phi$9)。

(2) **定位尺寸**——确定组合体中各基本形体之间相对位置的尺寸(图 5-9b)。

标注定位尺寸时,必须在长、宽、高三个方向分别选定尺寸基准。每个方向至少有一个尺寸基准,以便确定各基本形体在各方向上的相对位置。组合体的左右对称平面为长度方向尺寸基准,后端面为宽度方向尺寸基准,底面为高度方向尺寸基准(图中用符号▽表示基准位置)。

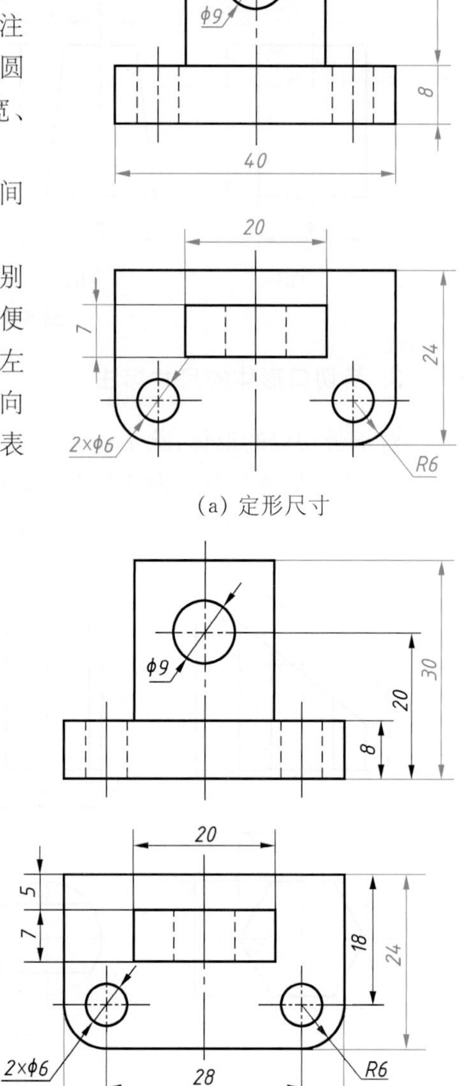

(a) 定形尺寸

模型
平头组合体尺寸标注

微视频
组合体的尺寸标注示例

高度方向尺寸基准
长度方向尺寸基准
宽度方向尺寸基准

(b) 定位尺寸　　(c) 总体尺寸

**图 5-9　组合体的尺寸标注示例**

图 5-9b 中的定位尺寸有:由长度方向尺寸基准注出底板上两圆孔的定位尺寸 28;由宽度方向尺寸基准注出底板上圆孔与后端面的定位尺寸 18,竖板与后端面的定位尺寸 5;由高度方向尺寸基准注出竖板上圆孔与底面的定位尺寸 20。

(3) **总体尺寸**——确定组合体在长、宽、高三个方向的总长、总宽和总高的尺寸,如图 5-9c 所示。

该组合体的总长和总宽尺寸即底板的长 40 和宽 24,不再重复标注。总高尺寸 30 应从高度方向尺寸基准注出。总高尺寸标注以后，原来标注的竖板高度尺寸 22 取消不注。

必须指出，当组合体的一端（或两端）为回转体时，通常不以轮廓线为界标注其总体尺寸。如图 5-10 所示的组合体，其总高尺寸是由 20 和 $R10$ 间接确定的。但是，为了满足加工要求，既注总体尺寸，又注定形尺寸，如图 5-9 中底板两个角的 1/4 圆柱，都要注出两孔轴线间的定位尺寸和 1/4 圆柱面的定形尺寸 $R$，还要标注总长和总宽尺寸(40、24)。

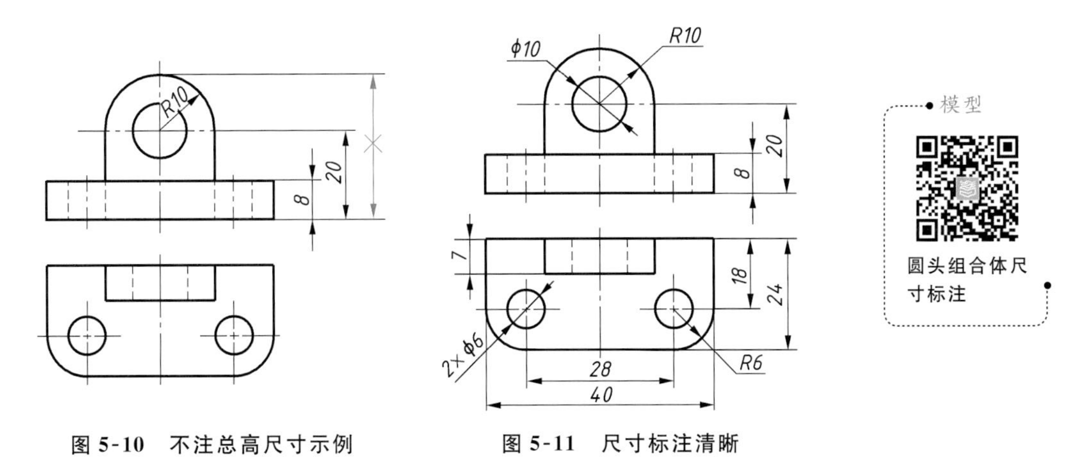


图 5-10 不注总高尺寸示例　　图 5-11 尺寸标注清晰

**2. 尺寸清晰(图 5-11)**

为了便于看图，标注的尺寸应排列适当、整齐、清晰。为此，标注尺寸时要注意以下几点：

(1) 突出特征　将定形尺寸标注在形体特征明显的视图上。如底板圆角的半径 $R6$ 应注在反映圆弧的俯视图上；竖板上圆孔直径 $\phi10$ 可注在反映圆的主视图上，也可标注在非圆的视图上，为使尺寸清楚，一般标注在非圆的视图上，但不宜注在细虚线上。

(2) 相对集中　同一基本形体上的几个大小尺寸和有联系的定位尺寸，应尽可能都标注在一个视图上，如底板的长、宽尺寸 40、24 和圆孔的定位尺寸 28、18 集中标注在俯视图上。

(3) 排列整齐　尺寸一般注在视图的外面，在不影响清晰的情况下，也可注在视图内。标注同一方向的尺寸时，小尺寸在内，大尺寸在外，尽量避免尺寸线和尺寸界线相交。两个视图之间同一方向的尺寸不要错开，如俯视图中的尺寸 18、24 与主视图中的尺寸 8、20 应分别对齐。

图 5-12 所示为几种常见平面图形尺寸的标注示例。

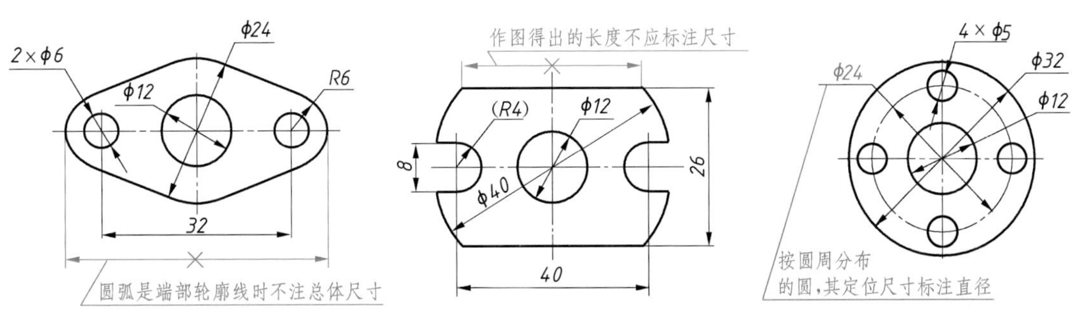


图 5-12 几种常见平面图形尺寸注法示例

［例 5-1］　标注支座的尺寸。

（1）逐个注出各基本形体的定形尺寸　将支座分解为五个基本形体，分别注出它们的定形尺寸，如图 5-13 所示。这些尺寸标注在哪个视图上，要根据具体情况而定。如直立圆柱的高度尺寸 80 注在主视图上，因为细虚线上不宜标注尺寸，圆孔直径 $\phi40$ 可注在俯视图上，但圆柱直径 $\phi72$ 标注在主视图上不清楚，所以标注在左视图上。底板的尺寸 $\phi22$ 和 $R22$ 注在俯视图上最合适，而厚度尺寸 20 只能注在主视图上。其余各部分尺寸请读者自行分析。

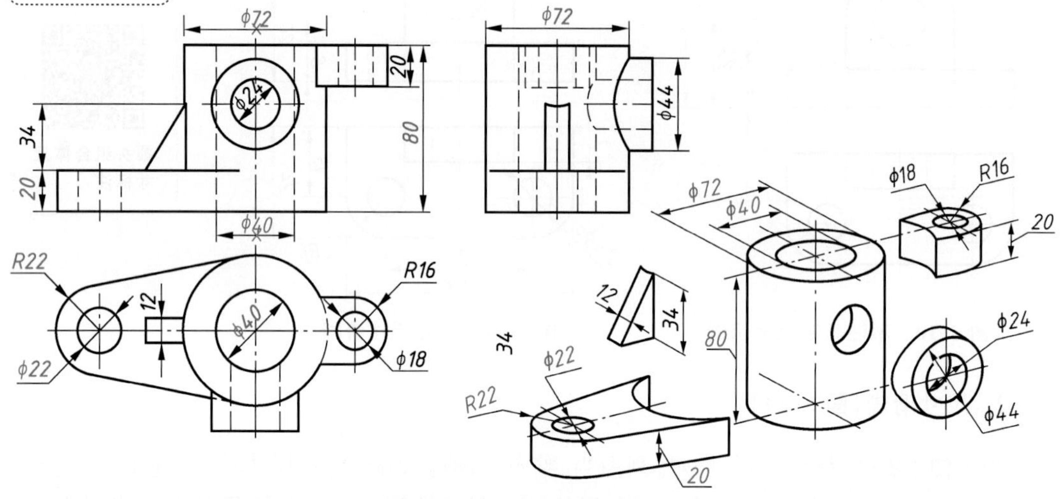


图 5-13　支座的定形尺寸分析

（2）标注确定各基本形体相对位置的定位尺寸　先选定支座长、宽、高三个方向的尺寸基准，如图 5-14 所示。在长度方向上注出直立圆柱与底板、肋板、耳板的相对位置尺寸（80、56、52）；在宽度和高度方向上，注出凸台与直立圆柱的相对位置尺寸（48、28）。

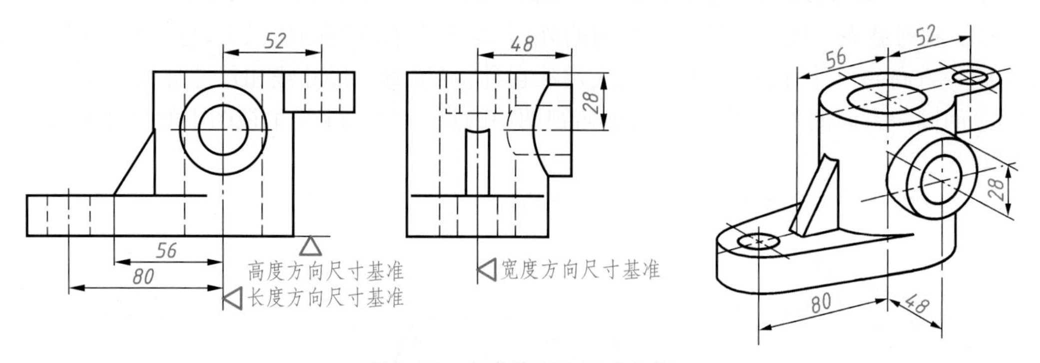


图 5-14　支座的定位尺寸分析

（3）标注总体尺寸　为了表示组合体外形的总长、总宽和总高，应标注相应的总体尺寸。支架的总高尺寸为 80，而总长和总宽尺寸则由于注出了定位尺寸，这时一般不再标注其总体尺寸。如图 5-15 中，在长度方向上标注了定位尺寸 80、52，以及圆弧半径 $R22$ 和 $R16$ 后，就不再标注总长尺寸（$80+52+22+16=170$）。左视图在宽度方向上注出了定位尺寸 48 后，不再标注总宽尺寸（48 + 72/2 = 84）。支座完整的尺寸标注如图 5-15 所示。

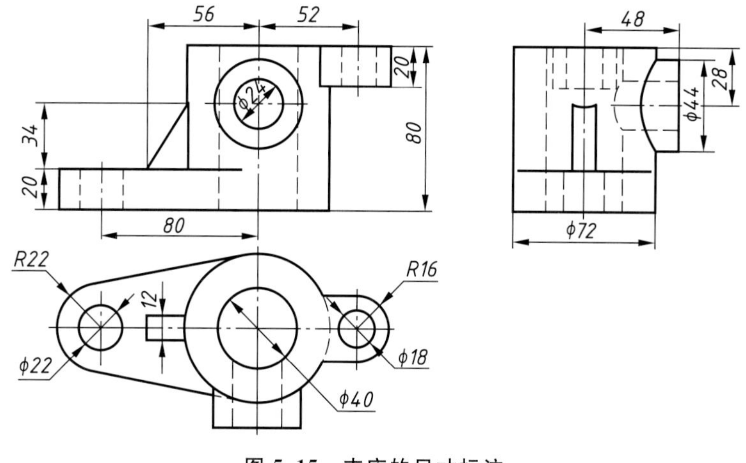


图 5-15　支座的尺寸标注

# 第四节　组合体视图的读图方法

画图是将空间形体用正投影法表示在二维平面上，读图则是根据已经画出的视图，通过投影分析想象出物体的形状，是从二维图形建立三维形体的过程。**画图和读图是相辅相成的，读图是画图的逆过程。**为了正确而迅速地读懂组合体的视图，必须掌握读图的基本要领和基本方法。

## 一、读图的基本要领

### 1. 几个视图联系起来识读才能确定物体形状

在机械图样中，机件的形状一般是通过几个视图来表达的，每个视图只能反映机件一个方向的形状。因此，仅由一个或者两个视图往往不能唯一地确定机件形状。

图 5-16a 所示物体的主视图都相同，图 5-16b 所示物体的俯视图都相同，但实际上六组视图分别表示了形状各异的六种形状的物体。

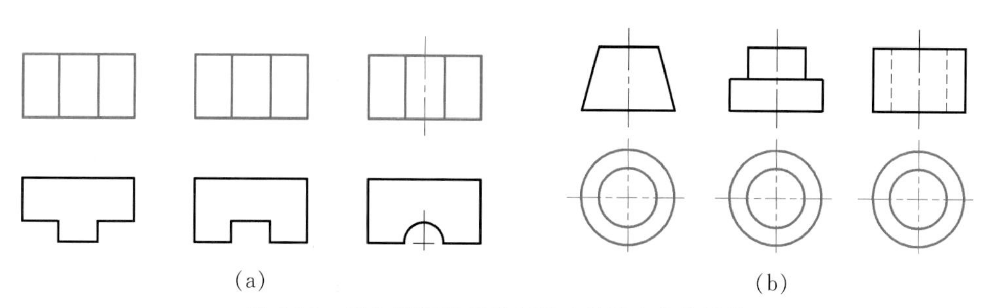


图 5-16　两个视图联系起来看才能确定物体形状

图 5-17 给出的三组图形，它们的主视图、俯视图都相同，但实际上也是三种不同形状的物体。由此可见，读图时必须将几个视图联系起来，互相对照分析，才能正确地想象出该物体的形状。

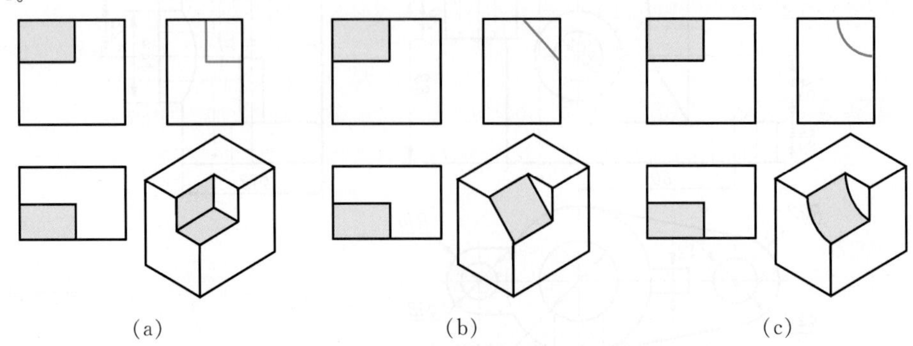


**图 5-17　三个视图联系起来看才能确定物体形状**

## 2. 理解视图中线框和图线的含义

视图中的每个封闭线框，通常都是物体上一个表面(平面或曲面)的投影。如图 5-18a 所示，主视图中有四个封闭线框，对照俯视图可知，线框 $a'$、$b'$、$c'$分别是正六棱柱前后(对称)六个棱面的重合投影；线框 $d'$则是圆柱体前后(对称)半圆柱面的重合投影。

若两线框相邻或大线框中套有小线框，则表示物体上不同位置的两个表面。既然是两个表面，就会有上下、左右或前后之分，或者是两个表面相交。如图 5-18a 所示，俯视图中大线框正六边形中的小线框圆，就是正六棱柱顶面与圆柱顶面的投影。对照主视图分析，圆柱顶面在上，正六棱柱顶面在下。主视图中的线框 $a'$与左面的线框 $b'$以及右面的线框 $c'$是相交的两个表面；线框 $a'$与线框 $d'$是相错的两个表面，对照俯视图，正六棱柱前面的棱面 $A$ 在圆柱面 $D$ 之前。

视图中的每条图线，可能是立体表面有积聚性的投影，或两平面交线的投影，也可能是曲面转向轮廓线的投影。如图 5-18b 所示，主视图中的 $1'$是圆柱顶面有积聚性的投影，$2'$是

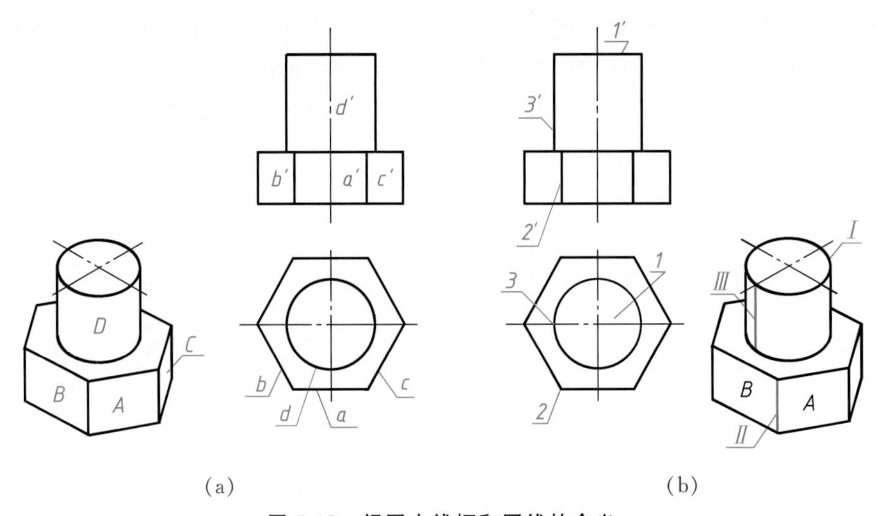


**图 5-18　视图中线框和图线的含义**

$A$ 面与 $B$ 面交线的投影，$3'$ 是圆柱面转向轮廓线的投影。

**3. 从反映形体特征的视图入手**

形体特征是指：

(1) 能清楚表达物体形状特征的视图，称为形状特征视图。一般主视图能较多反映组合体的整体形体特征，所以读图时常从主视图入手，但组合体各部分的形体特征不一定都集中在主视图上。如图 5-19 所示支架，由三部分叠加而成，主视图反映竖板的形状和底板、肋板的相对位置，但底板和肋板的形状则在俯视图、左视图上反映。因此，读图时必须找出能反映各部分形体特征的视图，再配合其他视图，才能快速、准确地想象出该组合体的空间形状。

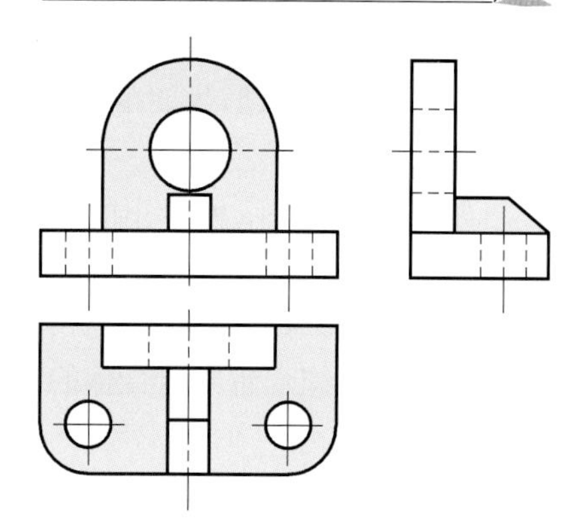

图 5-19 分析反映形体特征的视图

(2) 能清楚表达构成组合体的各基本形体之间的相互位置关系的视图，称为位置特征视图。如图 5-20 中所示的两个物体，主视图中线框 Ⅰ 内的小线框 Ⅱ 、Ⅲ，它们的形状特征很明显，但相对位置不清楚。如前所述，若线框内有小线框，表示物体上不同位置的两个表面。对照俯视图可看出，圆形和矩形线框中一个是孔，另一个向前凸出，但并不能确定哪个形体是孔，哪个形体向前凸出，只有对照主视图、左视图识读才能确定。

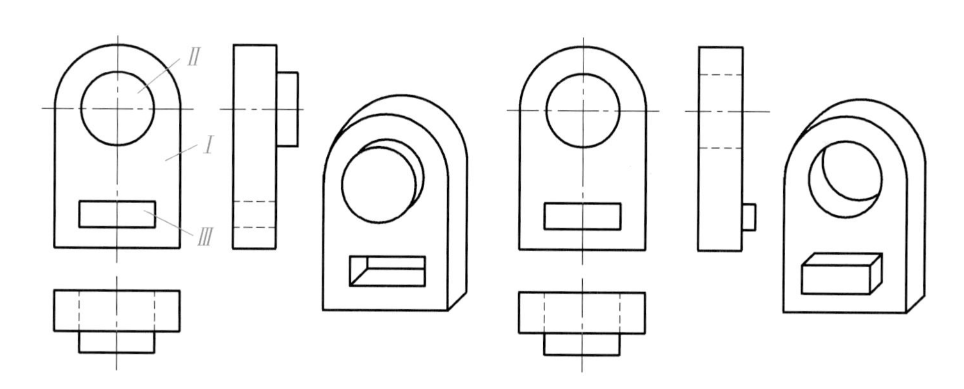


图 5-20 分析反映位置特征的视图

## 二、读图的基本方法

读图的基本方法与画图一样，主要也是运用形体分析法。对于形状比较复杂的组合体，在运用形体分析法的同时，还常用面形分析法来帮助想象和读懂不易看明白的局部形状。

**1. 用形体分析法读图**

运用形体分析法读图时，首先用“分线框、对投影”的方法，分析构成组合体的各基本形体，找出反映每个基本形体的形体特征的视图，对照其他视图想象出各基本形体的形状。再分析各基本形体间的相对位置、组合形式和表面连接关系，综合想象出组合体的整体形状。

如根据图 5-21a 所给出的主视图和俯视图，补画左视图时，首先要在反映形体特征比较明显的主视图上按线框将组合体划分为三个部分。然后利用投影关系，找到各线框在俯视图中与之对应的投影，从而分析各部分的形状以及它们之间的相对位置，逐个补画各形体的左视图。最后综合想象组合体的整体形状。想象和补画左视图的过程如图 5-21b～f 所示。

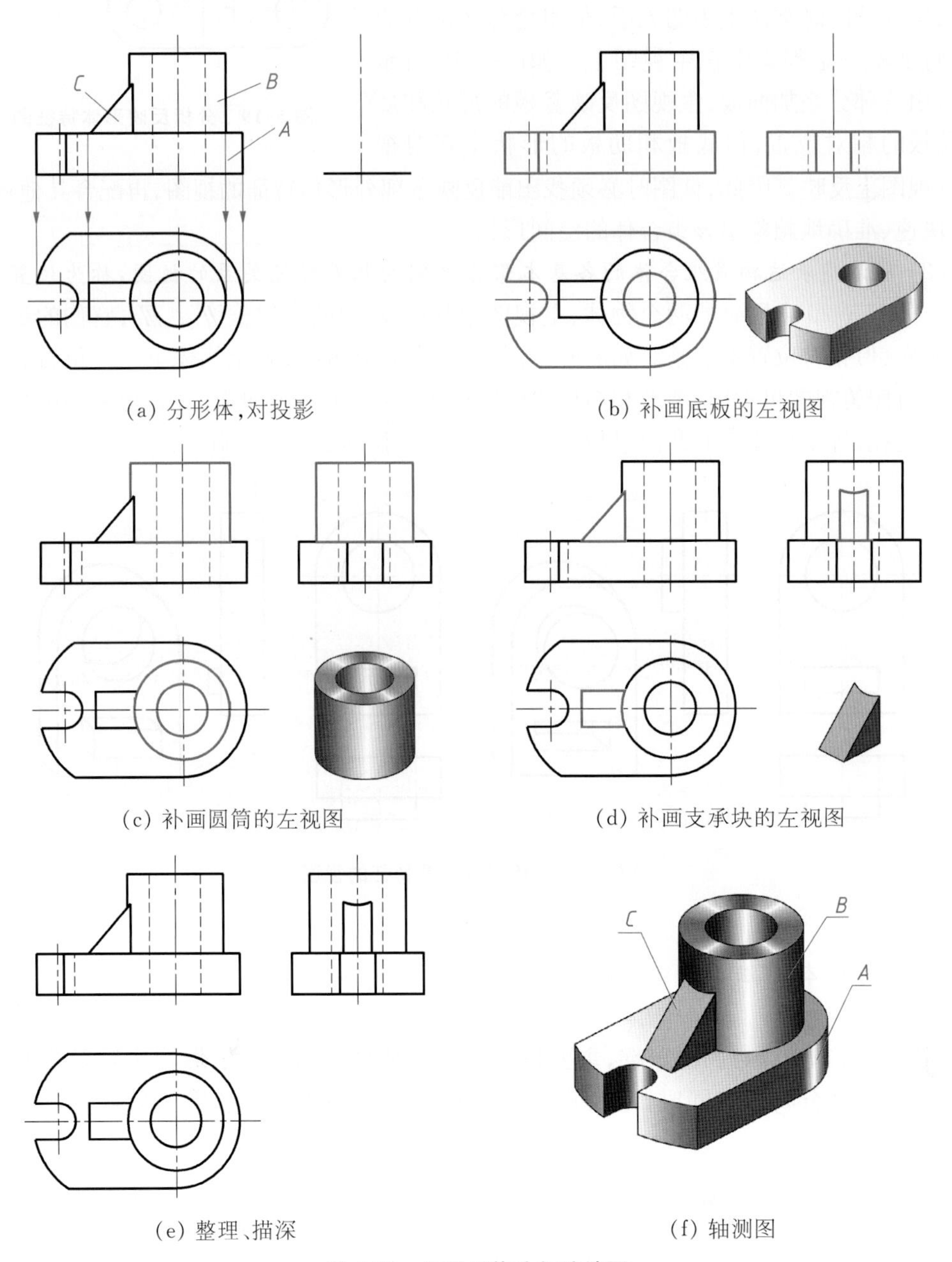


图 5-21　运用形体分析法读图

## 2. 用面形分析法读图

构成物体的各个表面，不论其形状如何，它们的投影如果不具有积聚性，一般都是一个封闭线框。运用面形分析法读图时，应将视图中的一个线框看作物体上的一个面（平面或曲面）的投影，利用投影关系，在其他视图上找到对应的图形，再分析这个面的投影特性（实形性、积聚性、类似性），确定这些面的形状，从而想象出物体的整体形状。

如图 5-22a 所示切割型组合体，对于俯视图上的五边形 $p$，由于在主视图上没有与它类似的线框，所以它的正面投影只可能对应斜线 $p'$，于是可判断 $P$ 面为正垂面。同时，在左视图上可找到与之相对应的类似形 $p''$。

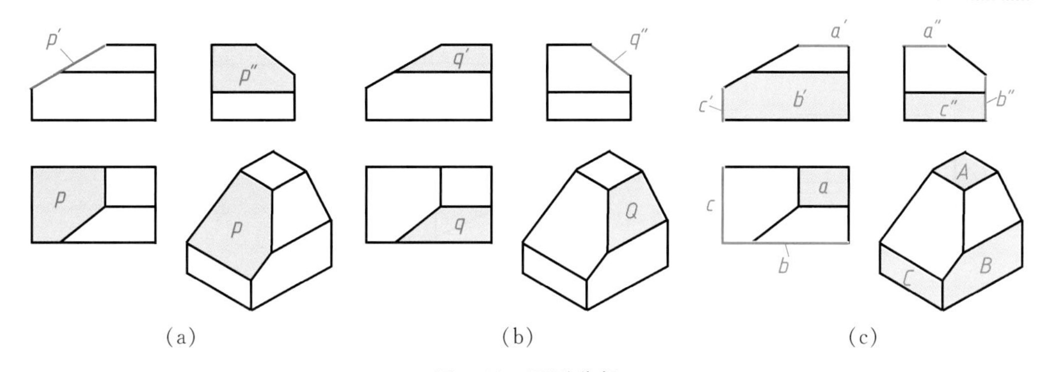


图 5-22　面形分析

同样，在图 5-22b 中，主视图上的四边形 $q'$，在俯视图上也有对应的类似形 $q$，而在左视图上没有与它类似的线框，所以它的侧面投影只能对应斜线 $q''$。于是可判断 $Q$ 面为侧垂面。

再分析视图中的其他线框，如图 5-22c 所示，俯视图上的线框 $a$，对应主视图、左视图中两段水平线；主视图上的线框 $b'$对应俯视图、左视图中的水平线和铅直线；左视图上的线框 $c''$对应主视图、俯视图中的两段铅直线。从而判断它们分别是水平面 $A$、正平面 $B$ 和侧平面 $C$。

通过以上分析，可想象出该组合体是由一个长方体被正垂面和侧垂面切去两块形成的。

［例 5-2］　读懂压板的三视图。

（1）形体分析（图 5-23）

由于压板三个视图的外形轮廓基本上都是不完整的长方形，所以可想象压板是由长方体被多个平面切割和挖圆柱孔、槽而成。

主视图的长方形缺一个角，说明长方体的左上方切去一块。

俯视图的长方形缺两个角，说明长方体左端前后各切去一块。

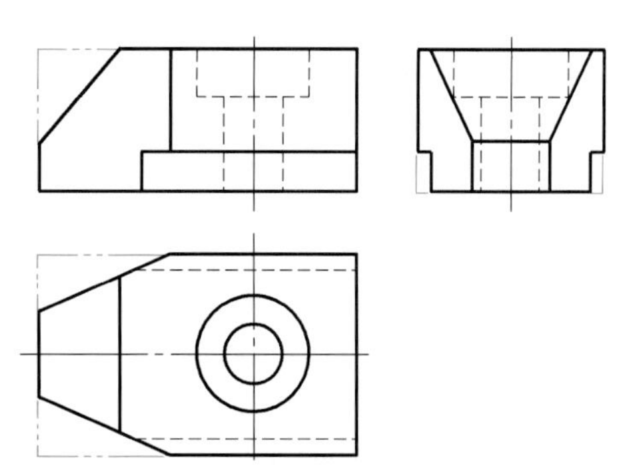

图 5-23　压板的三视图

左视图的长方形也缺两个角，说明长方体的下部前后各切去一块。此外，从主视图、俯视图可看出压板中间偏右挖了一个圆柱形阶梯孔。

通过以上分析，对压板的整体形状有了初步了解。但是，压板被哪些平面切割，切割后成为什么形状？还要进一步作面形分析才能真正读懂压板的三视图。

微视频

读图过程的线、面分析

(2) 面形分析(图 5-24)

利用视图上面形的投影特性，对压板的表面进行面形分析。视图上的一个线框表示一个面的投影，它在其他视图上对应的投影不是积聚成直线就是类似形。按此投影特性划分出每个表面的三个投影，看懂它们的形状。

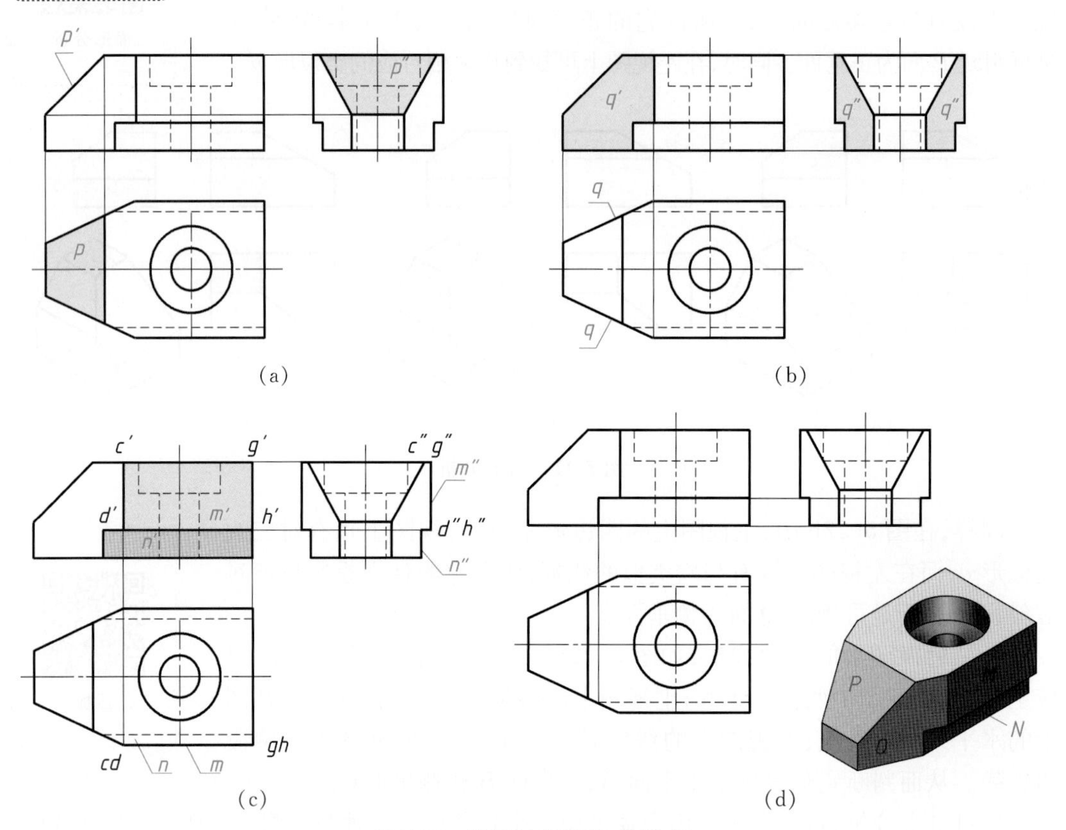


(a)　(b)　(c)　(d)

图 5-24　读图过程的线、面分析

图 5-24a 中，俯视图上的线框 $p$ 在主视图中对应的投影只能是斜线 $p'$，因此，$P$ 为正垂面，它的水平投影与侧面投影是类似的梯形。即长方体的左上方是被正垂面切割而成。

图 5-24b 中，主视图上的线框 $q'$ 在俯视图上对应的投影只能是两条斜线 $q$，因此，$Q$ 面为铅垂面，它的正面投影与侧面投影为类似的七边形。即长方体的左端被前后对称的两个铅垂面切割而成。

同样方法可看出平面 $M$ 与平面 $N$ 均为正平面，正面投影反映它们的实形，压板上的这两个表面为矩形，平面 $M$ 在平面 $N$ 之前，如图 5-24c 所示。

(3) 综合起来想整体

经以上分析，可想象出压板是长方体被前后对称地切去两角后形成的六棱柱(俯视图外形轮廓是六边形)，在其左上被正垂面切去一角，在其前后面的下部分别被正平面和水平面切去一角，压板的中间挖了一个圆柱形的台阶孔。综合想象出压板的形状，如图 5-24d 所示。

## 三、已知两视图补画第三视图

已知物体的两个视图求作第三视图，是一种读图和画图相结合的有效的训练方法。首先根据物体的已知视图想象物体形状，然后在读懂两视图的基础上，利用投影对应关系逐步补画出第三视图。在读图的过程中，还可以边想象、边徒手画轴测图，及时记录构思的过程，帮助读懂视图。

[例 5-3]　由图 5-25a 所示支架的主视图、俯视图，补画左视图。

**分析**

在主视图中有 3 个线框，由主、俯视图对投影可以看出，3 个线框分别表示支架上 3 个不同位置的表面。线框 $a'$ 是一个凹形块，凹槽对应俯视图下方两条竖线，处于支架的前面；线框 $c'$ 中还有一个小圆线框，与俯视图中的两条细虚线对应，可想象是半圆头竖板上穿了一个圆孔，它处于支架的后面；从主视图中可看出，线框 $b'$ 的上部有个半圆槽，它在俯视图上可找到对应的两条线，必然处于 $A$ 面和 $C$ 面之间。由此看来，主视图中的 3 个线框实际上是支架的前、中、后三个正平面的投影。

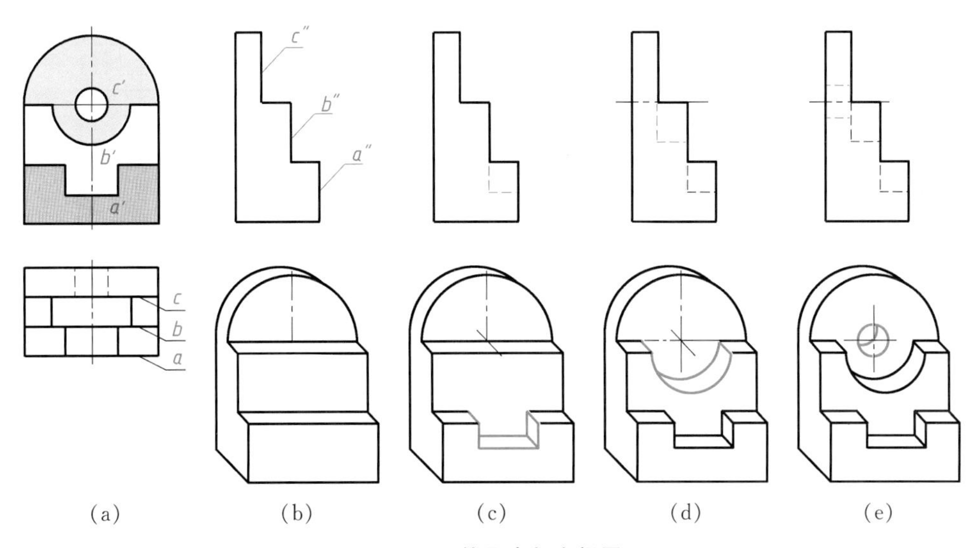


图 5-25　补画支架左视图

**作图**

(1) 画出左视图的外轮廓，并由主视图、俯视图对照分析后，分出支架 3 部分的前后、高低层次(图 5-25b)。

(2) 在前层切出凹形槽，补画左视图中的细虚线(图 5-25c)。

(3) 在中层切出半圆槽，补画左视图中的细虚线(图 5-25d)。

(4) 在后层挖去圆孔,补全左视图。按画出的轴测草图对照补画的左视图,检查无误后,完成作图(图 5-25e)。

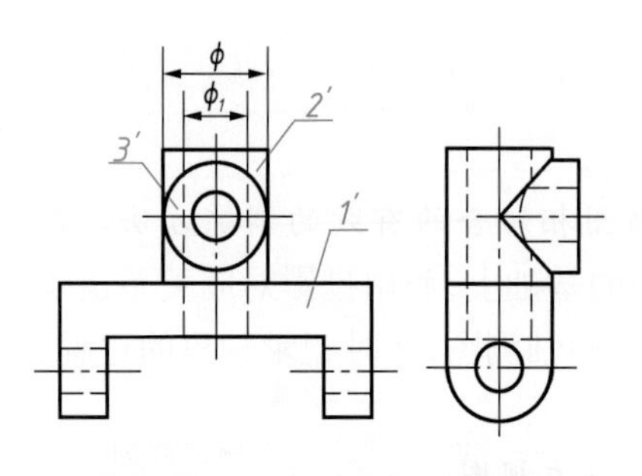

图 5-26　支撑架的主、左视图

[例 5-4]　已知支撑架的主视图、左视图,想象出它的形状,补画俯视图(图 5-26)。

**分析**

将主视图中的图形划分为三个封闭线框,看作是构成该组合体的三个基本形体的正面投影。1′是下部 ⊓ 形线框,2′是上部矩形线框,3′是圆形线框(线框中还有小圆线框)。在左视图中找到与之对应的图形,分别想象出它们的形状,再分析它们的相对位置,从而想象出整体形状,补画支撑架的俯视图。

微视频

想象支撑架的形状并补画俯视图

**作图**

(1) 在主视图上分离出矩形线框 1′,由主视图、左视图对照分析,可想象出它是一块 ⊓ 形底板,左右两侧带圆孔的下端为半圆形的耳板。画出底板的俯视图(图 5-27a)。

(2) 在主视图上分离出上部的矩形线框 2′,因为在图 5-26 中注有

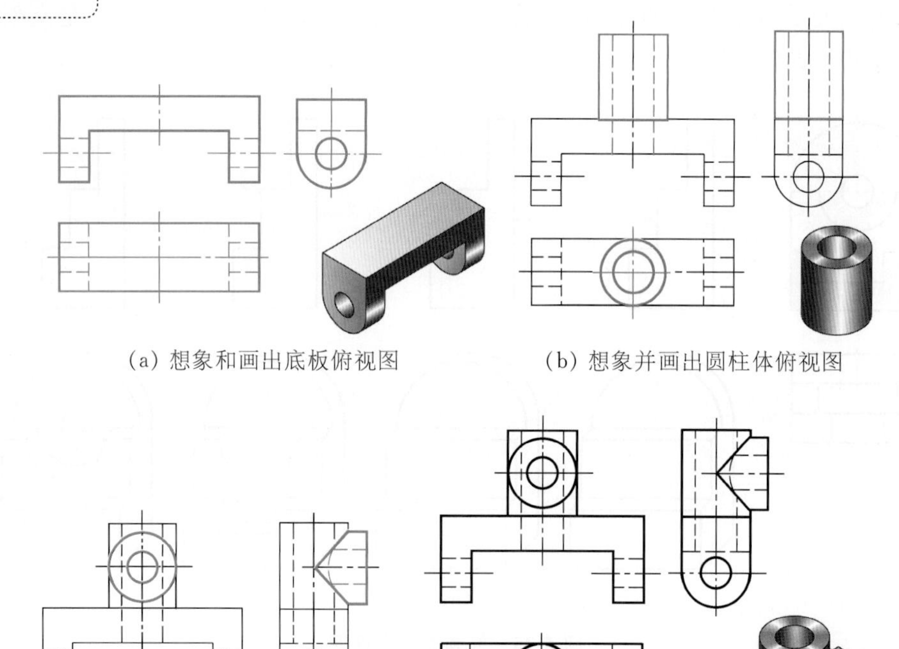

(a) 想象和画出底板俯视图　(b) 想象并画出圆柱体俯视图

(c) 画出水平圆柱的俯视图　(d) 想象整体形状

图 5-27　想象支撑架的形状并补画俯视图

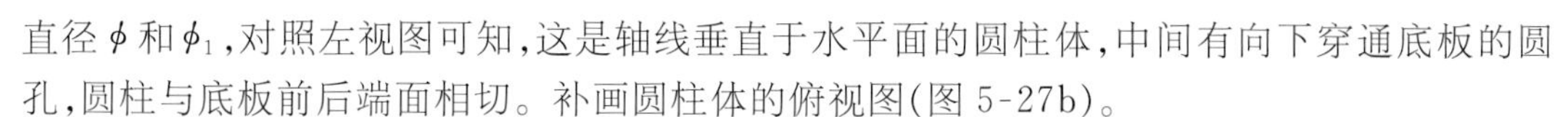

直径 $\phi$ 和 $\phi_1$，对照左视图可知，这是轴线垂直于水平面的圆柱体，中间有向下穿通底板的圆孔，圆柱与底板前后端面相切。补画圆柱体的俯视图(图 5-27b)。

(3) 在主视图上分离出圆形线框 $3'$，对照左视图知其也是一个中间有圆柱孔的、轴线垂直于正面的圆柱体，其直径与垂直于水平面的圆柱体直径相同，而孔的直径比铅垂的圆孔小，它们的轴线垂直相交，且都平行于侧面。画出水平圆柱体的俯视图(图 5-27c)。

(4) 根据底板和两个圆柱体的形状以及它们的相对位置，可想象出支撑架的整体形状如图 5-27d 的轴测图所示，并按轴测图校核补画的俯视图是否正确。

# 第五节　组合体读图的讨论与思考

## 一、关于基本形体表达特征的讨论

### 1. 基本形体图示特征的分析

如图 5-28 所示，三视图中若有两个视图(如主视图、左视图)的外形轮廓为矩形，则该基本形体为“柱”(图 a)；若为三角形，则该基本形体为“锥”(图 b)；如果是梯形，则该基本形体一般为棱台或圆台(图 c)。

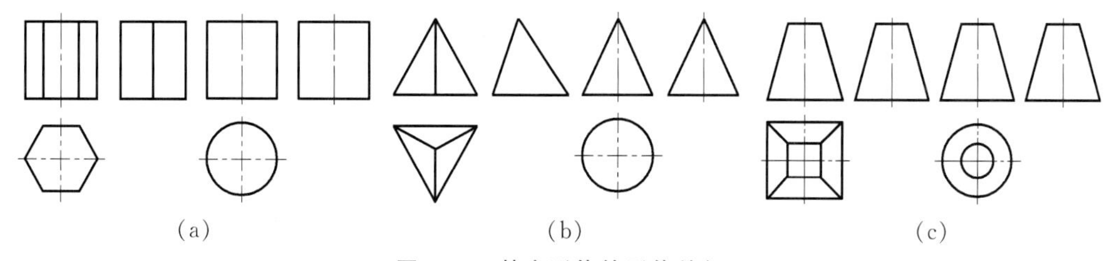


**图 5-28　基本形体的形体特征**

要明确判断上述基本形体是棱柱、棱锥或棱台，还是圆柱、圆锥或圆台，必须借助第三视图的形状。如图 5-28 中的俯视图，如果是多边形，则该基本形体是棱柱、棱锥或棱台；如果是圆，则该基本形体是圆柱、圆锥或圆台。

组合体可分析为由若干基本形体构成，其投影是构成该组合体的各基本形体投影的组合。因此，若能熟悉或记住常见基本形体的投影，将有助于正确、迅速地读懂组合体的视图。

### 2. 是否任何物体都必须画出三视图才能完整表达其形状

前面所列举的图例都是通过三个视图来表达物体的形状，实际上并不是每个形体都必须画出三视图。如图 5-28 中所列基本形体都只需两个视图(主视图、俯视图)就能确定它们的形状。有些基本形体标注尺寸以后只要一个视图就可确定其形状，如圆柱、圆锥、圆球等。但是，某些形体的两个视图却不能唯一地确定其形状。例如图 5-29 所示的物体，如果仅给出主视图、俯视图，从补画的左视图可看出，它们至少是两种不同形状的物体。图中只画出两个解，读者还可以想象出更多的解。

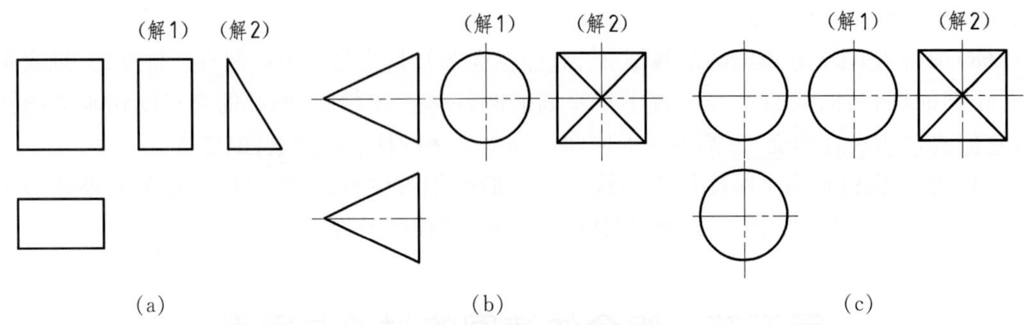


图 5-29　两个视图不能确定形状的物体

必须注意，图 5-29c 所示主视图、俯视图是相同的圆，它可能是圆球(解 1)，也可能是另一种形体(解 2)，请读者思考这是一个什么形状的物体。

## 二、面形分析法的进一步思考

构成组合体的形体可看成是由形体各个表面围成的实体。形体分析法是从“体”的角度分析组合体，面形分析法则是从“面”和“线”的角度，分析构成组合体视图中的线框和图线的投影特性，以及它们之间的相互位置，从而看懂视图。运用面形分析法读图的要点是从反映形体特征的视图入手，联系其他视图，并注意利用面或线的投影的积聚性、真实性和类似性来解题。因此，读图时理解视图中线框和图线的含义，掌握在视图中找对应投影关系的方法十分重要。

(1) **相邻视图中对应的一对线框如果是物体上同一平面的投影，它们必定是类似形。**图 5-30 所示三组视图中，成对应关系的图形(红色线框)都是同一平面的类似形。如果类似形是多边形，则它们的边数相等，且平行边对应平行边。从这些图形中还可看出，对应线框的形状不仅类似，而且凸出或凹进的方位也一致。

(2) **相邻视图中无类似形对应，必对应积聚性线段。**如果某一个视图中的一个线框在相邻视图中找不到对应的类似线框时，在相邻视图中一定能找到与其对应的积聚线段投影。如图 5-30a 俯视图中的线框 *1* 和 *2*，在主视图中无对应的类似形，按投影关系只能对应主视图中的斜线 *1′*(正垂面)和水平线 *2′*(水平面)。

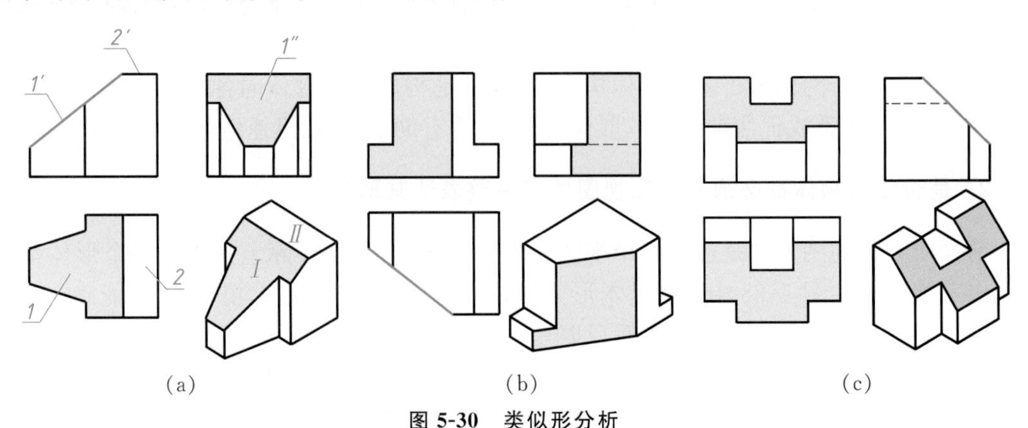


图 5-30　类似形分析

综合以上类似形的分析，可归纳为：投影面垂直面的投影图特征是“一条斜线，两个类似形”；投影面平行面的投影图特征是“一实形两平线”（水平线、正平线或侧平线）。读者可对照图 5-30 自行分析。

## 三、构思训练是提高读图能力的有效方法

在初步掌握画图和读图方法的基础上，根据给出的条件构思组合体的形状，画出视图，这种训练方法可以把空间想象、形体构思、视图表达三者结合起来，不仅可以促进画图、读图能力的提高，还能进一步强化空间思维能力的培养。

### 1. 给出一个或两个视图，构思不同形状的组合体

如图 5-31a 所示，给出的主视图中有四个线框，表示组合体上四个表面，它们可以是平面或曲面，其位置可前可后。通过构思，可想象出如图 5-31b～f 所示多种符合已知条件的形体。

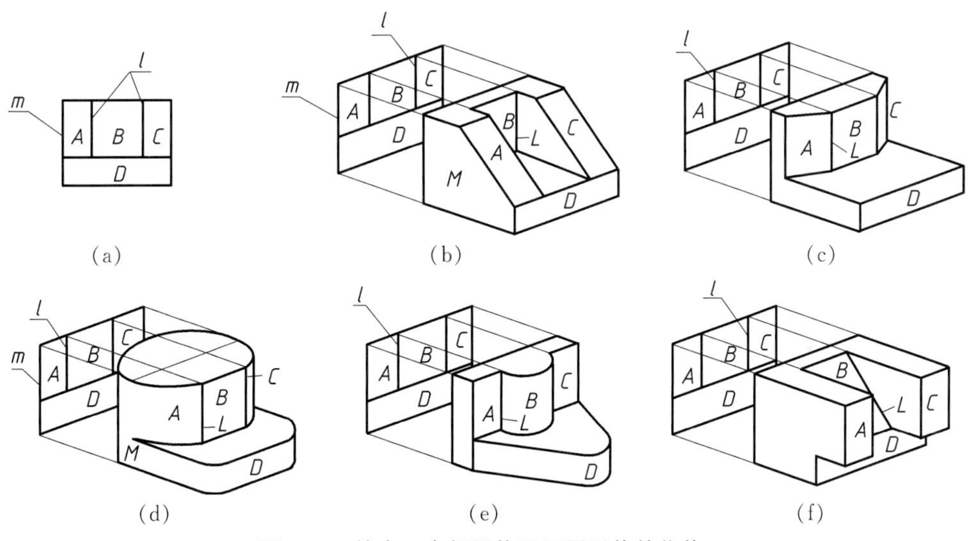


图 5-31　给出一个视图构思不同形体的物体

根据图 5-32 给出的主视图、俯视图，可构思出两种以上不同形状的组合体。图中仅画出两解，读者还可以想出更多的解。

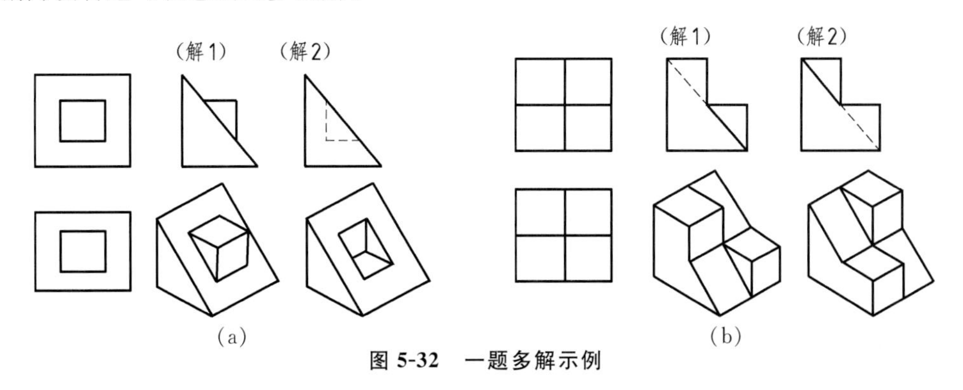


图 5-32　一题多解示例

**2. 拓展思路，勤于思考**

对给出的已知条件，改变或增加一些条件，进一步想象形状和表达的变化。如图 5-33a 所示棱柱切割体，根据给出的主视图、俯视图，画出了四种不同形体的左视图。如果按图 5-33b 所示，将主视图、俯视图改变成圆柱切割体，又画出了四种不同形体的左视图。

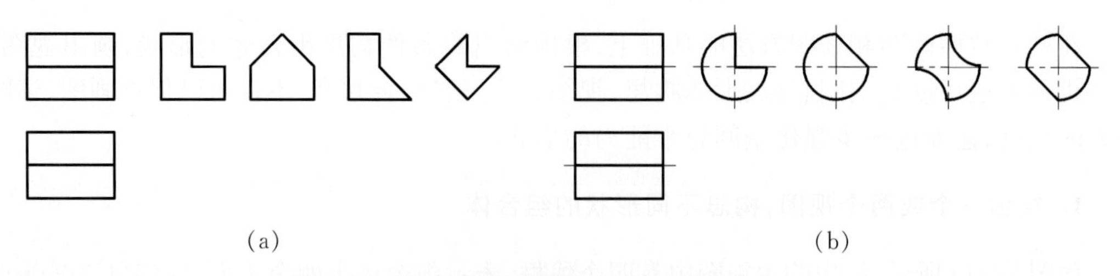

(a)　　　　(b)

图 5-33　给出两个视图构思不同形状的物体(一)

如图 5-34a 所示，已知圆柱左右切肩的主视图、俯视图，补画左视图。再将切肩后的圆柱头部切割成沿 $Y$ 轴方向的圆柱面，想象形状的变化，补画左视图(图 5-34b)。

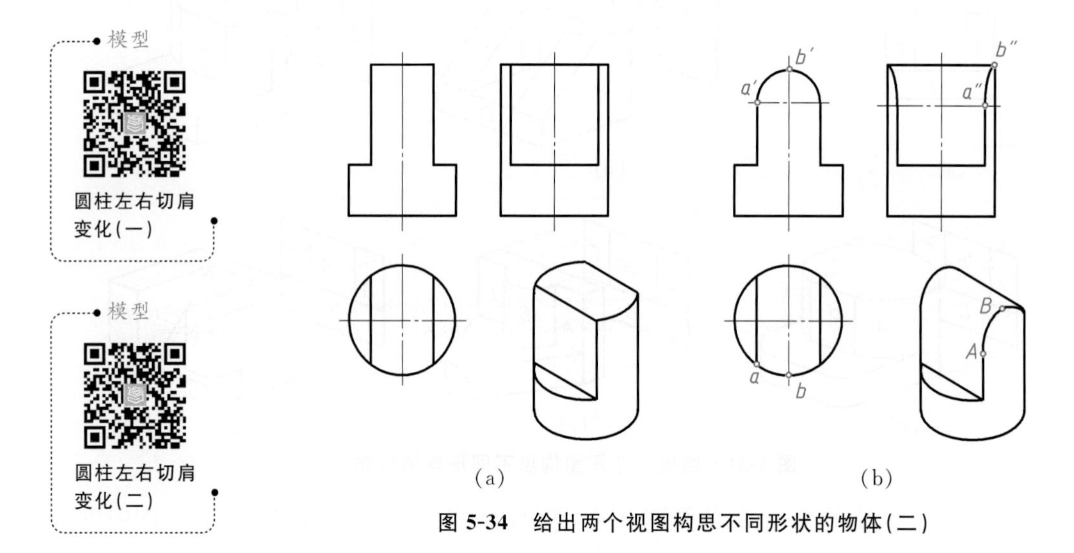


(a)　　　　(b)

图 5-34　给出两个视图构思不同形状的物体(二)

**3. 读图过程中要善于构思物体的空间形状**

读图的过程是“由图想物”的过程，根据所给出的视图想象物体的空间形状，再与视图对照，修正想象中的物体形状，直到两者完全符合。

如图 5-35a 所示，由给出的主视图、俯视图，按图 5-35b 很容易想到这个物体可能是圆锥，但俯视图中间有一条铅直线，显然该物体不是圆锥。如果假设该物体是三棱柱，则三棱柱的俯视图应该是矩形，也不符合题设条件。通过构思，再假设在圆柱上用两个正垂面对称地切去左右两块，两个正垂面的交线为正垂线，其水平投影成 $Y$ 轴方向的直线，正面投影积聚成点，完全符合题目给定的主、俯视图，补画出该形体的左视图(图 5-35c)。

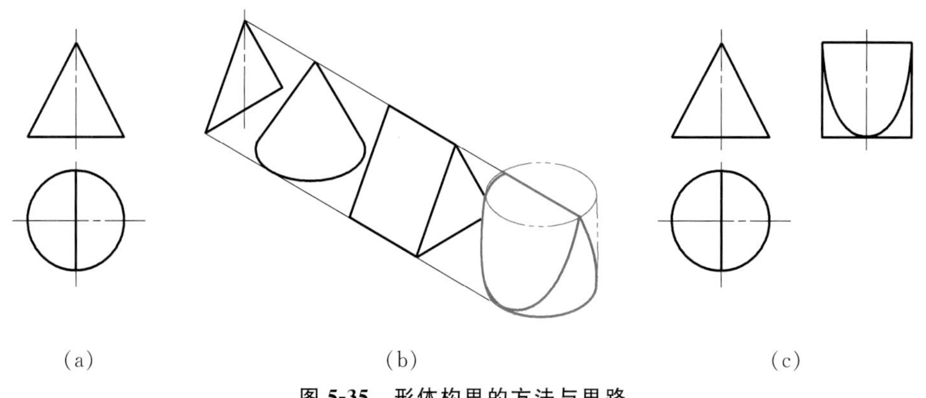


图 5-35　形体构思的方法与思路

微视频

形体构思的方法与思路

如图 5-36a 所示，构思一个物体能分别沿三个不同方向、不留间隙地通过平板上的三个孔。

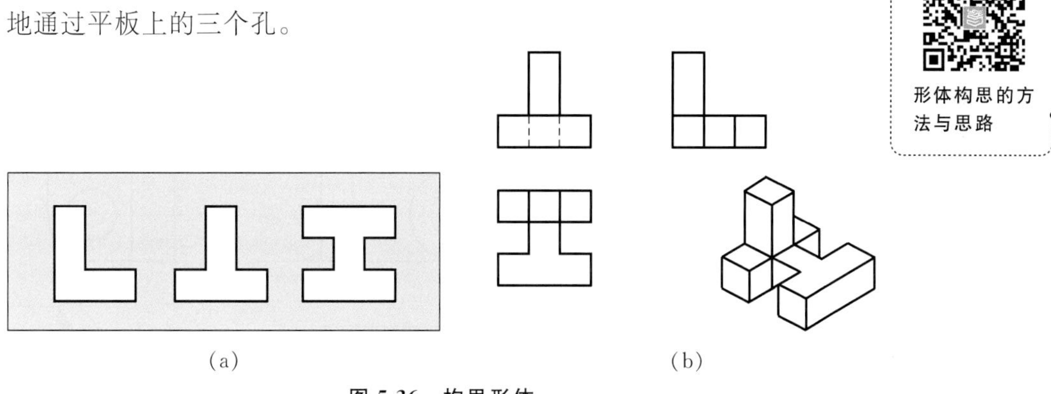


图 5-36　构思形体

微视频

构思形体

构思的方法是将平板上三个孔的形状设想为所构思物体三个方向的外形轮廓，再按投影规律进行排列，并补上所缺的图线，从而想象构思出物体的形状，如图 5-36b 所示。

## 四、组合体读图方法的补充

### 1. 形体分析法读图

形体分析法是读图的基本方法。形体分析法是从“体”出发，通过读懂视图中线框与线框的对应关系，构思“体”的形状。通过对投影，想形体，再分析各形体间的相对位置和表面连接关系，从而想象整体形状。

**［例 5-5］**　读懂图 5-37a 所示组合体的三视图。

**读图步骤**

(1) 分析视图抓特征　从反映形体特征明显的主视图入手，对照俯视图、左视图，分析构成组合体各形体的结构形状。

如主视图中间的矩形线框 $C$ 应联系左视图分析，因为左视图显示其圆角和阶梯形圆

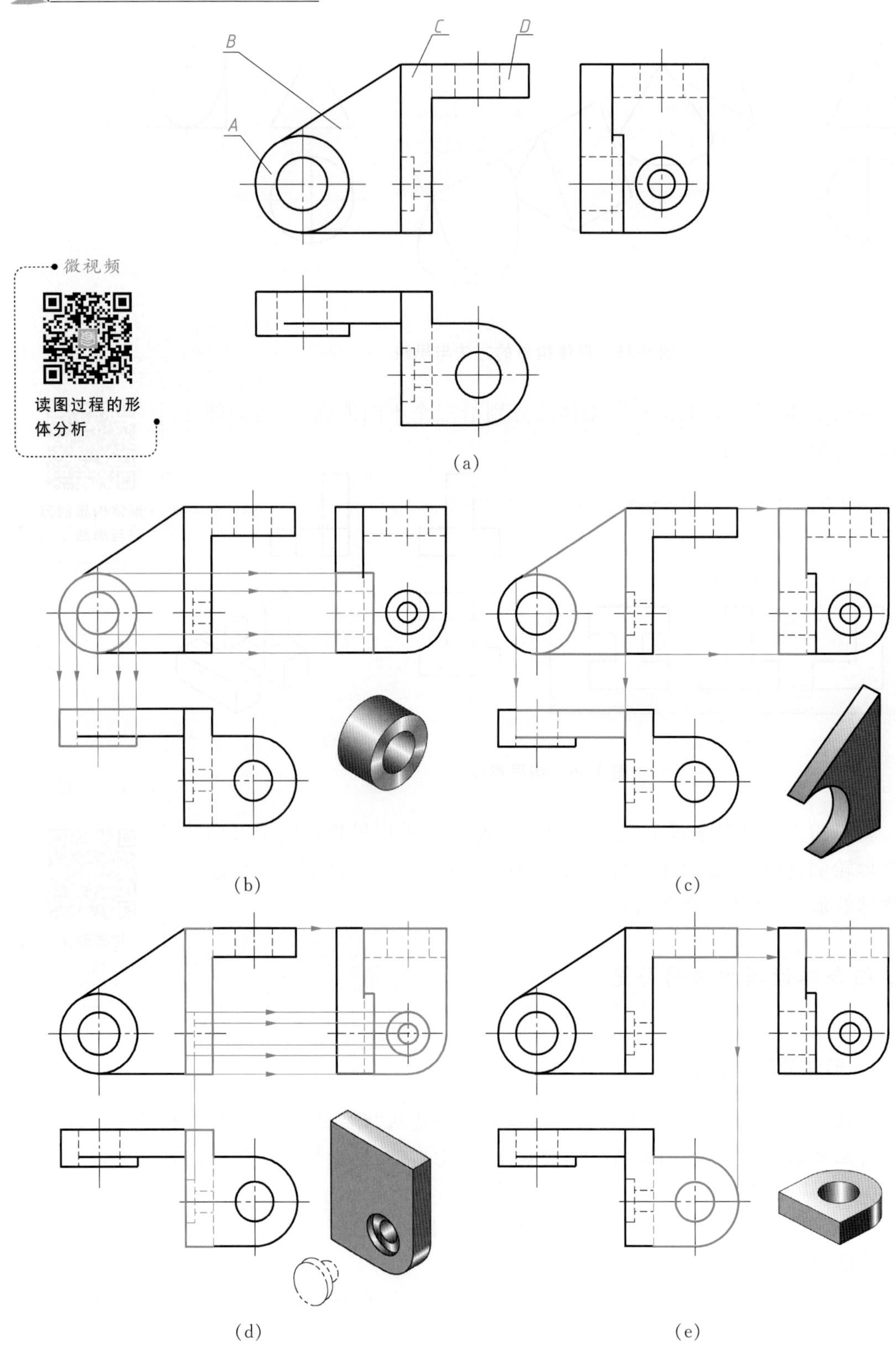


微视频

读图过程的形体分析

图 5-37　读图过程的形体分析

孔；右边的矩形线框 $D$ 必须联系俯视图来看清其形状；而左边的形体 $A$ 和 $B$ 的形状特征在主视图中显示清楚，但它们之间的相对位置和表面连接关系则必须对照俯视图或左视图才能分析清楚。

(2) 分析形体对投影　经过对构成组合体的四个部分形状特征的初步分析，再按投影关系，分别对照各形体在三视图中的投影，想象它们的形状，分析对照过程如图 5-37b～e 的轴测图所示。

(3) 综合起来想整体　在读懂组合体各部分形体的基础上，进一步分析各部分形体间的相对位置和表面连接关系。

该组合体的左边是空心圆柱体 $A$ 与平板 $B$ 叠合，右边是竖板 $C$ 与耳板 $D$ 叠合。

圆柱 $A$ 凸出平板 $B$，平板 $B$ 的斜面（正垂面）和下底面（水平面）与圆柱 $A$ 表面相切，竖板 $C$ 和耳板 $D$ 的上表面（水平面）和前端面（正平面）共面。

通过综合想象，构思出组合体的整体结构形状，如图 5-38 所示。

图 5-38　想象出的物体形状

### 2. 面形分析法读图

面形分析法是从体上的"面"出发，通过读懂相邻视图中的线框与线框、线框与线段的对应关系，构思面的形状。通过对投影、分面形、综合各表面的形状和位置想象整体形状。

以图 5-39a 所示组合体为例进一步阐述如何运用面形分析法读图。

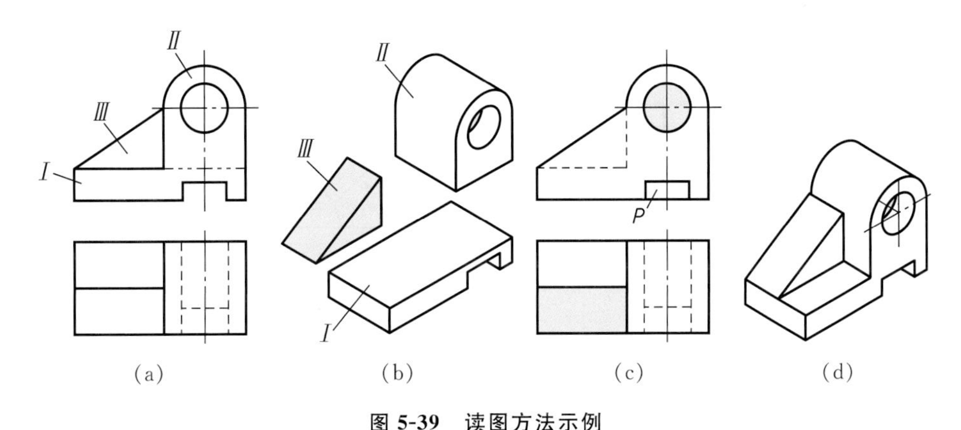


图 5-39　读图方法示例

(1) 分析两个视图，主视图显示形体特征明显。根据主视图中的线框，可将该组合体分为Ⅰ、Ⅱ、Ⅲ三个基本形体（图 5-39a）。

(2) 经过主视图与俯视图对投影初步想象，形体Ⅰ是长方形底板，底部有槽；形体Ⅱ与形体Ⅰ等宽，其上有孔；形体Ⅲ为三棱柱肋板（图 5-39b）。

(3) 确定形体Ⅲ的前后位置，采用先假定，后验证的方法。若假定形体Ⅲ在前，则形体

Ⅲ 和形体 Ⅰ 的前面应平齐(共面),在相应的主视图中应出现细虚线(图 5-39c),与题给主视图不符。所以形体 Ⅲ 应该在后面,它的后端面与形体 Ⅰ 的后端面平齐。

(4) 分析俯视图中的三条细虚线。两条竖细虚线是形体 Ⅰ 底部方槽和形体 Ⅱ 上圆孔俯视轮廓线的水平投影的重合投影。一条横细虚线表明方槽或圆孔两者之一不通,这条细虚线可能是槽端,或者是孔底(都是正平面),如何确定,仍采用先假定,后验证的方法。假定横细虚线是槽端 $P$ 面的水平投影,则主视图的槽底处应该有线(图 5-39c),与题给主视图不符,所以这假定不成立,即槽为通槽,孔为不通孔(盲孔)。

综合以上分析,可想象出该组合体的整体形状如图 5-39d 所示。

**[例 5-6]** 已知组合体的主视图、左视图(图 5-40a),补画俯视图。

根据主视图、左视图的外轮廓可初步判断该组合体是由半圆筒被切割后形成的。可采用形体分析,结合面形分析,从整体到局部进行思考,想象出它的形状,然后补画俯视图。

**形体分析**

如图 5-40a 所示,由组合体主视图的外形轮廓对照左视图的外形轮廓及其中的一条细虚线,可想象出该组合体是由半个圆筒被切割而形成的。

主视图上部一条水平线对应左视图中的水平线,不难理解为半圆筒上部被水平面切去一块。需要进一步分析的是主视图中的两条斜线。

微视频

半圆筒切割面形分析

**面形分析**

如图 5-40a 所示,主视图中有三个相邻线框,线框 $a'$ 的左视图在“高平齐”的投影范围内没有对应的类似形,只能对应左视图中最前面的直线 $a''$,所以线框 $a'$ 是组合体上一正平面的投影,主视图中反映其实形。主视图上左右对称的 $b'$、$c'$ 两线框,同样在左视图中对应直线 $b''$、$c''$,所以 $B$、$C$ 两平面也是正平面,主视图中反映它们的实形。从左视图可判断,$A$ 面在前,$B$、$C$ 面在后。

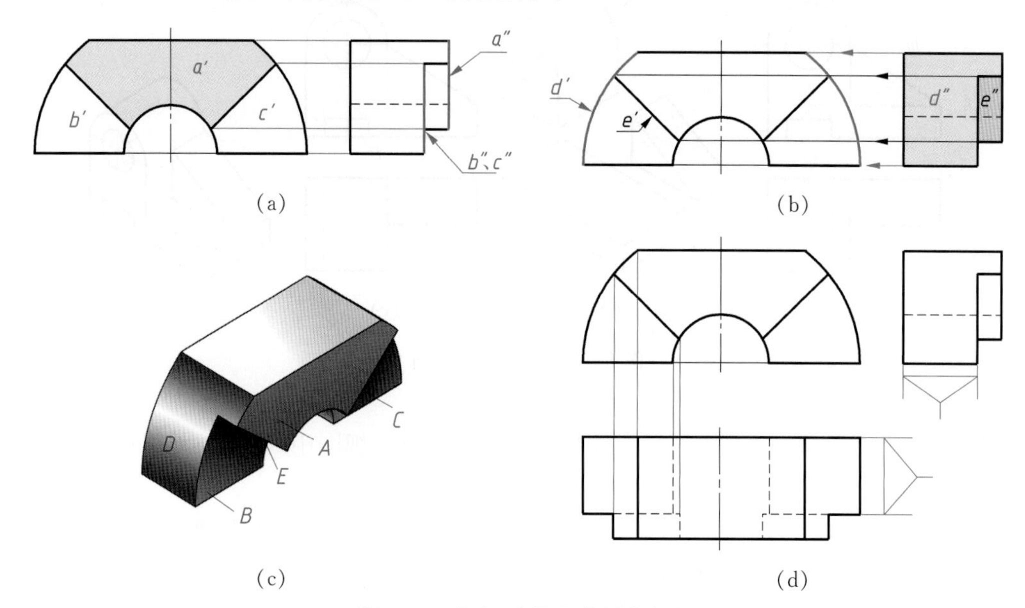


**图 5-40 由主、左视图补画俯视图**

如图 5-40b 所示，再分析左视图中的线框 $d''$、$e''$。线框 $d''$的主视图在“高平齐”投影范围内没有对应的类似形，只能对应左、右两段大圆弧，所以 $D$ 面是圆柱面。线框 $e''$对应主视图中左、右两条斜线，所以线框 $e''$是正垂面的投影，其空间形状为该线框的类似形。

从 $b'$、$c'$、$e''$三个线框的空间位置可知，该半圆筒的左、右两边对称地各切去一扇形平板，切割的深度可从左视图上确定。通过以上形体和面形分析，综合想象出组合体的整体形状，如图 5-40c 所示，是一个左右对称的由半个圆筒切割而成的组合体。

**补画俯视图**

根据组合体的整体和局部形状，补画俯视图。首先画出半圆筒的原形轮廓(矩形和两条细虚线)，再画被水平面切去一块后在俯视图中的图线(两条平行轴线的正垂线)，最后按“长对正、宽相等”补画和修改左、右切去两个扇形块后在俯视图中的图线。画出的俯视图如图 5-40d 所示。

**检查验证**

根据补画的俯视图对照想象出的组合体的整体形状(即图 5-40c 所示轴测图)检查验证是否正确。由于切去两个扇形块，所以俯视图前面两个角以及圆孔前面两段细虚线不存在了，如图 5-40d 所示。圆柱面 $D$(左右对称)的水平投影与侧面投影是类似形，正垂面 $E$(左右对称)的水平投影与侧面投影也是类似形。经检查验证，画出的俯视图是正确的。

## 五、怎样检查和发现视图中的错漏

(1) 在组合体的投影作图过程中，容易出现漏线或多线的错误，其原因主要是对不同表面之间的连接关系以及对于经过局部切割或相交以后的表面变化分析得不够清楚。如图 5-41a 所示，当两形体相交时，其相邻表面会产生交线，在相交处应画出交线 $AB$ 的投影。必须注意，因为耳板与圆筒已经融为一体，所以圆筒左下一小段轮廓线已不存在，初学者常常会错误地在此处画上一段细虚线。

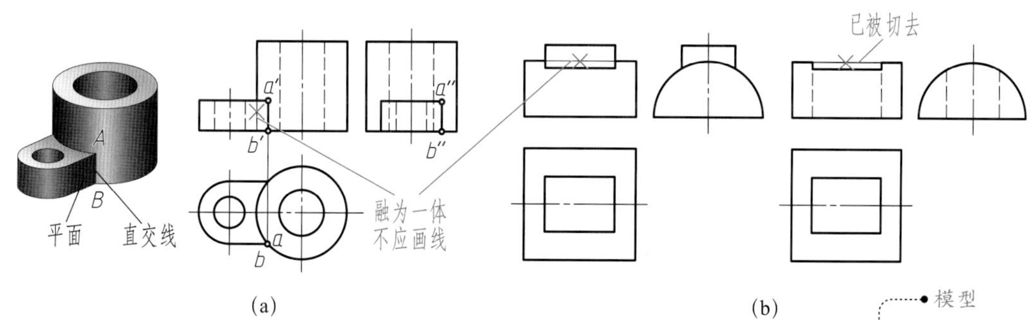


图 5-41　形体表面连接关系——相交

如图 5-41b 所示，无论是实形体与实形体相邻表面相交，或者是实形体与空形体相邻表面相交，只要形体的大小和相对位置一致，其交线完全相同。值得注意的是：当两实形体相交时已融为一体，圆柱面上原

来的一段转向轮廓线已不存在；圆柱被穿方孔后的一段转向轮廓线已被切去。

(2) 对于某些形状虽不复杂，但不易看明白的形体，采用面形分析法来检查就比较容易发现问题。

如图 5-42a 所示，从俯视图可看出，该物体左端被圆柱面切割后，对应的主视图和左视图中的投影应为类似形。显然，解 1 是错误的，因为左视图不具备此类似形，中间两段横线是多余的；正确的左视图是解 2。

如图 5-42b 所示，从给出的主视图、俯视图可知，长方体被轴线为铅垂线的圆柱面切割，再被轴线为正垂线的圆柱面切割以后，其水平投影与侧面投影应为类似形(左视图解 2)。也可通过投影分析($A$、$B$、$C$ 各点)，发现左视图解 1 中的错误。

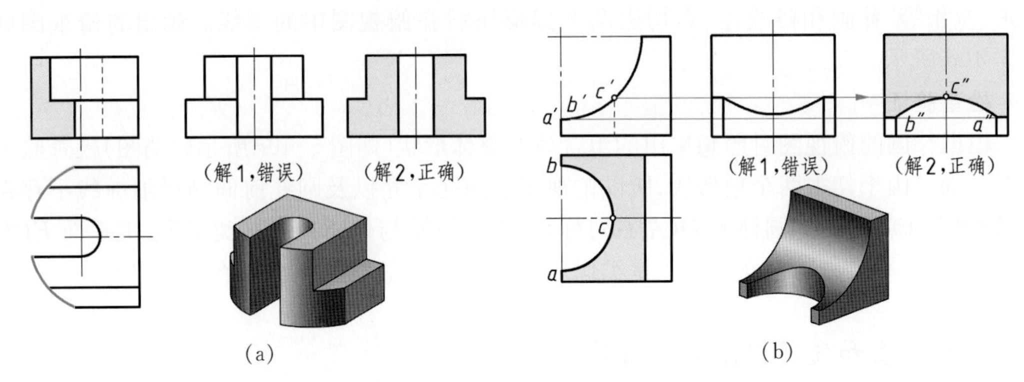


图 5-42　检查视图中的错误示例

［例 5-7］　如图 5-43a 所示，检查和改正组合体三视图中的错漏。

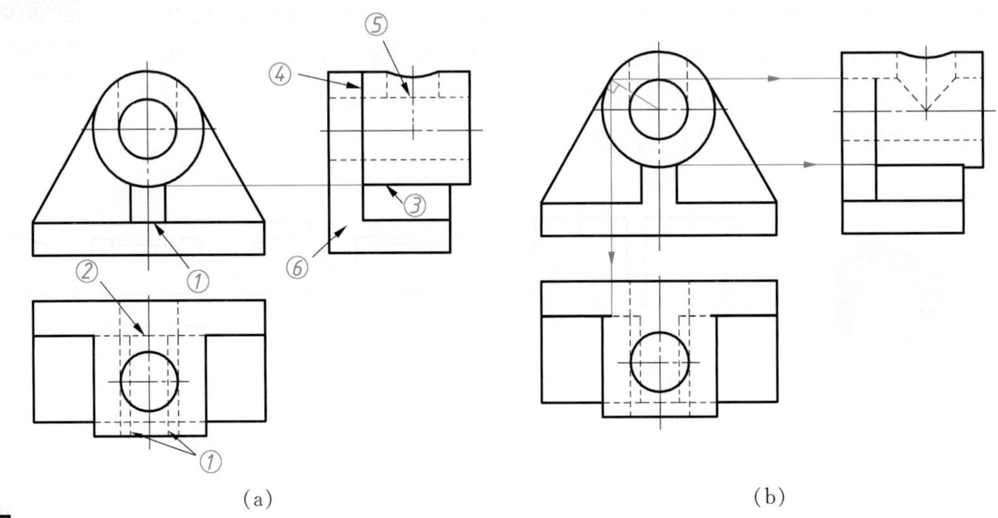


图 5-43　检查视图中的错漏示例

**分析**

从图 5-43a 给出的三视图初步看出该组合体由长方形底板、圆筒、支撑板和肋板四部分组成。经过对三视图的仔细对照分析，发现共有六处错误。

（1）肋板与底板的前端面平齐，主视图中肋板与底板叠合处多线，俯视图中表示肋板的细虚线应画到底板的前端面为止。

（2）组合体是一个整体，肋板与支撑板叠合处不应画线，俯视图中多一段细虚线。

（3）肋板两侧面与圆柱面相交，按投影关系改正左视图中的交接处。

（4）支撑板左、右两侧面与圆柱面相切，左视图和俯视图中的图线只能画到切点处。

（5）圆筒的水平孔与竖直孔内壁的相贯线在左视图中未画出，水平圆柱孔的最高素线（转向轮廓线）在被竖直孔穿通处不应画线。

（6）支撑板的侧面与底板的侧面不共面，左视图中漏线。

改正后的三视图如图 5-43b 所示。

# 第六章　机械图样的基本表示法

工程实际中，机件的形状是多种多样的，有些机件的内、外形状都比较复杂，如果只用三视图和可见部分画实线、不可见部分画细虚线的方法，往往不能表达清楚和完整。为此，国家标准规定了视图、剖视图和断面图等基本表示法。学习本章要掌握各种表示法的特点和画法，以便灵活地运用。

## 第一节　视　　图

根据有关标准规定，用正投影法绘制的物体的图形称为视图。视图主要用于表达机件的外部结构形状，对机件中不可见的结构形状在必要时才用细虚线画出。

视图分为基本视图、向视图、局部视图和斜视图四种。

### 一、基本视图

将机件向基本投影面投射所得的视图称为基本视图。

表示一个机件可以有六个基本投射方向，如图 6-1a 所示，相应地有六个与基本投射方向垂直的基本投影面。基本视图是物体向六个基本投影面投射所得的视图。空间的六个基本投影面可设想围成一个正六面体，为使其上的六个基本视图位于同一平面内，可将六个基本投影面按图 6-1b 所示方法展开。

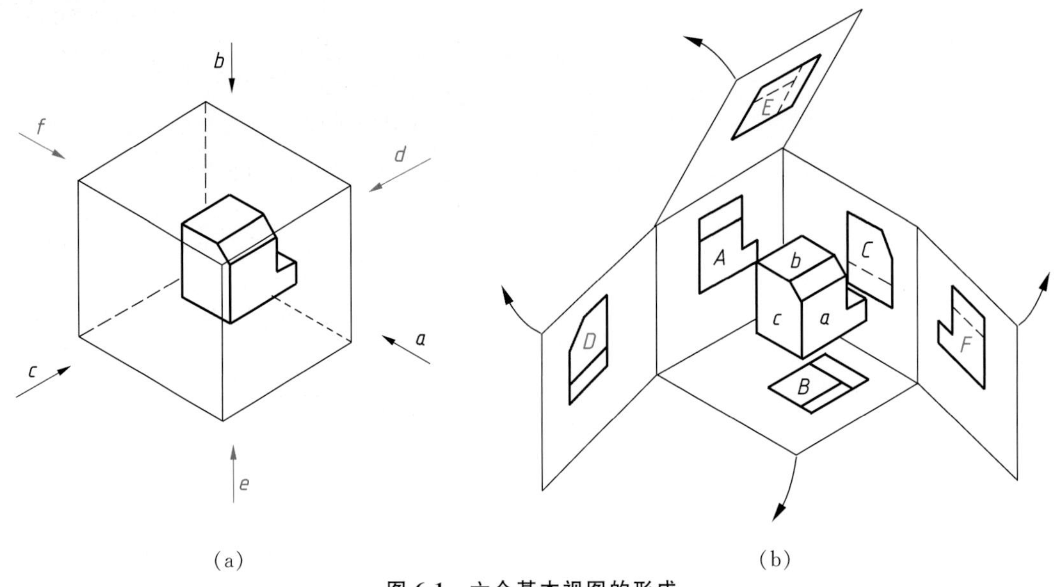


**图 6-1　六个基本视图的形成**

六个基本投射方向及视图名称见下表。

| 方向代号 | $a$ | $b$ | $c$ | $d$ | $e$ | $f$ |
| --- | --- | --- | --- | --- | --- | --- |
| 投射方向 | 由前向后 | 由上向下 | 由左向右 | 由右向左 | 由下向上 | 由后向前 |
| 视图名称 | 主视图 | 俯视图 | 左视图 | 右视图 | 仰视图 | 后视图 |

在机械图样中，六个基本视图的名称和配置关系如图 6-2 所示。符合图 6-2 的配置规定时，图样中一律不标注视图名称。

六个基本视图仍保持“长对正、高平齐、宽相等”的三等关系，即仰视图与俯视图同样反映物体长、宽方向的尺寸，右视图与左视图同样反映物体高、宽方向的尺寸，后视图与主视图同样反映物体长、高方向的尺寸。

六个基本视图的方位对应关系如图 6-2 所示，除后视图外，在围绕主视图的俯、仰、左、右四个视图中，远离主视图的一侧表示机件的前方，靠近主视图的一侧表示机件的后方。

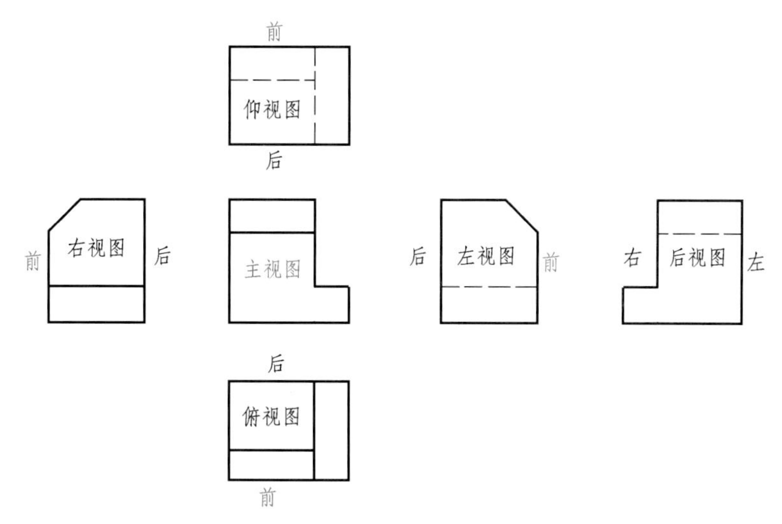


**图 6-2　六个基本视图的配置和方位对应关系**

实际画图时，无须将六个基本视图全部画出，应根据机件的复杂程度和表达需要，选用其中必要的几个基本视图。若无特殊情况，优先选用主视图、俯视图、左视图。

## 二、向视图

**向视图是移位配置的基本视图。**当某视图不能按投影关系配置时，可按向视图绘制，如图 6-3 中的“向视图 $D$”“向视图 $E$”“向视图 $F$”。

向视图必须在图形上方中间位置处注出视图名称“×”（“×”为大写拉丁字母，下同），并在相应的视图附近用箭头指明投射方向，注写相同的字母。

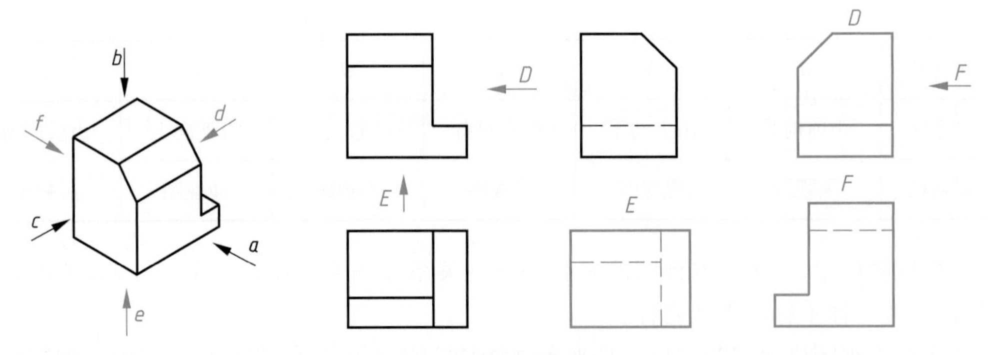


图 6-3 向视图及其标注

## 三、局部视图

局部视图是将机件的某一部分向基本投影面投射所得的视图。如图 6-4 所示的机件，用主、俯两个基本视图表达了主体形状，但左、右两边凸缘形状如用左视图和右视图表达，则显得烦琐和重复。采用 $A$ 和 $B$ 两个局部视图来表达两个凸缘形状，既简练又突出重点。

模型

局部视图

局部视图的配置、标注及画法：

(1) 局部视图可按基本视图配置的形式配置，中间若没有其他图形隔开，则不必标注，如图 6-4 中的局部视图 $A$。

(2) 局部视图也可按向视图的配置形式配置在适当位置，如图 6-4 中的局部视图 $B$。

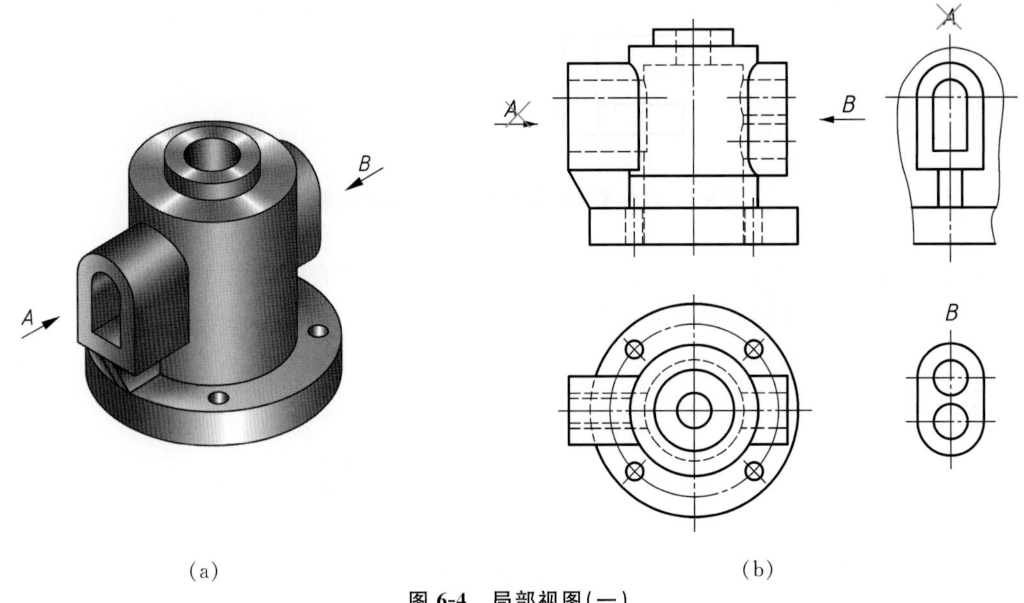


图 6-4 局部视图(一)

(3) 局部视图的断裂边界用波浪线(或双折线)表示,如图 6-4 中的局部视图 $A$。但当所表示的局部结构是完整的,其图形的外轮廓线呈封闭时,波浪线可省略不画,如图 6-4 中的局部视图 $B$。

(4) 按第三角画法(详见本章第六节)配置在视图上需要表示的局部结构附近,并用细点画线连接两图形,此时不需另行标注,如图 6-5 所示。

(5) 对称机件的视图可只画一半或四分之一,并在对称中心线的两端画两条与其垂直的平行细实线,如图 6-6 所示。这种简化画法用细点画线代替波浪线作为断裂边界线,这是局部视图的一种特殊画法。

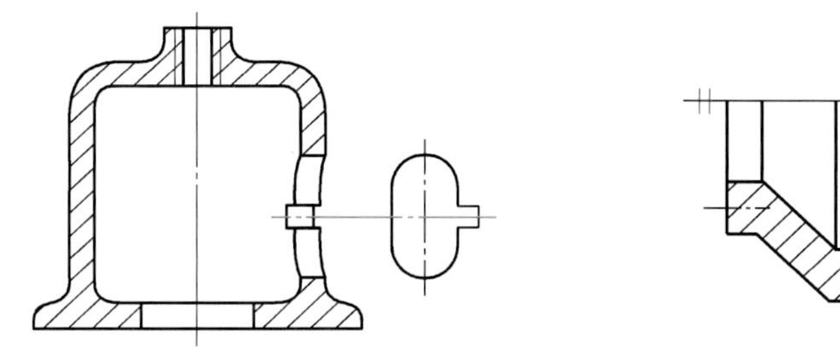

图 6-5　局部视图按第三角画法配置(二)

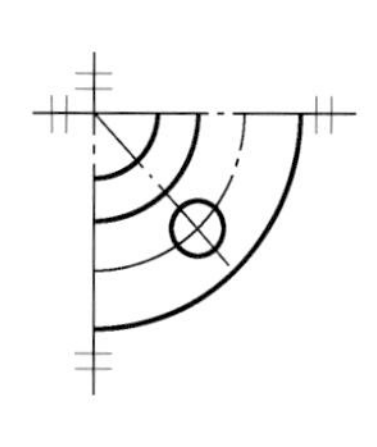

图 6-6　局部视图(三)

## 四、斜视图

斜视图是物体向不平行于基本投影面的平面投射所得的视图。

如图 6-7a 所示,当机件上某局部结构不平行于任何基本投影面,在基本投影面上不能反映该部分的实形时,可增加一个新的辅助投影面,使它与机件上倾斜结构的主要平面平行,并垂直于一个基本投影面。然后将倾斜结构向辅助投影面投射,就得到反映倾斜结构实形的视图,即斜视图。

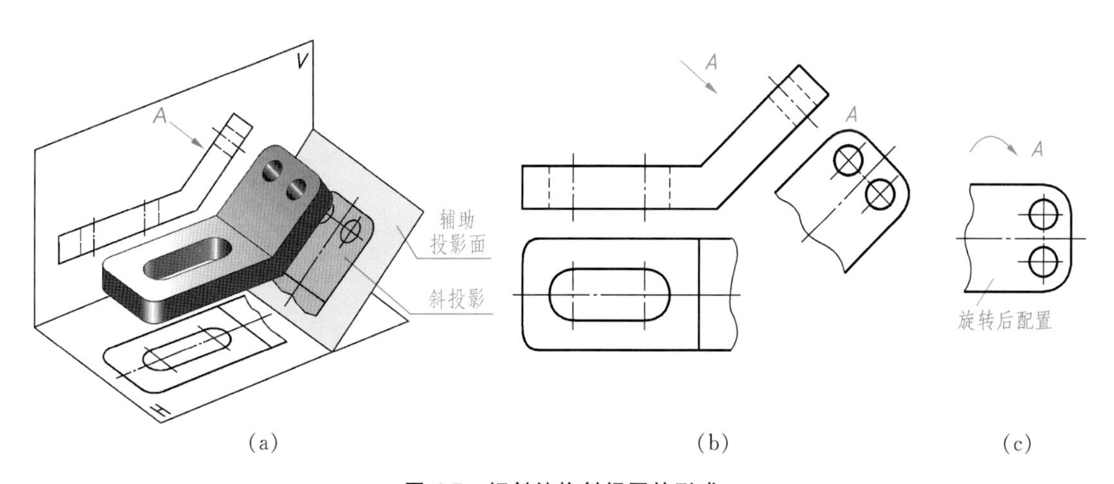


图 6-7　倾斜结构斜视图的形成

**画斜视图时应注意：**

(1) 斜视图常用于表达机件上的倾斜结构。画出倾斜结构的实形后，机件的其余部分不必画出，此时可在适当位置用波浪线或双折线断开即可，如图 6-7b 所示。

(2) 斜视图的配置和标注一般按向视图相应的规定，必要时，允许将斜视图旋转后配置到适当的位置。此时，应按向视图标注，且加注旋转符号，如图 6-7c 所示。旋转符号为半径等于字体高度的半圆弧，表示斜视图名称的大写拉丁字母应靠近旋转符号的箭头端，也允许将旋转角度标在字母之后。

## 五、应用举例

以上介绍了基本视图、向视图、局部视图和斜视图，在实际画图时，并不是每个机件的表达方案中都有这四种视图，而应根据表达需要灵活选用。

微视频

压紧杆的三视图及斜视图

图 6-8a 所示为压紧杆的三视图。由于压紧杆左端耳板是倾斜的，所以俯视图和左视图都不反映实形，画图比较困难，表达不清楚。为了清晰表达倾斜结构，可按图 6-8b 所示在平行于耳板的正垂面上作出耳板的斜视图，以反映耳板的实形。因为斜视图只是表达压紧杆倾斜结构的局部形状，所以画出耳板的实形后，用波浪线断开，其余部分的轮廓线不必画出。

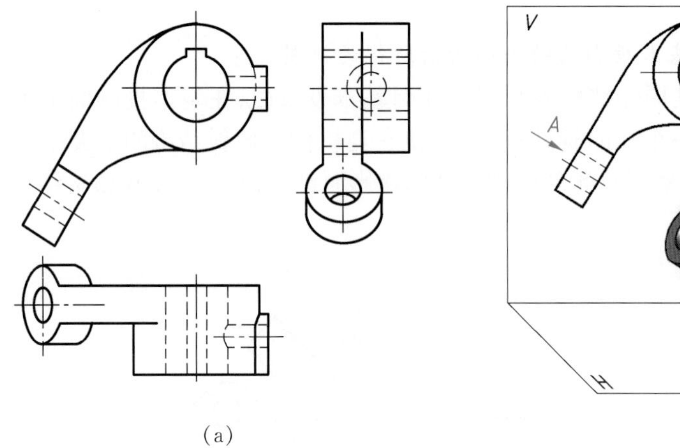

(a)

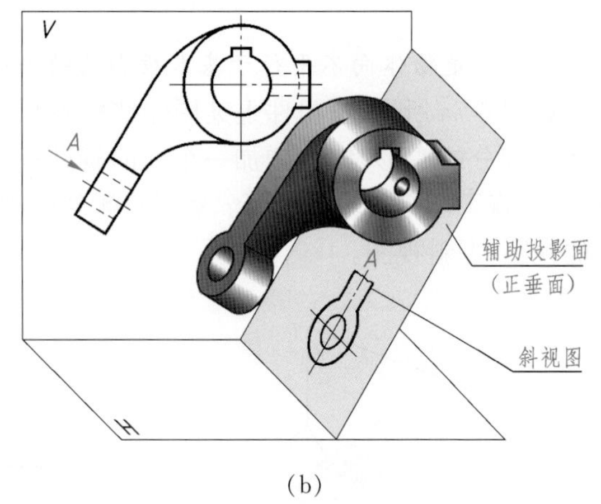


(b)

**图 6-8　压紧杆的三视图及斜视图的形成**

图 6-9 所示为压紧杆的两种表达方案：

**方案一**(图 6-9a)：采用一个基本视图(主视图)、一个斜视图($A$)和两个局部视图($B$ 和 $C$)。

**方案二**(图 6-9b)：采用一个基本视图(主视图)、一个配置在俯视图位置上的局部视图(中间无图形隔开，不必标注)、一个旋转配置的斜视图 $A$，以及画在右端凸台附近的、按第三角画法配置的局部视图(用细点画线连接，不必标注)。

比较压紧杆的两种表达方案，显然，方案二的视图布置更加紧凑。

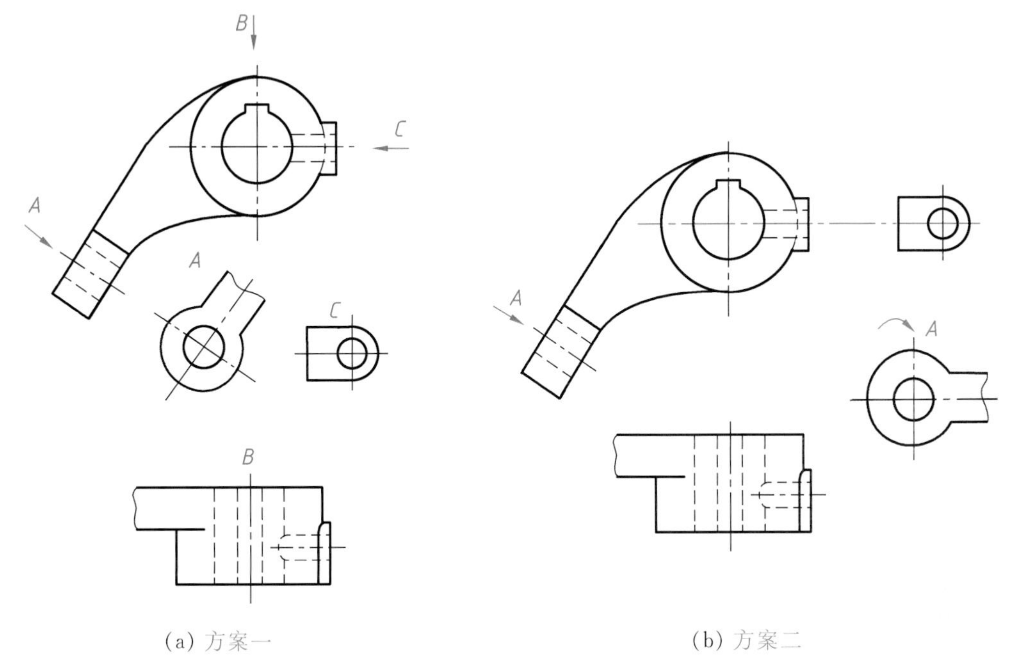


(a) 方案一　　(b) 方案二

图 6-9 压紧杆的两种表达方案

# 第二节 剖 视 图

视图主要用来表达机件的外部形状。图 6-10a 所示支座的内部结构比较复杂,视图上会出现较多细虚线而使图形不清晰,不便于看图和标注尺寸。为了清晰地表达它的内部结构,常采用剖视图的画法。剖视图的画法要遵循 GB/T 17452、GB/T 4458.6 的规定。

## 一、剖视图的形成、画法和标注

### 1. 剖视图的形成

假想用剖切面剖开机件,将处在观察者与剖切面之间的部分移去,将其余部分向投影面投射所得的图形称为剖视图,简称剖视。剖视图的形成过程如图 6-10b、c 所示。图 6-10d 中的主视图即为机件的剖视图。

### 2. 剖面符号

机件被假想剖开后,剖切面与机件的接触部分(即剖面区域)要画出与材料相应的剖面符号,以便区别机件的实体与空腔部分,如图 6-10d 中的主视图所示。

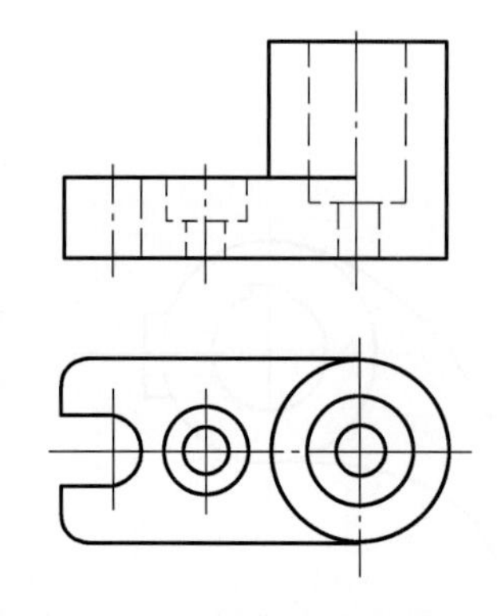

(a) 主视图中细虚线较多

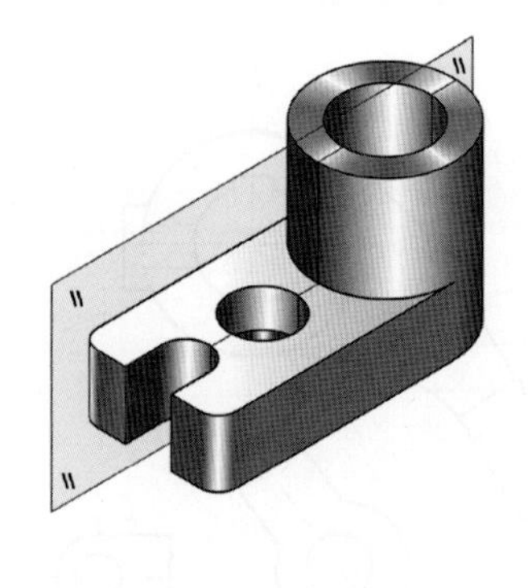

(b) 剖切面剖开支座

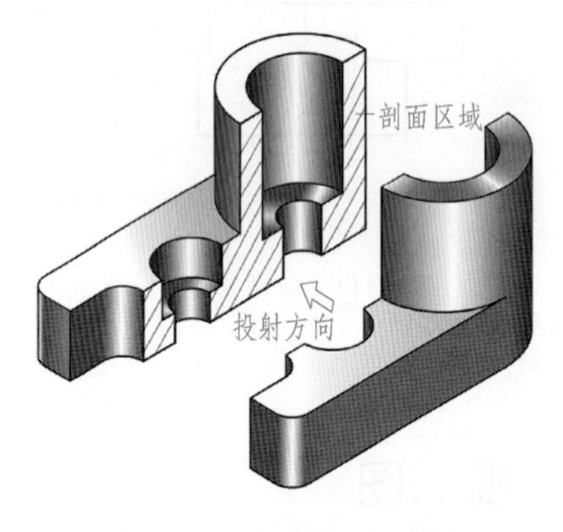


(c) 将支座后半部分向投影面投射

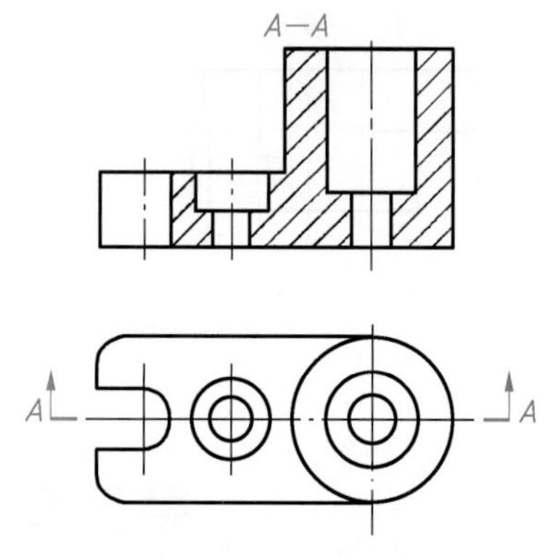


(d) 主视图为剖视图

**图 6-10　剖视图的形成**

当不需要在剖面区域中表示材料的类别时，剖面符号可采用通用的剖面线表示。**通用剖面线为间隔相等的平行细实线**，绘制时最好与图形主要轮廓线或剖面区域的对称线成 45°，如图 6-11 所示。

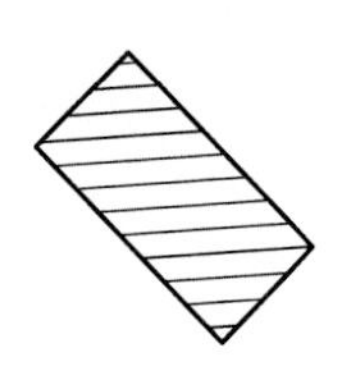

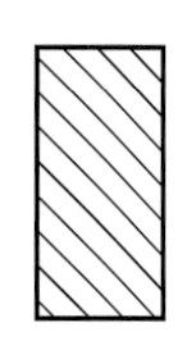

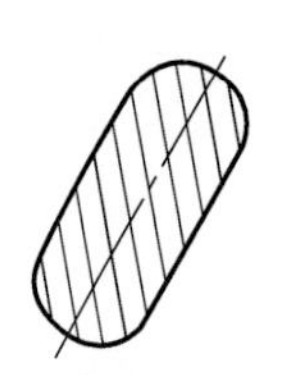

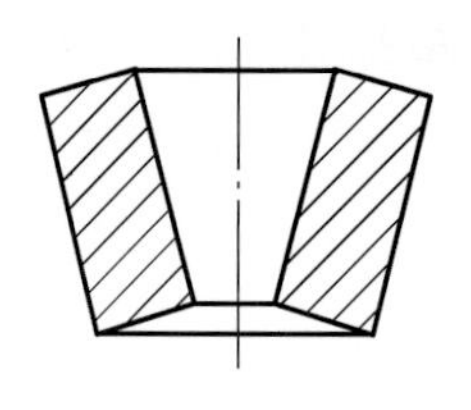

**图 6-11　剖面线的方向**

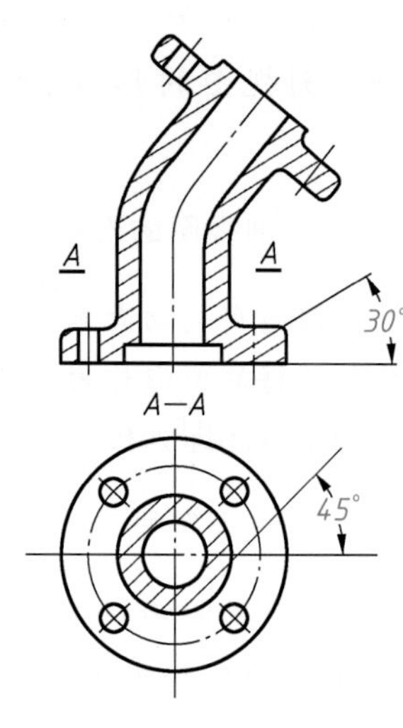


**图 6-12　30°(或 60°)的剖面线**

当图形中的主要轮廓线与水平线成 45°时，该图形的剖面线应画成与水平线成 30°或 60°的平行线，其倾斜方向应与其他图形的剖面线一致，如图 6-12 所示。

**同一物体的各个剖面区域的剖面线应间隔相等、方向一致。**

当需要在剖面区域中表示材料类别时，应采用特定的剖面符号表示。国家标准规定的各种材料类型的剖面区域的表示法见表 6-1。

表 6-1 剖面区域表示法(摘自 GB/T 4457.5)

| 材料名称 | | 剖面符号 | 材料名称 | 剖面符号 |
|---|---|---|---|---|
| 金属材料(已有规定剖面符号者除外) | | | 线圈绕组元件 | |
| 非金属材料(已有规定剖面符号者除外) | | | 转子、电枢、变压器和电抗器等的叠钢片 | |
| 型砂、填砂、粉末冶金、砂轮、陶瓷刀片、硬质合金刀片等 | | | 玻璃及供观察用的其他透明材料 | |
| 木质胶合板(不分层数) | | | 格网(筛网、过滤网等) | |
| 木材 | 纵断面 | | 液体 | |
| | 横断面 | | | |

注:1. 剖面符号仅表示材料的类型,材料的名称和代号另行注明。
2. 叠钢片的剖面线方向,应与束装中叠钢片的方向一致。
3. 液面用细实线绘制。

### 3. 剖视图的标注

为便于读图,剖视图一般应进行标注,标注的内容包括以下三个要素(图 6-10d):

(1) 剖切线　指示剖切面的位置,用细点画线表示。剖视图中通常省略不画出。

(2) 剖切符号　指示剖切面起止和转折位置(用粗短线表示)及投射方向(用箭头表示)的符号,在剖切面的起、迄和转折处标注与剖视图名称相同的字母。

(3) 字母　表示剖视图的名称,用大写拉丁字母注写在剖视图的上方。

下列情况的剖视图可省略标注:

(1) 当单一剖切面通过机件的对称平面或基本对称平面,且剖视图按投影关系配置,中间没有其他图形隔开时,如图 6-10d 中的 $A—A$,可省略标注。

(2) 当剖视图按基本视图或投影关系配置时,可省略箭头,如图 6-12 中的 $A—A$。

### 4. 画剖视图的方法与步骤

以图 6-13a 所示机件为例,说明画剖视图的方法与步骤。

(1) 确定剖切面位置　如图 6-13b 所示,剖切平面位置选择通过机件上孔和槽的前后对称面,可以省略标注。

微视频

画剖视图的方法和步骤

(2) 画剖视图　先画出剖切平面与机件实体接触部分的投影,即剖面区域的轮廓线,如图 6-13c 中的红色区域;再画出剖切平面之后的机件可见部分的投影,如图 6-13d 中台阶面的投影和键槽的轮廓线(也可以 c、d 两步同时绘制)。

(3) 在剖面区域内画剖面线　描深图线,标注符号和视图名称,校核,完成作图,如图 6-13e 所示。

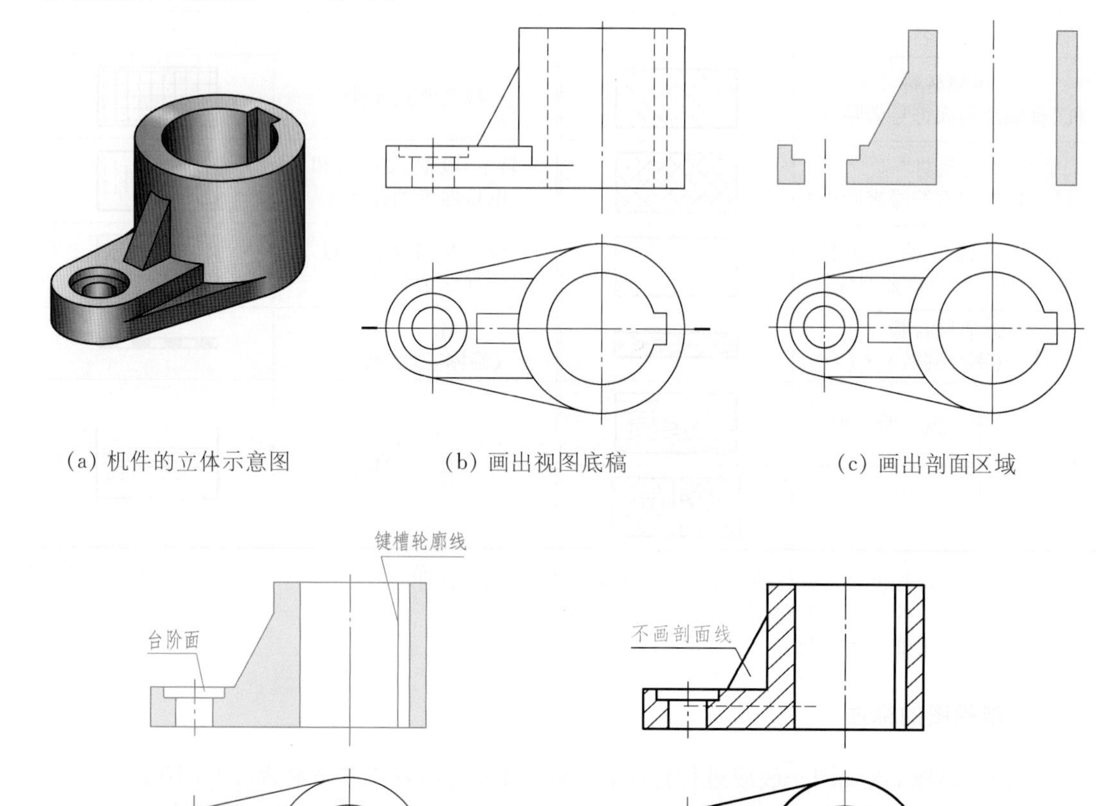


(a) 机件的立体示意图　　(b) 画出视图底稿　　(c) 画出剖面区域

(d) 补画出剖切平面后的可见部分　　(e) 画出剖面线和必要的细虚线,可省略标注

**图 6-13　画剖视图的方法和步骤**

### 5. 画剖视图的注意事项

(1) 剖视图只是假想将机件剖开,因此除剖视图外,其他视图仍应按完整的机件画出。

(2) 剖切面后面的可见部分的轮廓线应全部画出,不得遗漏。如图 6-13d 主视图中台阶面的投影和键槽的轮廓线,常容易漏画。

(3) 对于剖切平面后的不可见部分的投影,如果在其他视图上已表达清楚,细虚线一般不再画出。但尚未表示清楚的结构仍可画出细虚线,如图 6-13e 主视图中细虚线表示底板的高度,不必另画其他视图表达该结构。

(4) 对于机件上的肋板(或轮辐、薄壁)等结构,若剖切平面通过其对称平面沿纵向剖切,则这些结构均不画剖面符号,并且用粗实线将其与相邻部分分开,如图 6-13e 主视图中肋板的画法。

## 二、剖切面的选用

根据机件结构的特点和表达需要，可选用**单一剖切面**、**几个平行的剖切平面**和**几个相交的剖切面**剖开机件。

### 1. 单一剖切面

单一剖切面包括单一剖切平面、单一斜剖切平面、单一剖切柱面。

(1) **单一剖切平面**(平行于基本投影面)剖切

图 6-10 和图 6-13 中的剖视图都由单一剖切平面剖得。

(2) **单一斜剖切平面**(投影面垂直面)剖切

当机件需要表达具有倾斜结构的内部形状时(图 6-14)，可以用一个不平行于基本投影面的投影面垂直面来剖切机件(也称为斜剖)，如图 6-14 中 $B—B$ 剖视图。

用这种平面剖得的图形是斜置的，在图形上方标注的图名 $B—B$ 与斜视图类似。为便于看图，图形应尽量按投影关系配置。为方便画图，在不致引起误解的情况下，可将图形旋转后画出，并加注旋转符号(图 6-14)。

(3) **单一剖切柱面**(其轴线垂直于基本投影面)剖切

如图 6-15 所示，用单一剖切柱面剖开机件，剖视图一般应展开绘制，在图名后加注“展

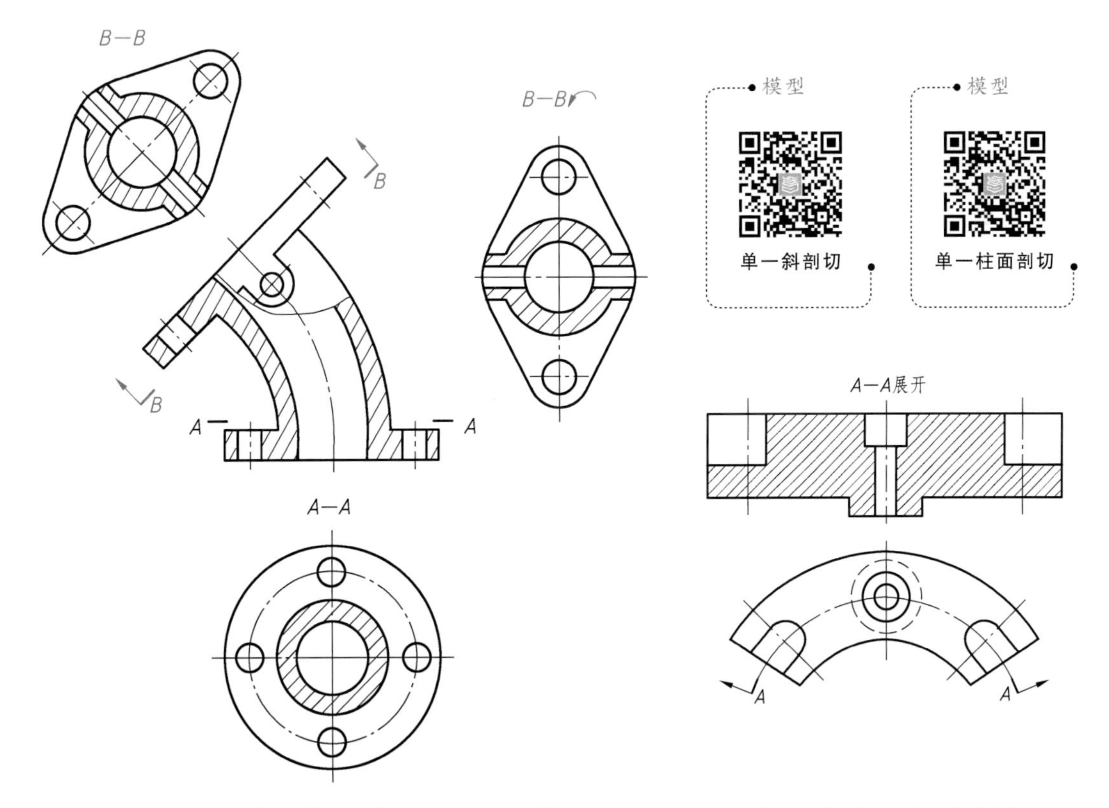


图 6-14 不平行于基本投影面的单一剖切平面

图 6-15 单一圆柱剖切面

开”两字(将柱面剖得的结构展开成平行于投影面的平面后再投射)。

### 2. 几个平行的剖切平面

**当机件的内部结构分布在不同层面上,用一个剖切平面不能将它们都剖到时,可采用几个平行的剖切平面来剖切。**

如图 6-16 所示,机件上几个孔的轴线不在同一平面内,如果用一个剖切平面剖切,不能将内部形状全部表达出来。为此,采用两个互相平行的剖切平面沿不同位置孔的轴线剖切,这样就可在一个剖视图上把几个孔的形状表达清楚了。

这种剖视图的标注方法如图 6-16b 所示,如果剖切符号的转折处位置有限,可省略字母。

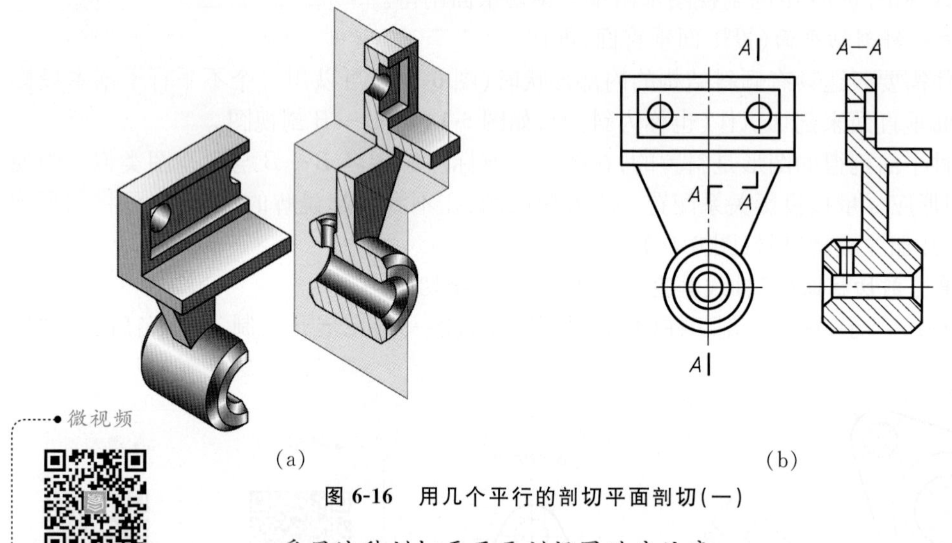


(a)　　(b)

图 6-16　用几个平行的剖切平面剖切(一)

微视频

用几个平行的剖切平面剖切

**采用这种剖切平面画剖视图时应注意:**

(1) 因为剖切是假想的,所以在剖视图上不应画出剖切平面转折的界线(图 6-17a)。

(2) 在剖视图中不应出现不完整要素,如孔、槽等(图 6-17b)。只有当两个结构要素在图形上具有公共对称中心线或轴线时,方可各画一半,如图 6-17c 中的 $A—A$。

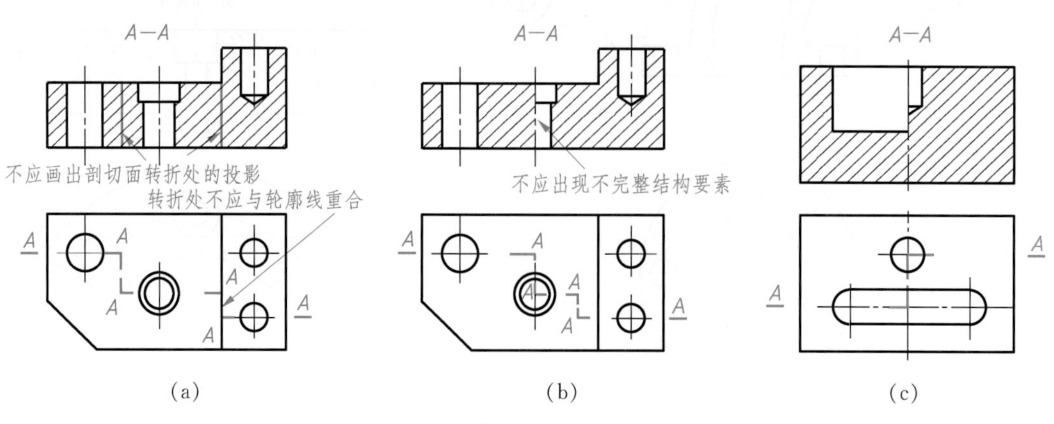


(a)　　(b)　　(c)

图 6-17　用几个平行的剖切平面剖切(二)

**3. 几个相交的剖切面(交线垂直于某一投影面)**

当机件的内部结构形状用单一剖切面不能完整表达时，可采用两个(或两个以上)相交的剖切面剖开机件，如图 6-18 所示，并将与投影面倾斜的剖切面剖开的结构及有关部分旋转到与投影面平行后再进行投射。

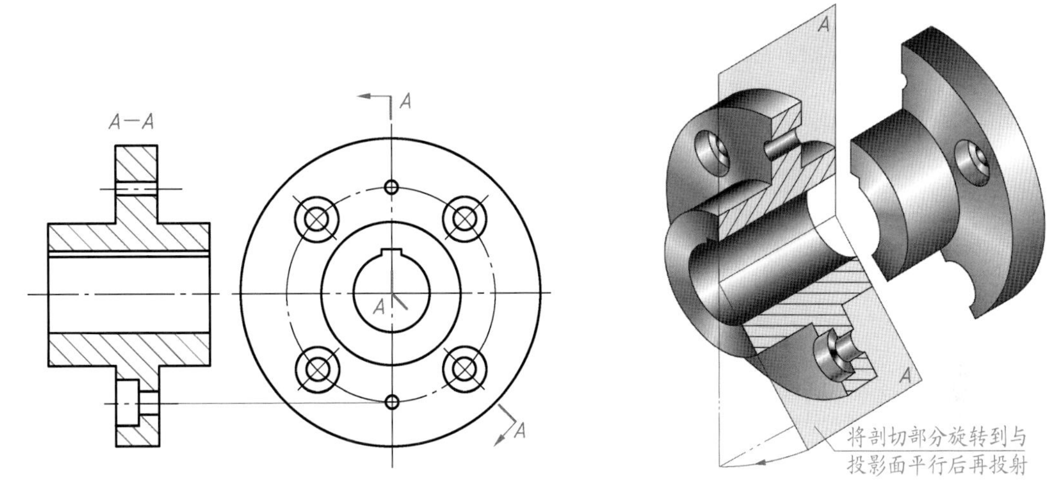


图 6-18 用两相交的剖切面剖切(一)

采用这种剖切面画剖视图时应注意：

(1) 几个相交的剖切面的交线(一般为轴线)必须垂直于某一投影面。

(2) 应按**先剖切后旋转**的方法绘制剖视图(图 6-18)，使剖开的结构及其有关部分旋转至与某一选定的投影面平行后再投射。此时旋转部分的某些结构与原图形不再保持投影关系，如图 6-19 所示机件中倾斜部

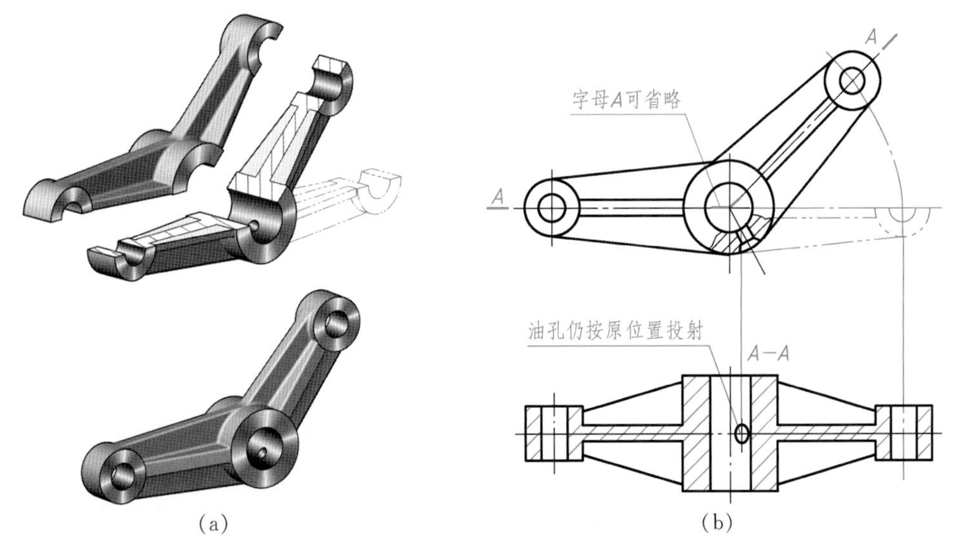


图 6-19 用两个相交的剖切平面剖切(二)

分的剖视图。在剖切面后面的结构(如图 6-19 中的油孔),仍按原来的位置投射。

(3) 采用这种剖切面剖切后,应对剖视图加以标注,标注方法如图 6-18、图 6-19 所示。

图 6-20 所示是用三个相交的剖切面剖开机件来表达内部结构的实例。

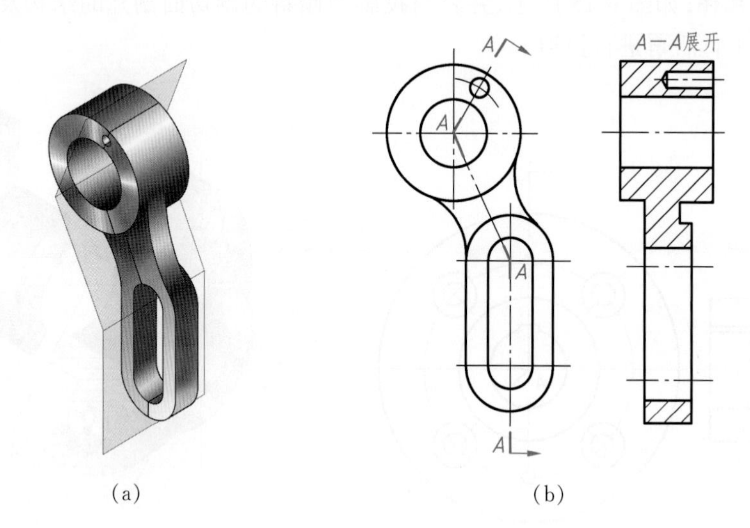


(a)　　(b)

**图 6-20　用三个相交的剖切面剖切时的剖视图**

## 三、剖视图的种类及其应用

根据剖视图的剖切范围,剖视图可分为全剖视图、半剖视图和局部剖视图三种。适当选用上述各种剖切面都可剖得这三类剖视图。

### 1. 全剖视图

全剖视图是用剖切面完全地剖开机件所得的剖视图,用于表达外形简单、内部结构形状复杂而又不对称的机件。

不论哪种剖切方法,采用一个或几个剖切面,只要将机件完全剖开,所得的剖视图均为全剖视图。图 6-16 是用两个平行的剖切平面得到的全剖视图,图 6-18、图 6-19 是用两个相交的剖切平面得到的全剖视图,图 6-20 是用三个相交的剖切平面得到的展开全剖视图。

### 2. 半剖视图

当机件具有对称平面时,向垂直于对称平面的投影面上投射所得的图形,可以对称中心线为界,一半画成剖视图,另一半画成视图,这种剖视图称为半剖视图。如图 6-21 所示,机件左右及前后都对称,所以它的主视图、俯视图和左视图可分别画成半剖视图。

半剖视图既表达了机件的内部形状,又保留了外部形状,所以常用于内、外形状都比较复杂的对称机件。

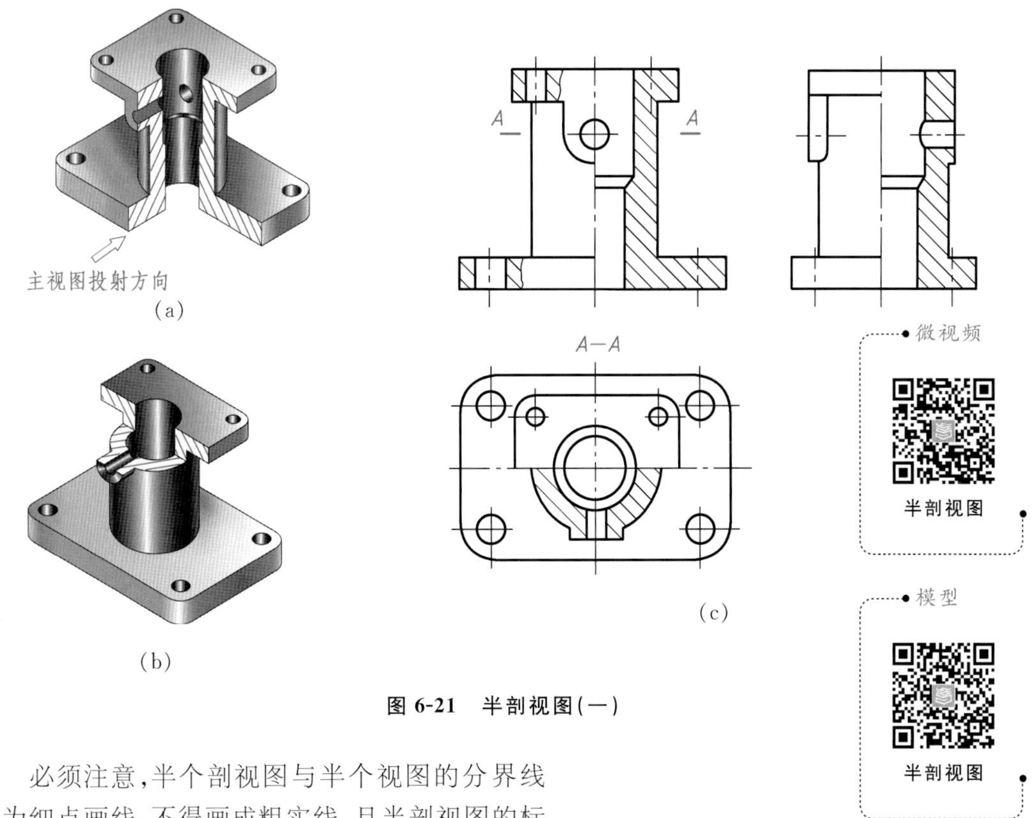


图 6-21 半剖视图(一)

微视频

半剖视图

模型

半剖视图

必须注意,半个剖视图与半个视图的分界线应为细点画线,不得画成粗实线,且半剖视图的标注及省略原则与全剖视相同。机件内部形状已在半剖视中表达清楚的,在另一半表达外形的视图中一般不再画出细虚线。但对于孔或槽等,应画出中心线的位置,并且对于那些在半个剖视图中未表示清楚的结构,可以在半个视图中作局部剖视,如图 6-21 主视图中两处局部剖视。关于局部剖视的定义和画法见下述。

当机件的形状接近对称,且不对称部分已另有图形表达清楚时,也可画成半剖视图,如图 6-22 所示。图中用两个正平面剖切机件得到半剖视图。

A—A

A

A

图 6-22 半剖视图(二)

### 3. 局部剖视图

*局部剖视图是用剖切面局部地剖切机件所得的剖视图。*局部剖视图适用于表达机件局部的内部形状。

如图 6-23 所示的箱体,其顶部有一矩形孔,底板上有四个安装孔,箱体的左右、上下、前后都不对称。为了兼顾内外结构形状的表达,将主视图画成两个不同剖切位置的局部剖视图。在俯视图上,为了保留顶部的外形,采用 $A$—$A$ 剖切位置的局部剖视图。

局部剖视图的剖切位置和剖切范围根据需要而定,是一种比较灵活的表达方法,运用得

微视频

局部剖视图

模型

局部剖视图

当,可使图形表达得简洁而清晰。**局部剖视图通常用于下列情况:**

(1) 当不对称机件的内、外形状均需要表达,或者只有局部结构的内形需剖切表示,而又不宜采用全剖视图时(图 6-23)。

(a) (b)

**图 6-23 局部剖视图(一)**

(2) 当对称机件的轮廓线与中心线重合,不宜采用半剖视图时(图 6-24)。

(3) 当实心机件(如轴、杆等)上面的孔或槽等局部结构需剖开表达时(图 6-25)。

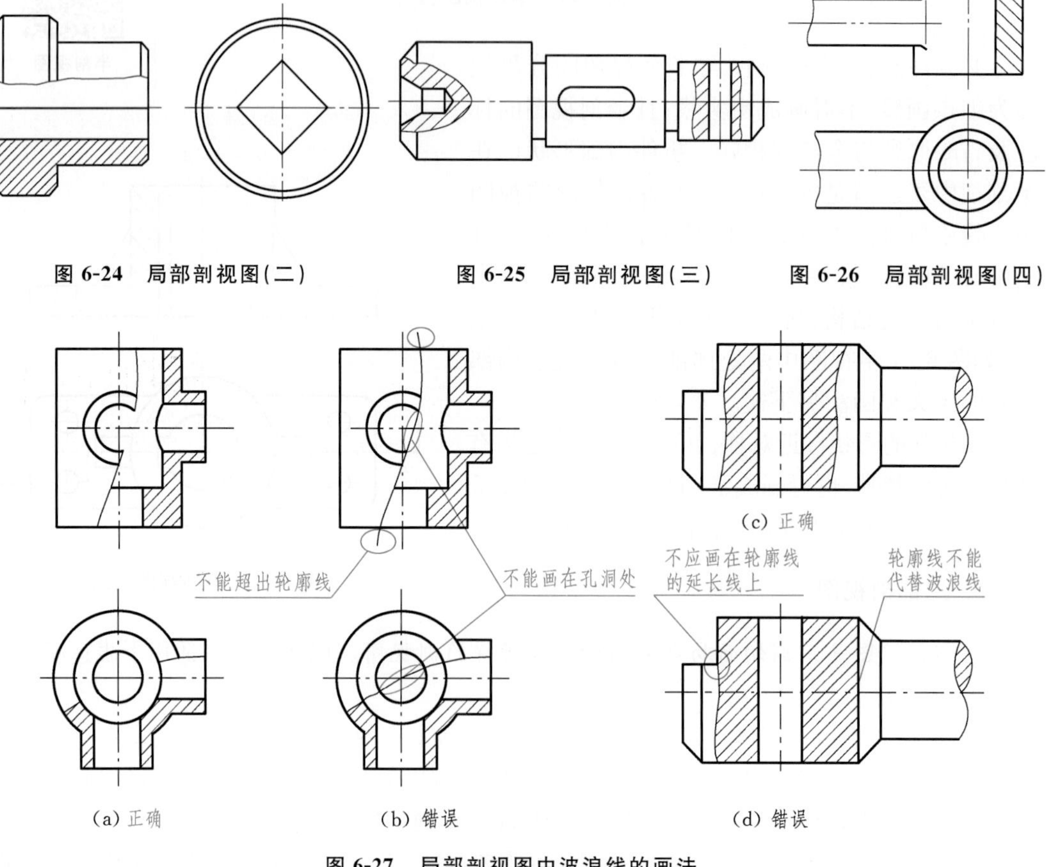


**图 6-24 局部剖视图(二)**

**图 6-25 局部剖视图(三)**

**图 6-26 局部剖视图(四)**

(a) 正确 (b) 错误 (c) 正确 (d) 错误

**图 6-27 局部剖视图中波浪线的画法**

画局部剖视图时应注意以下几点：

(1) 当被剖的局部结构为回转体时，允许将该结构的中心线作为局部剖视图与视图的分界线，如图 6-26 所示。而图 6-24 所示的方孔部分，只能用波浪线(断裂边界线)作为分界线。

(2) 剖切位置与范围根据需要而定，剖开部分和原视图之间用波浪线分界。波浪线应画在机件的实体部分，不能超出视图的轮廓线或与图样上其他图线重合，如图 6-27 所示。

(3) 局部剖视图的标注方法与全剖视图相同。当单一剖切平面的剖切位置明显时，局部剖视图的标注可省略。

局部剖视图的剖切范围也可以用双折线代替波浪线分界(图 6-28)。

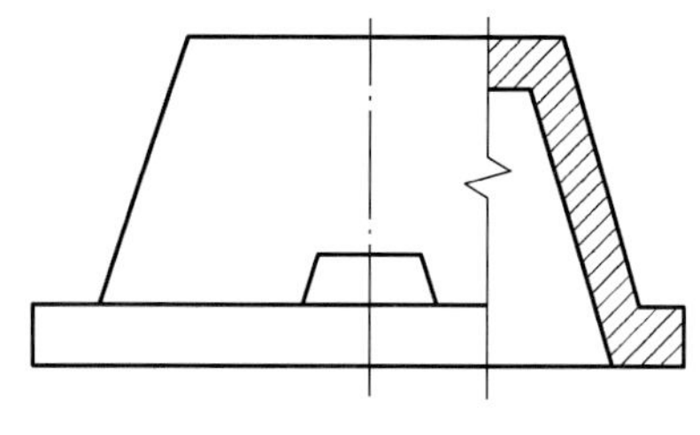

图 6-28　局部剖视图(五)

# 第三节　断　面　图

## 一、断面图的概念

假想用剖切面将机件的某处切断，仅画出剖切面与机件接触部分的图形称为断面图，简称断面。如图 6-29a 所示的小轴，为了将轴上的键槽表达清楚，假想用一个垂直于轴线的剖切平面在键槽处将轴切断，只画出断面的图形，并画上剖面符号，即为断面图，如图 6-29b 所示。

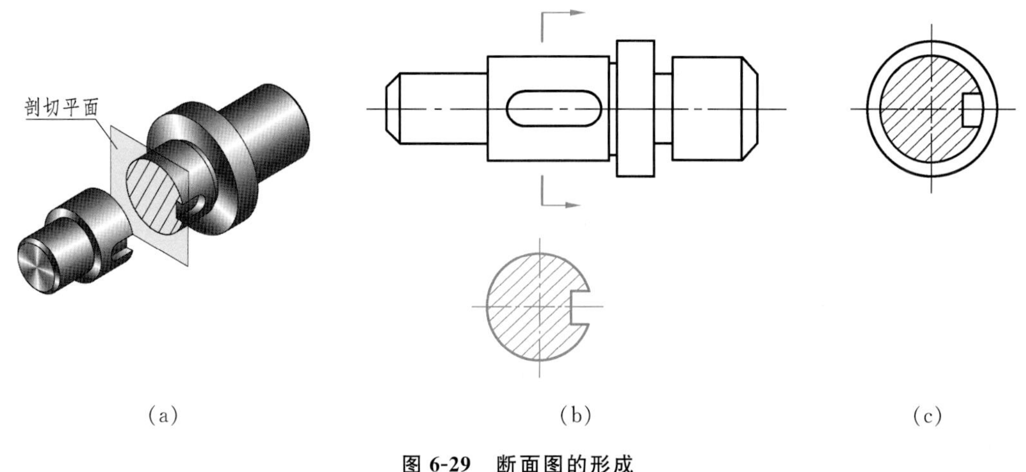


(a)　(b)　(c)

图 6-29　断面图的形成

剖视图与断面图的区别是：断面图只画机件被剖切后的断面形状，而剖视图除了画出断面形状之外，还必须画出机件上位于剖切平面后的可见轮廓线(图 6-29c)。断面图的画法要遵循 GB/T 17452、GB/T 4458.6 的规定。

按断面图配置位置的不同，断面图分为**移出断面图**和**重合断面图**两种。

## 二、移出断面图——画在视图轮廓线之外的断面图

### 1. 移出断面图的配置与标注

移出断面图尽可能配置在剖切位置的延长线上(图 6-30b、c)，必要时也可配置在其他适当位置，但需要标注，标注的形式与剖视图基本相同(图 6-30a、d)。根据具体情况，标注时可简化或省略。

模型

移出断面图
(图 6-31)

**对称的移出断面图**　画在剖切符号的延长线上时，可省略标注(图 6-30c)；画在其他位置时，可省略箭头(图 6-30a)。

**不对称的移出断面图**　画在剖切符号的延长线上时，可省略字母(图 6-30b)；画在其他位置时，要注明剖切符号、箭头和字母(图 6-30d)。

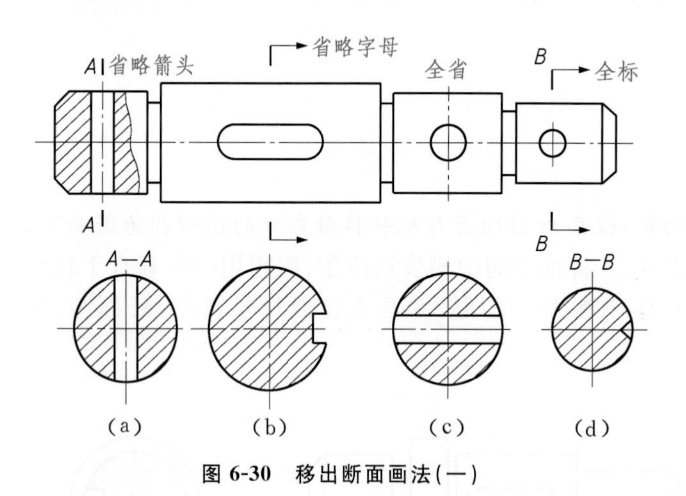


图 6-30　移出断面画法(一)

剖切平面应
垂直于轮廓线

图 6-31　移出断面画法(二)

微视频

移出断面图
的标注

### 2. 移出断面图的画法

(1) 移出断面图的轮廓线用粗实线绘制。当剖切平面通过由回转面形成的孔或凹坑的轴线时，这些结构应按剖视绘制(图 6-30a、c、d)。

(2) 剖切平面应与被剖切部分的主要轮廓线垂直。由两个或多个相交的剖切平面剖切所得到的移出断面图，中间应断开(图 6-31)。

(3) 当断面图形对称时，移出断面可配置在视图中断处(图 6-32)。

(4) 当剖切平面通过非圆孔，会导致完全分离的两个断面时，这些结构也应按剖视图绘制(图 6-33)。

图 6-34 所示为移出断面图画法的正误对比。

模型

移出断面图
(图 6-32)

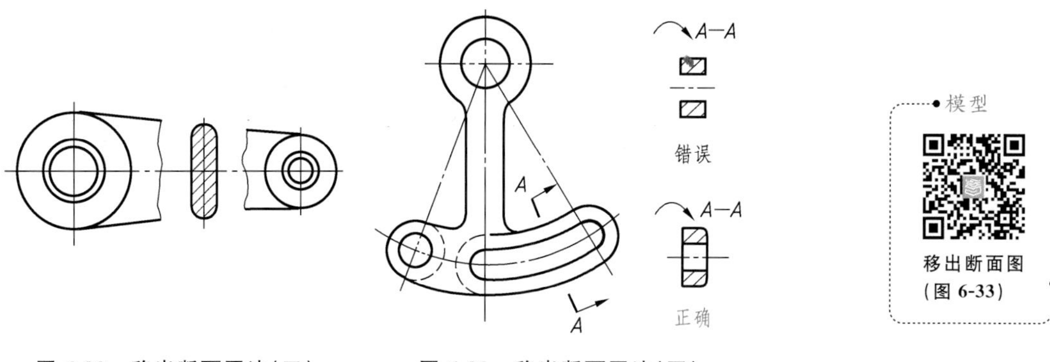


图 6-32 移出断面画法(三)　　图 6-33 移出断面画法(四)

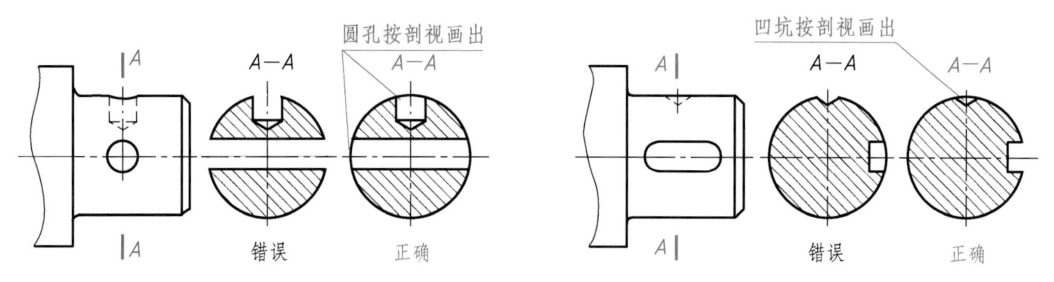


图 6-34 移出断面图画法正误对比

## 三、重合断面图——画在视图轮廓线之内的断面图

### 1. 重合断面图的画法

重合断面图的轮廓线用细实线绘制。当视图中的轮廓线与重合断面图的图形重合时，视图中的轮廓线仍应连续画出,不可间断(图 6-35)。

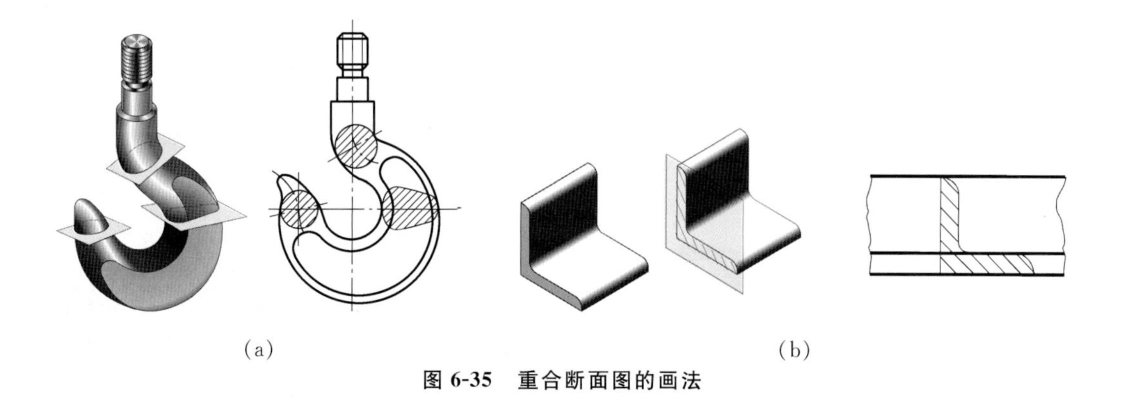

(a)　　(b)

图 6-35 重合断面图的画法

### 2. 重合断面图的标注

对称的重合断面不必标注(图 6-35a);不对称的重合断面,在不致引起误解时可省略标注(图 6-35b)。

# 第四节　其他规定画法和简化画法

## 一、其他规定画法

### 1. 局部放大图

将机件的部分结构,用大于原图形所采用的比例画出的图形,称为局部放大图。如图 6-36 所示,当同一机件上有几处需要放大时,可用细实线圈出被放大的部位,用罗马数字依次标明放大的部位,并在局部放大图的上方标注相应的罗马数字和所采用的比例。对于同一机件上不同部位,当图形相同或对称时,只需画出一个局部放大图,如图 6-37 所示。

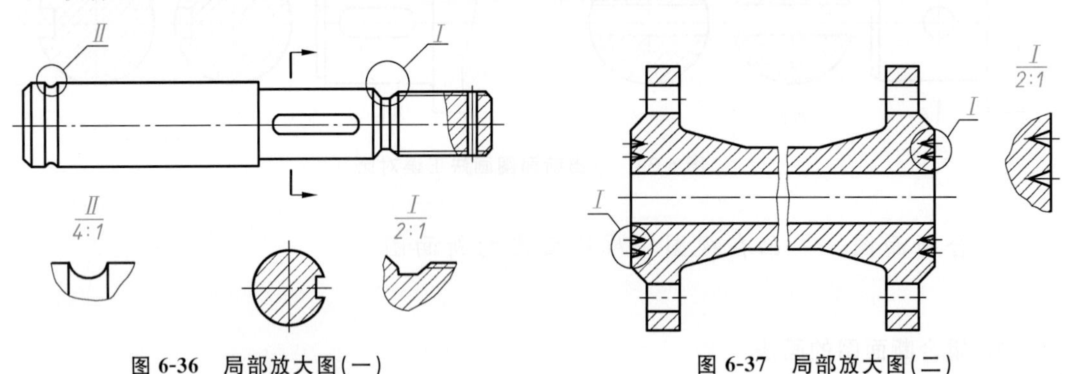


图 6-36　局部放大图(一)　　图 6-37　局部放大图(二)

### 2. 均布孔与肋板的画法

当零件回转体上均匀分布的孔、肋板不处于剖切平面上时,可将这些结构绕回转体轴线旋转到剖切平面上按对称画出,不加标注(图 6-38)。相同的另一侧的孔可仅画出轴线。

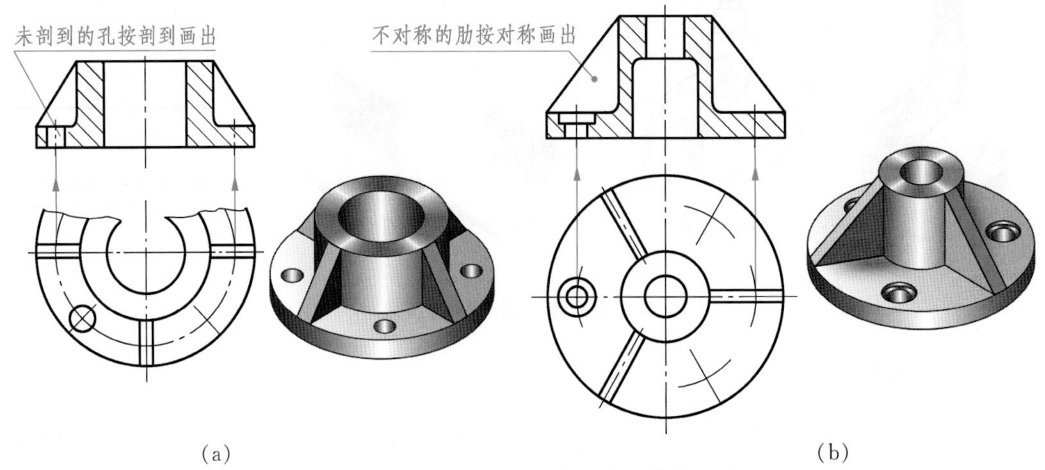


图 6-38　机件上的肋、孔等结构的简化画法

### 3. 断裂画法

较长机件(轴、杆、型材、连杆等)沿长度方向的形状一致或按一定规律变化时,可断开后缩短绘制,但尺寸仍按机件的设计要求标注(图 6-39)。

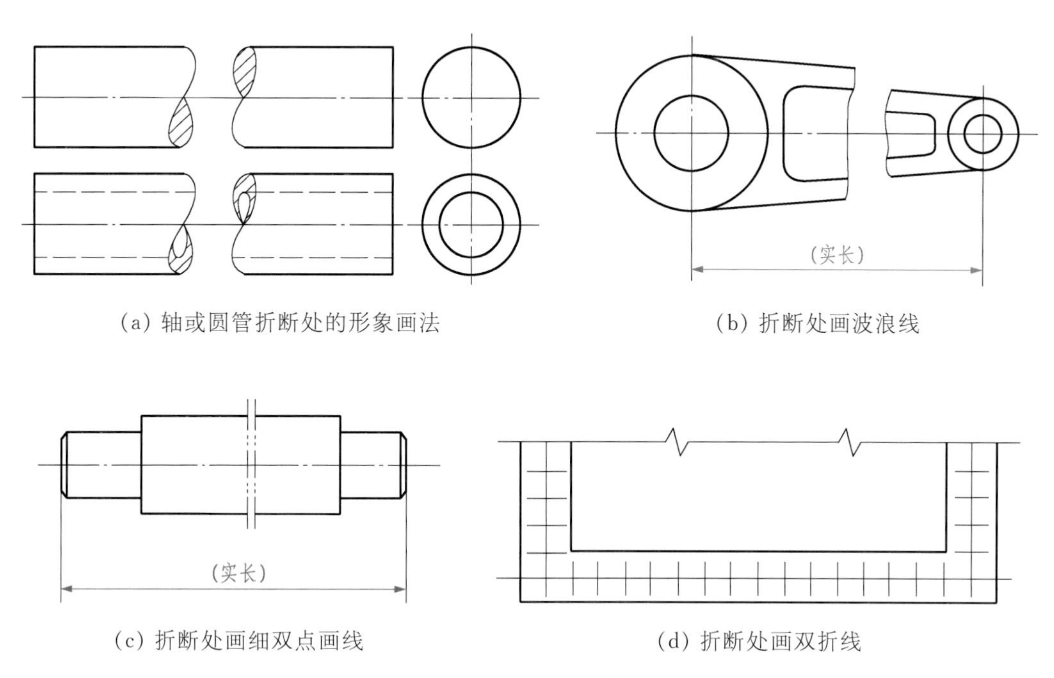


(a) 轴或圆管折断处的形象画法　　(b) 折断处画波浪线

(c) 折断处画细双点画线　　(d) 折断处画双折线

**图 6-39　较长机件的简化画法**

### 4. 平面画法

当回转体零件上的平面在图形中不能充分表达时,可用平面符号(相交的两条细实线)表示(图 6-40)。

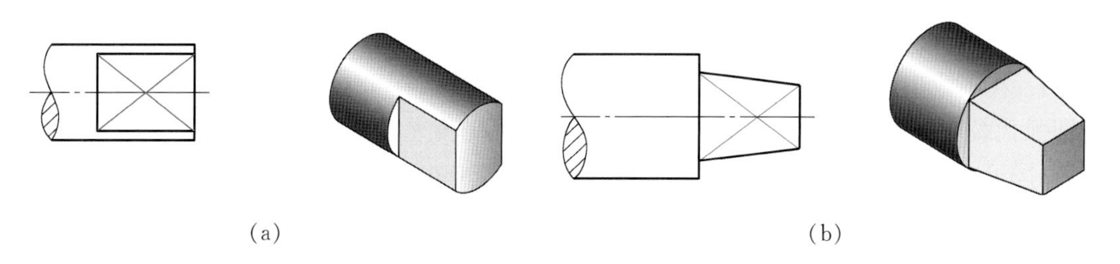

(a)　　(b)

**图 6-40　平面画法**

### 5. 重复结构要素画法

(1) 当机件上具有相同的结构(齿、孔等),并按一定规律分布时,应尽可能减少相同结构的重复绘制,只需画出几个完整的结构,其余可用细实线连接(图 6-41)。

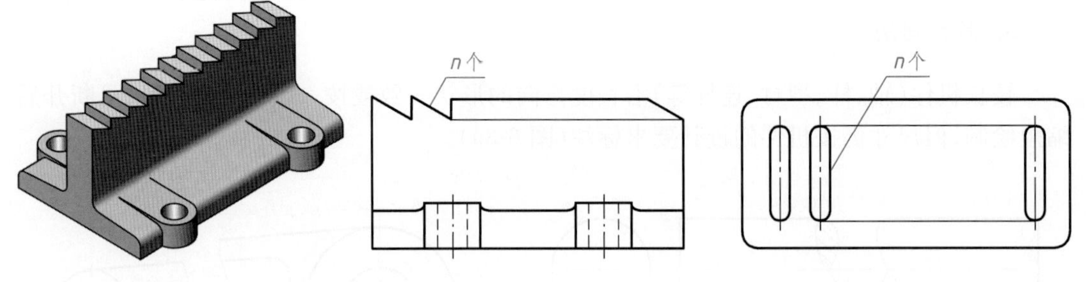


(a) 按规律分布的齿　　(b) 按规律分布的长圆形结构

**图 6-41　按规律分布的相同结构**

(2) 当机件具有若干直径相同且按规律分布的孔(圆孔、螺孔、沉孔等)时,可以仅画出一个或几个,其余只需表示其中心位置(图 6-42a、b)。图 6-42c 中的 EQS 表示“呈放射状均布”。

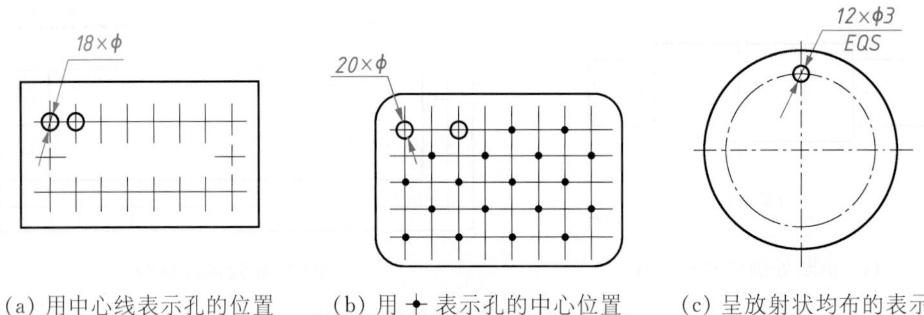


(a) 用中心线表示孔的位置　　(b) 用 ✦ 表示孔的中心位置　　(c) 呈放射状均布的表示

**图 6-42　按规律分布的等径孔**

## 二、简化画法

为了简化尺规绘图和计算机绘图对技术图样的要求,提高读图和绘图效率,国家标准规定了技术图样的简化画法。下面介绍几种常用的对某些结构投影的简化画法。

1. 在不致引起误解时,图形中用细实线绘制过渡线(图 6-43a),用粗实线绘制相贯线,用圆弧代替非圆曲线(图 6-43b)。当两回转体的直径相差较大时,相贯线可以用直线代替曲线(图 6-43c),也可以用模糊画法表示相贯线(图 6-43d)。

2. 当机件上的较小结构及斜度等已在一个图形中表达清楚时,在其他图形中可简化表示或省略,如图 6-44 所示。

3. 与投影面倾斜角度≤30°的圆或圆弧,手工绘图时,其投影可用圆或圆弧代替(图 6-45)。

4. 零件上的滚花、槽沟等网状结构,用粗实线局部画出的方法表示(图 6-46)。

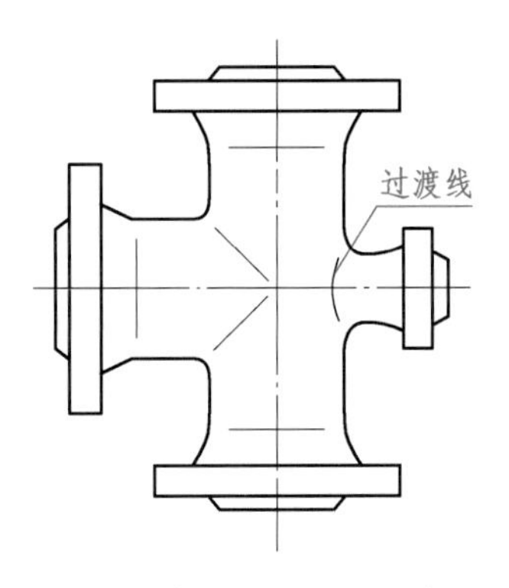


(a) 过渡线用细实线画出

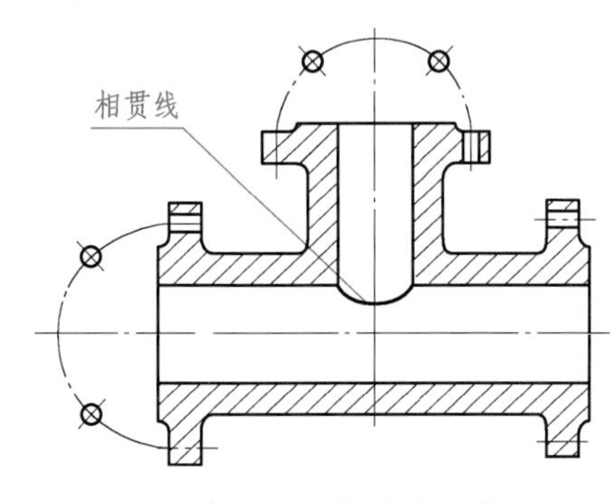


(b) 相贯线用粗实线画出

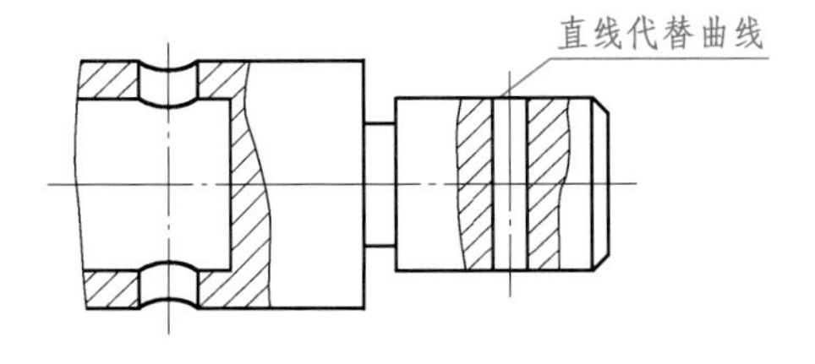


(c) 用圆弧或直线代替非圆曲线

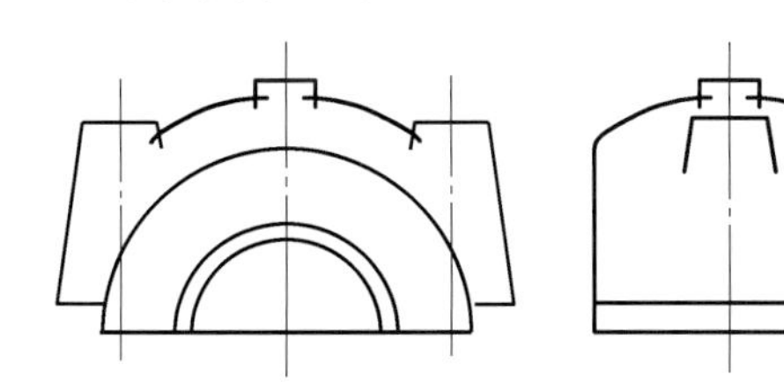

(d) 相贯线的模糊画法

**图 6-43　过渡线和相贯线的简化画法**

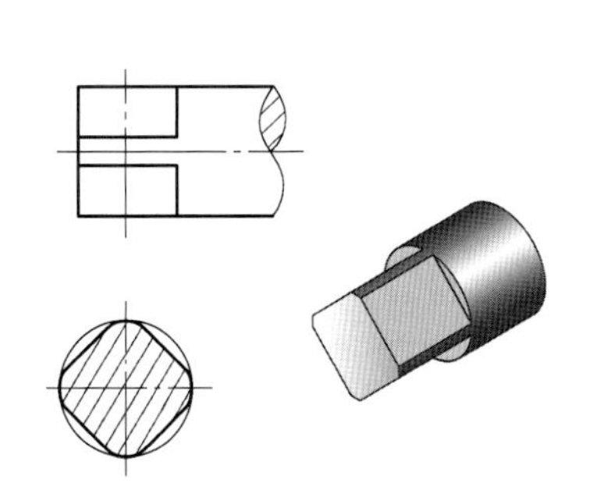

(a) 省略截交线

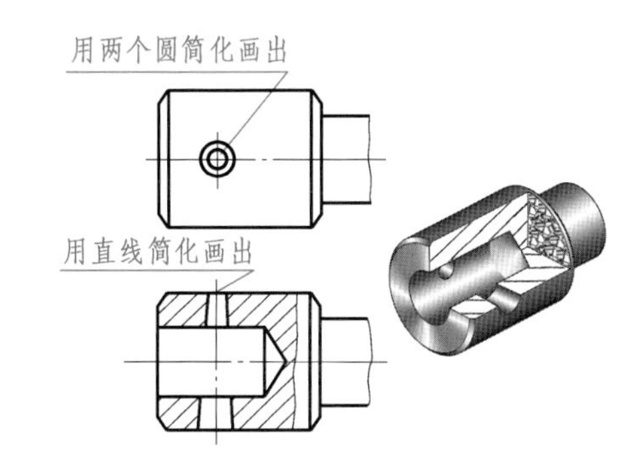


(b) 简化圆锥孔的相贯线

**图 6-44　机件上较小结构的简化表示**

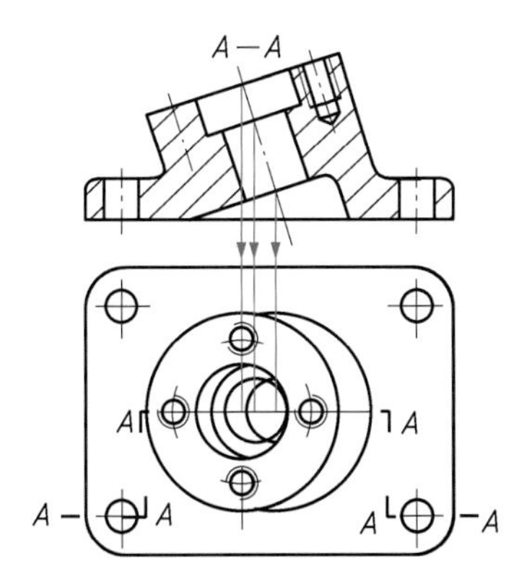


**图 6-45　与投影面夹角≤30°的圆、圆弧画法**

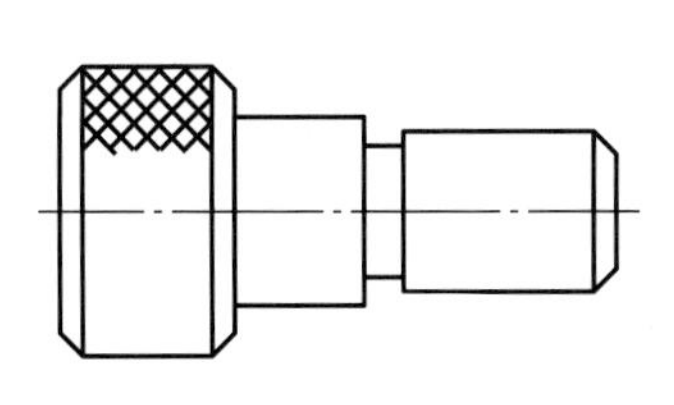

**图 6-46　滚花的简化画法**

# 第五节　表达方法应用举例

本节通过实例讲解正确、灵活、综合运用视图、剖视图、断面图以及简化画法等各种表示法，将机件的内外结构形状表达清楚。选择机件的表达方案时，应根据机件的结构特点，首先考虑看图方便，在完整、清晰地表达机件各部分形状和相对位置的前提下，力求作图简便。

［**例 6-1**］　选择图 6-47a 所示支架的表示方法。

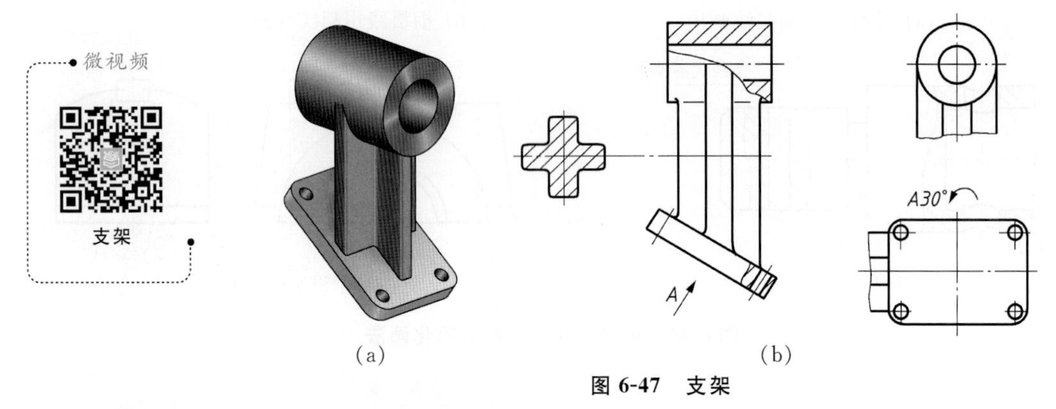


**图 6-47　支架**

**形体分析**

如图 6-47a 所示，该支架由三部分构成：上部是圆筒，下部是矩形底板，中间部分通过十字肋板连接圆筒与底板。

**表达方法选择**

如图 6-47b 所示，为了表达支架的内外形状，主视图在两处采用局部剖视，既表达了圆筒、十字肋板和倾斜底板的外部形状与相对位置，又表达了水平圆柱上的通孔和底板上的小孔。

为了表达水平圆柱和十字肋板的连接关系，采用了一个局部视图(配置在左视图的位置上)。

为了表达倾斜底板的实形和四个小孔的分布情况，采用了 $A$ 向斜视图。

为了表达十字肋板的断面形状，采用移出断面。这样，支架用了四个图形，就完整、清晰地表达了结构形状。

［**例 6-2**］　读懂图 6-48a 所示四通管剖视图。

**分析**

识读图 6-48a 所示四通管剖视图，要分析给出的视图、剖视图和断面图之间的对应关系以及表达意图，从而想象出四通管的内外结构形状。读懂剖视图是进一步运用读组合体视图的思维方法，并熟练应用图样画法的基本知识。

**读图**

**1. 分析视图**

图 6-48a 所示的四通管有 5 个图形。

(1) 主视图是采用两个相交的剖切平面剖切而得的 $B$—$B$ 全剖视图，主要表达四通管四个方向的连通情况。

(2) 俯视图是由两个平行的剖切平面剖切而得的 $A—A$ 全剖视图，主要表达右边斜管的位置（右边斜孔与左边侧垂孔轴线是两条平行于水平投影面的交叉线，它们之间的夹角为 $\alpha$）以及底板的形状。

(3) $C—C$ 剖视图表达左边管的形状是圆筒及其圆盘形凸缘上四个小孔的分布位置。

微视频

四通管

(4) $E—E$ 斜剖视图表达斜管的形状及其卵圆形凸缘上两个小孔的位置。

(5) $D$ 向局部视图表达上端面的形状以及四个小孔的布置位置。

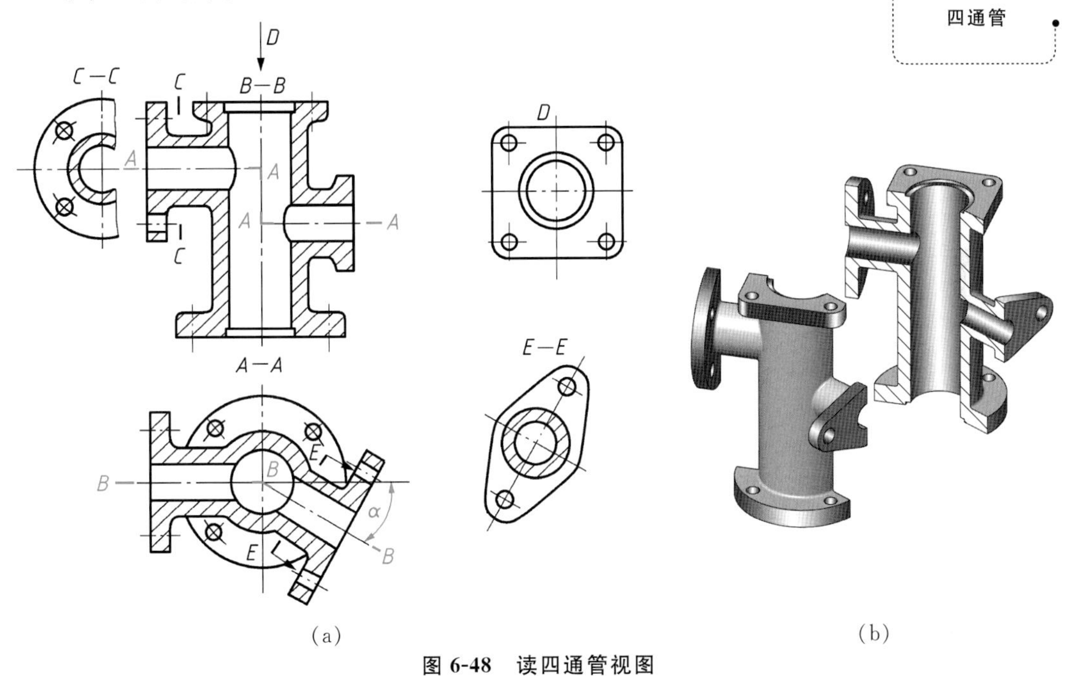


图 6-48　读四通管视图

**2. 想象各部分的形状**

(1) *区分各部分结构"空"与"实"的方法*　在剖视图中带有剖面线的封闭线框表示剖切面与机件相交的断面（实体部分），而不带剖面线的空白封闭线框表示机件空腔的结构形状。如主视图中三个空白线框（上、下两个小矩形线框表示沉孔），表示四通管四个通孔的结构。

(2) *确定空腔形状和空间位置*　剖视图中的空白线框不一定能直接确定其形状和位置，必须在其他视图上找到对应的剖切位置，才能确定其内形的真实形状和相对位置。如主视图中的空腔形状，在俯视图上找到 $B—B$ 剖切位置，说明中间垂直圆孔与左边水平孔正交、与右边水平斜孔也是正交；再从 $C—C$ 和 $E—E$ 剖视确定侧垂孔与水平斜孔分别是圆孔、带小圆孔的圆盘形和卵圆形凸缘。从 $D$ 向视图确定顶面是带小圆孔的方形凸缘。

**3. 综合想象整体形状**

通过 5 个图形完整、清晰地表达了四通管的结构形状，以主视图、俯视图为主，想象四通管的主体为圆筒形状，再配合其他视图表达各部分的局部形状，每个视图都有表达重点，起到了相互配合和补充的作用。把各部分综合起来想象出四通管的整体形状,如图 6-48b 所示。

# 第六节　第三角画法简介

《技术制图　投影法》(GB/T 14692)规定:“技术图样应采用正投影法绘制,并优先采用第一角画法”。国际上多数国家(如中国、英国、法国、德国、俄罗斯等)都是采用第一角画法,但是,美国、日本、加拿大、澳大利亚等则采用第三角画法。为了便于日益增多的国际间的技术交流和协作,我国在 1993 年就曾规定:“必要时(如按合同规定等)允许使用第三角画法”。所以,我们应该对第三角画法有所了解。

## 一、第三角画法与第一角画法的区别

### 1. 第一、三分角的形成

图 6-49 所示为三个互相垂直相交的投影面,将空间分为八个部分,每部分为一个分角,依次为 Ⅰ ~ Ⅷ 分角。

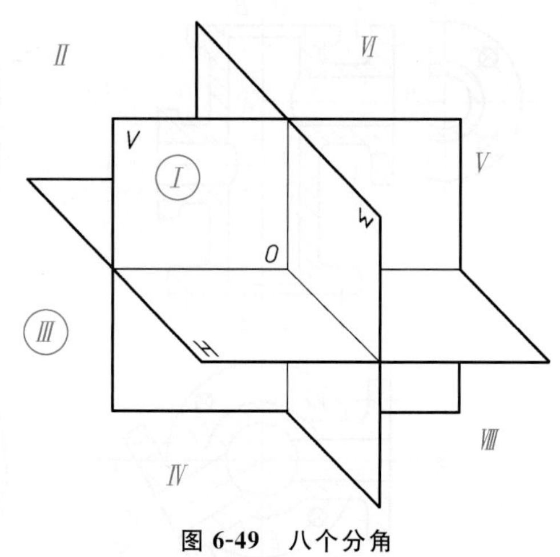

图 6-49　八个分角

(1) 将机件放在第一分角内($H$ 面之上、$V$ 面之前、$W$ 面之左)而得到的多面正投影为第一角画法(图 6-50a),将机件放在第三分角内($H$ 面之下,$V$ 面之后、$W$ 面之左)而得到的多面正投影为第三角画法(图 6-50b)。第一角画法是将机件置于观察者与投影面之间进行投射,第三角画法是将投影面置于观察者与机件之间进行投射(把投影面看做透明的)。

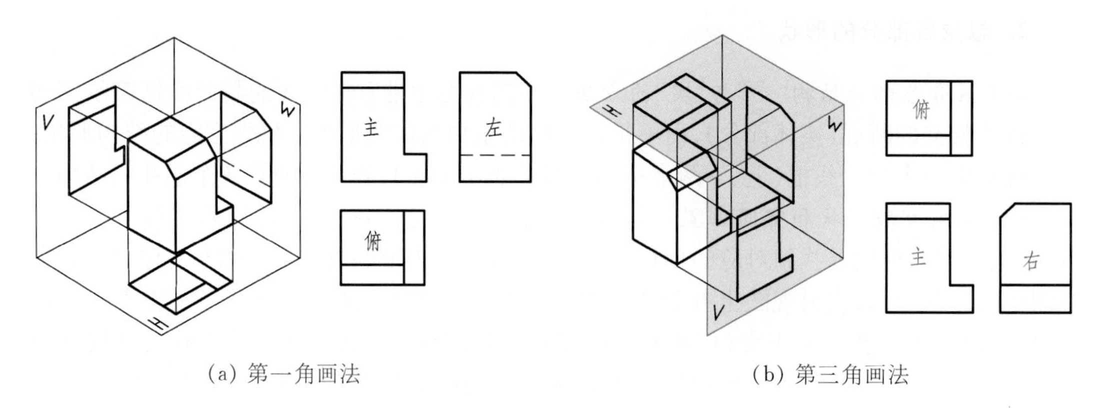

(a) 第一角画法　　(b) 第三角画法

图 6-50　第一角画法与第三角画法的位置关系对比

(2) 第三角画法中,在 $V$ 面上形成自前方投射所得的主视图,在 $H$ 面上形成自上方投射所得的俯视图,在 $W$ 面上形成自右方投射所得的右视图,如图 6-50b 所示。令 $V$ 面保持正立位置不动，将 $H$ 面、$W$ 面分别绕它们与 $V$ 面的交线向上、向右旋转 90°，与 $V$ 面展成同一个平面，得到机件的三视图。与第一角画法类似，采用第三角画法的三视图也有下述特性，即多面正投影的投影规律：主视图、俯视图长对正；主视图、右视图高平齐；俯视图、右视图宽相等，前后对应。

(3) 与第一角画法一样，第三角画法也有六个基本视图。将机件向正六面体的六个平面(基本投影面)进行投射，然后按图 6-51 所示的方法展开，即得六个基本视图，它们相应的配置如图 6-52a 所示。

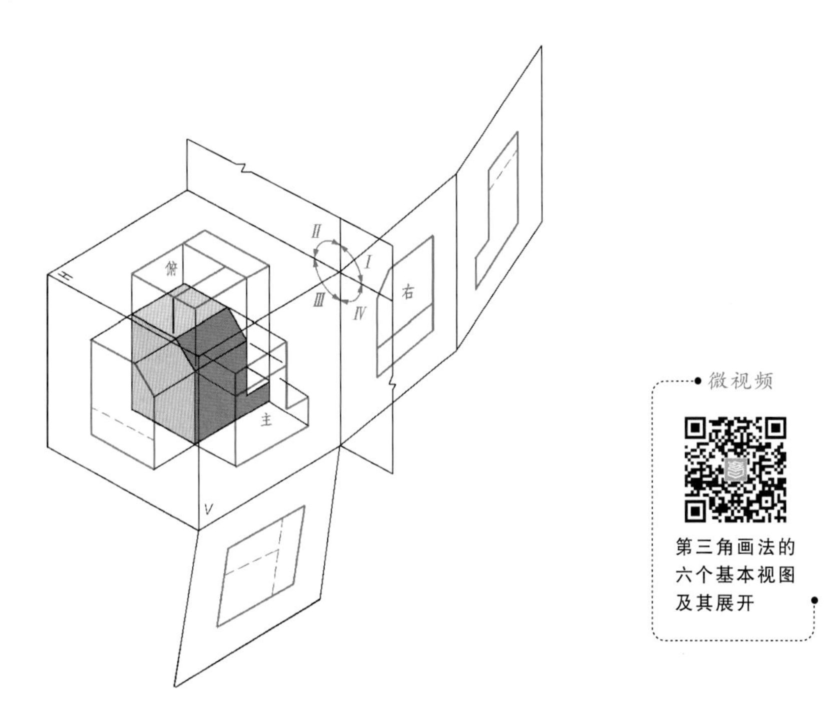


微视频

第三角画法的六个基本视图及其展开

图 6-51 第三角画法的六个基本视图及其展开

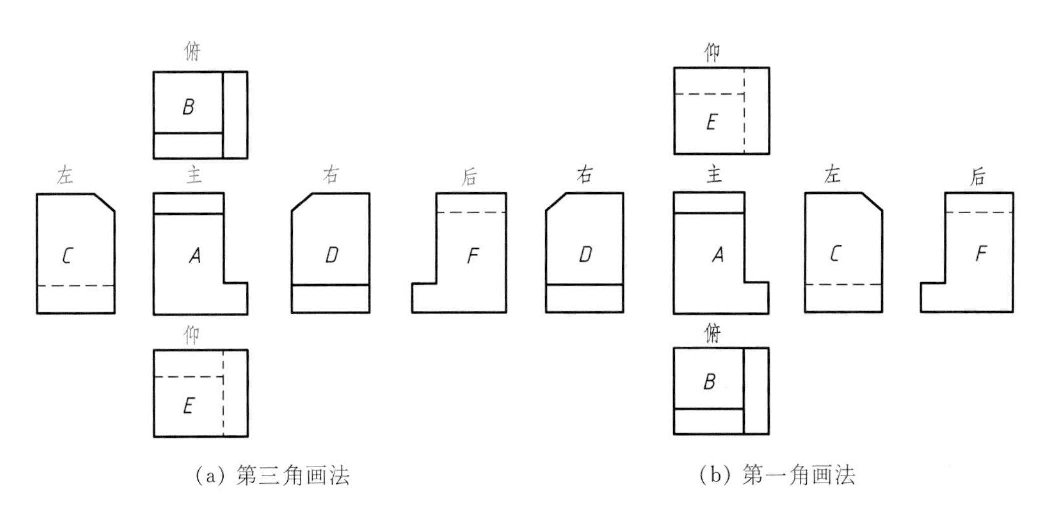


(a) 第三角画法　　(b) 第一角画法

图 6-52 第三角画法与第一角画法的六面视图对比

### 2. 第一、三角画法的配置

第三角画法与第一角画法在各自的投影面体系中，观察者、机件、投影面三者之间的相对位置不同，决定了它们六个基本视图配置关系的不同。从图 6-52 所示两种画法的对比中，可清楚地看到：

第三角画法的俯视图和仰视图与第一角画法的俯视图和仰视图的位置对换；

第三角画法的左视图和右视图与第一角画法的左视图和右视图的位置对换；

第三角画法的主视图、后视图与第一角画法的主视图、后视图一致。

如图 6-53a 所示，将已知机件第三角画法的主、俯、右三视图转画成第一角画法的主、俯、左三视图，只要将俯视图移到主视图下方，然后按投影规律画出左视图(相当于第三角画法中的左视图)即可，如图 6-53b 所示。

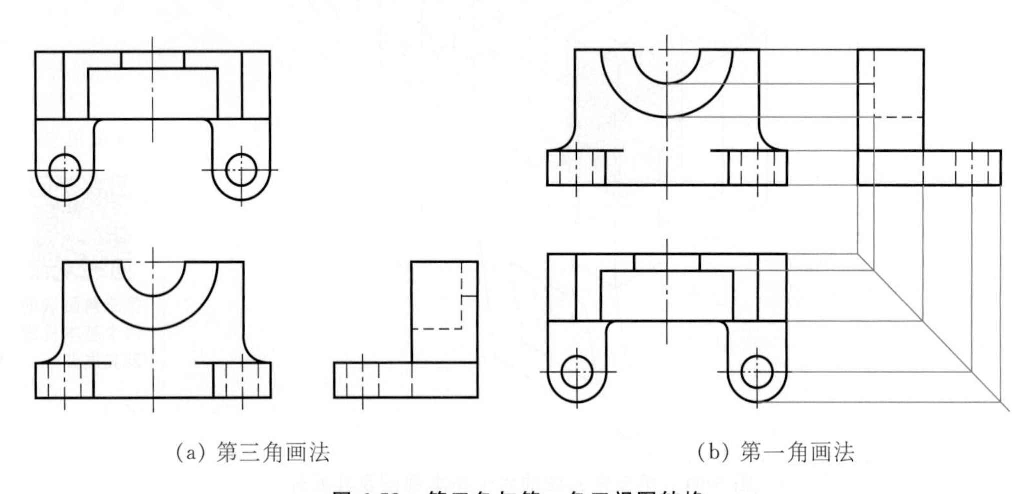

(a) 第三角画法　　(b) 第一角画法

图 6-53　第三角与第一角三视图转换

## 二、第三角画法中的辅助视图与局部视图

对于机件上的倾斜结构，第一角画法是用斜视图和局部视图表达，在第三角画法中称为“辅助视图”和“局部视图”。

如图 6-54a 所示，第三角画法将倾斜或局部结构就近配置，不必标注。局部结构的断裂处画粗波浪线。

图 6-54b 所示为第一角画法。显然，第三角画法比较精练，便于绘图和读图。

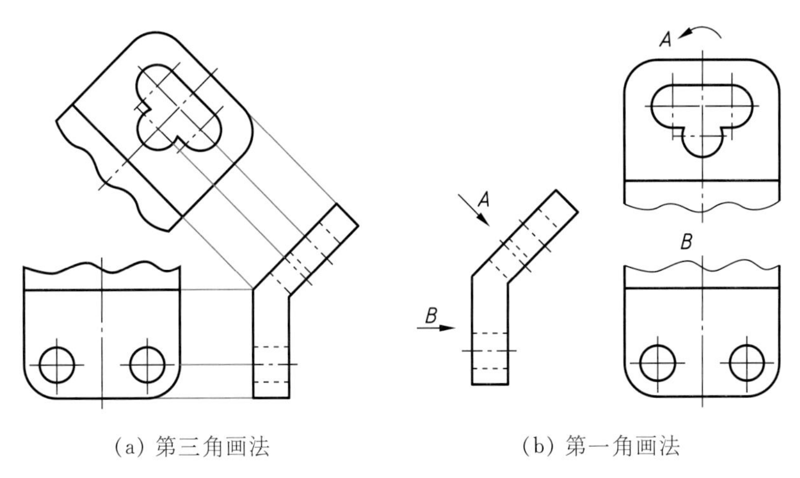


(a) 第三角画法　　　　(b) 第一角画法

**图 6-54　第三角与第一角斜视图和局部视图画法对照**

对照图 6-54 所示的第三角和第一角两种画法,它们的差异见表 6-2。

**表 6-2　斜视图、局部视图第三角与第一角画法差异**

| | | 第三角画法 | 第一角画法 |
|---|---|---|---|
| 斜视图 | 视图名称 | 辅助视图 | 斜视图 |
| | 视图配置 | 视向右侧按投影关系就近配置,主要轮廓平行于斜面 | 可移位或旋转放置 |
| | 标注 | 不标注 | 需标注视向和名称,若视图经过旋转,需注明“↷×”或“×↶” |
| 局部视图 | 视图配置 | 视向后侧按投影关系就近配置 | 可移位放置 |
| | 标注 | 按投影关系就近配置时不标注,不能按投影关系配置时,可按剖视图形式标注 | 按基本视图配置且无其他图形隔开时无须标注。非此情况需标注视向和名称 |
| | 断裂线 | 粗波浪线 | 细波浪线 |

## 三、第三角画法中的剖视图和断面图

在第三角画法中,剖视图和断面图统称为“剖面图”,并分为全剖面图、半剖面图、破裂剖面图、旋转剖面图和移出剖面图等。如图 6-55 所示,主视图采用(阶梯状)全剖面,左视图取半剖面。在主视图中,左面的肋板也不画剖面线,肋板移出断面在断裂处画粗波浪线。剖面的标注与第一角画法也不同,剖切线用粗双点画线表示,并以箭头指明投射方向。剖面的名称写在剖面图的下方。

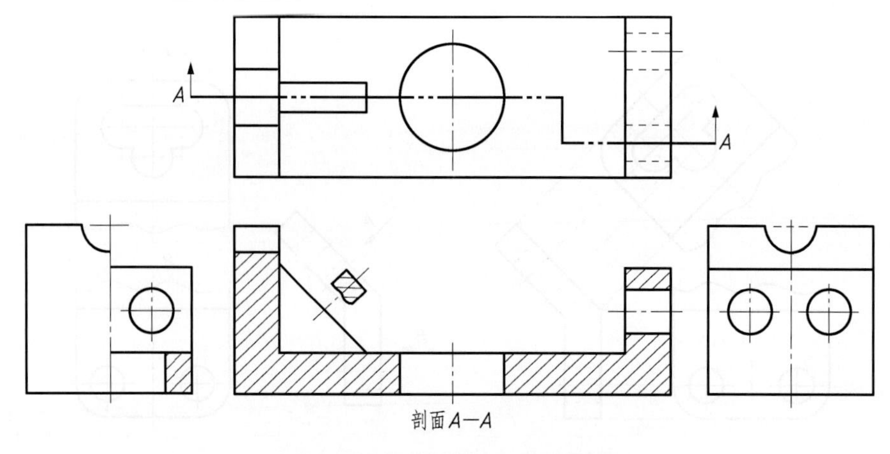


图 6-55　第三角画法中的剖面图

第三角画法剖面图与第一角画法的剖视图、断面图的对照见表 6-3。

表 6-3　第三角画法剖面图与第一角画法剖视图、断面图的对照

| | 第三角画法 | 第一角画法 |
|---|---|---|
| 视图名称 | 全剖面图 | 全剖视图 |
| | 半剖面图 | 半剖视图 |
| | 破裂剖面图 | 局部剖视图 |
| | 移出剖面图 | 移出断面图 |
| | 旋转剖面图 | 重合断面图 |
| | 虚拟剖面图 | |
| 视图配置 | 全剖面图按投影关系配置在视向后侧，当不能就近配置时，画在适当位置 | 全剖视图配置在视向前方，也可画在适当位置 |
| 视图标注 | 半剖面和单一平面剖切在对称面上时不标注。非对称面剖切，平行或相交平面剖切时，按如下形式标注：<br>单一平面剖切 A A<br>相交平面剖切 A A<br>平行平面剖切 A A<br>(剖面图)<br>剖面A—A | 半剖视和单一平面剖切在对称面上时不标注。非对称面剖切，平行或相交平面剖切时，按如下形式标注：<br>B—B<br>(剖视图)<br>单一平面剖切 B B<br>相交平面剖切 B B B<br>平行平面剖切 B B B B |

续　表

| | 第三角画法 | 第一角画法 |
|---|---|---|
| 视图画法 | 旋转剖面图(相当于第一角的重合断面)轮廓线用粗实线绘制,主体轮廓线不画入剖面图,如<br>破裂剖面的破裂边界用粗实线画出,如 | 重合断面轮廓线用细实线绘制,主体轮廓线画入剖面图,如<br>局部剖面的破裂边界用细实线画出,如 |

## 四、第三角画法与第一角画法的识别符号

为了识别第三角画法与第一角画法,规定了相应的识别符号,如图 6-56 所示。该符号一般标在所画图纸标题栏的上方或左方。

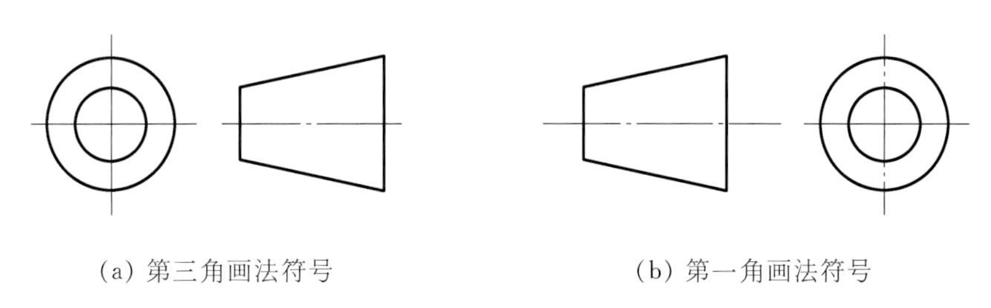

(a) 第三角画法符号　　(b) 第一角画法符号

**图 6-56　第三角和第一角画法符号**

采用第三角画法时,必须在图样中画出第三角投影的识别符号;采用第一角画法时,在图样中一般不必画出第一角画法的识别符号,但在必要时也需画出。

# 第七章　常用机件及结构要素的表示法

常用机件是指在机械设备和仪器仪表的装配及安装过程中广泛使用的机件，包括结构、尺寸以及技术要求都已标准化的常用标准件(如螺钉等)和不属于标准件的常用机件(如齿轮等)。

为了减少设计和绘图工作量，常用机件及某些多次重复出现的结构要素(如螺钉上的螺纹和齿轮上的轮齿等)，绘图时可按国家标准规定的特殊表示法简化画出，并进行必要的标注。

本章将介绍螺纹和螺纹紧固件、齿轮、键、销、弹簧和滚动轴承的表示法。

## 第一节　螺纹和螺纹紧固件

### 一、螺纹的基本知识

#### 1. 螺纹的形成

螺纹是在圆柱或圆锥表面上，经过机械加工而形成的具有规定牙型的螺旋线沟槽(又称丝扣)。在圆柱或圆锥外表面上形成的螺纹称为外螺纹(图 7-1a)，在内表面上形成的螺纹称为内螺纹(图 7-1b)。

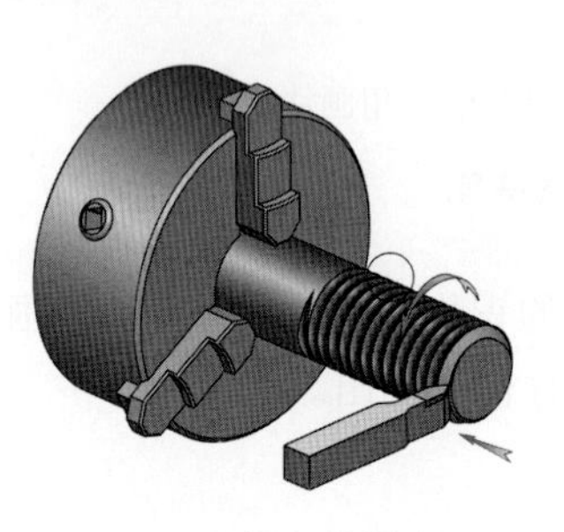

(a) 加工外螺纹

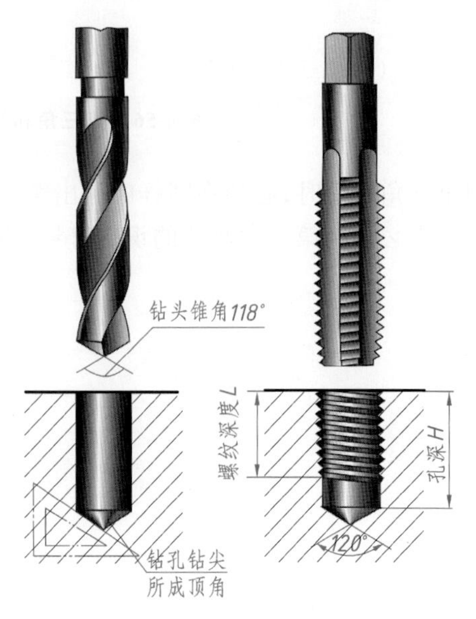


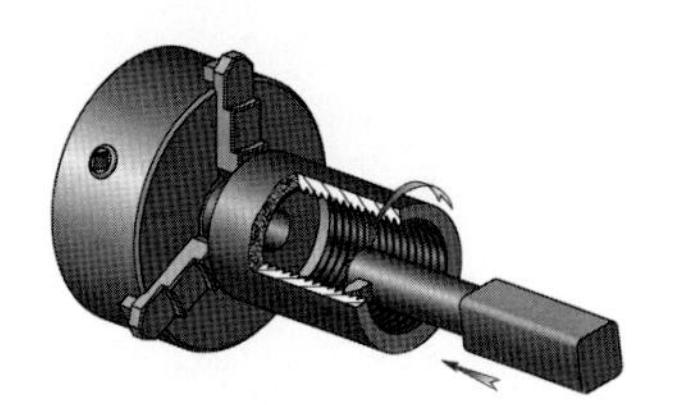

(b) 加工内螺纹

(c) 加工直径较小的内螺纹

图 7-1　螺纹的加工方法

形成螺纹的加工方法很多，图 7-1a 所示为在车床上车削外螺纹。内螺纹也可以在车床上加工，如图 7-1b 所示。若加工直径较小的螺孔，可如图 7-1c 所示，先用钻头钻孔（由于钻头顶角为 118°，所以钻孔的底部按 120°简化画出），再用丝锥加工内螺纹。

**2. 螺纹要素**

内、外螺纹总是成对使用的，只有当内、外螺纹的牙型、公称直径、螺距、线数和旋向五个要素完全一致时，才能正常地旋合。

(1) 牙型　通过螺纹轴线断面上的螺纹轮廓形状称为螺纹牙型。常见的螺纹牙型有三角形、梯形、锯齿形和矩形。其中，矩形螺纹尚未标准化，其余牙型的螺纹均为标准螺纹。

(2) 公称直径　螺纹的直径有大径($d$、$D$)、小径($d_1$、$D_1$)和中径($d_2$、$D_2$)(图 7-2)。

公称直径是代表螺纹尺寸的直径，普通螺纹的公称直径是指螺纹的大径。管螺纹公称直径是用管子的通径（英寸）命名，用尺寸代号表示的。

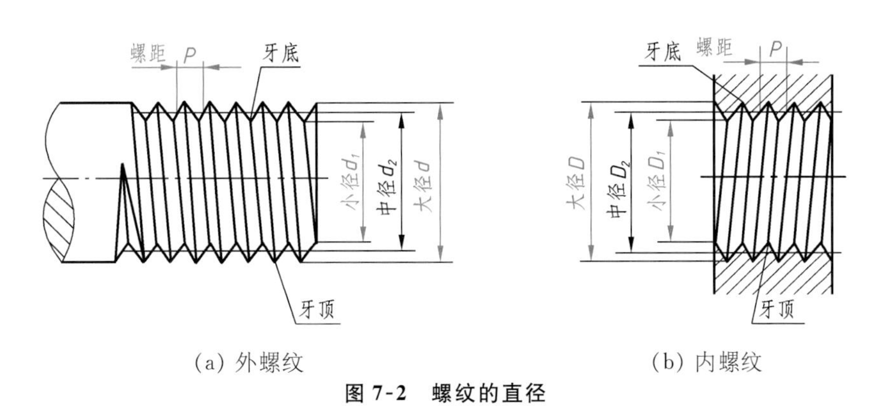


(a) 外螺纹　　(b) 内螺纹

**图 7-2　螺纹的直径**

(3) 线数　螺纹有单线和多线之分。沿一条螺旋线形成的螺纹为单线螺纹，沿两条或两条以上螺旋线形成的螺纹为双线或多线螺纹，如图 7-3 所示。

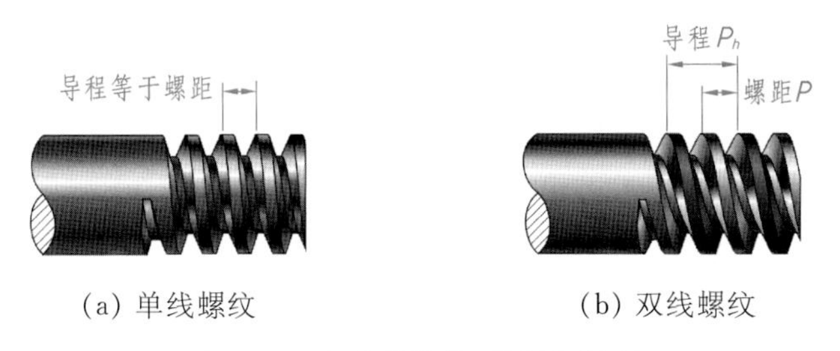


(a) 单线螺纹　　(b) 双线螺纹

**图 7-3　螺纹的线数、导程和螺距**

(4) 螺距和导程　螺纹上相邻两牙在中径线上对应两点间的轴向距离称为螺距($P$)。沿同一条螺旋线形成的螺纹，相邻两牙在中径线上对应两点间的轴向距离称为导程($P_h$)，如图 7-3 所示。对于单线螺纹，导程 = 螺距；对于线数为 $n$ 的多线螺纹，导程 = $n\times$ 螺距。

(5) 旋向　螺纹有右旋和左旋两种,判别方法如图 7-4 所示。工程上常用右旋螺纹。

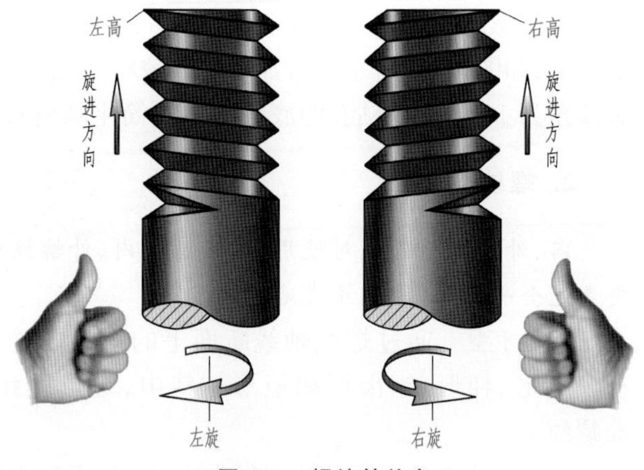


图 7-4　螺纹的旋向

**3. 螺纹分类**

螺纹按用途可分为四类。

(1) 紧固用螺纹　简称紧固螺纹,用来连接零件的连接螺纹,如应用最广的普通螺纹。

(2) 传动用螺纹　简称传动螺纹,用来传递动力和运动的传动螺纹,如梯形螺纹、锯齿形螺纹和矩形螺纹等。

(3) 管用螺纹　简称管螺纹,如 55°非密封管螺纹、55°密封管螺纹、60°密封管螺纹等。

(4) 专门用途螺纹　简称专用螺纹,如自攻螺钉用螺纹、气瓶专用螺纹等。

## 二、螺纹的规定画法

**1. 外螺纹画法**

如图 7-5a 所示,螺纹的牙顶(大径)和螺纹终止线用粗实线表示,牙底(小径)用细实线表示。通常,小径按大径×0.85 画出,即 $d_1 \approx 0.85d$。在平行于螺纹轴线的视图中,表示牙底的细实线应画入倒角或倒圆内。在垂直于螺纹轴线的视图中,表示牙底的细实线只画约 3/4 圈,此时,螺纹的倒角按规定省略不画。在螺纹的剖视图(或断面图)中,剖面线应画到粗实线,如图 7-5b 所示。

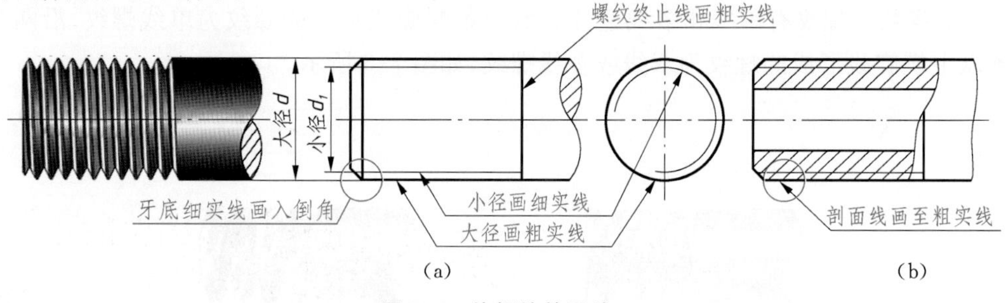


图 7-5　外螺纹的画法

**2. 内螺纹画法**

如图 7-6a 所示,螺纹的牙顶(小径)及螺纹终止线用粗实线表示,牙底(大径)用细实线表示,剖面线画到粗实线处。在投影为圆的视图中,表示牙底的细实线圆只画约 3/4 圈,倒角圆省略不画。

对于不穿通的螺孔(俗称盲孔),应分别画出钻孔深度 $H$ 和螺纹深度 $L$(图 7-6b),钻孔深度比螺纹深度深 0.5$D$($D$ 为螺孔大径)。

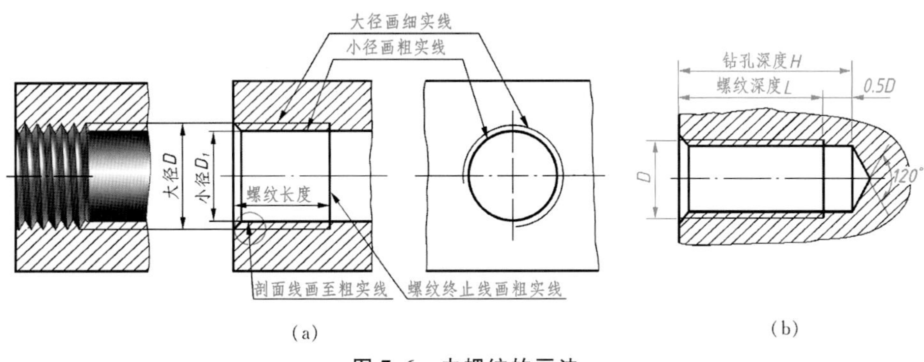


图 7-6　内螺纹的画法

### 3. 螺纹连接画法

如图 7-7 所示，内、外螺纹旋合(连接)后，旋合部分按外螺纹画，其余部分仍按各自的画法表示。必须注意，表示大、小径的粗实线和细实线应分别对齐。

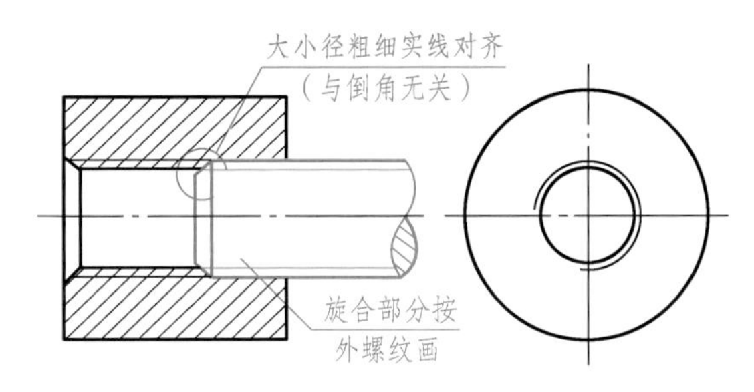


图 7-7　螺纹连接的画法

## 三、螺纹的图样标注

螺纹按画法规定简化画出后，在视图上并不能反映它的牙型、螺距、线数和旋向等结构要素，因此，必须按规定的标记在图样中进行标注。

### 1. 螺纹的标记规定

(1) 普通螺纹的螺纹标记的构成为：

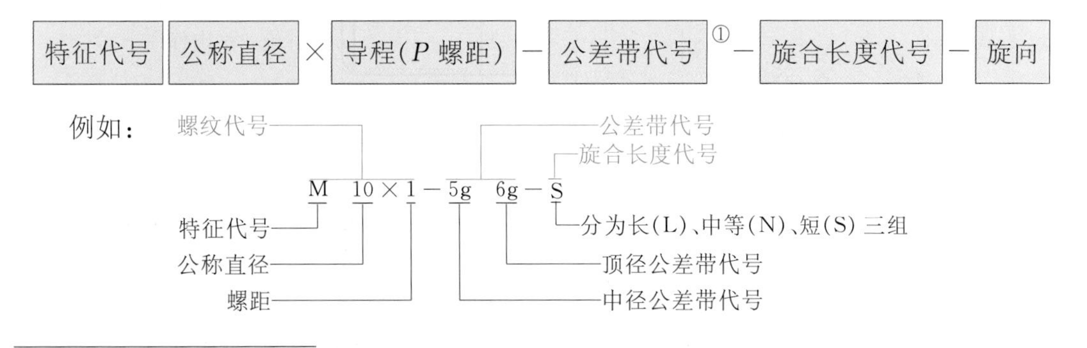


① 关于公差带的概念在第八章中叙述。

（2）梯形螺纹和锯齿形螺纹的螺纹标记的构成为：

特征代号 | 公称直径 | × | 导程（*P* 螺距） | 旋向 | － | 公差带代号 | － | 旋合长度代号

（3）管螺纹的螺纹代号内容及标注格式为：

特征代号 | 尺寸代号 | 公差等级代号 | 旋向

例如：

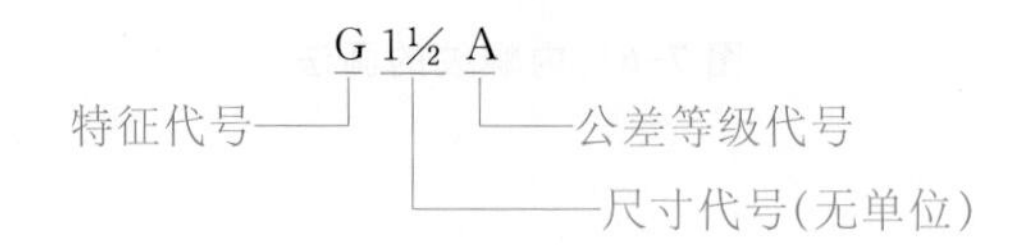


**2. 常用螺纹的标注示例（表 7-1）**

**表 7-1　常用螺纹的种类和标记示例**

| 螺纹种类 | | 牙型放大图 | 特征代号 | 标记示例 | | 说明 |
|---|---|---|---|---|---|---|
| 连接螺纹 | 普通螺纹 | 60° | M | 粗牙 | M20-6g | 粗牙普通螺纹，公称直径 20 mm，右旋。螺纹公差带：中径、顶（大）径均为 6 g。旋合长度属中等（不标注 N）的一组（按规定 6 g 不注） |
| | | | | 细牙 | M20×1.5-7H-L | 细牙普通螺纹，公称直径 20 mm，螺距为1.5 mm，右旋。螺纹公差带：中径、小径均为 7H。旋合长度属长的一组 |
| | 管螺纹 | 55° | G | 55°非密封管螺纹 | G1/2A | 55°非螺纹密封圆柱管螺纹，外螺纹的尺寸代号 1/2，公差等级为 A 级，右旋。引出标注 |
| | | | $R_p$<br>$R_1$<br>$R_c$<br>$R_2$ | 55°密封管螺纹 | $R_c$3/4 | 55°密封的与圆锥外螺纹旋合的圆锥内螺纹，尺寸代号 3/4，右旋。引出标注。<br>与圆锥内螺纹旋合的圆锥外螺纹的特征代号为 $R_2$。<br>圆柱内螺纹、圆锥外螺纹旋合时，前者和后者的特征代号分别为 $R_p$ 和 $R_1$ |

续　表

| 螺纹种类 | | 牙型放大图 | 特征代号 | 标记示例 | 说明 |
|---|---|---|---|---|---|
| 传动螺纹 | 梯形螺纹 | 30° | Tr | Tr40×14(P7)LH-7H | 梯形螺纹，公称直径40 mm，双线螺纹，导程14 mm，螺距7 mm，左旋(代号为LH)。螺纹公差带：中径为7H。旋合长度属中等的一组 |
| | 锯齿形螺纹 | 30° 3° | B | B32×6-7e | 锯齿形螺纹，公称直径32 mm，单线螺纹，螺距6 mm，右旋。螺纹公差带：中径为7e。旋合长度属中等的一组 |

### 3. 螺纹标注时的注意点

(1) 普通螺纹的螺距有粗牙和细牙两种，粗牙螺距不标注，细牙必须注出螺距。

(2) 左旋螺纹要注写LH，右旋螺纹不注。

(3) 螺纹公差带代号包括中径和顶径公差带代号，如5g、6g，前者表示中径公差带代号，后者表示顶径公差带代号。如果中径与顶径公差带代号相同，则只标注一个代号。

(4) 最常用的中等公差精度的普通螺纹(公称直径≤1.4 mm的5H、6h和公称直径≥1.6 mm的6H、6g)，可不标注公差带代号。

(5) 普通螺纹的旋合长度规定为短(S)、中(N)、长(L)三组，中等旋合长度(N)不必标注。

(6) 非螺纹密封的内管螺纹和55°密封管螺纹仅一种公差等级，公差带代号省略不注，如$R_c1$。非螺纹密封的外管螺纹有A、B两种公差等级，螺纹公差等级代号标注在尺寸代号之后，如G1½ A－LH。

## 四、螺纹紧固件

### 1. 常用螺纹紧固件的种类和标记

螺纹紧固件连接零件的方式通常有螺栓连接、螺柱连接和螺钉连接。常用的紧固件有螺栓、螺柱、螺母、垫圈和螺钉等(图7-8)。它们的结构、尺寸都已标准化，使用时可从相应的标准中查出所需的结构尺寸。常用螺纹紧固件的标记示例见表7-2。

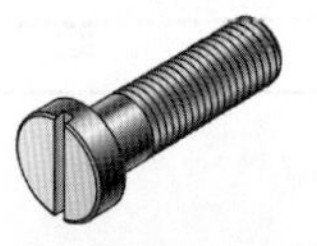
开槽圆柱头螺钉

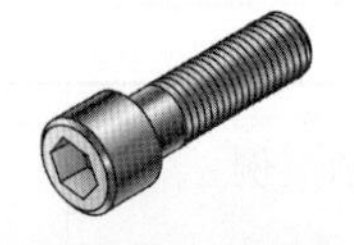
圆柱头内六角螺钉

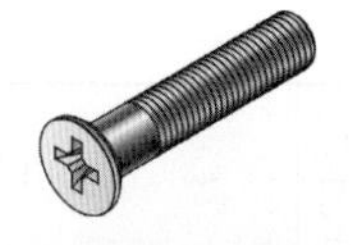
沉头十字槽螺钉

开槽无头紧定螺钉

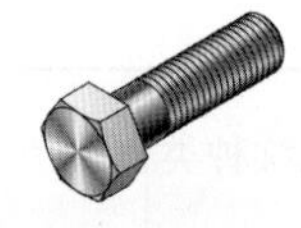
六角头螺栓

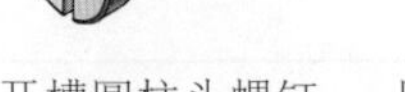

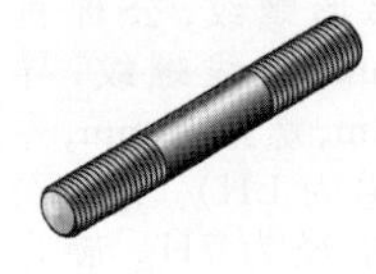
双头螺柱

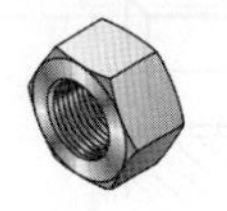
六角螺母

六角开槽螺母

平垫圈

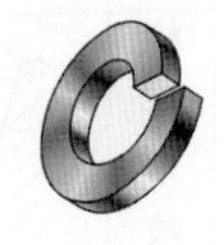
弹簧垫圈

**图 7-8　常用的螺纹紧固件**

**表 7-2　螺纹紧固件的图例及标记**

| 名称及标准编号 | 图　　例 | 标记示例 |
|---|---|---|
| 六角头螺栓<br>GB/T 5782 | | 螺纹规格 $d$ = M12、公称长度 $l$ = 80 mm、性能等级为 10.9 级、表面氧化、产品等级为 A 级的六角头螺栓：<br>完整标记：螺栓 GB/T 5782—2016-M12×80-10.9-A-O<br>简化标记：螺栓 GB/T 5782　M12×80-10.9<br>当性能等级为常用的 8.8 级时，可简化标记为：螺栓 GB/T 5782　M12×80（常用的性能等级在简化标记中省略，以下同） |
| 双头螺柱<br>($b_m$=1.25$d$)<br>GB/T 898 | | 螺纹规格 $d$ = M12、公称长度 $l$ = 60 mm、性能等级为常用的 4.8 级、不经表面处理、$b_m$ = 1.25$d$、两端均为粗牙普通螺纹的 B 型双头螺柱：<br>完整标记：螺柱 GB/T 898—1988-M12×60-B-4.8<br>简化标记：螺柱 GB/T 898　M12×60<br>当螺柱为 A 型时，应将螺柱规格大小写成“AM12×60” |
| 内六角圆柱头螺钉<br>GB/T 70.1 | | 螺纹规格 $d$ = M10、公称长度 $l$ = 60 mm、性能等级为常用的 8.8 级、表面氧化、产品等级为 A 级的内六角圆柱头螺钉：<br>完整标记：螺钉 GB/T 70.1—2008-M10×60-8.8-A-O<br>简化标记：螺钉 GB/T 70.1　M10×60 |

续　表

| 名称及标准编号 | 图　　例 | 标记示例 |
| --- | --- | --- |
| 开槽圆柱头螺钉<br>GB/T 65<br><br>开槽沉头螺钉<br>GB/T 68 | 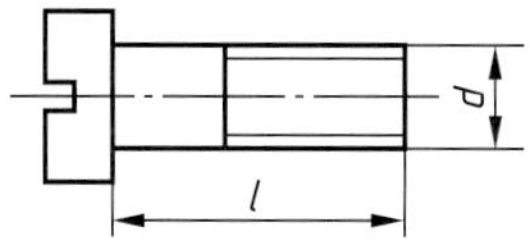 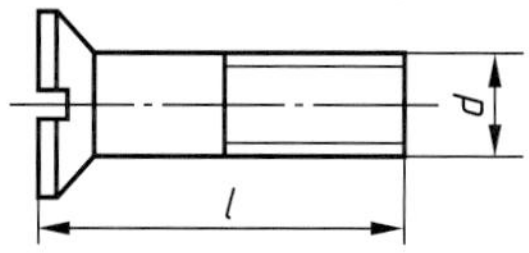 | 螺纹规格 $d$ = M10、公称长度 $l$ = 60 mm、性能等级为常用的 4.8 级、不经表面处理、产品等级为 A 级的开槽圆柱头螺钉：<br>完整标记：螺钉 GB/T 65—2016-M10×60-4.8-A<br>简化标记：螺钉 GB/T 65　M10×60 |
| 开槽长圆柱端紧定螺钉<br>GB/T 75 | 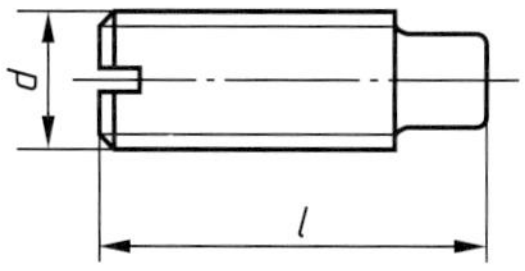 | 螺纹规格 $d$ = M5、公称长度 $l$ = 12 mm、性能等级为常用的 14H 级、表面氧化的开槽长圆柱端紧定螺钉：<br>完整标记：螺钉 GB/T 75—1985-M5×12-14H-O<br>简化标记：螺钉 GB/T 75　M5×12 |
| 1 型六角螺母<br>GB/T 6170 | 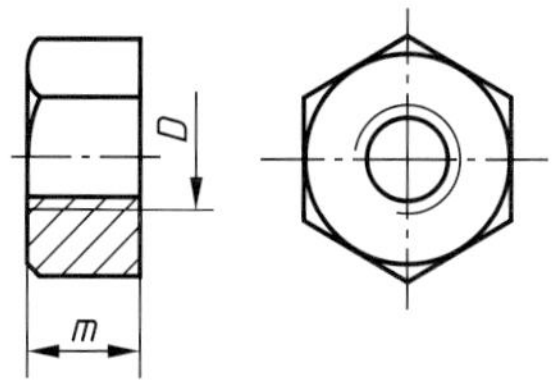 | 螺纹规格 $D$ = M16、性能等级为常用的 8 级、不经表面处理、产品等级为 A 级的 1 型六角螺母：<br>完整标记：螺母 GB/T 6170—2015-M16-8-A<br>简化标记：螺母 GB/T 6170　M16 |
| 平垫圈 A 级<br>GB/T 97.1<br>平垫圈倒角型 A 级<br>GB/T 97.2 | 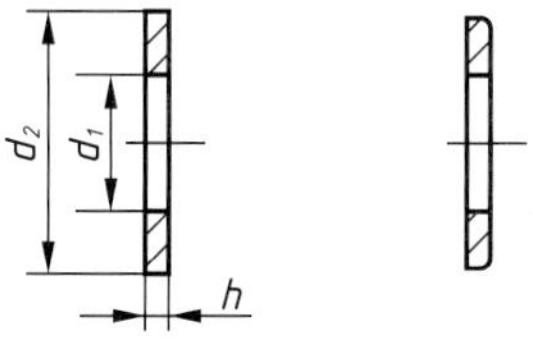 | 标准系列、规格为 10 mm、性能等级为 200HV 级、表面氧化、产品等级为 A 级的平垫圈：<br>完整标记：垫圈 GB/T 97.1—2002-10-200HV-A-O<br>简化标记：垫圈 GB/T 97.1　10(从标准中查得，该垫圈内径 $d_1$ 为 $\phi$10.5 mm) |
| 标准型弹簧垫圈<br>GB/T 93 | 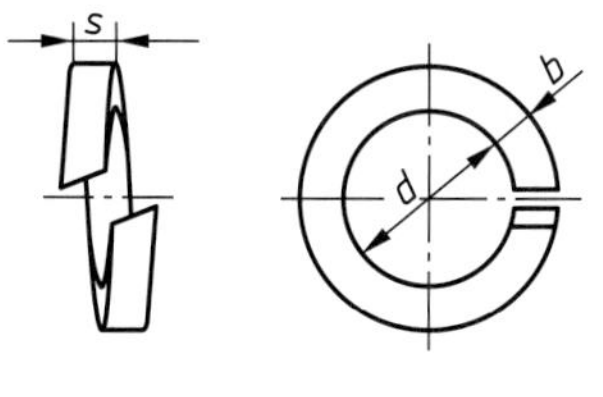 | 规格为 16 mm、材料为 65Mn、表面氧化的标准型弹簧垫圈：<br>完整标记：垫圈 GB/T 93—1987-16-65Mn-O<br>简化标记：垫圈 GB/T 93　16<br>(从标准中查得，该垫圈的 $d$ 最小为 $\phi$16.2 mm) |
| 螺栓紧固轴端挡圈<br>GB/T 892 | 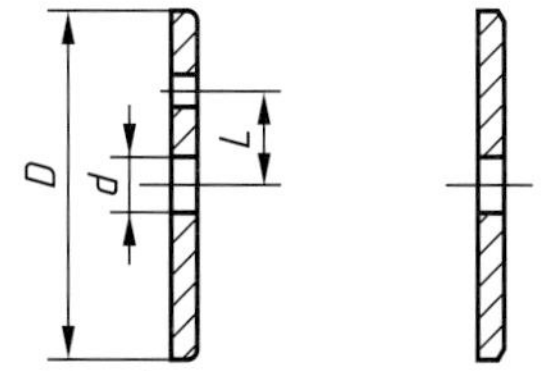 A型　　B型 | 公称直径 $D$ = 45 mm、材料为 Q235、不经表面处理的 A 型螺栓紧固轴端挡圈：<br>完整标记：挡圈 GB/T 892—1986-45-A-Q235<br>简化标记：挡圈 GB/T 892　45<br>当挡圈为 B 型时，写成：<br>挡圈 GB/T 892　B45 |

动画

螺栓连接

动画

螺柱连接

动画

螺钉连接

## 2. 螺纹紧固件的连接画法

画螺纹紧固件的连接时先作如下规定：

当剖切平面通过螺杆的轴线时，螺栓、螺柱、螺钉以及螺母、垫圈等均按未剖切绘制；在剖视图上，两零件接触表面画一条线，不接触表面画两条线；相接触两零件的剖面线方向相反。

在连接图中，常用的螺纹紧固件可按表 7-3 中的简化画法绘制。

在装配体中，零件与零件或部件与部件间常用螺纹紧固件进行连接，最常用的连接形式有：螺栓连接（图 7-9a）、螺柱连接（图 7-9b）和螺钉连接（图 7-9c）。由于装配图主要是表达零、部件之间的装配关系，因此，装配图中的螺纹紧固件不仅可按上述画法的基本规定简化地表示，而且图形中的各部分尺寸也可简便地按比例画法绘制。

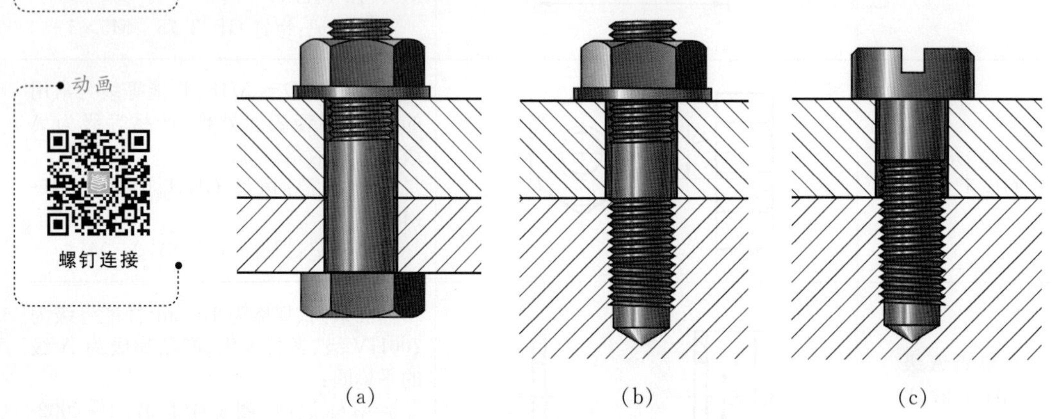


图 7-9　螺栓、螺柱、螺钉连接

表 7-3　装配图中螺纹紧固件的简化画法

| 形　式 | 简化画法 | 形　式 | 简化画法 |
|---|---|---|---|
| 六角头（螺栓） |  | 方头（螺栓） |  |
| 圆柱头内六角（螺钉） |  | 无头内六角（螺钉） |  |
| 开槽无头（螺钉） |  | 开槽沉头（螺钉） |  |

续　表

| 形　式 | 简化画法 | 形　式 | 简化画法 |
| --- | --- | --- | --- |
| 开槽半沉头（螺钉） | 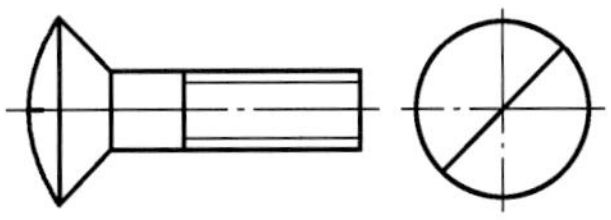  | 开槽圆柱头（螺钉） | 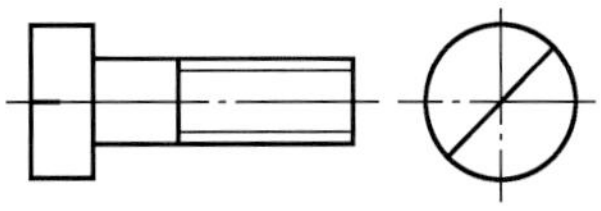  |
| 开槽盘头（螺钉） | 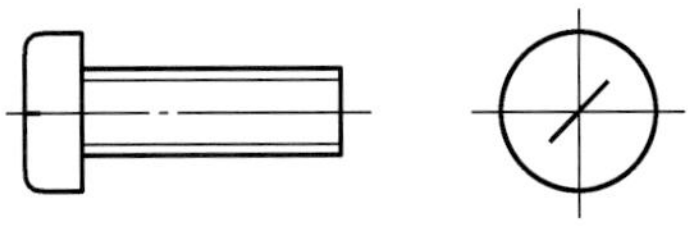  | 开槽沉头（自攻螺钉） | 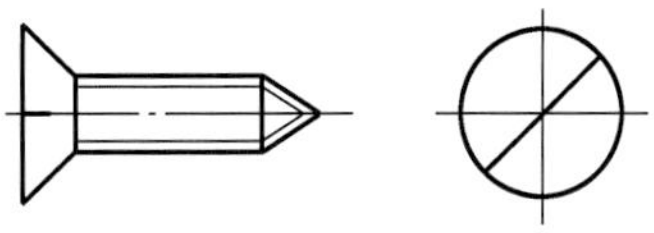  |
| 六角（螺母） | 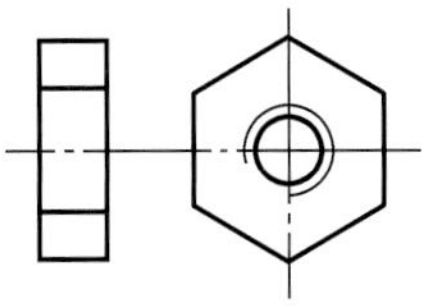  | 方头（螺母） | 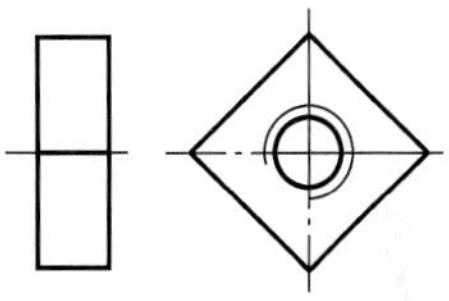  |
| 六角开槽（螺母） | 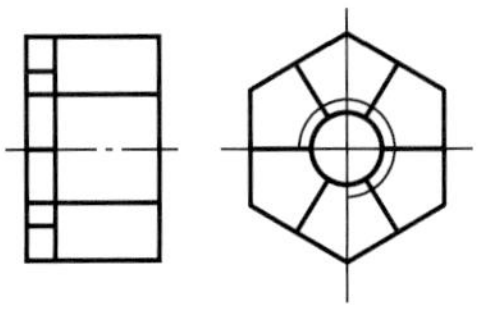  | 六角法兰面（螺母） | 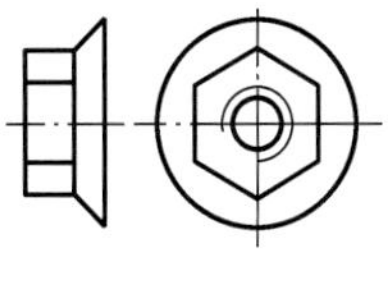  |
| 蝶形（螺母） | 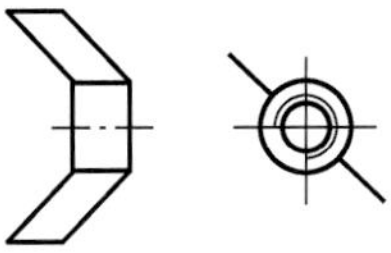  | 沉头十字槽（螺钉） | 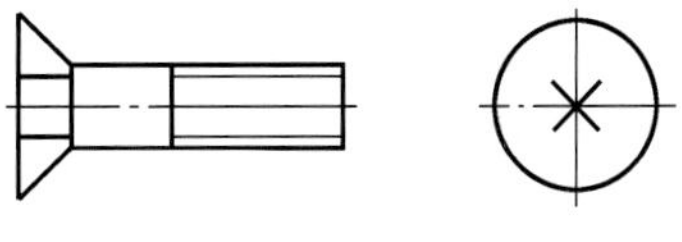  |
| 半沉头十字槽（螺钉） | 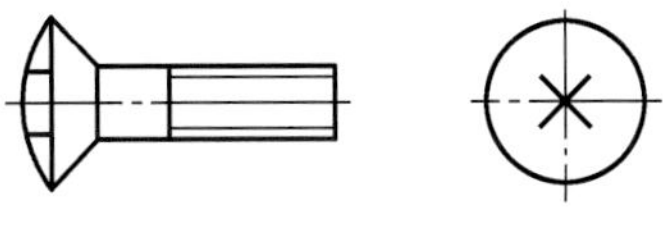  |  |  |

(1) **螺栓连接**(图 7-10)。

螺栓适用于连接两个不太厚的并能钻成通孔的零件。连接时将螺栓穿过被连接两零件的光孔(孔径比螺栓大径略大,一般可按 1.1$d$ 画出),套上垫圈,然后拧紧螺母。

**螺栓的公称长度** $l \geqslant \delta_1 + \delta_2 + h + m + a$(计算后从附表 4 中查出与其接近的标准长度)。

根据螺纹公称直径 $d$ 按下列比例作图:

$b = 2d$　$h = 0.15d$　$m = 0.8d$　$a = 0.3d$　$k = 0.7d$　$e = 2d$　$d_2 = 2.2d$

(2) **螺柱连接**(图 7-11)。

当被连接零件之一较厚,不允许或不可能钻成通孔时,可采用螺柱连接。螺柱的两端均

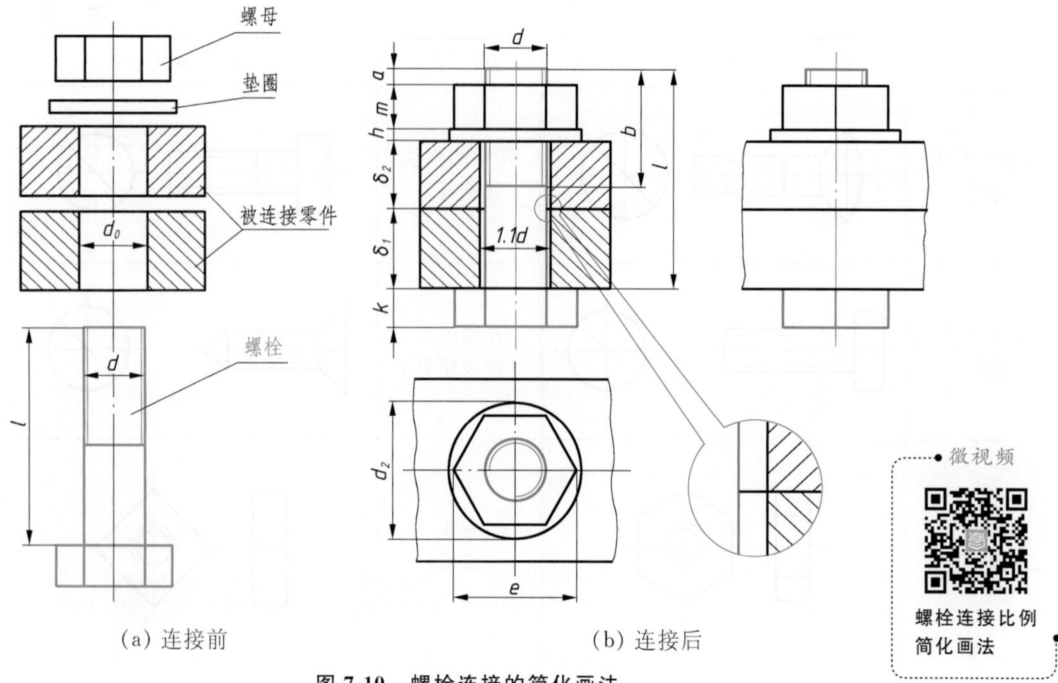

(a) 连接前　(b) 连接后

**图 7-10　螺栓连接的简化画法**

微视频
螺栓连接比例简化画法

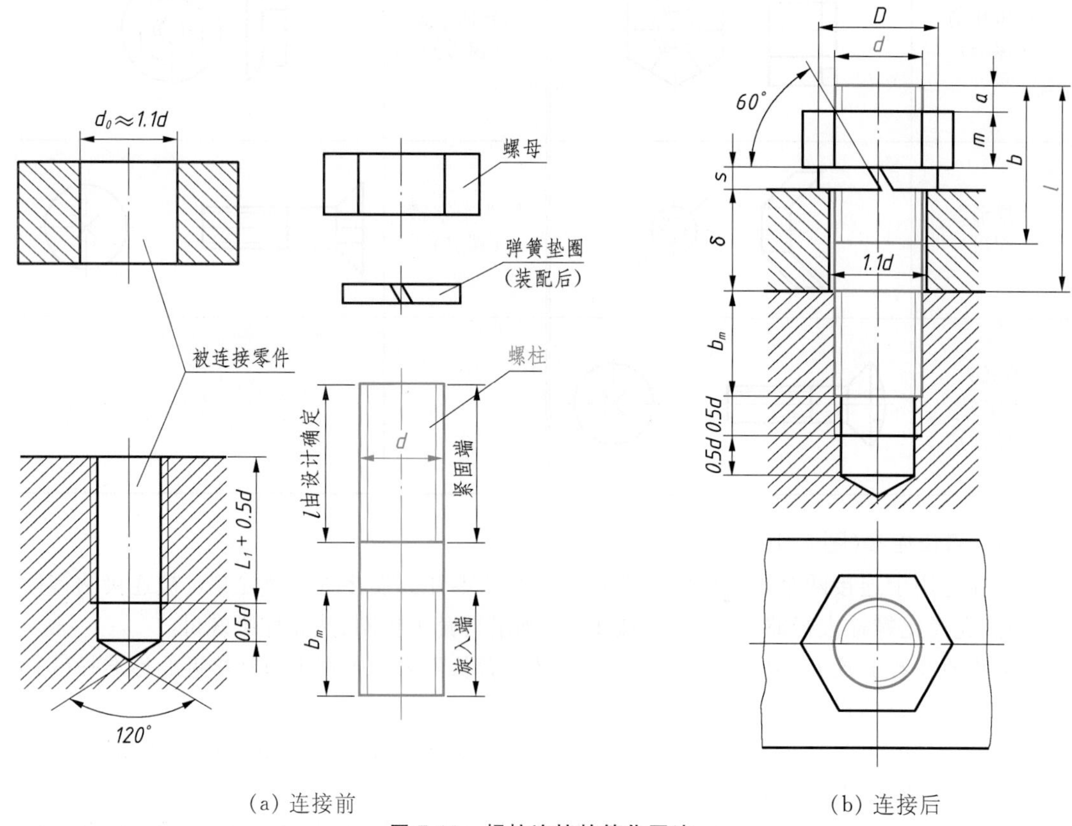

(a) 连接前　(b) 连接后

**图 7-11　螺柱连接的简化画法**

制有螺纹。连接前，先在较厚的零件上制出螺孔，在另一零件上加工出通孔，如图 7-11a 所示；将螺柱的一端（称旋入端）全部旋入螺孔内，在另一端（称紧固端）套上制出通孔的零件，再套上弹簧垫圈或平垫圈，拧紧螺母，即完成了螺柱连接，其连接图如图 7-11b 所示。

微视频

螺柱连接比例简化画法

为保证连接强度，螺柱旋入端的长度 $b_m$ 随被旋入零件（机体）材料的不同而有四种规格：

**钢** $b_m = d$；**铸铁或铜** $b_m = 1.25d \sim 1.5d$；**铝** $b_m = 2d$。

旋入端的螺纹终止线应与结合面平齐，表示旋入端已拧紧。

**螺柱的公称长度** $l = \delta + s + m + a$（计算后从附表 5 中查出与其接近的标准长度）。

弹簧垫圈用做防松，其开槽的方向为阻止螺母松动的方向，画成与轴线成 60°左上斜的两条平行粗实线。按比例作图时，取 $s = 0.2d$、$D = 1.5d$。

(3) **螺钉连接**（图 7-12、图 7-13）。

螺钉连接按用途可分为**连接螺钉**和**紧定螺钉**两种，前者用于连接零件，后者用于固定零件。

微视频

螺钉连接比例简化画法

**连接螺钉** 用于受力不大和经常拆卸的场合。如图 7-12 所示，装配时将螺钉直接穿过被连接零件上的通孔，再拧入另一被连接零件上的螺孔中，靠螺钉头部压紧被连接零件。

螺钉连接的装配图画法可采用图 7-12a 和 b 所示的比例画法。

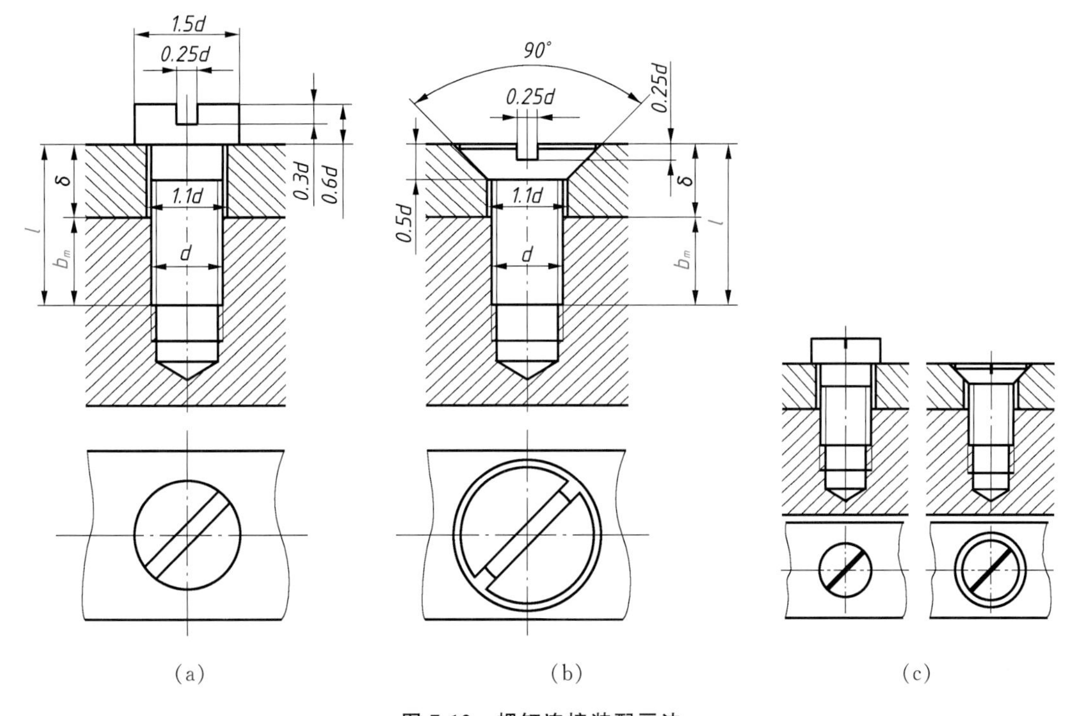


**图 7-12 螺钉连接装配画法**

**螺钉的公称长度** $l$ = 螺纹旋入深度 $b_m$ + 通孔零件厚度 $\delta$，式中 $b_m$ 与螺柱连接相同，按公

称直径的计算值 $l$ 查附表 12 确定标准长度。

画螺钉连接装配图时应注意：在螺钉连接中螺纹终止线应高于两个被连接零件的结合面(图 7-12a)，表示螺钉有拧紧的余地，保证连接紧固。或者在螺杆的全长上都有螺纹(图 7-12b)。螺钉头部的一字槽(或十字槽)的投影可以涂黑表示，在投影为圆的视图上，这些槽应画成 45°倾斜位置，线宽为粗实线线宽的两倍，如图 7-12c 所示。

**紧定螺钉** 紧定螺钉用来固定两个零件的相对位置，使它们不产生相对运动。如图 7-13 中的轴和齿轮(图中齿轮仅画出轮毂部分)，用一个开槽锥端紧定螺钉旋入轮毂的螺孔，使螺钉端部的 90°锥顶与轴上的 90°锥坑压紧，从而固定了轴和齿轮的相对位置。

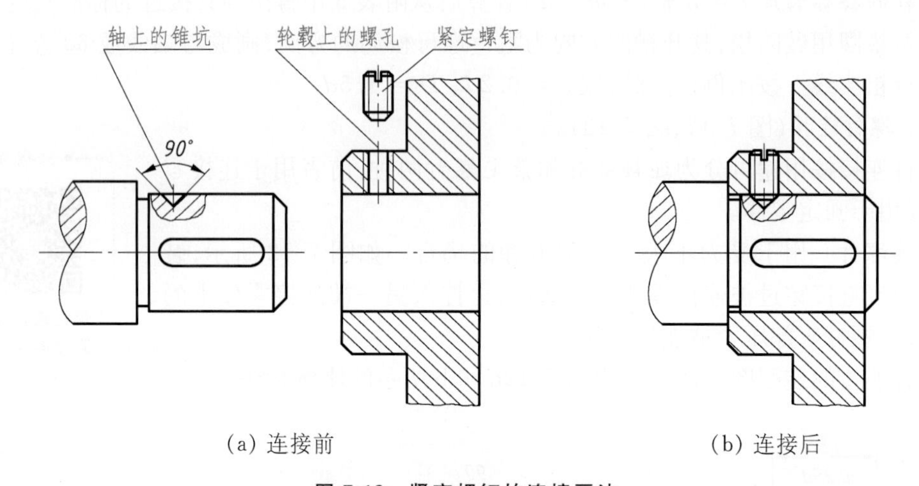


图 7-13 紧定螺钉的连接画法

螺纹紧固件各部分的尺寸可由附表 4～附表 8 以及附表 12、附表 13 中查得。

# 第二节 键连接和销连接

## 一、键连接

**键连接**(GB/T 1095)**是一种可拆连接**。键用于连接轴和轴上的传动件(如齿轮、带轮等)，使轴和传动件一起转动，以传递扭矩和旋转运动。

键是标准件，键有**普通平键**、**半圆键**和**楔键**等，常用的是**普通平键**。

图 7-14 所示为普通平键连接的情况，在轴和轮毂上分别加工出键槽，装配时先将键嵌入轴的键槽内，再将轮毂上的键槽对准轴上的键，把轮子装在轴上。传动时，轴和轮子便一起转动。

普通平键有三种结构型式：A 型(圆头)、B 型(平头)、C 型(单圆头)。图 7-15 是普通平键的型式和尺寸。

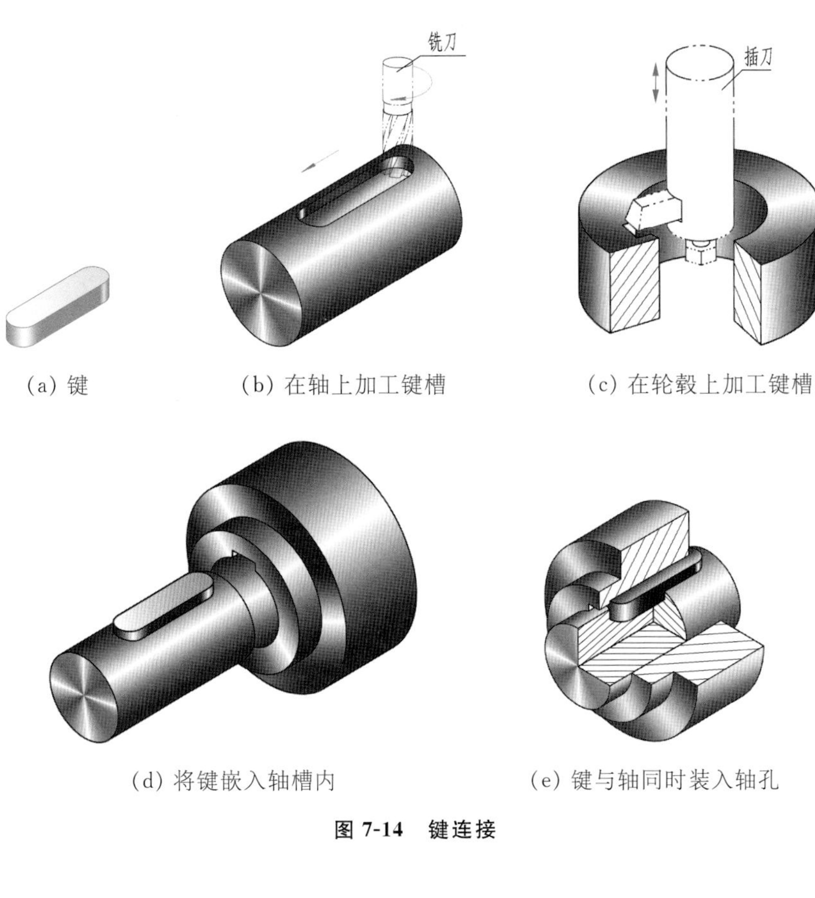


(a) 键　(b) 在轴上加工键槽　(c) 在轮毂上加工键槽

(d) 将键嵌入轴槽内　(e) 键与轴同时装入轴孔

**图 7-14　键连接**

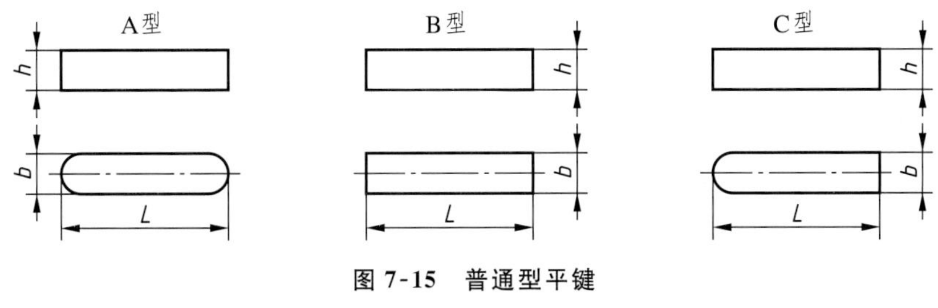


**图 7-15　普通型平键**

### 1. 普通平键的标记

标记示例：
宽度$b = 16$ mm、高度 $h = 10$ mm、长度 $L = 100$ mm 的普通 A 型平键的标记为：

GB/T 1096　键 16 × 10 × 100

普通 A 型平键的型号 A 可省略不注，而 B 型和 C 型要在尺寸前加注“B”或“C”。

### 2. 键槽的画法及尺寸标注

因为键是标准件，所以一般不必画出零件图，但要画出零件上与键相配合的键槽

(图 7-16)。键槽的宽度 $b$ 可根据轴的直径 $d$ 查表确定,轴上的槽深 $t_1$ 和轮毂上的槽深 $t_2$ 可从键的标准中查得,键的长度 $L$ 应小于或等于轮毂的长度。键槽的画法和尺寸标注如图 7-16 所示,普通平键的尺寸和键槽的断面尺寸按轴的直径在附表 9 中查得。

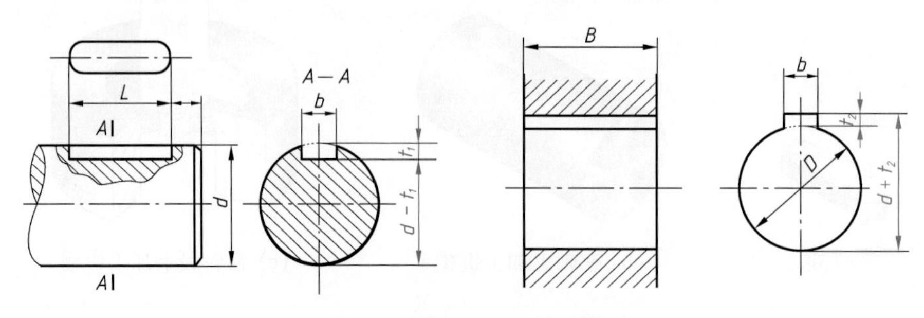


图 7-16　键槽的画法与尺寸标注

### 3. 键连接画法

图 7-17 是普通平键连接的装配图画法,主视图中键被剖切面纵向剖切,键按不剖处理。为了表示键在轴上的装配情况,采用了局部剖视。在 $A$—$A$ 剖视图中,键被剖切面横向剖切,键要画剖面线(与轮的剖面线方向一致但间隔不等)。由于平键的两个侧面是其工作表面,分别与轴的键槽和轴孔键槽的两个侧面配合,键的底面与轴的键槽底面接触,画一条粗实线,而键的顶面不与轮毂键槽底面接触,画两条粗实线。

微视频

普通平键连接画法

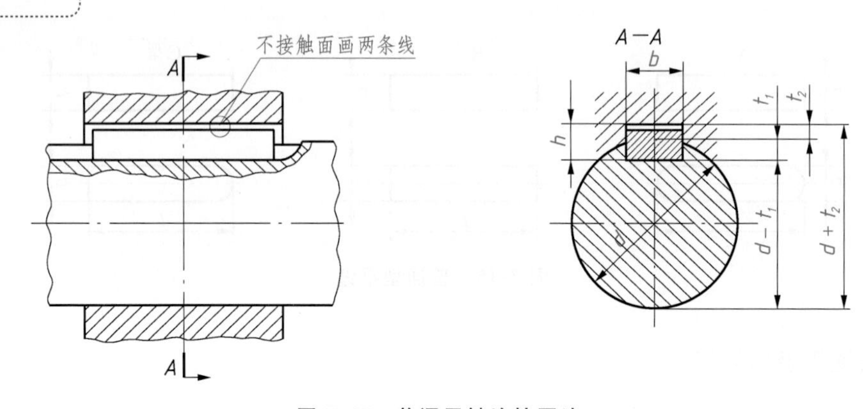


图 7-17　普通平键连接画法

## 二、销连接

销连接(GB/T 119.1、GB/T 117)也是一种可拆连接。销也是标准件,通常用于零件间的连接或定位。常用的销有圆柱销和圆锥销。

圆柱销、圆锥销的主要尺寸、标记和连接画法见表 7-4。其余各部分尺寸可查附表 10、附表 11。

**表 7-4　销的种类、型式、标记和连接画法**

| 名称及标准 | 主　要　尺　寸 | 标　　记 | 连接画法 |
|---|---|---|---|
| 圆柱销<br>GB/T 119.1 |  | 公称直径 $d$ = 8 mm、公差为 m6、公称长度 $l$ = 30 mm、材料为钢、不经淬火、不经表面处理的不淬硬钢圆柱销标记为：<br>销 GB/T 119.1　8m6×30 |  |
| 圆锥销<br>GB/T 117 |  | 公称直径 $d$ = 6 mm、公称长度 $l$ = 30 mm、材料为 35 钢、热处理硬度（28 ～ 38）HRC、表面氧化处理、不淬硬的 A 型圆锥销标记为：<br>销 GB/T 117　6×30 |  |

# 第三节　齿　　轮

动画

圆柱齿轮

齿轮是广泛用于机器或部件中的传动零件，它不仅可以用来传递动力，还能改变转速和回转方向。齿轮的轮齿部分已标准化。图 7-18 是齿轮传动中常见的三种类型：

动画

锥齿轮

(a) 圆柱齿轮

(b) 锥齿轮

(c) 蜗轮蜗杆

**图 7-18　齿轮传动的常见类型**

动画

蜗轮蜗杆

**圆柱齿轮** 用于两平行轴之间的传动(图 7-18a);

**锥齿轮** 用于两相交轴之间的传动(图 7-18b);

**蜗轮蜗杆** 用于两垂直交叉轴之间的传动(图 7-18c)。

齿轮的齿廓曲线有多种,应用最广的是渐开线。本节只介绍齿廓曲线为渐开线的标准直齿圆柱齿轮的几何要素及其画法。

微视频

**齿轮的几何要素及其代号**

## 圆柱齿轮

圆柱齿轮按轮齿方向的不同分为**直齿**、**斜齿**和**人字齿**三种。

### 1. 直齿圆柱齿轮的几何要素及尺寸关系(图 7-19)

(1) **齿顶圆** 通过轮齿顶部的圆,其直径用 $d_a$ 表示。

(2) **齿根圆** 通过轮齿根部的圆,其直径用 $d_f$ 表示。

(3) **分度圆** 加工齿轮时,作为齿轮轮齿分度的圆,称为分度圆,在该圆上,齿厚 $s$ 等于齿槽宽 $e$($s$ 和 $e$ 均指弧长)。分度圆直径用 $d$ 表示,它是设计、制造齿轮时计算各部分尺寸的基准圆。

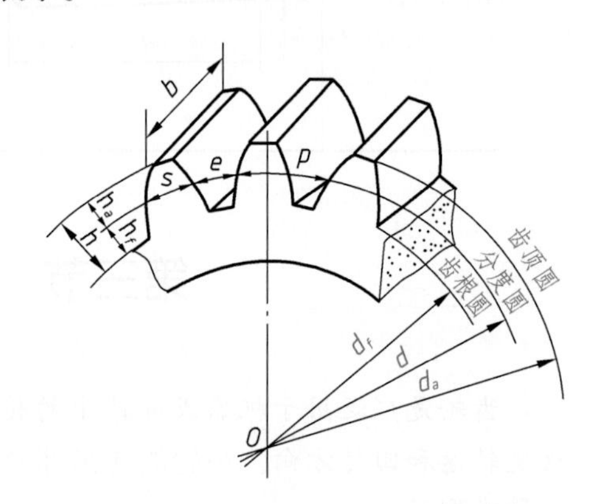


**图 7-19 齿轮的几何要素及其代号**

(4) **齿距** 分度圆上相邻两齿廓对应点之间的弧长,用 $p$ 表示。

(5) **齿高** 轮齿在齿顶圆与齿根圆之间的径向距离,用 $h$ 表示。

齿顶高 齿顶圆与分度圆之间的径向距离,用 $h_a$ 表示。

齿根高 齿根圆与分度圆之间的径向距离,用 $h_f$ 表示。

全齿高 $h = h_a + h_f$。

(6) **中心距** 两啮合齿轮轴线之间的距离,用 $a$ 表示。

(7) **传动比** 主动齿轮转速 $n_1$(转/分)与从动齿轮转速 $n_2$(转/分)之比称为传动比,用 $i$ 表示。由于转速与齿数成反比,因此传动比也等于从动齿轮齿数 $z_2$ 与主动齿轮齿数 $z_1$ 之比,即 $i = n_1/n_2 = z_2/z_1$。

### 2. 直齿圆柱齿轮的基本参数

(1) **齿数 $z$** 齿轮上轮齿的个数。

(2) **模数 $m$** 齿轮的分度圆周长 $\pi d = zp$,则 $d = \frac{p}{\pi}z$,令 $\frac{p}{\pi} = m$,则 $d = mz$。所以**模数是齿距 $p$ 与圆周率 $\pi$ 的比值**,即 $m = \frac{p}{\pi}$,单位为 mm。

模数是齿轮设计、加工中十分重要的参数,模数大,轮齿就大,因而齿轮的承载能力也大。为了便于设计和制造，模数已经标准化，我国规定的标准模数值见表 7-5。

**表 7-5 渐开线圆柱齿轮模数(GB/T 1357)** mm

| | |
|---|---|
| 第一系列 | 1 1.25 1.5 2 2.5 3 4 5 6 8 10 12 16 20 25 32 40 50 |
| 第二系列 | 1.125 1.375 1.75 2.25 2.75 3.5 4.5 5.5 (6.5)7 9 11 14 18 22 28 35 45 |

(3) **齿形角** $\alpha$ 指通过齿廓曲线与分度圆的交点 $c$ 所作的切线与径向所夹的锐角 $\alpha$，见图 7-20。根据 GB/T 1356 的规定，我国采用的标准齿形角 $\alpha$ 为 20°。

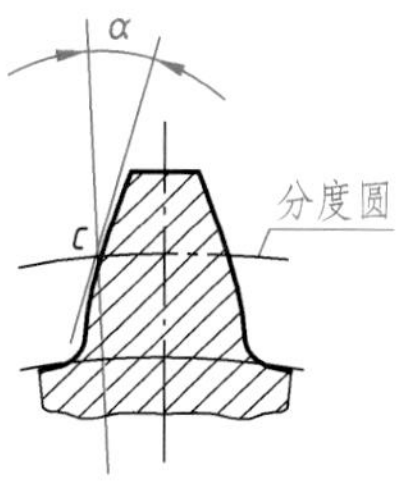

两标准直齿圆柱齿轮正确啮合传动的条件是模数 $m$ 和齿形角 $\alpha$ 均相等。



图 7-20 齿形角的概念

### 3. 直齿圆柱齿轮各部分尺寸的计算公式

齿轮的基本参数 $z$、$m$、$\alpha$ 确定以后，齿轮各部分尺寸可按表 7-6 中的公式计算。

**表 7-6 渐开线圆柱齿轮几何要素的尺寸计算**

| 名 称 | 代 号 | 计 算 公 式 |
|---|---|---|
| 齿顶高 | $h_a$ | $h_a = m$ |
| 齿根高 | $h_f$ | $h_f = 1.25m$ |
| 齿 高 | $h$ | $h = 2.25m$ |
| 分度圆直径 | $d$ | $d = mz$ |
| 齿顶圆直径 | $d_a$ | $d_a = m(z+2)$ |
| 齿根圆直径 | $d_f$ | $d_f = m(z-2.5)$ |
| 中心距 | $a$ | $a = \frac{1}{2}(d_1 + d_2) = \frac{1}{2}m(z_1 + z_2)$ |

### 4. 单个圆柱齿轮的画法

齿轮上的轮齿是多次重复出现的结构，GB/T 4459.2 对齿轮的画法做了如下规定(图 7-21)：

(1) 齿顶圆和齿顶线用粗实线表示，分度圆和分度线用细点画线表示，齿根圆和齿根线画细实线或省略不画。

(2) 在剖视图中，齿根线用粗实线表示，轮齿部分不画剖面线。

(3) 对于斜齿或人字齿的圆柱齿轮，可用三条细实线表示轮齿的方向。齿轮的其他结构，按投影画出。

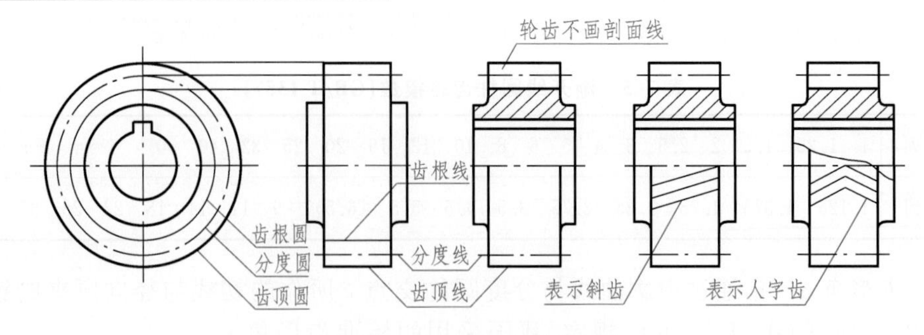


**图 7-21　单个圆柱齿轮的画法**

图 7-22 为直齿圆柱齿轮零件图。

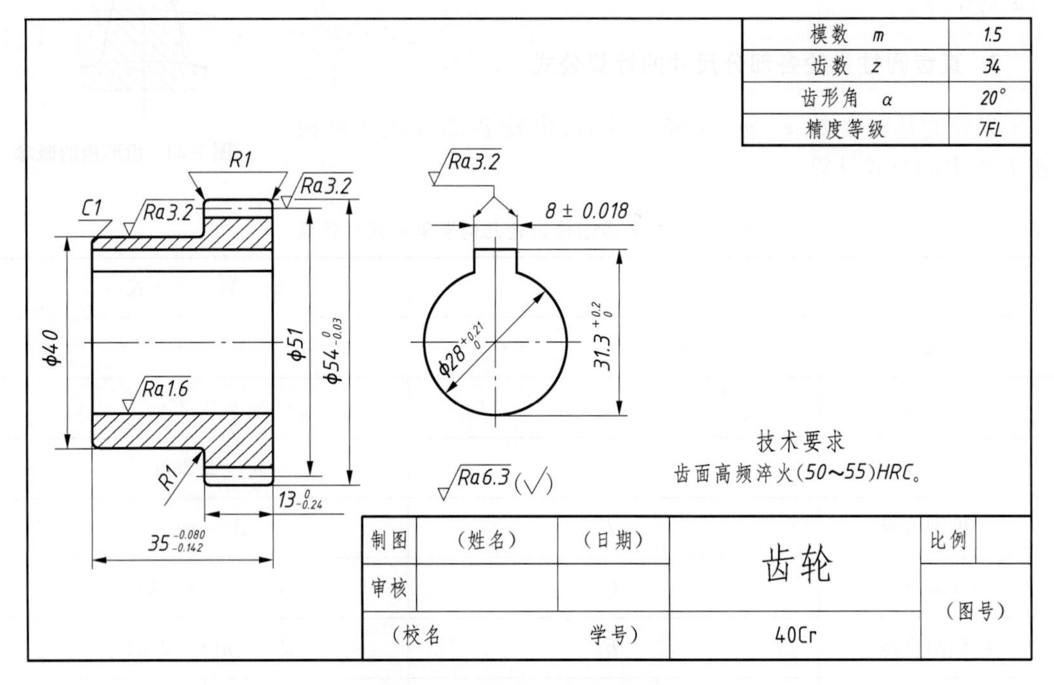


**图 7-22　直齿圆柱齿轮零件图示例**

### 5. 两圆柱齿轮啮合的画法

两标准齿轮互相啮合时,两齿轮分度圆处于相切的位置,此时分度圆又称为节圆。两齿轮的啮合画法,关键是啮合区的画法,其他部分仍按单个齿轮的规定画法绘制。啮合区的画法规定如下(图 7-23):

(1) 在投影为圆的视图中,两齿轮的节圆相切。啮合区内的齿顶圆均画粗实线(图 7-23a),也可以省略不画(图 7-23b)。

(2) 在非圆投影的剖视图中,两齿轮节线重合,画细点画线,齿根线画粗实线。齿顶线的画法是将一个齿轮的轮齿作为可见画成粗实线,另一个齿轮的轮齿被遮住部分画成细虚线(图 7-23a),该细虚线也可省略不画。

(3) 在非圆投影的外形视图中,啮合区的齿顶线和齿根线不必画出,节线画成粗实线(图 7-23c、d)。

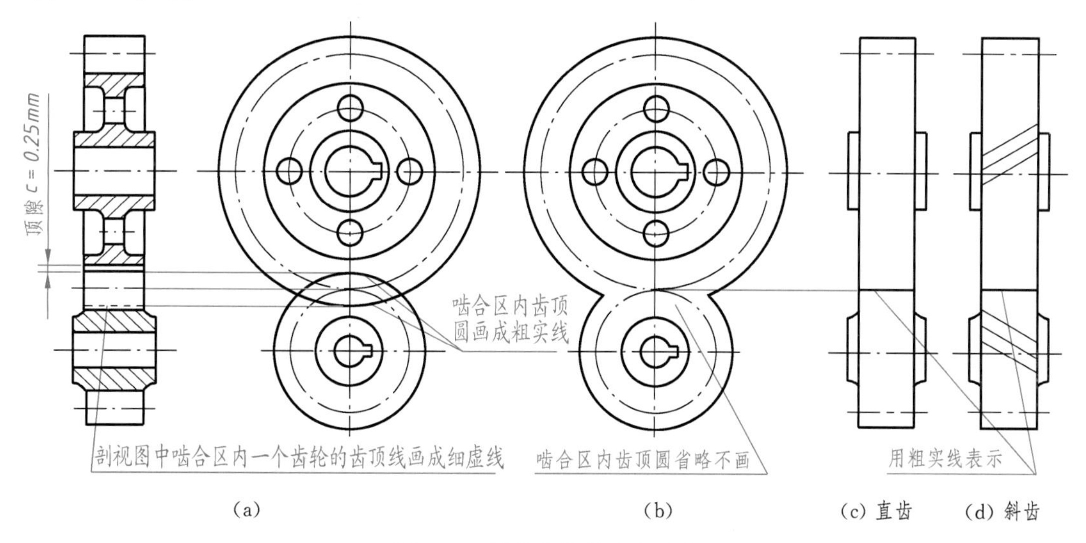


图 7-23 圆柱齿轮的啮合画法

### 6. 齿轮与齿条啮合画法

当齿轮的直径无限大时,齿轮就成为齿条,如图 7-24a 所示。此时,齿顶圆、分度圆、齿根圆和齿廓曲线(渐开线)都成为直线。**齿轮与齿条相啮合时,齿轮旋转,齿条则作直线运动**。齿条的模数和齿形角应与相啮合的齿轮的模数和齿形角相同。

齿轮和齿条啮合的画法与两圆柱齿轮啮合的画法基本相同,如图 7-24b 所示。在主视图中,齿轮的节圆与齿条的节线应相切。在全剖的左视图中,应将啮合区内的齿顶线之一画成粗实线,另一轮齿被遮部分画成细虚线或省略不画。

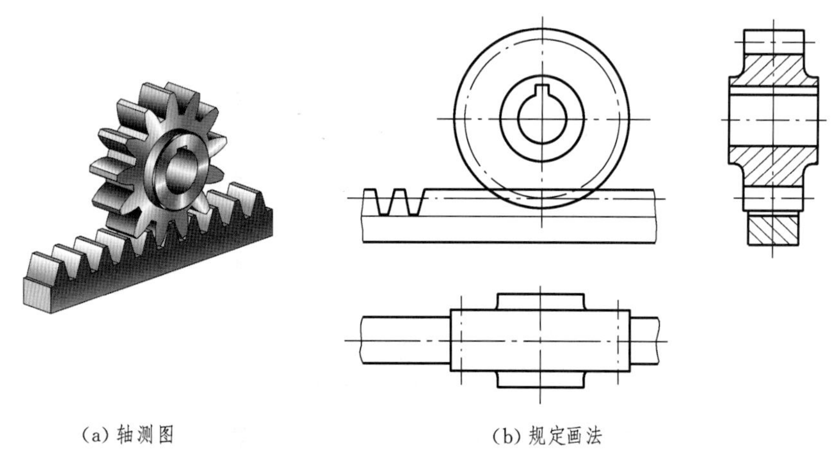


图 7-24 齿轮与齿条啮合的画法

# 第四节　弹　　簧

弹簧是用途很广的常用零件。它主要用于减振、夹紧、储存能量和测力等方面。弹簧的特点是去掉外力后，能立即恢复原状。常用的弹簧如图 7-25 所示。本节仅介绍普通圆柱螺旋压缩弹簧的画法和尺寸计算。

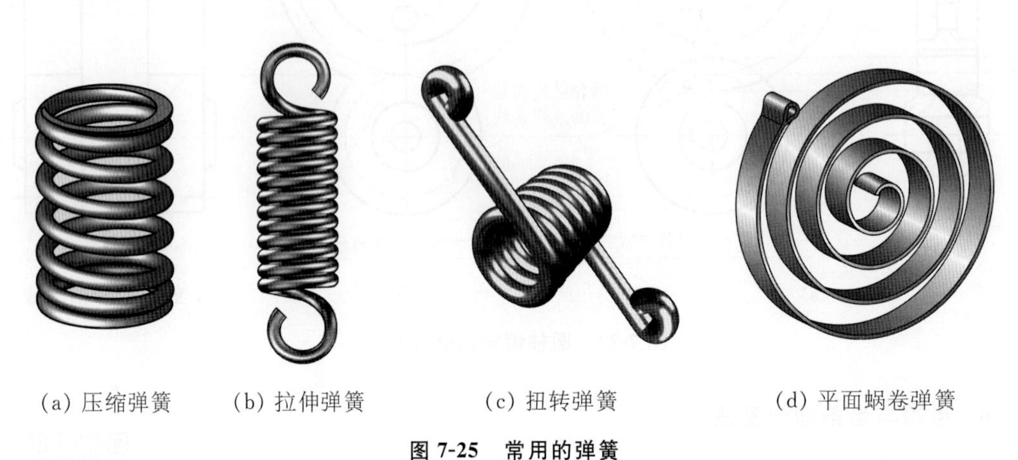

(a) 压缩弹簧　(b) 拉伸弹簧　(c) 扭转弹簧　(d) 平面蜗卷弹簧

**图 7-25　常用的弹簧**

## 一、圆柱螺旋压缩弹簧各部分名称及尺寸计算(图 7-26)

(1) **材料直径** $d$　弹簧钢丝直径。

(2) **弹簧外径** $D_2$　弹簧最大直径。

(3) **弹簧内径** $D_1$　弹簧最小直径。

(4) **弹簧中径** $D$　弹簧的平均直径，$D=\frac{D_1+D_2}{2}=D_1+d=D_2-d$。

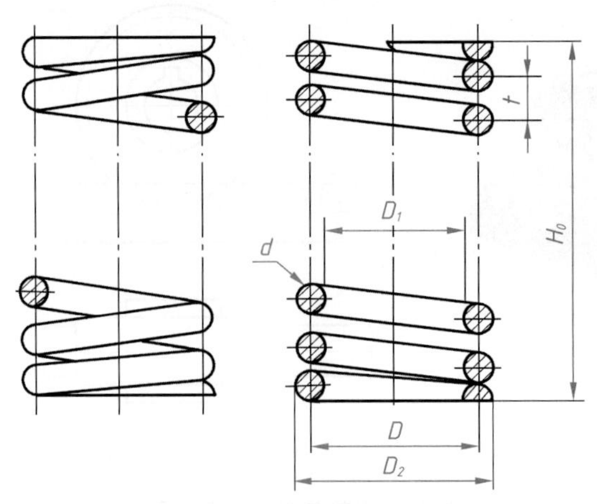


**图 7-26　圆柱螺旋压缩弹簧**

（5）**节距 $t$**　除支承圈外，相邻两有效圈上对应点之间的轴向距离。

（6）**有效圈数 $n$、支承圈数 $n_2$ 和总圈数 $n_1$**　为了使螺旋压缩弹簧工作时受力均匀，增加弹簧的平稳性，将弹簧的两端并紧、磨平。并紧、磨平的圈数主要起支承作用，称为支承圈。图 7-26 所示的弹簧，两端各有 $1\frac{1}{4}$ 圈为支承圈，即 $n_2 = 2.5$。保持相等节距的圈数，称为有效圈数 $n$。有效圈数与支承圈数之和称为总圈数，即 $n_1 = n + n_2$。

（7）**自由高度 $H_0$**　弹簧在不受外力作用时的高度（或长度），$H_0 = nt + (n_2 - 0.5)d$。

（8）**展开长度 $L$**　制造弹簧时坯料的长度。由螺旋线的展开可知 $L \approx n_1\sqrt{(\pi D)^2 + t^2}$。

## 二、圆柱螺旋压缩弹簧的画法

（1）在平行于弹簧轴线投影面上的视图中，各圈的轮廓不必按螺旋线的真实投影画出，可用直线来代替螺旋线的投影（图 7-26）。

（2）螺旋弹簧均可画成右旋，但左旋弹簧不论画成左旋或右旋，在弹簧标记中应注明旋向代号为“左”。在有特定的右旋要求时也应注明“右旋”。

（3）有效圈数在四圈以上的螺旋弹簧，中间各圈可以省略，只画出其两端的 1～2 圈（不包括支承圈），中间只需用通过簧丝断面中心的细点画线连起来。省略后，允许适当缩短图形的长度，但应注明弹簧设计要求的自由高度（图 7-26）。

（4）在装配图中，螺旋弹簧被剖切后，不论中间各圈是否省略，被弹簧挡住的结构一般不画，其可见部分应从弹簧的外轮廓线或弹簧钢丝剖面的中心线画起（图 7-27a）。

（5）在装配图中，当弹簧钢丝的直径在图上等于或小于 2 mm 时，其断面可以涂黑表示（图 7-27b），或采用图 7-27c 所示的示意画法。支承圈不等于 2.5 圈时可按 2.5 圈画。

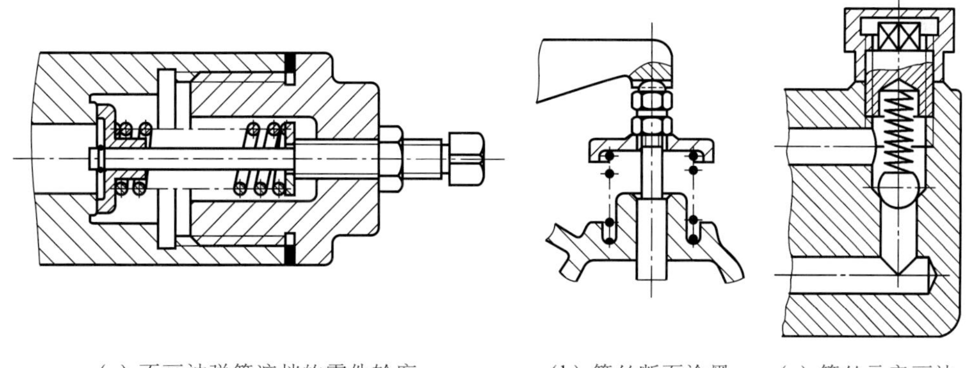

(a) 不画被弹簧遮挡的零件轮廓　　(b) 簧丝断面涂黑　　(c) 簧丝示意画法

**图 7-27　弹簧在装配图中的画法**

## 三、圆柱螺旋压缩弹簧画法举例

对于两端并紧、磨平的压缩弹簧，其作图步骤如图 7-28 所示。

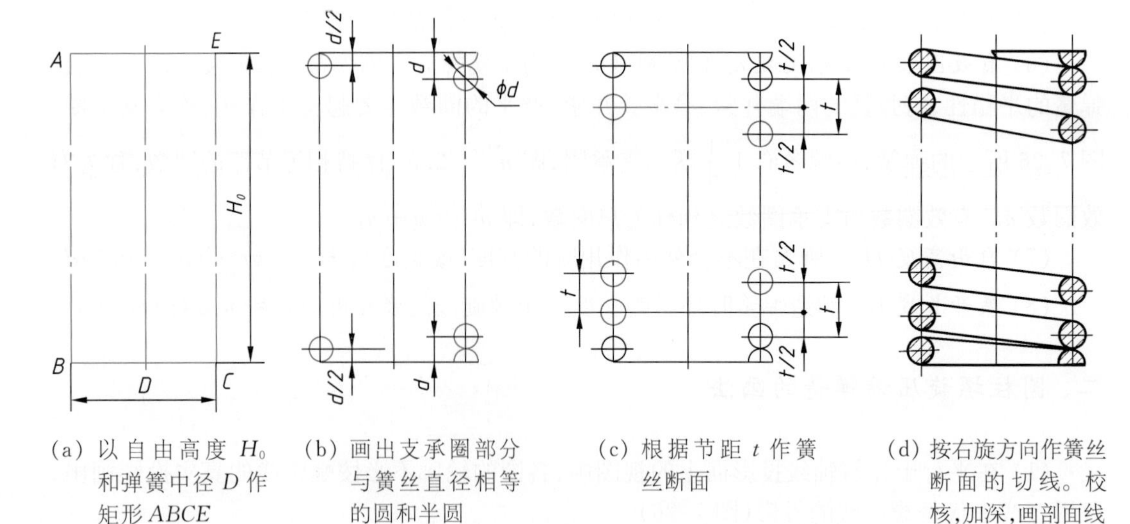


(a) 以自由高度 $H_0$ 和弹簧中径 $D$ 作矩形 $ABCE$　(b) 画出支承圈部分与簧丝直径相等的圆和半圆　(c) 根据节距 $t$ 作簧丝断面　(d) 按右旋方向作簧丝断面的切线。校核,加深,画剖面线

图 7-28　圆柱螺旋压缩弹簧的画图步骤

# 第五节　滚动轴承

在机器中,滚动轴承是用来支承轴的标准组件。由于它可以大大减小轴与孔相对旋转时的摩擦力,且具有机械效率高、结构紧凑等优点,因此应用极为广泛。

## 一、滚动轴承的结构及其分类(GB/T 4459.7)

滚动轴承的种类繁多,但其结构大体相同,一般由外圈、内圈、滚动体和保持架组成(图 7-29)。内圈装在轴上,随轴一起转动;外圈装在机体或轴承座内,一般固定不动;滚动体安装在内、外圈之间的滚道中,其形状有球形、圆柱形和圆锥形等,当内圈转动时,它们在滚道内滚动;保持架用来隔离滚动体。

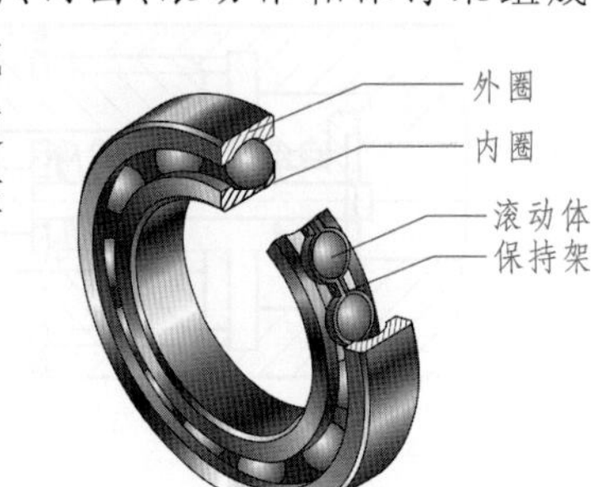


图 7-29　滚动轴承的基本结构

滚动轴承按其受力方向可分为三类:

(1) 向心轴承　主要受径向力,如深沟球轴承。

(2) 推力轴承　只受轴向力,如推力球轴承。

(3) 向心推力轴承　同时承受径向力和轴向力,如圆锥滚子轴承。

## 二、滚动轴承的画法

滚动轴承是标准组件,不必画出其各组成部分的零件图。在装配图上,只需根据轴承的几个主要外形尺寸:外径 $D$、内径 $d$、宽度 $B$,画出外形轮廓,轮廓内用规定画法或特征画法绘制，见表 7-7。各主要尺寸的数值由标准中查得，见表 7-8。

当不需要确切表示轴承的外形轮廓、载荷特性和结构特征时，可按轴承通用画法画出，见表 7-7。

**表 7-7　常用滚动轴承的表示法**

| 轴承类型 | 结构形式 | 通用画法 | 特征画法 | 规定画法 | 承载特征 |
|---|---|---|---|---|---|
| | | （均指滚动轴承在所属装配图的剖视图中的画法） | | | |
| 深沟球轴承（GB/T 276）6000 型 |  | | 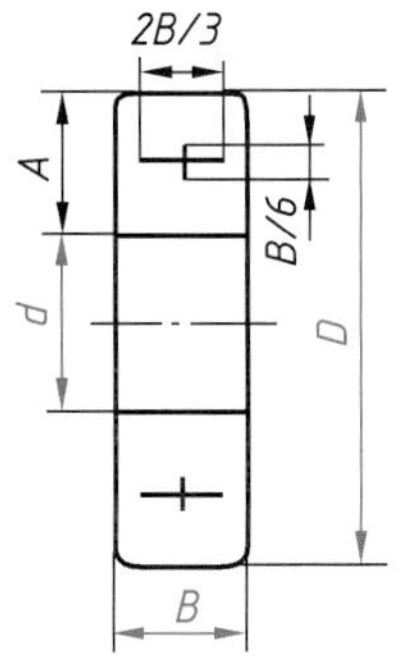 | 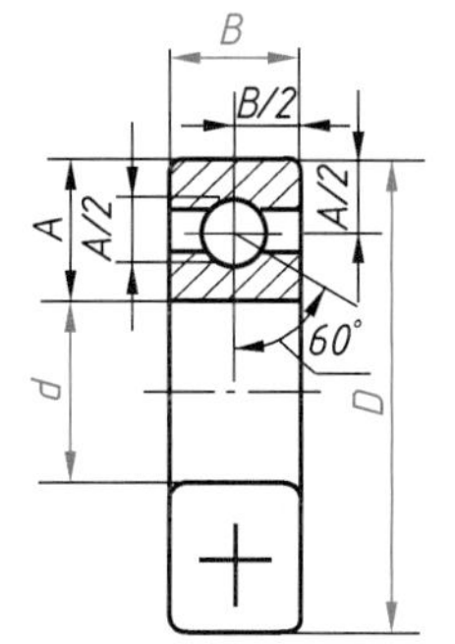 | 主要承受径向载荷 |
| 圆锥滚子轴承（GB/T 297）30000 型 |  | 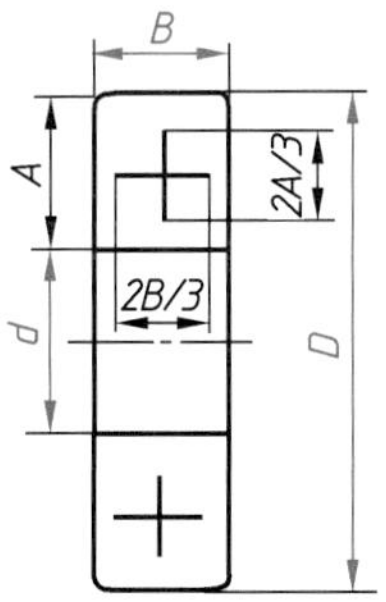 | 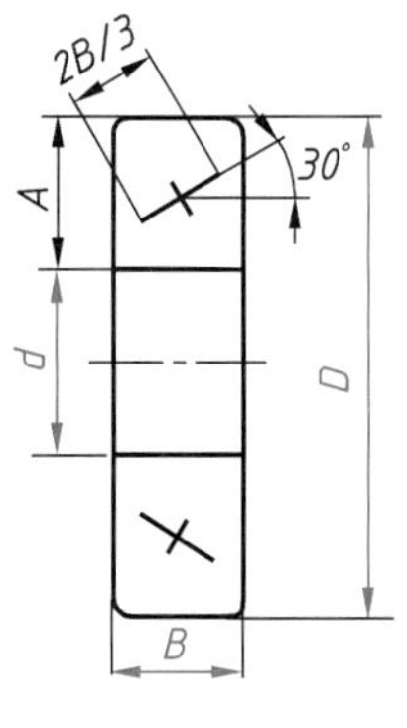 | 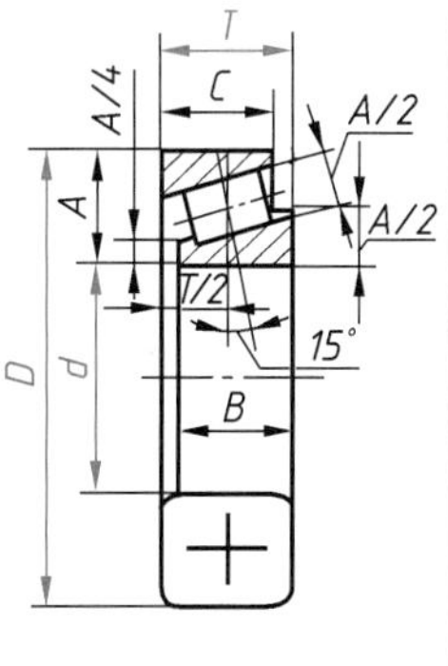 | 可同时承受径向和轴向载荷 |
| 推力球轴承（GB/T 301）51000 型 | 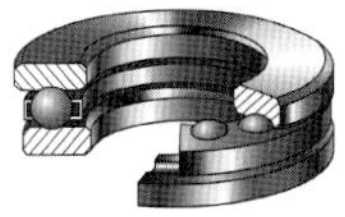 | | 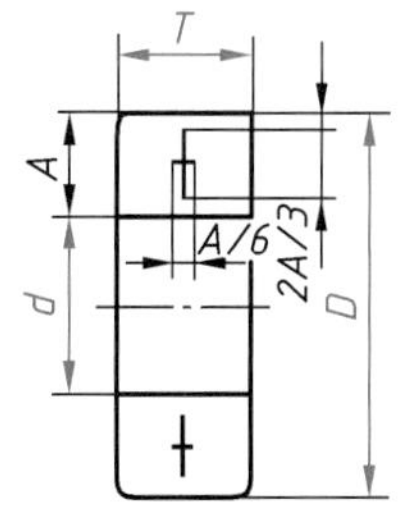 | 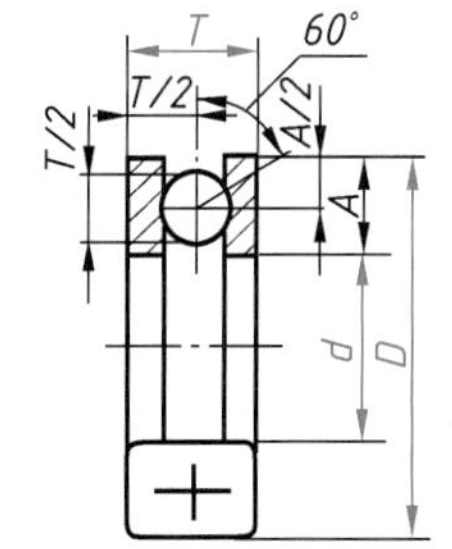 | 承受单方向的轴向载荷 |
| 三种画法的选用场合 | | 当不需要确切地表示滚动轴承的外形轮廓、载荷特性和结构特征时采用 | 当需要较形象地表示滚动轴承的结构特征时采用 | 滚动轴承的产品图样、产品样本、产品标准和产品使用说明书中采用 | |

**表 7-8　滚动轴承**

深沟球轴承

标记示例：
滚动轴承 6308 GB/T 276

| 轴承型号 | $d$ | $D$ | $B$ |
|---|---|---|---|
| 尺寸系列(02) | | | |
| 6202 | 15 | 35 | 11 |
| 6203 | 17 | 40 | 12 |
| 6204 | 20 | 47 | 14 |
| 6205 | 25 | 52 | 15 |
| 6206 | 30 | 62 | 16 |
| 6207 | 35 | 72 | 17 |
| 6208 | 40 | 80 | 18 |
| 6209 | 45 | 85 | 19 |
| 6210 | 50 | 90 | 20 |
| 6211 | 55 | 100 | 21 |
| 6212 | 60 | 110 | 22 |
| 尺寸系列(03) | | | |
| 6302 | 15 | 42 | 13 |
| 6303 | 17 | 47 | 14 |
| 6304 | 20 | 52 | 15 |
| 6305 | 25 | 62 | 17 |
| 6306 | 30 | 72 | 19 |
| 6307 | 35 | 80 | 21 |
| 6308 | 40 | 90 | 23 |
| 6309 | 45 | 100 | 25 |
| 6310 | 50 | 110 | 27 |
| 6311 | 55 | 120 | 29 |
| 6312 | 60 | 130 | 31 |
| 6313 | 65 | 140 | 33 |

圆锥滚子轴承

标记示例：
滚动轴承 30209 GB/T 297

| 轴承型号 | $d$ | $D$ | $B$ | $C$ | $T$ |
|---|---|---|---|---|---|
| 尺寸系列(02) | | | | | |
| 30203 | 17 | 40 | 12 | 11 | 13.25 |
| 30204 | 20 | 47 | 14 | 12 | 15.25 |
| 30205 | 25 | 52 | 15 | 13 | 16.25 |
| 30206 | 30 | 62 | 16 | 14 | 17.25 |
| 30207 | 35 | 72 | 17 | 15 | 18.25 |
| 30208 | 40 | 80 | 18 | 16 | 19.75 |
| 30209 | 45 | 85 | 19 | 16 | 20.75 |
| 30210 | 50 | 90 | 20 | 17 | 21.75 |
| 30211 | 55 | 100 | 21 | 18 | 22.75 |
| 30212 | 60 | 110 | 22 | 19 | 23.75 |
| 30213 | 65 | 120 | 23 | 20 | 24.75 |
| 尺寸系列(03) | | | | | |
| 30302 | 15 | 42 | 13 | 11 | 14.25 |
| 30303 | 17 | 47 | 14 | 12 | 15.25 |
| 30304 | 20 | 52 | 15 | 13 | 16.25 |
| 30305 | 25 | 62 | 17 | 15 | 18.25 |
| 30306 | 30 | 72 | 19 | 16 | 20.75 |
| 30307 | 35 | 80 | 21 | 18 | 22.75 |
| 30308 | 40 | 90 | 23 | 20 | 25.25 |
| 30309 | 45 | 100 | 25 | 22 | 27.25 |
| 30310 | 50 | 110 | 27 | 23 | 29.25 |
| 30311 | 55 | 120 | 29 | 25 | 31.5 |
| 30312 | 60 | 130 | 31 | 26 | 33.5 |
| 30313 | 65 | 140 | 33 | 28 | 36.0 |

推力球轴承

标记示例：
滚动轴承 51205 GB/T 301

| 轴承型号 | $d$ | $D$ | $T$ | $D_{1smin}$ |
|---|---|---|---|---|
| 尺寸系列(12) | | | | |
| 51202 | 15 | 32 | 12 | 17 |
| 51203 | 17 | 35 | 12 | 19 |
| 51204 | 20 | 40 | 14 | 22 |
| 51205 | 25 | 47 | 15 | 27 |
| 51206 | 30 | 52 | 16 | 32 |
| 51207 | 35 | 62 | 18 | 37 |
| 51208 | 40 | 68 | 19 | 42 |
| 51209 | 45 | 73 | 20 | 47 |
| 51210 | 50 | 78 | 22 | 52 |
| 51211 | 55 | 90 | 25 | 57 |
| 51212 | 60 | 95 | 26 | 62 |
| 尺寸系列(13) | | | | |
| 51304 | 20 | 47 | 18 | 22 |
| 51305 | 25 | 52 | 18 | 27 |
| 51306 | 30 | 60 | 21 | 32 |
| 51307 | 35 | 68 | 24 | 37 |
| 51308 | 40 | 78 | 26 | 42 |
| 51309 | 45 | 85 | 28 | 47 |
| 51310 | 50 | 95 | 31 | 52 |
| 51311 | 55 | 105 | 35 | 57 |
| 51312 | 60 | 110 | 35 | 62 |
| 51313 | 65 | 115 | 36 | 67 |
| 51314 | 70 | 125 | 40 | 72 |
| 51315 | 75 | 135 | 44 | 77 |

在装配图中，滚动轴承通常按规定画法绘制，如图 7-30 中的深沟球轴承上一半按规定画法画出，轴承内圈和外圈的剖面线方向和间隔均相同，而另一半按通用画法画出，即用粗实线画出正十字。必须注意：为了便于装拆，在装配图中，轴肩尺寸应小于轴承内圈外径，孔肩直径应大于轴承外圈内径。

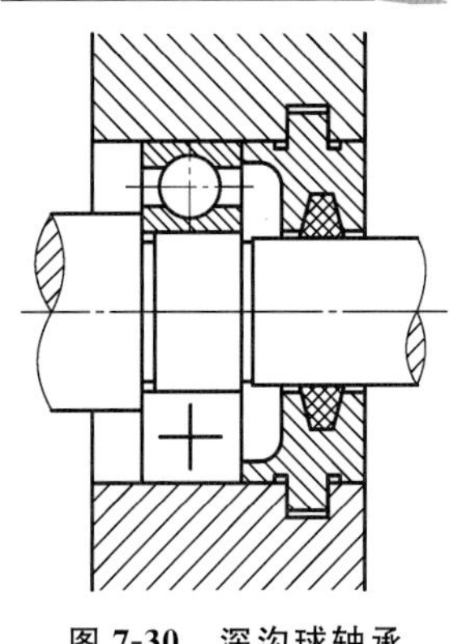

图 7-30 深沟球轴承

## 三、滚动轴承的标记

滚动轴承的标记由名称、代号、标准编号三部分组成。轴承的代号有基本代号和补充代号。

### 1. 基本代号

基本代号表示轴承的基本结构、尺寸、公差等级、技术性能等特征。滚动轴承的基本代号(滚针轴承除外)由轴承类型代号、尺寸系列代号、内径代号三部分组成。例如：

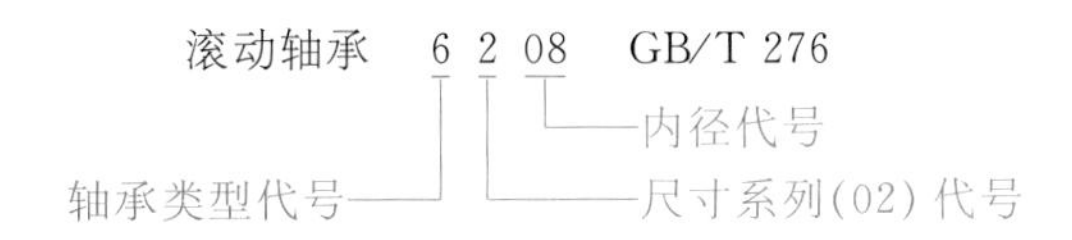


(1) 轴承类型代号

轴承类型代号用数字或字母表示，见表 7-9，例如“6”表示深沟球轴承。类型代号如果是“0”(双列角接触球轴承)，按规定可以省略不注。

表 7-9 滚动轴承类型代号(摘自 GB/T 272)

| 代 号 | 轴 承 类 型 | 代 号 | 轴 承 类 型 |
|---|---|---|---|
| 0 | 双列角接触球轴承 | 7 | 角接触球轴承 |
| 1 | 调心球轴承 | 8 | 推力圆柱滚子轴承 |
| 2 | 调心滚子轴承和推力调心滚子轴承 | N | 圆柱滚子轴承(双列或多列用字母 NN 表示) |
| 3 | 圆锥滚子轴承 | U | 外球面球轴承 |
| 4 | 双列深沟球轴承 | QJ | 四点接触球轴承 |
| 5 | 推力球轴承 | C | 长弧面滚子轴承(圆环轴承) |
| 6 | 深沟球轴承 | | |

注：在代号后或前加字母或数字表示该类轴承中的不同结构。

(2) 尺寸系列代号

为适应不同的工作(受力)情况，在内径相同时，有各种不同的外径尺寸，它们构成一定的系列，称为轴承尺寸系列，用数字表示。例如数字“1”和“7”为特轻系列，“2”为轻窄系列，“3”为中窄系列，“4”为重窄系列等。

(3) 内径代号

内径代号表示滚动轴承的内圈孔径，是轴承的公称内径，用两位数表示。

当代号数字为 00, 01, 02, 03 时，分别表示内径 $d = 10, 12, 15, 17$ mm。

当代号数字为04～99时，代号数字乘以“5”，即为轴承内径。

**2. 补充代号**

当轴承在形状结构、尺寸、公差、技术要求等方面有改变时，可使用补充代号。在基本代号前面添加的补充代号(字母)称为前置代号，在基本代号后面添加的补充代号(字母或字母加数字)称为后置代号。前置代号与后置代号的有关规定可查阅有关手册。

**3. 滚动轴承标记示例**

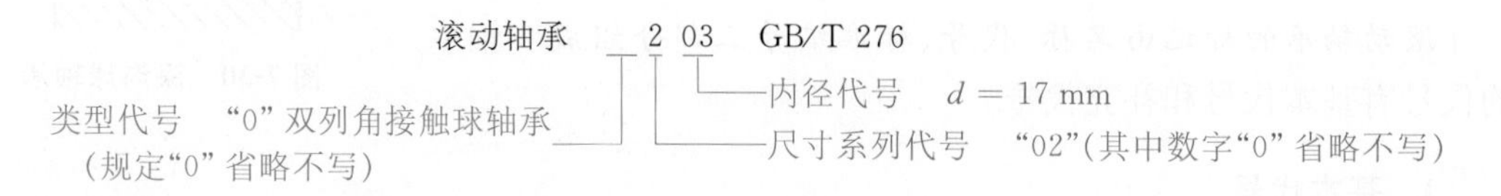


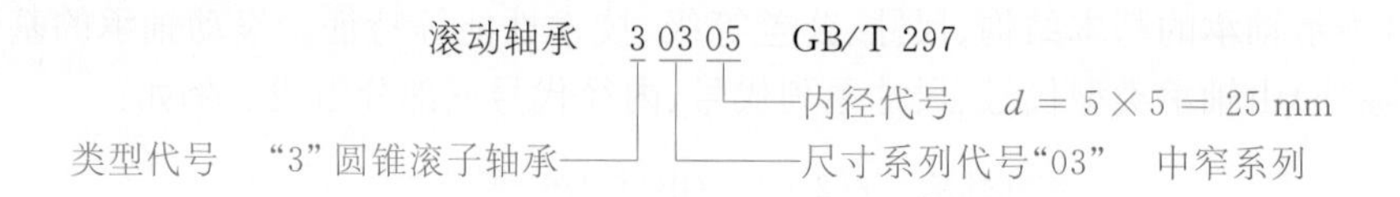

# 第八章 零 件 图

任何一台机器或一个部件都是由若干零件按一定的装配关系和设计、使用要求装配而成的。表达单个零件的图样称为零件图，它是制造和检验零件的主要依据。

本章将介绍表达与识读零件图的基本方法，并简要介绍在零件图上标注尺寸的合理性、零件的加工工艺结构以及极限与配合、几何公差、表面粗糙度等内容。

## 第一节 零件图概述

动画

滑动轴承

### 一、零件图与装配图的作用和关系

零件图表示零件的结构形状、大小和有关技术要求，是加工制造零件的依据。装配图表示机器或部件的工作原理、零件间的装配关系和技术要求。产品在设计过程中，一般先画出装配图，再根据装配图绘制零件图。装配时，根据装配图将零件装配成部件（或机器）。因此，零件与部件以及零件图与装配图之间的关系十分密切。

学习本章时，要注意零件与部件、零件图与装配图之间的关系。在识读或绘制零件图时要考虑零件在部件中的位置、作用，以及与其他零件之间的装配关系，从而理解各个零件的形状、结构和加工方法。在识读或绘制装配图（在第九章中讲述）时，也必须了解部件中主要零件的形状、结构和作用，以及各零件间的相互关系等。

图 8-1 是滑动轴承的轴测分解图。滑动轴承是机器设备中支承轴转动的部件，它由一些标准件（如螺栓、螺母）和专用件（根据零件在装配体中的功用和装配关系专门设计的零件，如轴承座、轴承盖等）装配而成。

轴承座是滑动轴承的主要零件，它与轴承盖通过两组螺栓和螺母紧固，压紧上、下轴衬；轴承盖上部的油杯给轴衬加润滑油；轴承座下部的底板，在滑动轴承安装时起支撑和固定作用。由此可见，零件的结构形状和大小，是由零件在机器或部件中的功

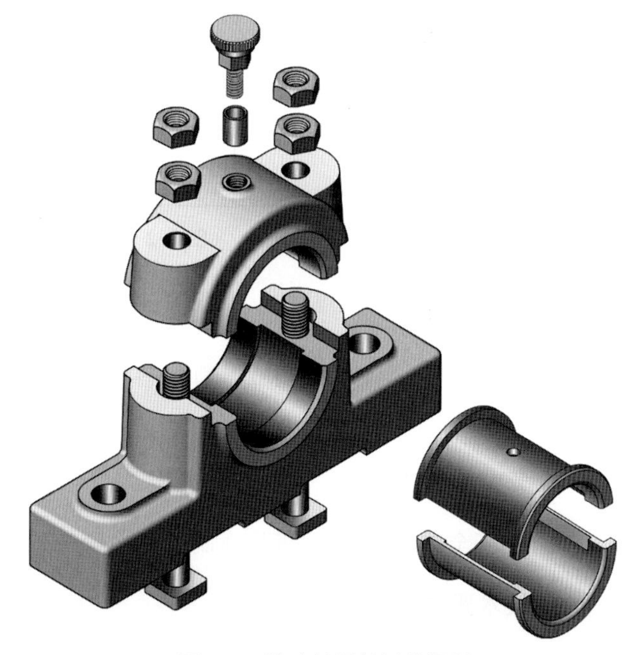

图 8-1 滑动轴承轴测分解图

能以及与其他零件的装配连接关系确定的。

## 二、零件图的内容

图 8-2 所示为轴承座零件图。一张足以成为加工和检验依据的零件图应包括以下基本内容：

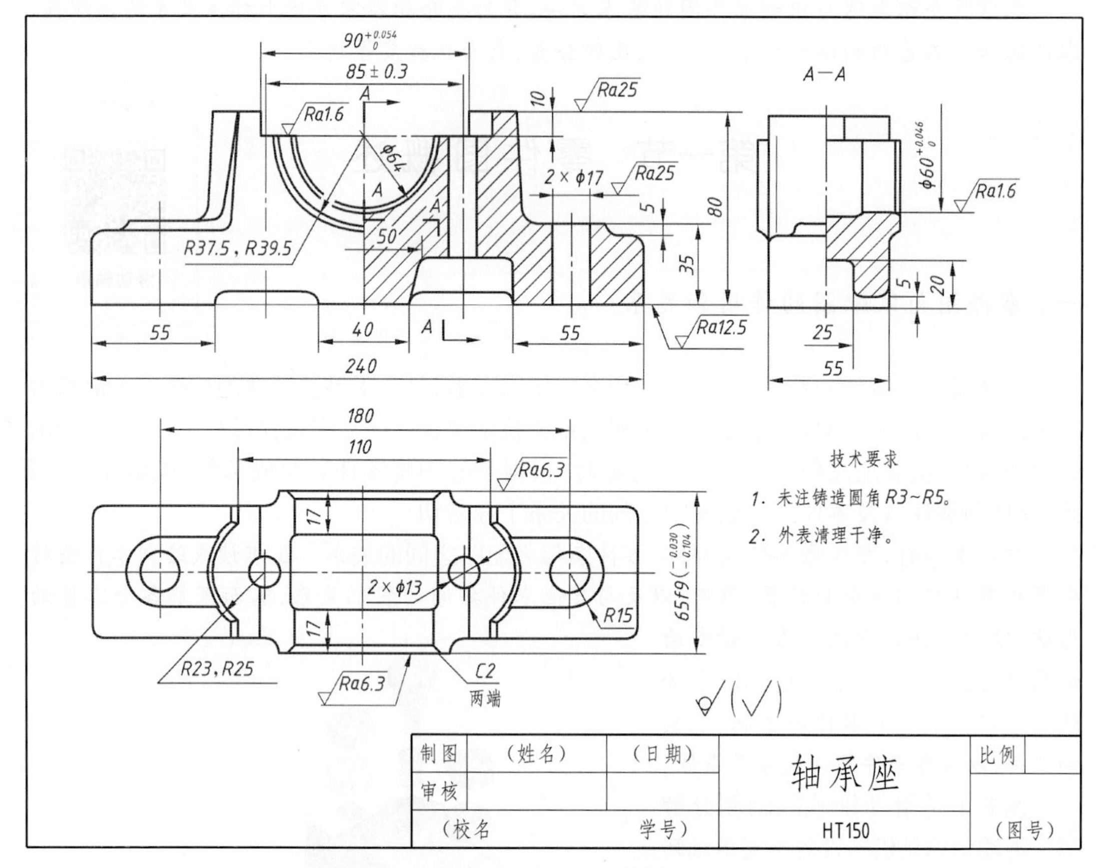


**图 8-2　轴承座零件图**

### 1. 一组图形

选用一组适当的视图、剖视图、断面图等图形，将零件的内、外形状正确、完整、清晰地表达出来。

### 2. 齐全的尺寸

正确、齐全、合理地标注零件在制造和检验时所需要的全部尺寸。

### 3. 技术要求

用规定的符号、代号、标记和文字说明等简明地给出零件制造和检验时所应达到的各项技术指标与要求，如尺寸公差、几何公差、表面粗糙度和热处理等。

**4. 标题栏**

填写零件名称、材料、比例、图号以及制图、审核人员的责任签字等。

## 第二节 零件结构形状的表达

零件图要求把零件的内、外结构形状正确、完整、合理地表达出来。要满足这些要求，首先要对零件的结构形状特点进行分析，并尽可能了解零件在机器或部件中的位置、作用和它的加工方法，然后灵活地选择视图、剖视图、断面图等表示法。解决表达零件结构形状的关键是恰当地选择主视图和其他视图，确定一个比较合理的表达方案。

### 一、主视图的选择

主视图是表达零件的一组图形中的核心，在选择主视图时，一般应按以下两方面综合考虑：

**1. 零件的安放状态**

零件的安放状态应符合零件的加工位置或工作位置。

零件图的主视图应尽可能与零件在机械加工时所处的位置一致，如加工轴、套、轮、圆盘等零件，大部分工序是在车床或磨床上进行的，因此，这类零件的主视图应将其轴线水平放置(加工量大的在右端)，以便于加工时看图。

有些零件形状比较复杂，如箱体、叉架等，加工状态各不相同，需要在不同的机床上加工，其主视图宜尽可能选择零件的工作状态(在部件中工作时所处的位置)绘制。如图 8-2 所示，轴承座的主视图就是按工作位置绘制的。

**2. 确定主视图的投射方向**

选择主视图投射方向的原则是所画主视图能较明显地反映该零件主要形体的形状特征。如图 8-2 所示的轴承座，主视图比俯视图或左视图更清楚地表达了轴承座的形体特征。

### 二、其他视图的选择

主视图确定以后，要分析该零件还有哪些结构形状未表达清楚，再考虑如何将主视图上未表达清楚的部位辅以其他视图表达，并使每个视图都有表达重点。在选择视图时，应优先选用基本视图以及在基本视图上作剖视。

微视频

零件表达方案选择

## 三、零件表达方案的选择举例

选择零件表达方案的原则是：根据零件的结构特点，选用适当的表达方法，在正确、完整地表达零件结构形状的前提下，力求清晰易懂，简化画图和便于看图。

［例 8-1］ 选择图 8-3 所示轴承座的表达方案。

**分析零件**

轴承座的功用是支承轴，其工作状态如图 8-3 所示。轴承座的主体结构由四部分组成：圆筒（包容轴或轴瓦）、支撑板（连接圆筒和底板）、底板（与机座连接）、肋板（增加强度和刚度）。此外，轴承座的局部结构（如圆筒顶部）有凸台和螺孔（安装油杯），底板上有两个安装孔（通过螺栓与机座固定）。

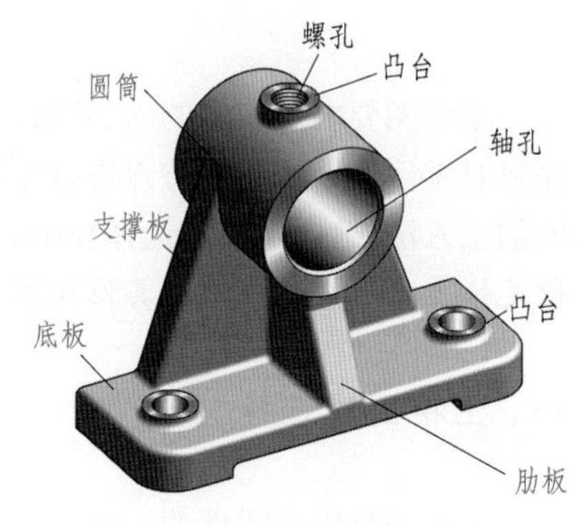


图 8-3 轴承座

**选择主视图**

图 8-4a 和 b 都符合轴承座的工作位置，如果将图 8-4b 取局部剖视后（图 8-4c），对圆筒的结构形状表示很清楚。但从总体来分析，图 8-4a 反映结构形状明显，且各部分之间的相对位置和连接关系更清楚，表达的信息量最多，所以确定作为主视图。

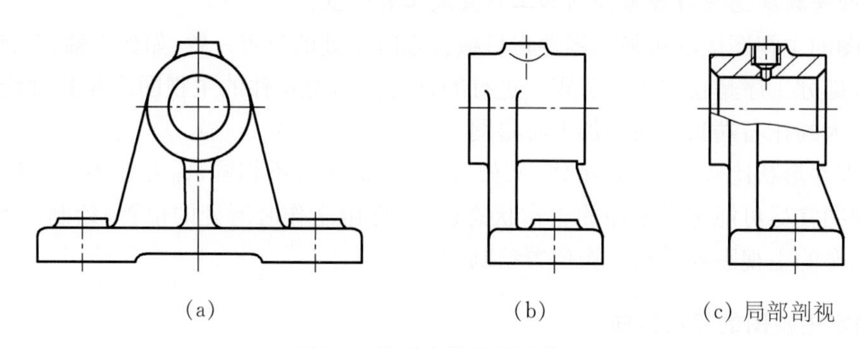


图 8-4 轴承座的主视图选择

**选择其他视图**

（1）圆筒的长度、轴孔（通孔或不通孔）以及顶部的螺孔，主视图未能表达，可采用左视图或俯视图表达。但左视图能反映其加工状态，并且如果取局部剖视（图 8-4c），还能表明圆筒轴孔（通孔）与螺孔的连接关系，所以采用左视图比俯视图好。

（2）支撑板厚度主视图未能表达，也可采用左视图或俯视图表明，用左视图更明显（图 8-4b）。

（3）主视图表示了肋板的厚度，但未能表达其形状，也需要通过左视图表达（图 8-4c）。

至此，左视图的必要性显而易见，考虑内、外形兼顾，采用局部剖视（图 8-4c）。

(4) 底板的形状及其宽度主视图均未表明，虽然左视图能表示其宽度，但要确定其形状必须采用俯视图或仰视图，优先选用俯视图。至此，通过三个基本视图形成了轴承座的初步表达方案，如图 8-5 所示。返回来思考，如果选择图 8-4c 作为主视图，则如图 8-6 所示，显然图形布局不合理。

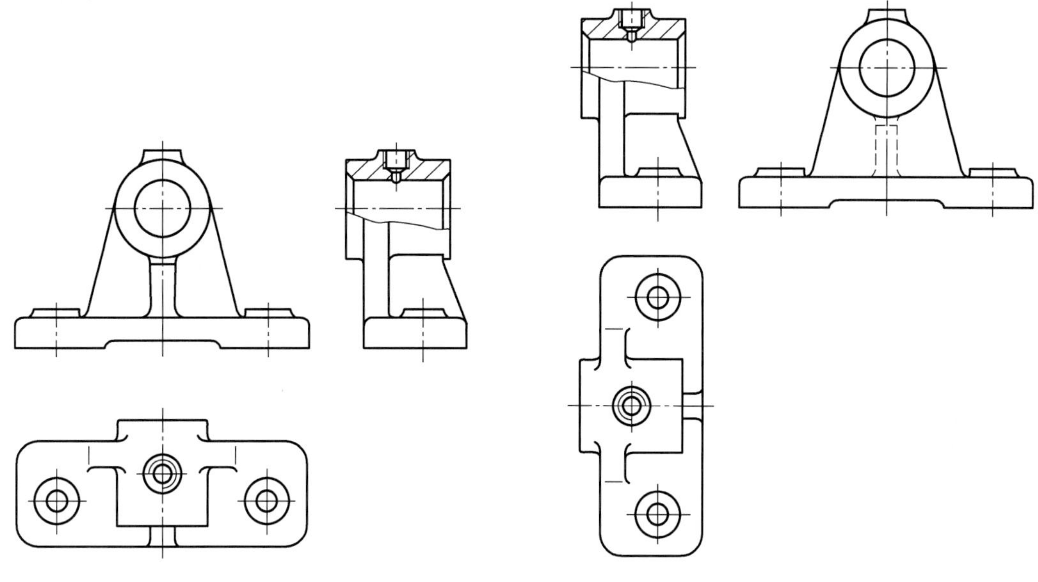

图 8-5　轴承座视图方案一　　　图 8-6　轴承座视图方案二

**选择辅助视图，表达局部结构**

(1) 底板上两个光孔的形状可在主视图上采取局部剖视表达(图 8-7)。

(2) 支撑板与肋板的垂直连接关系，在图 8-5 所示的三个基本视图中尚未表达清楚，可如图 8-7 所示，将俯视图画成全剖视图。或者如图 8-8 所示加画一个断面图和 $B$ 向局部视图。

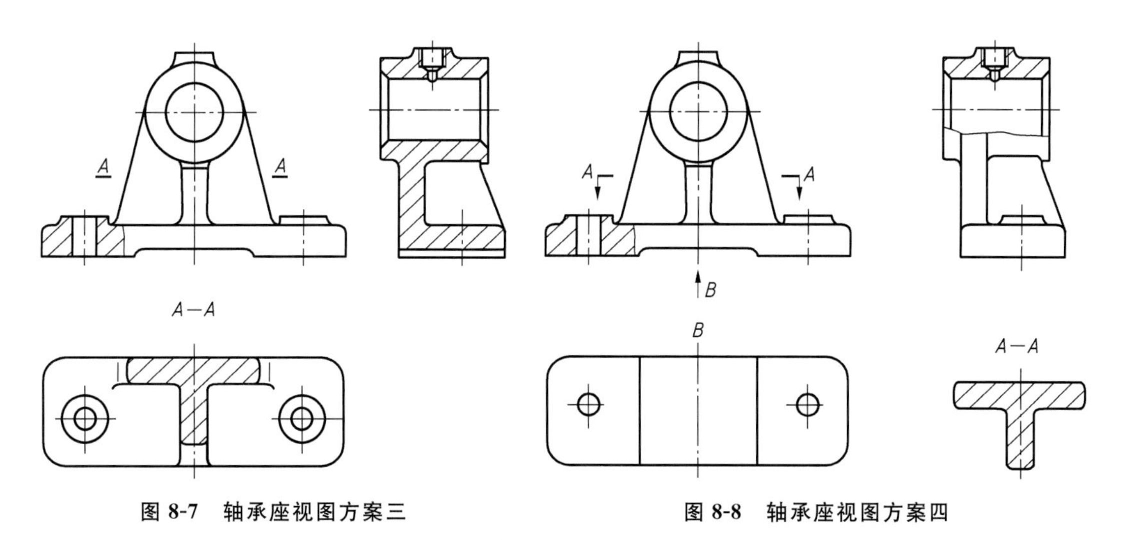


图 8-7　轴承座视图方案三　　　图 8-8　轴承座视图方案四

读者可以从轴承座的四个表达方案中分析、比较，确定一个最佳方案。

[**例 8-2**] 选择图 8-9 所示减速器箱体零件的表达方案。

**分析**

图 8-9 为二级减速器及其箱体的外形图，箱体上部结构的中空部分为四棱柱腔体，支承轴及容纳蜗轮蜗杆等零件，所以腔体四壁均有若干安装轴承的孔(图 8-9a)。为了润滑和冷却，腔体内存有润滑油，所以箱体右壁上设有注油孔和放油孔(图 8-9b)。箱体通常与机座装配在一起，所以它的下部底板上有四个安装孔。

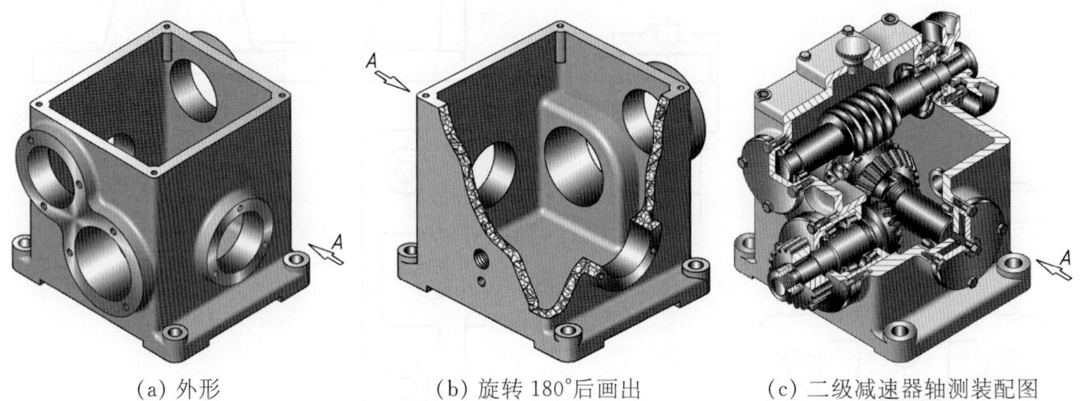


(a) 外形　　(b) 旋转 180°后画出　　(c) 二级减速器轴测装配图

**图 8-9　箱体内、外形状轴测图**

该箱体的外部形状前后相同，左右各异。内部结构前后也基本一致，左右各异。图 8-10 和图 8-11 所示为箱体的两种表达方案。

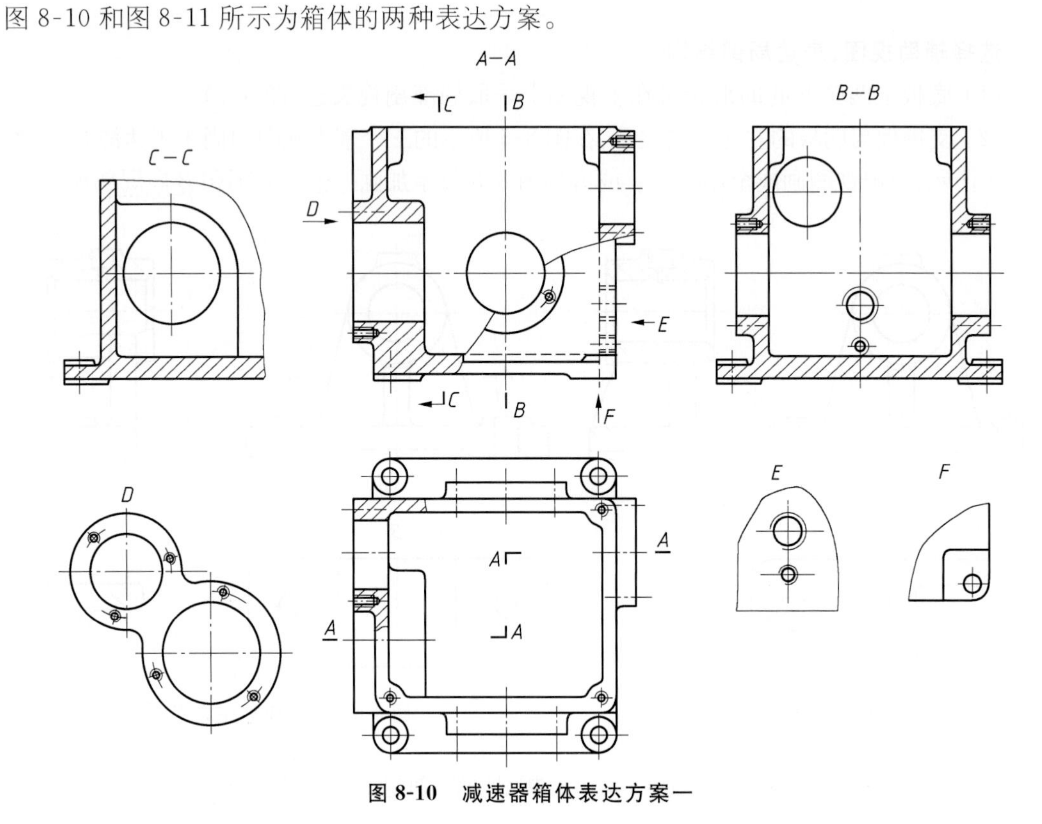


**图 8-10　减速器箱体表达方案一**

**方案一**(图 8-10)

按图 8-9 所示减速器的工作位置,以 $A$ 向为主视图投射方向,由于这个方向的箱体外形结构比较简单,所以主视图采用 $A—A$ 局部剖视图,表示左右两壁上轴孔和凸台结构,保留右下角箱体外形,用少量细虚线表示壁厚和右壁上两个螺孔结构。

左视图采用 $B—B$ 全剖视表示它的内部结构形状,对照主视图清楚地表达三轴孔处的结构以及它们的相对位置(前后壁下部两轴孔同轴)。

俯视图主要表达箱体顶部端面和底板的结构形状以及前后壁上部两轴孔(同轴)的位置,并用较小的局部剖对左壁上方的轴孔作补充表达。

通过主、俯、左三个基本视图已将箱体的主体结构表达清楚。对于尚未表达清楚的内部结构,通过 $C—C$ 局部剖视表达左壁下部轴孔内部凸台的形状。对于尚未表达清楚的外部结构,采用三个局部视图表达,$D$ 向局部视图表示左壁凸台的形状,$E$ 向局部视图表示右壁上两个螺孔结构,$F$ 向局部视图表示底板底部凸台的结构形状。

**方案二**(图 8-11)

方案二与方案一的不同之处是:左视图采用了局部剖视,既表示左侧面凸台的形状,也表示了腔体内部结构形状,省去了 $D$ 向局部视图;省去了形状比较简单的 $F$ 向局部视图,通过主、俯、左视图已将底部凸台结构表示清楚;在左视图上增加一个简化的局部视图,表示凸台上三个螺孔的位置。

比较箱体的两个表达方案,方案二不仅比方案一少用了两个视图,而且显得更加清晰、突出和简便,是比较合理的表达方案。

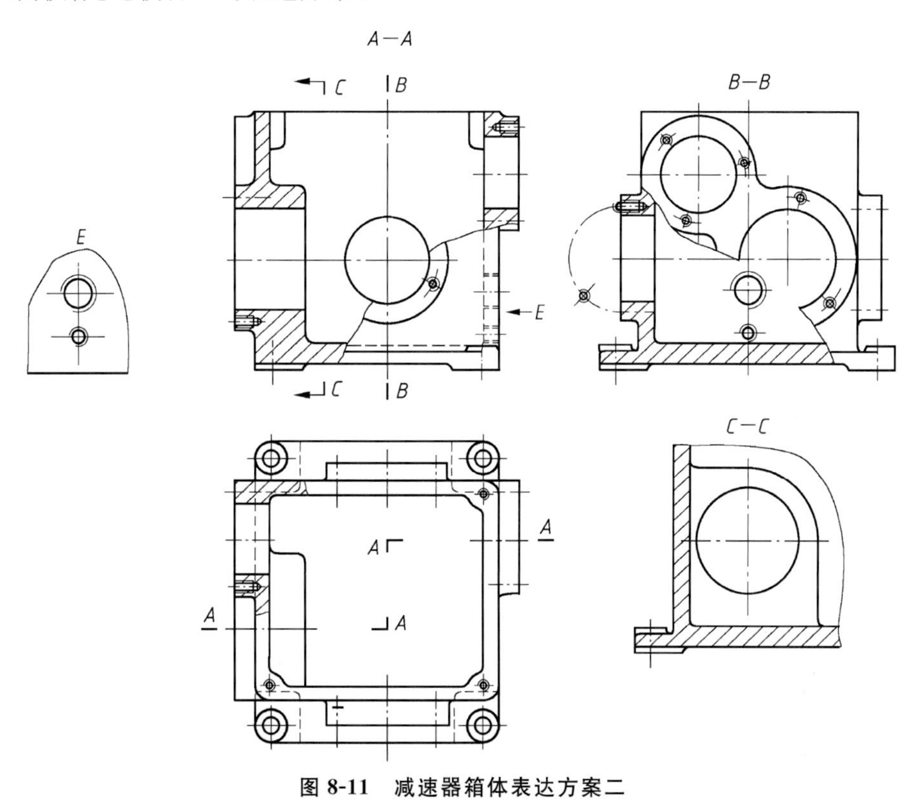


图 8-11 减速器箱体表达方案二

## 第三节 常见的零件工艺结构

零件的结构和形状,除了应满足使用上的要求外,还应满足制造工艺的要求,即应具有合理的工艺结构。零件上常见的工艺结构,多数是通过铸造和机械加工获得的。

### 一、铸造工艺结构

#### 1. 起模斜度

如图 8-12a 所示,在铸造零件毛坯时,为便于将模样从砂型中取出,模样的内、外壁沿起模方向应有一定的斜度(1∶20～1∶10,即相当于图中的 3°～6°)。起模斜度在制作模样时应予以考虑,视图上可以不注出。

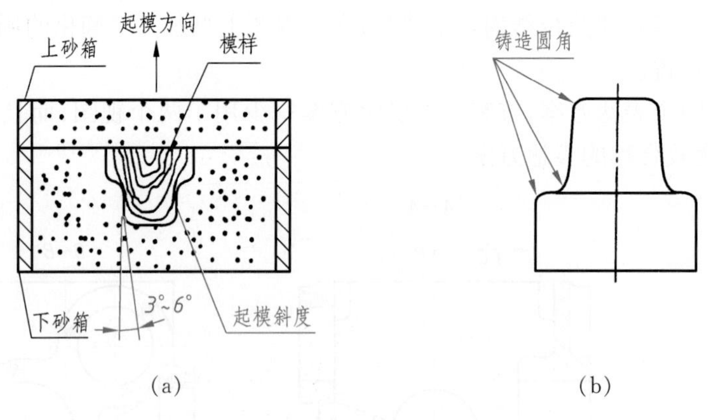


图 8-12 起模斜度与铸造圆角

#### 2. 铸造圆角和过渡线

如图 8-12b 所示,为防止砂型在尖角处脱落和避免铸件冷却收缩时在尖角处产生裂纹,铸件各表面相交处应做成圆角。

由于铸造圆角的存在,零件上的表面交线就显得不明显。为了区分不同形体的表面,在零件图上仍画出两表面的交线,称为过渡线(可见过渡线用细实线表示)。过渡线的画法与相贯线的画法基本相同,只是在其端点处不与其他轮廓线相接触,如图 8-13 所示。

#### 3. 铸件壁厚

为了避免浇铸后由于铸件壁厚不均匀而产生缩孔、裂纹等缺陷(图 8-14a),应尽可能使铸件壁厚均匀或逐渐过渡(图 8-14b、c)。

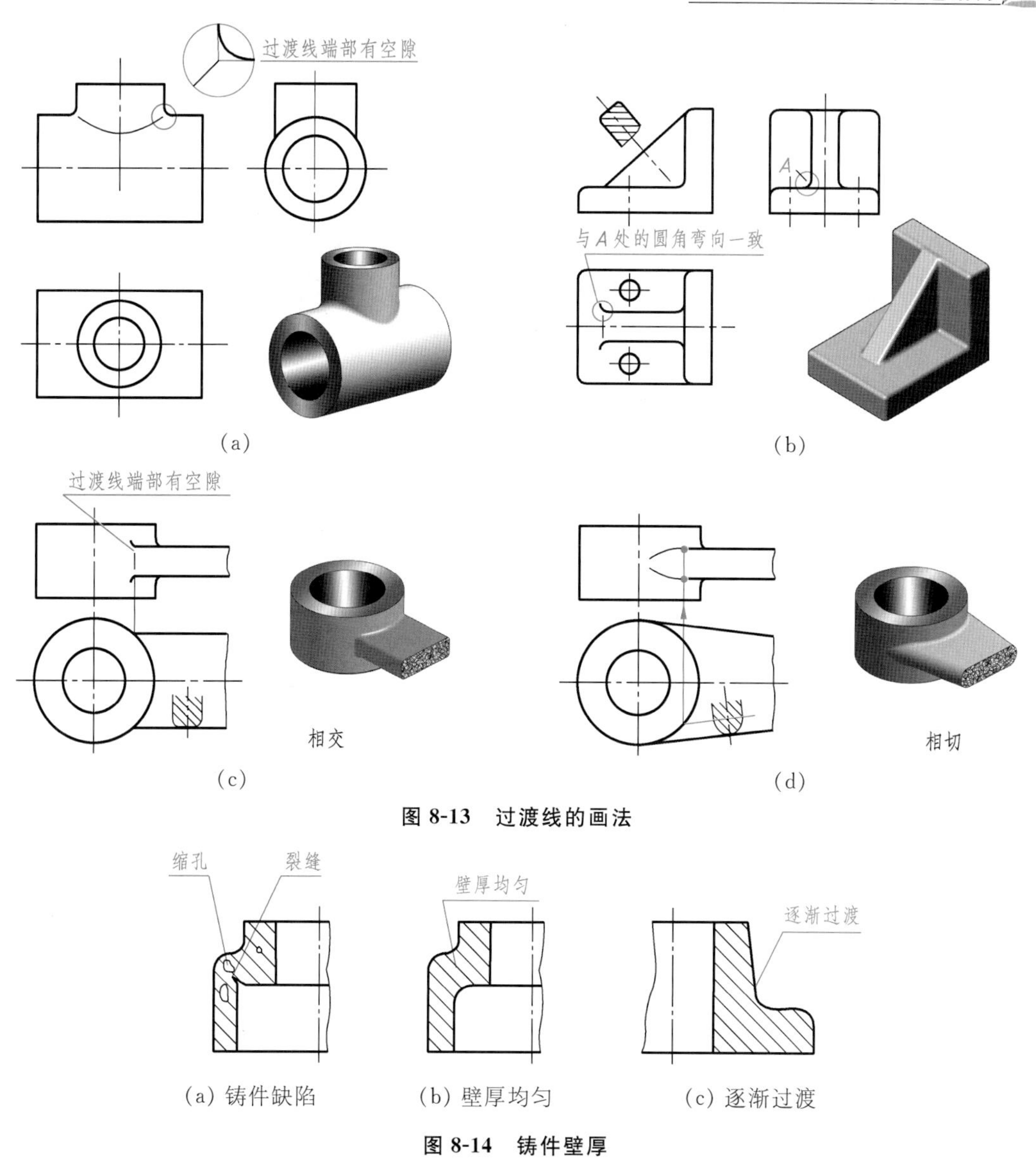


**图 8-13　过渡线的画法**

(a) 铸件缺陷　　(b) 壁厚均匀　　(c) 逐渐过渡

**图 8-14　铸件壁厚**

## 二、机械加工工艺结构

### 1. 倒角和倒圆

如图 8-15 所示，为了便于装配和安全操作，轴或孔的端部应加工成**倒角**；为了避免应力集中而产生裂纹，轴肩处应圆角过渡，称为**倒圆**。45°倒角和倒圆的标注形式如图 8-15 所示(图中符号 $C$ 表示 45°倒角)。

### 2. 退刀槽和砂轮越程槽

切削加工(车螺纹或研磨)时，为了便于退出刀具或砂轮，在被加工面的终端预先加工出的沟槽，称为退刀槽或砂轮越程槽。其结构形式和尺寸，根据轴、孔的直径从相应的标准中查得。其尺寸可按“槽宽×直径”或“槽宽×槽深”的形式集中标注(图 8-16)。

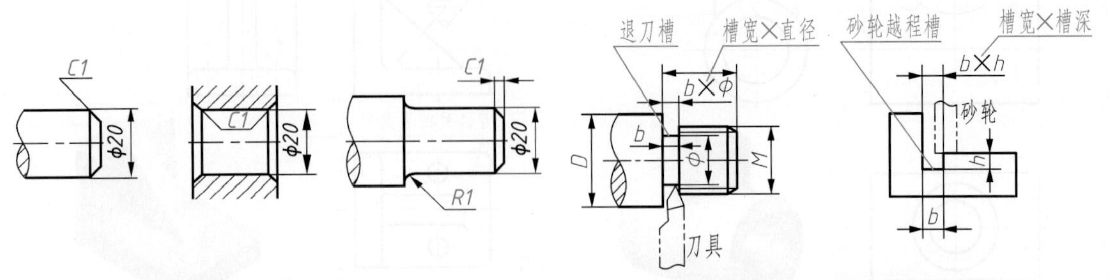


图 8-15　倒角和倒圆

图 8-16　退刀槽和砂轮越程槽

### 3. 减少加工面

两零件的接触面都要加工时，为了减少加工面，并保证两零件的表面接触良好，常将两零件的接触面做成凸台或凹坑、凹槽等结构(图 8-17、图 8-18)。

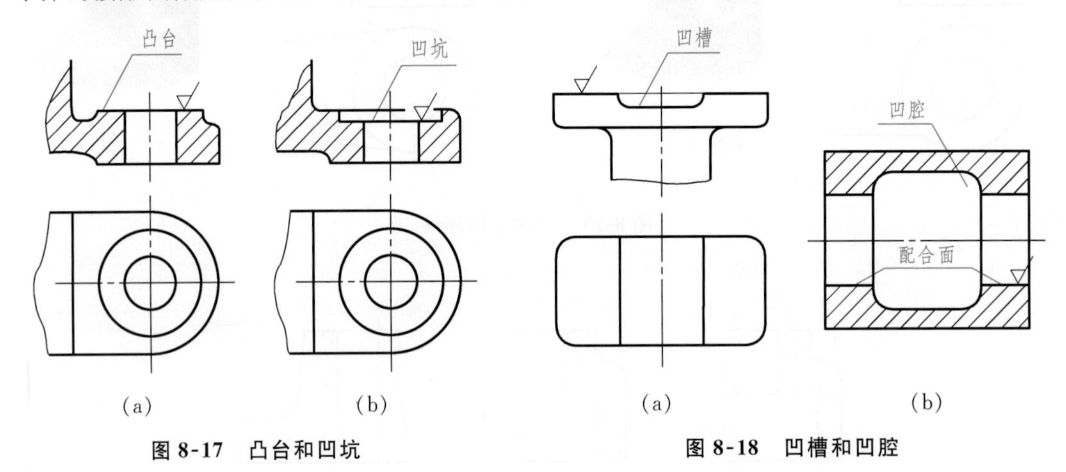


图 8-17　凸台和凹坑

图 8-18　凹槽和凹腔

### 4. 钻孔结构

钻孔时，应尽可能使钻头轴线与被钻孔表面垂直，以保证孔的精度和避免钻头折断。图 8-19 所示为处理斜面上钻孔的合理结构。

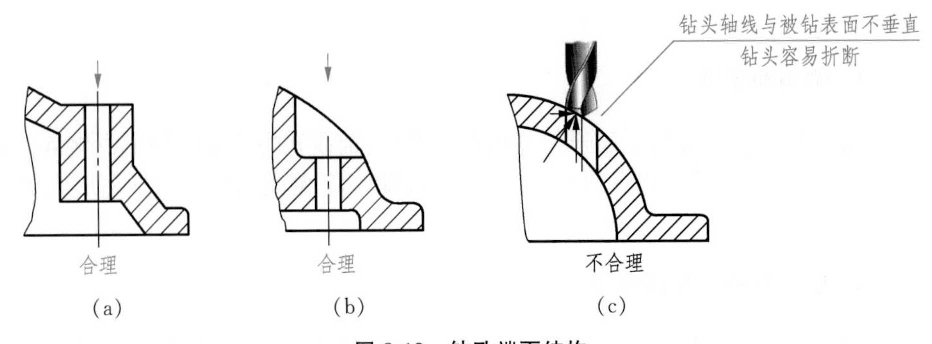


图 8-19　钻孔端面结构

# 第四节　零件图中的尺寸标注

零件图中的尺寸标注，除了要满足前面各章所述正确、齐全和清晰的要求外，还要考虑尺寸标注合理。

尺寸标注合理是指所注尺寸既要满足设计使用要求，又要符合工艺要求，便于零件的加工和检验。必须注意，要使尺寸标注合理，需要有一定的生产实践经验和有关的专业知识。本节所述仅是尺寸标注合理的一些基本知识。

## 一、合理选择尺寸基准

任何零件都有长、宽、高三个方向的尺寸，每个方向至少要选择一个尺寸基准。一般常选择零件结构的对称面、回转轴线、主要加工面、重要支承面或结合面作为尺寸基准。

根据基准的作用不同可分为两种。

### 1. 设计基准

根据设计要求用以确定零件在部件中准确位置所选定的基准，称为设计基准。如图 8-20 所示轴承座，选择底面为高度方向的设计基准、对称平面为长度方向的设计基准、后端面为宽度方向的设计基准。由于一根轴通常要由两个轴承支撑，两者的轴孔应在同一轴线上，所以在标注高度方向尺寸时，应以底面为基准，以保证两轴孔到底面的距离相等；在标注长度方向尺寸时，应以对称平面为基准，以保证底板上两个安装孔之间的中心距及其与轴孔的对称关系，实现两轴承座安装后同轴。

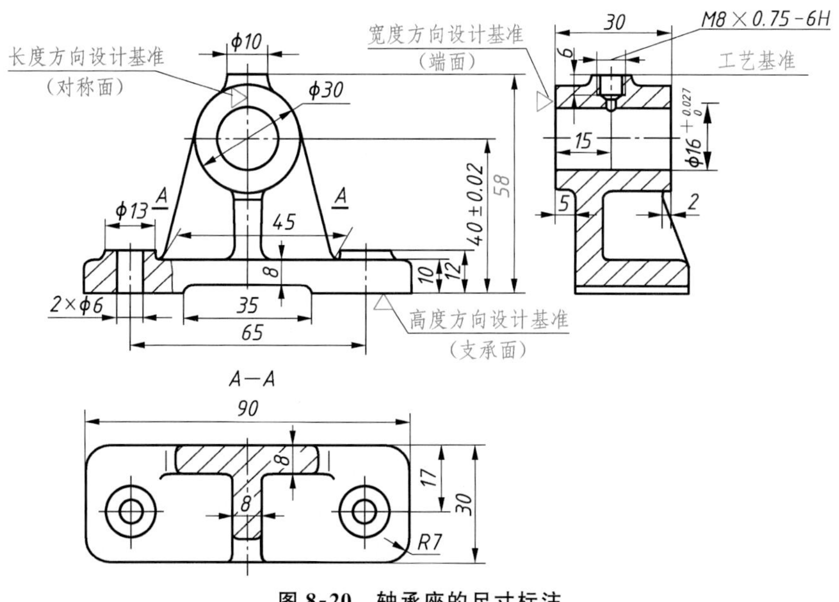


**图 8-20　轴承座的尺寸标注**

**2. 工艺基准**

便于零件加工和测量所选定的基准称为工艺基准。如图 8-20 所示,以轴承座底面为设计基准注出凸台顶面的高度尺寸 58,再以凸台顶面为基准标注出螺孔的深度 6,以便于加工时测量,凸台顶面即为工艺基准。

选择基准时,尽可能使工艺基准与设计基准重合,在保证设计要求的前提下满足工艺要求。如轴承座的地面既是设计基准,也是工艺基准。对于顶面的局部功能结构螺纹孔来说,顶面既是螺纹深度的设计基准,也是加工和测量时的工艺基准。

轴承座的中心高 40,底板厚 10,地板上凸台高度 12 和总高 58 都是以地面为基准标注的,若顶部螺孔深度也以底面为起点标注,不能直接反映深度的设计要求,必须换算得出,这是不合理的选择。印次,应添加顶面作为基准标出螺孔深度,于是在高度方向有了两个基准。当一个方向上不止一个基准时,要根据基准作用的重要性分为主要基准和辅助基准。对于轴承座来说,以底面为起点标注了一个保证轴承座工作性能的重要尺寸(中心高 40)和三个一般尺寸;而以顶面为起点标注的只有一个尺寸(螺纹深度 6),显而易见,底面为主要基准,顶面为辅助基准。同一个方向的主要基准和辅助基准质检,应有直接的尺寸关系,如总高 58。

## 二、功能尺寸应直接注出

图 8-21a 中,轴承孔的中心高应从设计基准(底面)为起点直接注出尺寸 $a$,不能如图 8-21b 所示,以 $b$、$c$ 两个尺寸之和来代替。同样道理,为了保证底板上两个安装孔与机座上的两个螺孔对中,必须直接注出其中心距 $l$,而不应如图 8-21b 所示标注两个 $e$。

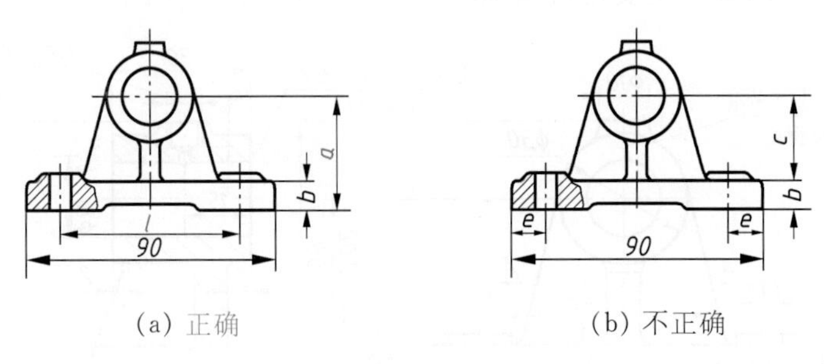


(a) 正确　　(b) 不正确

**图 8-21 功能尺寸直接注出**

## 三、避免出现封闭尺寸链

封闭尺寸链是指尺寸线首尾相接,绕成一整圈的一组尺寸。如图 8-22b 所示的阶梯轴,长度方向的尺寸不仅注出了 $l_1$、$l_2$、$l_3$,也标注了总长 $l_4$,首尾相接,构成封闭尺寸链。这种情况应该避免,因为尺寸 $l_4$ 是尺寸 $l_1$、$l_2$、$l_3$ 之和,而尺寸 $l_4$ 有一定精度要求,但在加工时,尺寸 $l_1$、$l_2$、$l_3$ 都可能产生误差,这些误差会积累到 $l_4$ 上。所以在几个尺寸构成的尺寸链中,应选一个不重要的尺寸空出不注(如 $l_1$),以便使所有的尺寸误差都累积到这一段,保证重要尺寸的精度要求,如图 8-22a 所示。

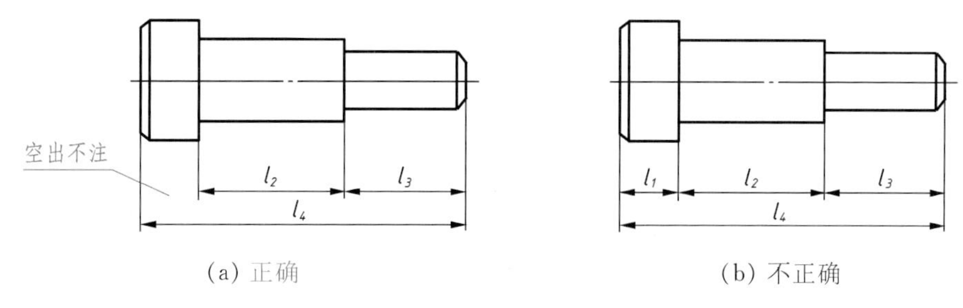


(a) 正确 (b) 不正确

**图 8-22 避免出现尺寸封闭链示例**

## 四、符合加工顺序和便于测量

应按零件的加工顺序标注尺寸,便于看图和测量,有利于保证加工精度。

图 8-23a 所示为该零件的加工顺序。图 8-23b 的尺寸标注符合加工顺序,便于测量。而图 8-23c 的尺寸注法不符合加工顺序,不便测量,故不宜采用。

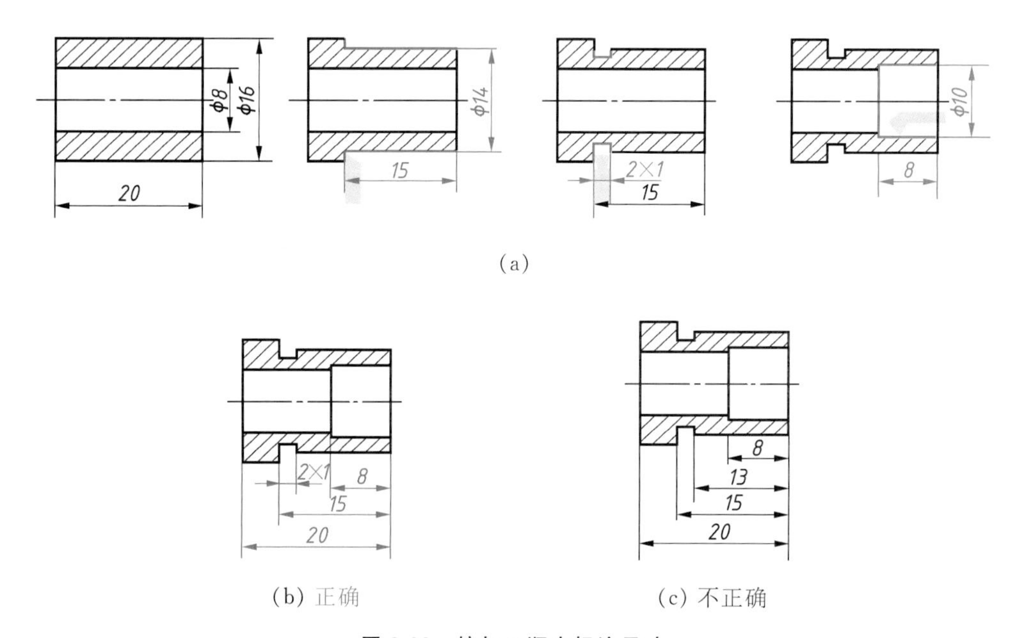


(a)

(b) 正确 (c) 不正确

**图 8-23 按加工顺序标注尺寸**

**[例 8-3]** 如图 8-24 所示,标注减速器输出轴的尺寸。

如图 8-24 所示,按轴的加工特点,选择轴线为径向(高度和宽度方向)主要基准,直接标注各轴段直径(图中未全部注出)。从结构要求分析,$\phi$36 轴段左边是通过键与齿轮连接的轴段,尺寸 $a$ 是该轴的主要(功能)尺寸,必须由 $\phi$36 轴段左端轴肩,轴向(长度方向)主要基准(设计基准)直接注出。其他尺寸根据加工顺序进行标注。

(1) 由长度方向主要基准注出尺寸 $a$、$b$。

(2) 由辅助基准 $M$ 注出 $c$、$d$。

(3) 由辅助基准 $N$ 注出 $e$。

(4) 标注两个键槽的定位尺寸和键槽的长度,以及两个砂轮的越程槽和倒角的尺寸。

输出轴完整的尺寸标注如图 8-25 所示。必须注意,为了避免构成封闭尺寸链,可以将 $\phi36$ 轴段的长度尺寸 $b$ 空出不注,若因需要必须注出时,应将此尺寸数值加括号,称为"参考尺寸",如图 8-25 中的尺寸"(9)"。

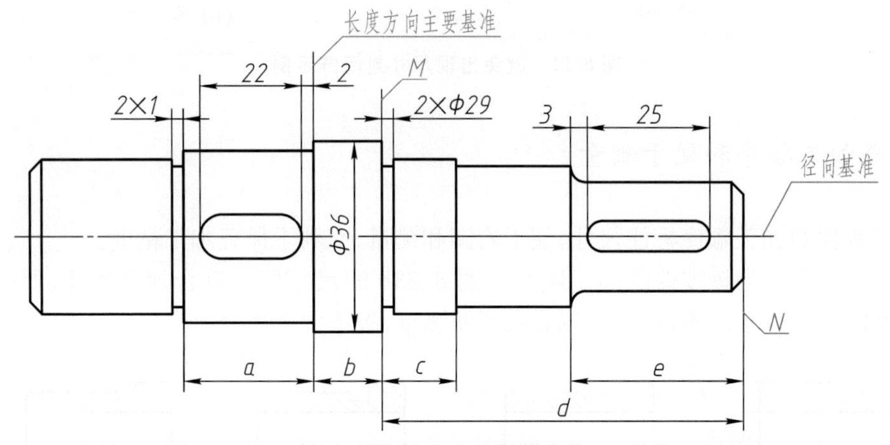


图 8-24 标注尺寸示例(一)

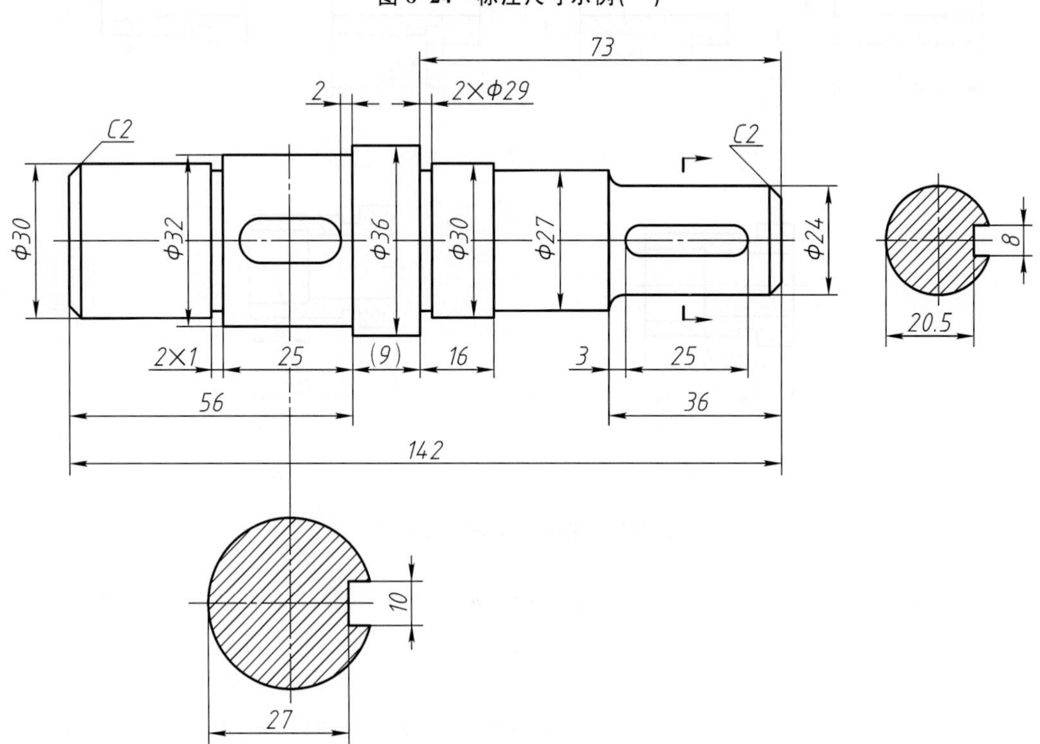


图 8-25 标注尺寸示例(二)

［例 8-4］　如图 8-26 所示，标注踏脚座的尺寸。

对于非回转体类零件，标注尺寸时通常选用较大的加工面、重要的安装面、与其他零件的结合面或主要结构的对称面作为尺寸基准。如图 8-26 所示的踏脚座，选取安装板左端面作为长度方向的主要基准；选取安装板的水平对称面作为高度方向的主要基准；选取踏脚座前后方向的对称面作为宽度方向的主要基准。标注尺寸的顺序如下：

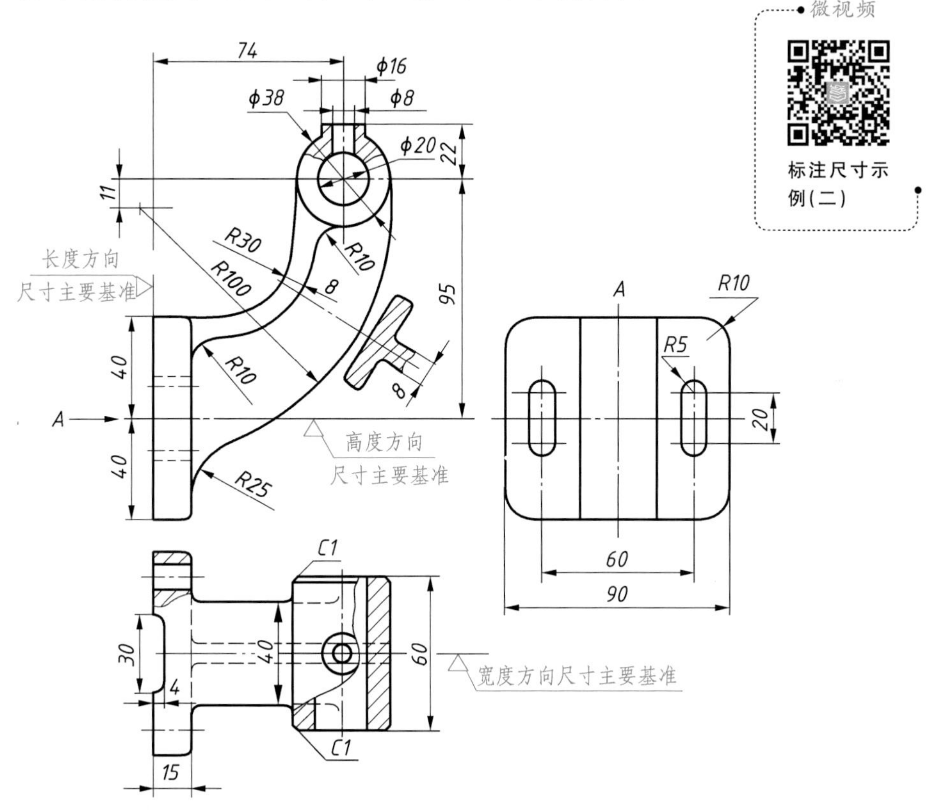


图 8-26　标注尺寸示例(三)

(1) 由长度方向尺寸基准安装板左端面注出尺寸 74，由高度方向尺寸基准安装板水平对称面注出尺寸 95，从而确定上部轴承的轴线位置。

(2) 以由长度方向的定位尺寸 74 和高度方向的定位尺寸 95 确定的轴承的轴线作为径向辅助基准，注出轴承的径向尺寸 $\phi20$、$\phi38$。由轴承的轴线出发，在高度方向分别注出 22、11，确定轴承顶面和踏脚座连接板 $R100$ 的圆心位置。

(3) 由宽度方向尺寸基准踏脚座的前后对称面，在俯视图中注出尺寸 30、40、60，以及在 $A$ 向局部视图中注出尺寸 60、90。

其他的尺寸请读者自行分析。

## 五、零件上常见孔的尺寸标注

各种孔的尺寸注法见表 8-1。

国家标准《技术制图　简化表示法》(GB/T 24741)要求标注尺寸时,应使用符号和缩写词(见表 8-1 中的说明)。

**表 8-1　各种孔的尺寸注法**

| 零件结构类型 | | 简 化 注 法 | 一 般 注 法 | 说　　明 |
|---|---|---|---|---|
| 光孔 | 一般孔 | 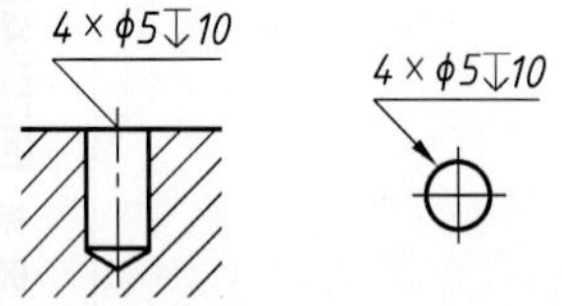 4×$\phi$5↧10　4×$\phi$5↧10 | 4×$\phi$5　10 | ↧ 深度符号<br>4×$\phi$5 表示直径为 5 mm 均布的四个光孔,孔深可与孔径连注,也可分别注出 |
| | 精加工孔 | 4×$\phi5^{+0.012}_{0}$ ↧10 孔↧12　4×$\phi5^{+0.012}_{0}$ ↧10 孔↧12 | 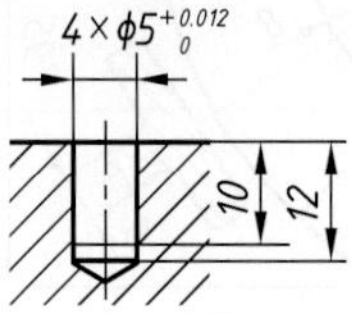 4×$\phi5^{+0.012}_{0}$　10　12 | 光孔深为 12 mm,钻孔后需精加工至 $\phi5^{+0.012}_{0}$ mm,深度为 10 mm |
| | 锥孔 | 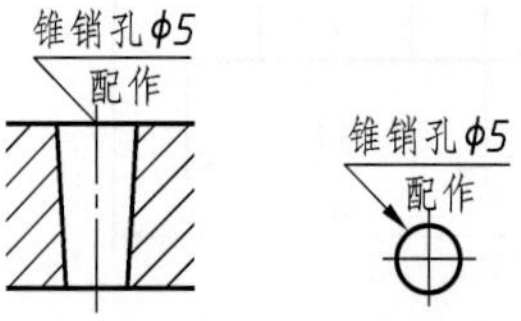 锥销孔$\phi$5 配作　锥销孔$\phi$5 配作 | 锥销孔$\phi$5 配作 | $\phi$5 mm 为与锥销孔相配的圆锥销小头直径(公称直径)。锥销孔通常是两零件装在一起后加工的 |
| 沉孔 | 锥形沉孔 | 4×$\phi$7 ⌵$\phi$13×90°　4×$\phi$7 ⌵$\phi$13×90° | 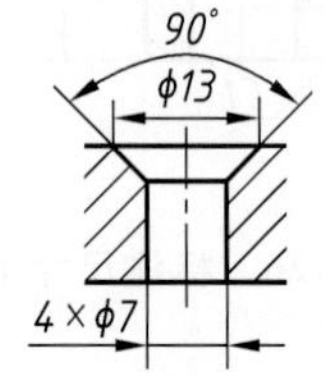 90°　$\phi$13　4×$\phi$7 | ⌵ 埋头孔符号<br>4×$\phi$7 表示直径为 7 mm 均匀分布的四个孔。锥形沉孔可以旁注,也可直接注出 |
| | 柱形沉孔 | 4×$\phi$7 ⌴$\phi$13↧3　4×$\phi$7 ⌴$\phi$13↧3 | 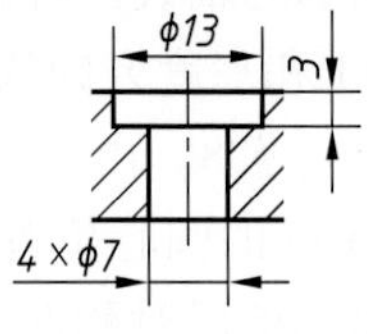 $\phi$13　3　4×$\phi$7 | ⌴ 沉孔及锪平孔符号<br>柱形沉孔的直径为 $\phi$13 mm,深度为 3 mm,均需标注 |
| | 锪平沉孔 | 4×$\phi$7 ⌴$\phi$13　4×$\phi$7 ⌴$\phi$13 | 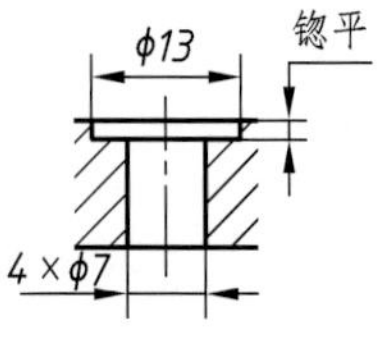 $\phi$13　锪平　4×$\phi$7 | 锪平面 $\phi$13 mm 的深度不必标注,一般锪平到不出现毛面为止 |

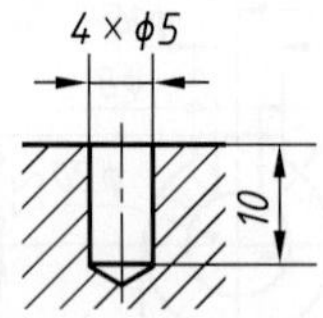

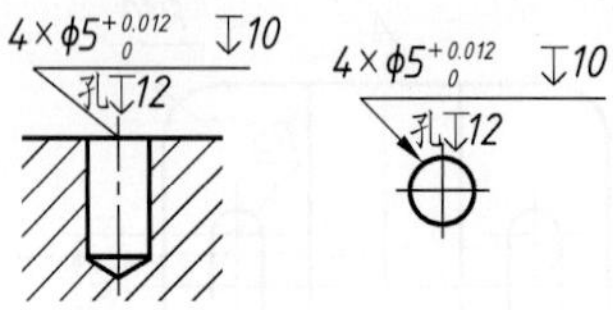

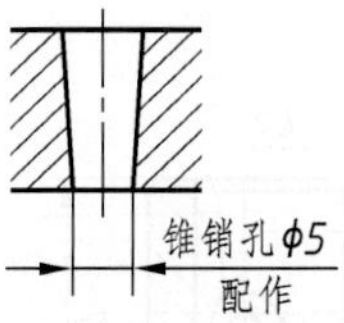

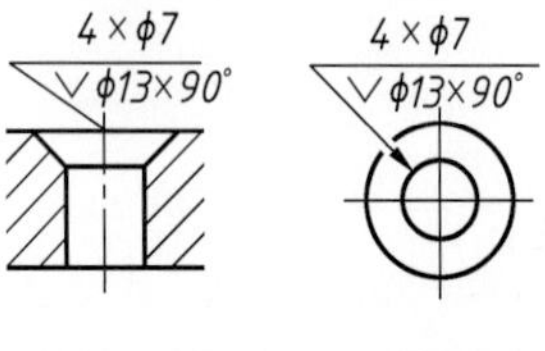

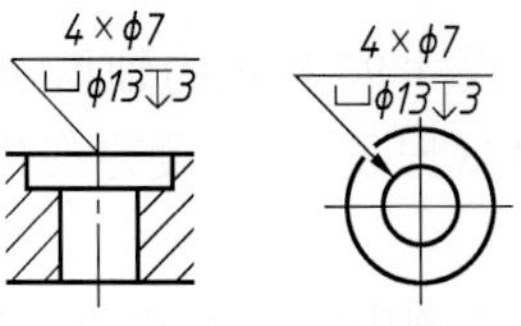

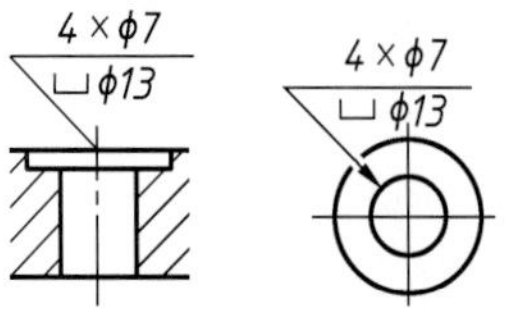

续 表

| 零件结构类型 | | 简化注法 | 一般注法 | 说明 |
| --- | --- | --- | --- | --- |
| 螺孔 | 通孔 | 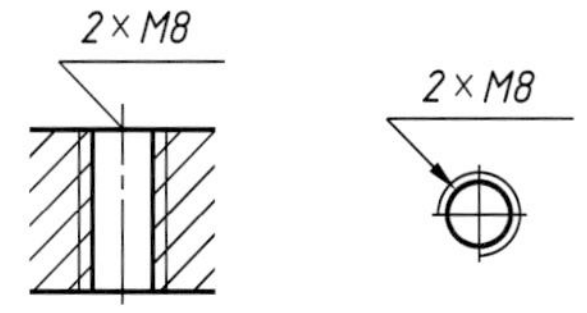 2×M8　2×M8 | 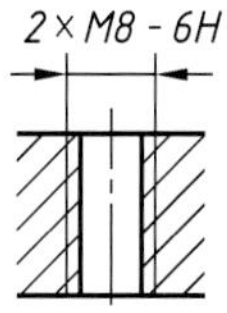 2×M8-6H | 2×M8 表示公称直径为 8 mm 的两螺孔(中径和顶径的公差带代号 6H 不注),可以旁注,也可直接注出 |
| | 不通孔 | 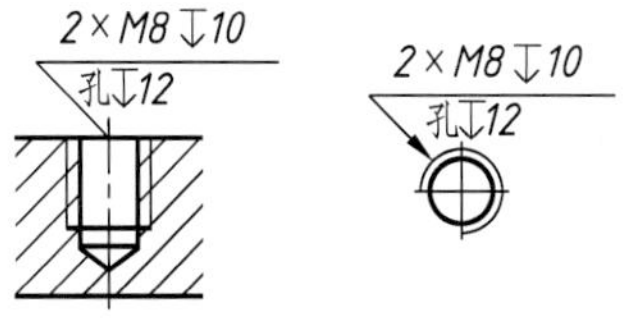 2×M8↧10 孔↧12　2×M8↧10 孔↧12 | 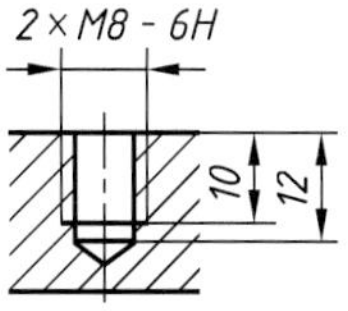 2×M8-6H 10 12 | 一般应分别注出螺纹和钻孔的深度尺寸(中径和顶径的公差带代号 6H 不注) |

# 第五节 机械图样中的技术要求

机械图样中的技术要求主要是指零件几何精度方面的要求,如*尺寸公差*、*几何公差*、*表面粗糙度*等。从广义上讲,技术要求还包括理化性能方面的要求,如对材料的*热处理*和*表面处理*等(参阅附表 17、18、19)。技术要求通常用符号、代号或标记标注在图形上,或者用简明的文字注写在标题栏附近。

## 一、极限与配合

现代化大规模生产要求零件具有*互换性*,即从同一规格的一批零件中任取一件,不经修配就能装到机器或部件上,并能保证使用要求。零件的互换性是机械产品批量生产的前提。为了满足零件的互换性,就必须制定和执行统一的标准。下面简要介绍国家标准《极限与配合》的基本内容。

### 1. 尺寸公差

在实际生产中,零件的尺寸不可能加工得绝对准确,而是允许零件的实际尺寸在一个合理的范围内变动。这个*尺寸允许的变动量就是尺寸公差,简称公差*。

如图 8-27 所示,当轴装进孔时,为了满足使用过程中不同松紧程度的要求,必须对轴和孔的直径分别给出一个尺寸大小的限制范围。例如孔和轴的直径 $\phi30$ 后面的“$^{+0.021}_{0}$”和“$^{-0.007}_{-0.020}$”就是限制范围。它们的含义是孔直径的允许变动范围为 $\phi30 \sim \phi30.021$;轴直径的允许变动范围为 $\phi29.98 \sim \phi29.993$。这个范围即为尺寸公差。允许尺寸变动的两个界限值称为极限尺寸。关于尺寸公差的一些名词,以图 8-27 为例作简要说明。

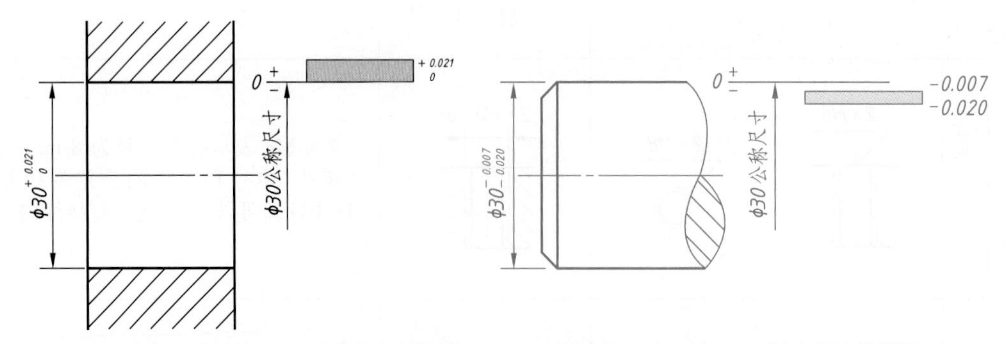


(a) 孔直径尺寸公差 (b) 孔直径公差带图 (c) 轴直径尺寸公差 (d) 轴直径公差带图

**图 8-27 孔与轴的尺寸公差及公差带图**

(1) 公称尺寸与极限尺寸

**公称尺寸** 设计给定的尺寸:ϕ30。

**极限尺寸** 允许尺寸变动的两个极限值:

上极限尺寸 **孔** 30+0.021=30.021 **轴** 30+(−0.007)=29.993

下极限尺寸 **孔** 30−0=30 **轴** 30−0.02=29.98

零件经过测量所得的尺寸称为实际尺寸,若实际尺寸在上极限尺寸和下极限尺寸之间,即为合格。

(2) 极限偏差与尺寸公差

**极限偏差** 极限尺寸减公称尺寸所得的代数差。

上极限偏差 上极限尺寸减公称尺寸所得的代数差。

下极限偏差 下极限尺寸减公称尺寸所得的代数差。

孔的上、下极限偏差代号用大写字母 ES、EI 表示。

轴的上、下极限偏差代号用小写字母 es、ei 表示。

**孔** 上极限偏差 ES = 30.021 − 30 = 0.021
下极限偏差 EI = 0

**轴** 上极限偏差 es = 29.993 − 30 =− 0.007
下极限偏差 ei = 29.98 − 30 =− 0.02

**尺寸公差(简称公差)** 零件尺寸的允许变动量。

公差 = 上极限尺寸 − 下极限尺寸 = 上极限偏差 − 下极限偏差

**孔**的公差 30.021 − 30 = 0.021 或 +0.021 − 0 = 0.021

**轴**的公差 29.993 − 29.98 = 0.013 或 − 0.007 − (− 0.02) = 0.013

(3) 公差带

为便于分析尺寸公差和进行有关计算,可以公称尺寸为基准(零线),用夸大间距的两条直线表示上、下极限偏差,这两条直线所限定的区域称为**公差带**。用这种方法画出的图称为**公差带图**。它表示了尺寸公差的大小和相对零线(即公称尺寸线)的位置。图 8-27 分别示出了孔和轴直径尺寸的公差带图。

在公差带图中，**零线**是确定正、负偏差的基准线，零线以上为正偏差，零线以下为负偏差。在零件图上标注的尺寸公差，其上、下极限偏差有时都是正值，有时都是负值，有时一正一负。上、下极限偏差值中可以有一个值是“0”，但不得两个值均为“0”。公差值必定为正值，公差不应是“0”或负值。

(4) **标准公差与基本偏差**

**标准公差** 分为20级，用IT表示，常用的是IT6～IT9，见表8-2。IT后面的数字表示公差等级，IT01公差值最小，精度最高；IT18公差值最大，精度最低。它的数值由公称尺寸和公差等级所确定，用以确定公差带的大小。

**表8-2 标准公差数值(摘自GB/T 1800.1)**

| 公称尺寸/mm | | 标准公差等级 | | | | | | | | | | | | | | | | | |
|---|---|---|---|---|---|---|---|---|---|---|---|---|---|---|---|---|---|---|---|
| | | IT1 | IT2 | IT3 | IT4 | IT5 | IT6 | IT7 | IT8 | IT9 | IT10 | IT11 | IT12 | IT13 | IT14 | IT15 | IT16 | IT17 | IT18 |
| 大于 | 至 | μm | | | | | | | | | | | mm | | | | | | |
| — | 3 | 0.8 | 1.2 | 2 | 3 | 4 | 6 | 10 | 14 | 25 | 40 | 60 | 0.1 | 0.14 | 0.25 | 0.4 | 0.6 | 1 | 1.4 |
| 3 | 6 | 1 | 1.5 | 2.5 | 4 | 5 | 8 | 12 | 18 | 30 | 48 | 75 | 0.12 | 0.18 | 0.3 | 0.48 | 0.75 | 1.2 | 1.8 |
| 6 | 10 | 1 | 1.5 | 2.5 | 4 | 6 | 9 | 15 | 22 | 36 | 58 | 90 | 0.15 | 0.22 | 0.36 | 0.58 | 0.9 | 1.5 | 2.2 |
| 10 | 18 | 1.2 | 2 | 3 | 5 | 8 | 11 | 18 | 27 | 43 | 70 | 110 | 0.18 | 0.27 | 0.43 | 0.7 | 1.1 | 1.8 | 2.7 |
| 18 | 30 | 1.5 | 2.5 | 4 | 6 | 9 | 13 | 21 | 33 | 52 | 84 | 130 | 0.21 | 0.33 | 0.52 | 0.84 | 1.3 | 2.1 | 3.3 |
| 30 | 50 | 1.5 | 2.5 | 4 | 7 | 11 | 16 | 25 | 39 | 62 | 100 | 160 | 0.25 | 0.39 | 0.62 | 1 | 1.6 | 2.5 | 3.9 |
| 50 | 80 | 2 | 3 | 5 | 8 | 13 | 19 | 30 | 46 | 74 | 120 | 190 | 0.3 | 0.46 | 0.74 | 1.2 | 1.9 | 3 | 4.6 |
| 80 | 120 | 2.5 | 4 | 6 | 10 | 15 | 22 | 35 | 54 | 87 | 140 | 220 | 0.35 | 0.54 | 0.87 | 1.4 | 2.2 | 3.5 | 5.4 |
| 120 | 180 | 3.5 | 5 | 8 | 12 | 18 | 25 | 40 | 63 | 100 | 160 | 250 | 0.4 | 0.63 | 1 | 1.6 | 2.5 | 4 | 6.3 |
| 180 | 250 | 4.5 | 7 | 10 | 14 | 20 | 29 | 46 | 72 | 115 | 185 | 290 | 0.46 | 0.72 | 1.15 | 1.85 | 2.9 | 4.6 | 7.2 |
| 250 | 315 | 6 | 8 | 12 | 16 | 23 | 32 | 52 | 81 | 130 | 210 | 320 | 0.52 | 0.81 | 1.3 | 2.1 | 3.2 | 5.2 | 8.1 |

**基本偏差** 距离零线较近的那个偏差，用以确定公差带相对于零线的位置。

对于孔和轴各规定了28个基本偏差，用A～ZC(a～zc)表示。大写字母表示孔的基本偏差，小写字母表示轴的基本偏差。其中，基本偏差“H”代表基准孔，即下极限偏差为零；基本偏差“h”代表基准轴，即上极限偏差为零。

公差带位于零线之上时，其基本偏差为下极限偏差。

公差带位于零线之下时，其基本偏差为上极限偏差。

根据实际需要，国家标准分别对孔和轴各规定了28个不同的基本偏差，如图8-28所示。

(5) **公差带代号**

孔、轴的尺寸公差可用公差带代号表示。公差带代号由基本偏差代号(字母)和标准公差等级数字组成。例如：

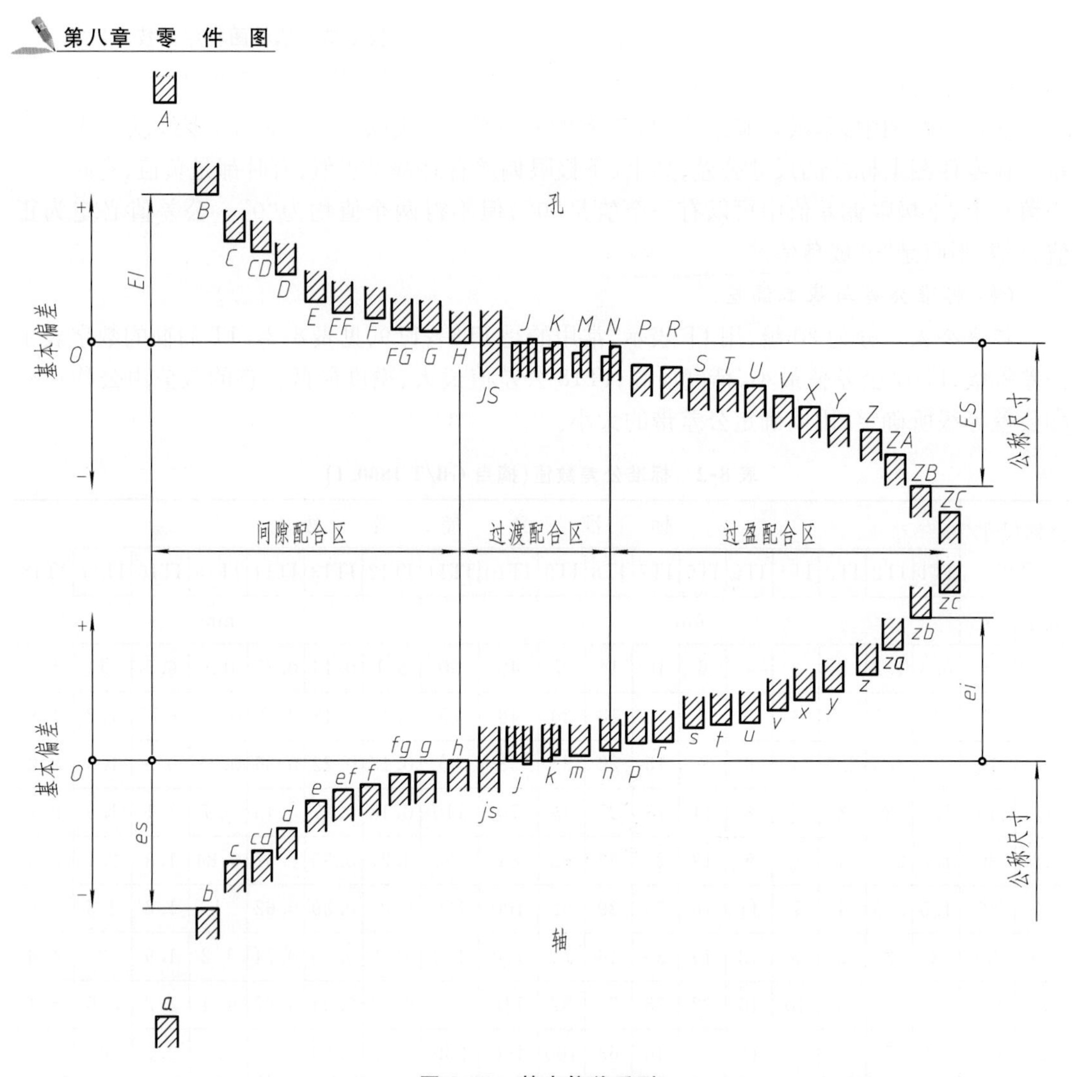


图 8-28 基本偏差系列

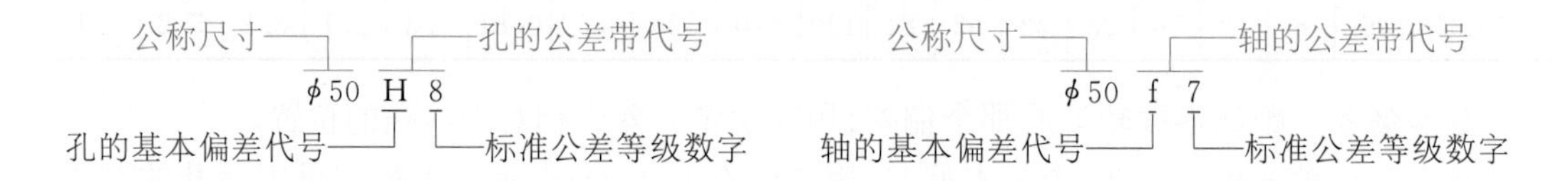


**ϕ50H8 的含义** 公称尺寸为 ϕ50、公差等级为 8 级、基本偏差为 H 的孔的公差带。

**ϕ50f7 的含义** 公称尺寸为 ϕ50、公差等级为 7 级、基本偏差为 f 的轴的公差带。

**2. 配合**

公称尺寸相同的、相互结合的孔和轴公差带之间的关系称为配合。根据使用要求的不同,孔和轴之间的配合有松有紧。例如轴承座、轴套和轴三者之间的配合(图 8-29),轴套与轴承座孔之间不允许相对运动,应选择紧的配合,而轴在轴套内要求能转动,应选择松动的配合。为此,国家标准规定配合分为三类(图 8-30)。

(1) 间隙配合 孔的实际尺寸大于或等于轴的实际尺寸,装配在一起后,轴与孔之间存在间隙(包括最小间隙为零的情况),轴在孔中能相对运动。这时,孔的公差带在轴的公差带之上。

(2) **过盈配合**　孔的实际尺寸小于轴的实际尺寸,装配时,需要一定的外力或使带孔零件加热膨胀后才能把轴压入孔中,所以轴与孔装配在一起后不能产生相对运动。这时,孔的公差带在轴的公差带之下。

(3) **过渡配合**　轴的实际尺寸比孔的实际尺寸有时小、有时大。它们装在一起后,可能出现间隙,或出现过盈,但间隙或过盈都相对较小,这种介于间隙与过盈之间的配合即过渡配合。这时,孔的公差带与轴的公差带将出现相互重叠部分。

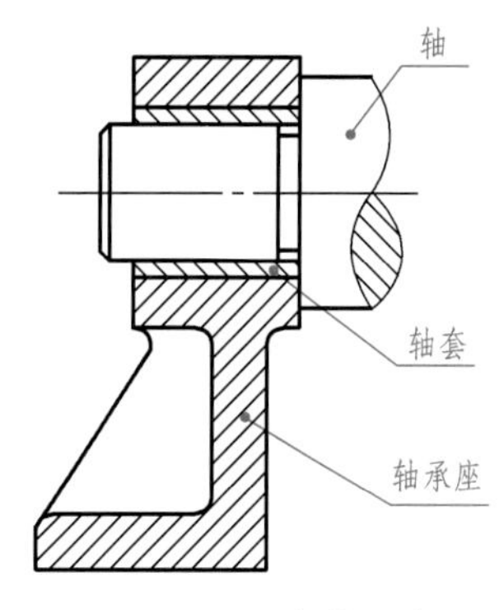


图 8-29　配合的概念

### 3. 配合制

为了使两零件达到不同的配合要求,国家标准规定了两种配合制度。

(1) **基孔制配合**　基本偏差为一定的孔的公差带,与不同基本偏差的轴的公差带形成各种不同的配合状态。基孔制配合的孔称为基准孔,H 为基本偏差代号,下极限偏差为零,即它的下极限尺寸等于公称尺寸(图 8-30)。

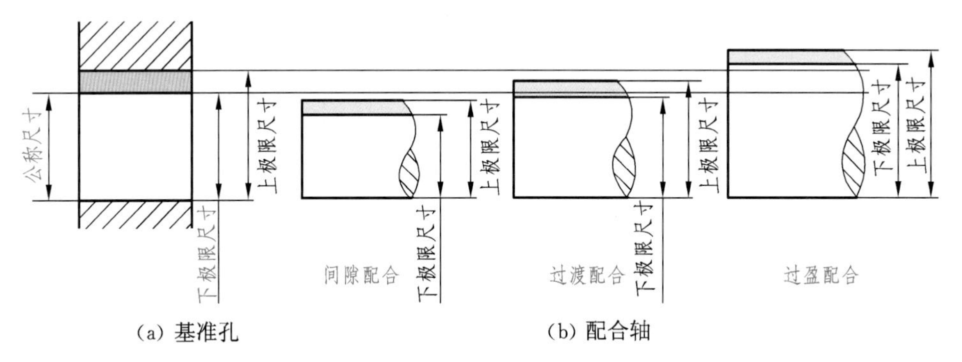


(a) 基准孔　　(b) 配合轴

图 8-30　基孔制配合

(2) **基轴制配合**　基本偏差为一定的轴的公差带,与不同基本偏差的孔的公差带形成各种不同的配合状态。基轴制的轴称为基准轴,h 为基本偏差代号,上极限偏差为零,即它的下极限尺寸等于公称尺寸(图 8-31)。

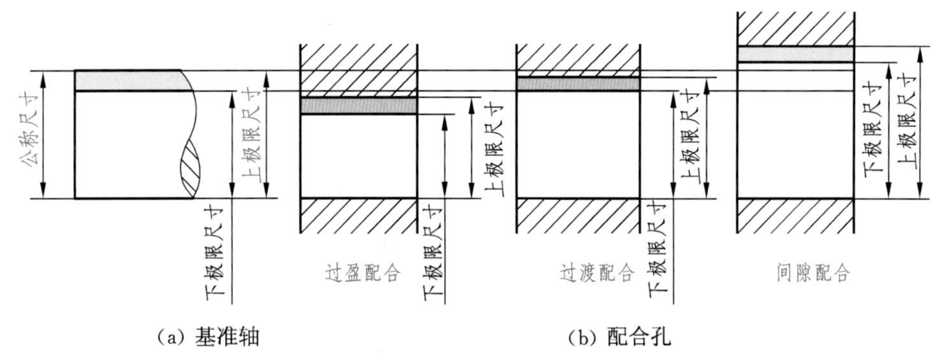


(a) 基准轴　　(b) 配合孔

图 8-31　基轴制配合

采用基孔制或基轴制应根据具体情况而定，一般情况下，优先选用基孔制，因为加工轴比较方便，而加工孔的道具、量具规格多，成本高。当零件与标准件配合时，通常选择标准件为基准件，例如滚动轴承内圈与轴配合，应以内圈为基准孔，采用基孔制配合。而外圈与座孔配合，应以外圈为基准件，采用基轴制配合。

#### 4. 优先、常用配合

在配合代号中，一般孔的基本偏差为 H 的，表示基孔制；轴的基本偏差为 h 的，表示基轴制。20 个标准公差等级和 28 种基本偏差可组成大量的配合。国家标准对孔、轴的公差带的选用分为优先、其次和最后三类，前两类合称常用配合。由孔、轴的优先和常用公差带分别组成基孔制和基轴制的优先和常用配合，见表 8-3 和表 8-4。

**表 8-3　基孔制优先、常用配合**

| 基准孔 | 轴 | | | | | | | | | | | | | | | | | | | | |
|---|---|---|---|---|---|---|---|---|---|---|---|---|---|---|---|---|---|---|---|---|---|
| | a | b | c | d | e | f | g | h | js | k | m | n | p | r | s | t | u | v | x | y | z |
| | 间隙配合 | | | | | | | | 过渡配合 | | | 过盈配合 | | | | | | | | | |
| H6 | | | | | | $\frac{H6}{f5}$ | $\frac{H6}{g5}$ | $\frac{H6}{h5}$ | $\frac{H6}{js5}$ | $\frac{H6}{k5}$ | $\frac{H6}{m5}$ | $\frac{H6}{n5}$ | $\frac{H6}{p5}$ | $\frac{H6}{r5}$ | $\frac{H6}{s5}$ | $\frac{H6}{t5}$ | | | | | |
| H7 | | | | | | $\frac{H7}{f6}$ | $\frac{H7}{g6}$ | $\frac{H7}{h6}$ | $\frac{H7}{js6}$ | $\frac{H7}{k6}$ | $\frac{H7}{m6}$ | $\frac{H7}{n6}$ | $\frac{H7}{p6}$ | $\frac{H7}{r6}$ | $\frac{H7}{s6}$ | $\frac{H7}{t6}$ | $\frac{H7}{u6}$ | $\frac{H7}{v6}$ | $\frac{H7}{x6}$ | $\frac{H7}{y6}$ | $\frac{H7}{z6}$ |
| H8 | | | | | $\frac{H8}{e7}$ | $\frac{H8}{f7}$ | $\frac{H8}{g7}$ | $\frac{H8}{h7}$ | $\frac{H8}{js7}$ | $\frac{H8}{k7}$ | $\frac{H8}{m7}$ | $\frac{H8}{n7}$ | $\frac{H8}{p7}$ | $\frac{H8}{r7}$ | $\frac{H8}{s7}$ | $\frac{H8}{t7}$ | $\frac{H8}{u7}$ | | | | |
| | | | | $\frac{H8}{d8}$ | $\frac{H8}{e8}$ | $\frac{H8}{f8}$ | | $\frac{H8}{h8}$ | | | | | | | | | | | | | |
| H9 | | | $\frac{H9}{c9}$ | $\frac{H9}{d9}$ | $\frac{H9}{e9}$ | $\frac{H9}{f9}$ | | $\frac{H9}{h9}$ | | | | | | | | | | | | | |
| H10 | | | $\frac{H10}{c10}$ | $\frac{H10}{d10}$ | | | | $\frac{H10}{h10}$ | | | | | | | | | | | | | |
| H11 | $\frac{H11}{a11}$ | $\frac{H11}{b11}$ | $\frac{H11}{c11}$ | $\frac{H11}{d11}$ | | | | $\frac{H11}{h11}$ | | | | | | | | | | | | | |
| H12 | | $\frac{H12}{b12}$ | | | | | | $\frac{H12}{h12}$ | 1. 常用配合 59 种，其中优先配合 13 种。红色字为优先配合。<br>2. H6/n5、H7/p6 在公称尺寸小于或等于 3 mm 和 H8/r7 在小于或等于 100 mm 时为过渡配合 | | | | | | | | | | | | |

表 8-4 基轴制优先、常用配合

| 基准轴 | 孔 | | | | | | | | | | | | | | | | | | | | |
|---|---|---|---|---|---|---|---|---|---|---|---|---|---|---|---|---|---|---|---|---|---|
| | A | B | C | D | E | F | G | H | JS | K | M | N | P | R | S | T | U | V | X | Y | Z |
| | 间隙配合 | | | | | | | | 过渡配合 | | | 过盈配合 | | | | | | | | | |
| h5 | | | | | | $\frac{F6}{h5}$ | $\frac{G6}{h5}$ | $\frac{H6}{h5}$ | $\frac{JS6}{h5}$ | $\frac{K6}{h5}$ | $\frac{M6}{h5}$ | $\frac{N6}{h5}$ | $\frac{P6}{h5}$ | $\frac{R6}{h5}$ | $\frac{S6}{h5}$ | $\frac{T6}{h5}$ | | | | | |
| h6 | | | | | | $\frac{F7}{h6}$ | $\frac{G7}{h6}$ | $\frac{H7}{h6}$ | $\frac{JS7}{h6}$ | $\frac{K7}{h6}$ | $\frac{M7}{h6}$ | $\frac{N7}{h6}$ | $\frac{P7}{h6}$ | $\frac{R7}{h6}$ | $\frac{S7}{h6}$ | $\frac{T7}{h6}$ | $\frac{U7}{h6}$ | | | | |
| h7 | | | | | $\frac{E8}{h7}$ | $\frac{F8}{h7}$ | | $\frac{H8}{h7}$ | $\frac{JS8}{h7}$ | $\frac{K8}{h7}$ | $\frac{M8}{h7}$ | $\frac{N8}{h7}$ | | | | | | | | | |
| h8 | | | | $\frac{D8}{h8}$ | $\frac{E8}{h8}$ | $\frac{F8}{h8}$ | | $\frac{H8}{h8}$ | | | | | | | | | | | | | |
| h9 | | | | $\frac{D9}{h9}$ | $\frac{E9}{h9}$ | $\frac{F9}{h9}$ | | $\frac{H9}{h9}$ | | | | | | | | | | | | | |
| h10 | | | | $\frac{D10}{h10}$ | | | | $\frac{H10}{h10}$ | | | | | | | | | | | | | |
| h11 | $\frac{A11}{h11}$ | $\frac{B11}{h11}$ | $\frac{C11}{h11}$ | $\frac{D11}{h11}$ | | | | $\frac{H11}{h11}$ | | | | | | | | | | | | | |
| h12 | | $\frac{B12}{h12}$ | | | | | | $\frac{H12}{h12}$ | 常用配合共 47 种,其中优先配合 13 种。红色字为优先配合 | | | | | | | | | | | | |

**5. 极限与配合的标注与查表**

(1) *在装配图上的标注方法* 在装配图上标注配合代号时,采用组合式注法。如图 8-32a 所示,在公称尺寸后面用分式表示,分子为孔的公差带代号,分母为轴的公差带代号。

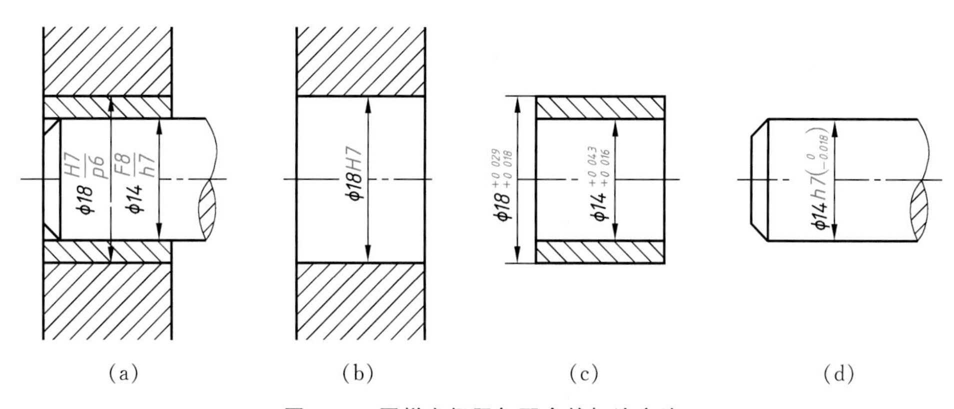


图 8-32 图样上极限与配合的标注方法

(2) *在零件图上的标注方法* 在零件图上标注公差有三种形式:在公称尺寸后只注公差带代号(图 8-32b),或只注极限偏差(图 8-32c),或代号和偏差均注(图 8-32d)。

(3) *极限偏差值的查表方法示例*

**[例 8-5]** 查表写出 $\phi$18H8/f7 和 $\phi$14N7/h6 的偏差数值,并说明属于何种配合制度和配合类别。

**$\phi$18H8/f7** 中的 H8 为基准孔的公差带代号,f7 为轴的公差带代号。

(1) *$\phi$18H8 基准孔的极限偏差* 由附表 16《优先配合中孔的极限偏差》中查得。在表中由公称尺寸>14～18 mm 的**行**和公差带 H8 的**列**交汇处查得$^{+27}_{0}$ μm，这就是孔的上、下极限偏差，换算写成$^{+0.027}_{0}$ mm，标注为 $\phi18^{+0.027}_{0}$。基准孔的公差为 0.027 mm，在表 8-2《标准公差数值》中公称尺寸>10～18 mm 的**行**和 IT8 的**列**交汇处也能查得 27 μm(即 0.027 mm)。

(2) *ϕ18f7 轴的极限偏差* 由附表 15《优先配合中轴的极限偏差》中查得。在表中由公称尺寸>14～18 mm 的**行**和公差带为 f7 的**列**交汇处查得$^{-16}_{-34}$ μm，这就是轴的上、下极限偏差$^{-0.016}_{-0.034}$ mm，标注为 $\phi18^{-0.016}_{-0.034}$。

从 ϕ18H8/f7 公差带图(图 8-33a)中可看出孔的公差带在轴的公差带之上，所以该配合为基孔制间隙配合。“ϕ18H8/f7”的含义为：公称尺寸为 18、公差等级为 8 级的基准孔，与相同公称尺寸、公差等级为 7 级、基本偏差为 f 的轴组成的间隙配合。

**ϕ14N7/h6** 中的 h6 为基准轴的公差带代号，N7 为孔的公差带代号。

(3) *ϕ14h6 基准轴的极限偏差* 由附表 15《优先配合中轴的极限偏差》中查得。在表中由公称尺寸>10～14 mm 的**行**和公差为 h6 的**列**交汇处查得$^{0}_{-11}$ μm，即$^{0}_{-0.011}$ mm，这就是基准轴的上、下极限偏差，标注为 $\phi14^{0}_{-0.011}$。基准轴的公差为 0.011 mm。同样在表 8-2 中公称尺寸>10～18 mm 的**行**和 IT6 的**列**交汇处也可查得 11 μm，即 0.011 mm。

(4) *ϕ14N7 孔的极限偏差* 由附表 16 中查得$^{-5}_{-23}$ μm 即$^{-0.005}_{-0.023}$ mm，这就是孔的上、下极限偏差，标注为 $\phi14^{-0.005}_{-0.023}$。

从 ϕ14N7/h6 的公差带图(图 8-33b)可看出，孔的公差带与轴的公差带重叠，由表 8-4 查得，该配合为基轴制过盈配合。“ϕ14N7/h6”的含义为：公称尺寸为 14、公差等级为 6 级的基准轴，与相同公称尺寸、公差等级为 7 级、基本偏差为 N 的孔组成的过盈配合。

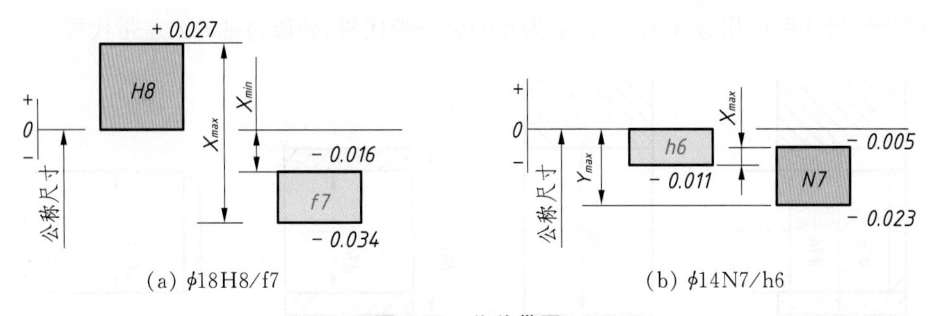


(a) ϕ18H8/f7 (b) ϕ14N7/h6

**图 8-33 公差带图**

由 ϕ18H8/f7 的公差带图(图 8-33a)可看出，最大间隙 $X_{max}$ 为 0.061 mm，最小间隙 $X_{min}$ 为 0.016 mm；从 ϕ14N7/h6 的公差带图(图 8-33b)中可看出，最大间隙 $X_{max}$ 为 0.005 mm，最大过盈 $Y_{max}$ 为 0.023 mm。

查表时要注意尺寸段的划分，如 ϕ18 要划在>14～18 mm 的尺寸段内，而不要划在>18～24 mm 的尺寸段内。

## 二、几何公差(形状、方向、位置和跳动公差)

### 1. 基本概念

零件加工过程中，不仅会产生尺寸误差，也会出现形状和相对位置的误差。如加工轴时可能会出现轴线弯曲，这种现象属于零件的形状误差。例如图 8-34a 所示的销轴，除了注出直径的公差外，还标注了圆柱轴线的形状公差——直线度，它表示圆柱实际轴线应限定在 $\phi$0.06 mm 的圆柱体内。又如图 8-34b 所示，箱体上两个安装锥齿轮轴的孔，如果两孔轴线歪斜太大，势必影响一对锥齿轮的啮合传动。为了保证正常的啮合，必须标注方向公差——垂直度。图中代号的含义是：水平孔的轴线必须位于距离 0.05 mm，且垂直于铅垂孔的轴线的两平行平面之间。

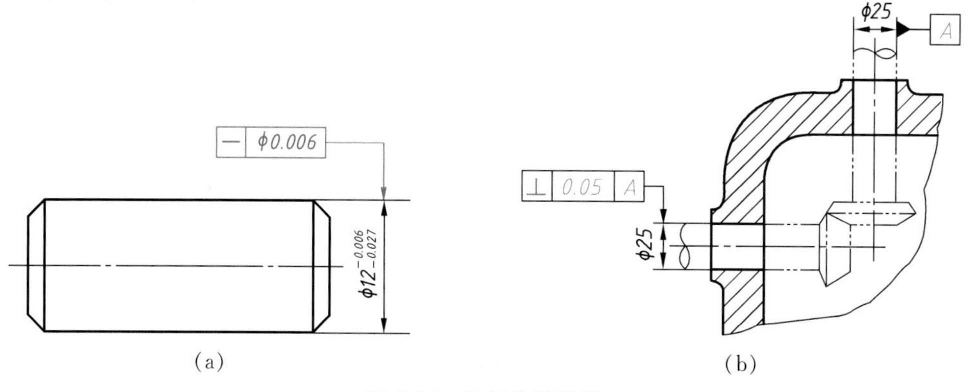


**图 8-34　几何公差示例**

由上例可见，为保证零件的装配和使用要求，在图样上除给出尺寸及其公差要求外，还必须给出几何公差(形状、方向、位置和跳动公差)要求。几何公差在图样上的注法应按照 GB/T 1182 的规定。

## 2. 公差符号

几何公差的几何特征和符号见表 8-5。

**表 8-5　几何特征符号**

| 公差类型 | 几何特征 | 符　号 | 有无基准 |
|---|---|---|---|
| 形状公差 | 直线度 | — | 无 |
| | 平面度 | ▱ | 无 |
| | 圆度 | ○ | 无 |
| | 圆柱度 | ⌭ | 无 |
| | 线轮廓度 | ⌒ | 无 |
| | 面轮廓度 | ⌓ | 无 |
| 方向公差 | 平行度 | // | 有 |
| | 垂直度 | ⊥ | 有 |
| | 倾斜度 | ∠ | 有 |
| | 线轮廓度 | ⌒ | 有 |
| | 面轮廓度 | ⌓ | 有 |

| 公差类型 | 几何特征 | 符　号 | 有无基准 |
|---|---|---|---|
| 位置公差 | 位置度 | ⌖ | 有或无 |
| | 同心度(用于中心点) | ◎ | 有 |
| | 同轴度(用于轴线) | ◎ | 有 |
| | 对称度 | ⌯ | 有 |
| | 线轮廓度 | ⌒ | 有 |
| | 面轮廓度 | ⌓ | 有 |
| 跳动公差 | 圆跳动 | ↗ | 有 |
| | 全跳动 | ⌰ | 有 |

### 3. 几何公差在图样上的标注

(1) 公差框格 用公差框格标注几何公差时，公差要求注写在划分成两格或多格的矩形框格内，如图 8-35 所示。

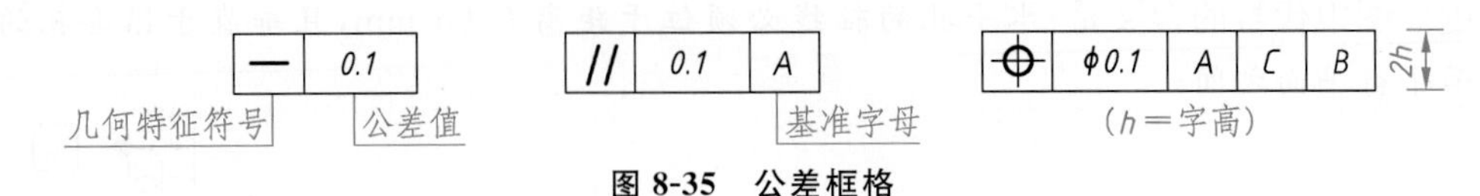


图 8-35 公差框格

(2) 被测要素的标注 按下列方式之一用指引线连接被测要素和公差框格。指引线引自框格的任意一侧，终端带一箭头。

1) 当被测要素是轮廓线或表面时，指引线的箭头指向该要素的轮廓线或其延长线(应与尺寸线明显错开)，如图 8-36a、b 所示。箭头也可指向引出线的水平线，引出线引自被测面，如图 8-36c 所示。

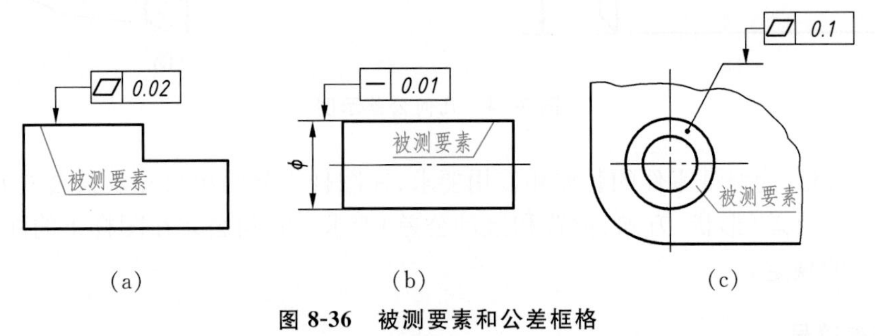


图 8-36 被测要素和公差框格

2) 当被测要素为轴线或中心平面时，箭头应位于尺寸线的延长线上，如图 8-37a 所示。公差值前加注 ϕ，表示给定的公差带为圆形或圆柱形。

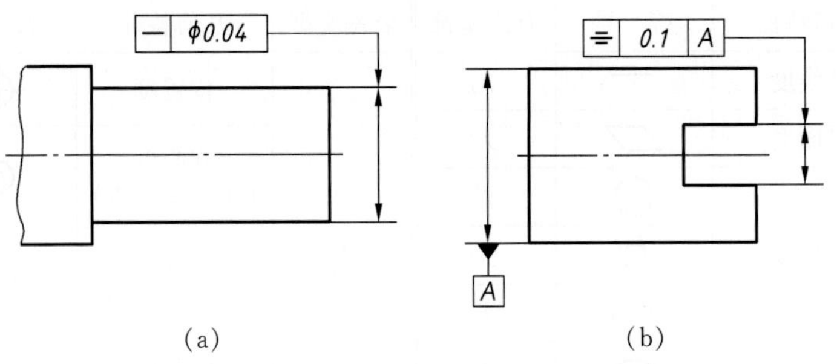


图 8-37 被测要素为轴线或中心平面时的画法

(3) 基准要素的标注 基准要素是零件上用于确定被测要素的方向和位置的点、线或面，用基准符号(字母注写在基准方格内，与一个涂黑的或空白的三角形相连)表示，表示基准的字母也应注写在公差框格内，如图 8-37b 所示。

带基准字母的基准三角形应按如下规定放置：

1) 当基准要素是轮廓线或轮廓面时，基准三角形放置在要素的轮廓线或其延长线上

(与尺寸线明显错开),如图 8-38a 所示。基准三角形的画法如图 8-38b 所示。

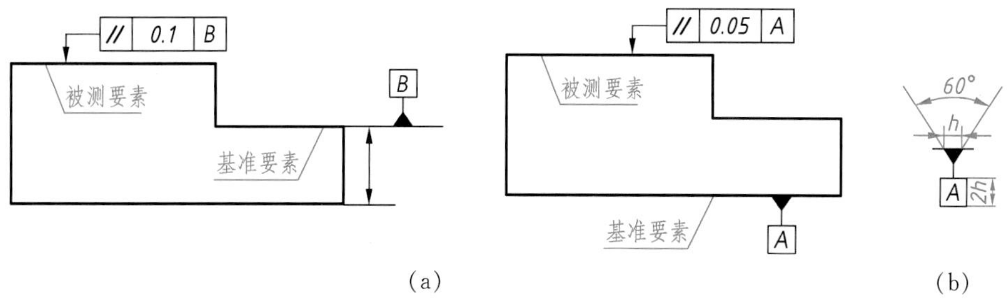


(a)　　(b)

**图 8-38　基准要素为表面时的注法**

2）当基准要素是轴线或中心平面时,基准三角形应放置在该尺寸线的延长线上,如图 8-39a 所示。如果没有足够的位置标注基准要素尺寸的两个尺寸箭头,则其中一个箭头可用基准三角形代替,如图 8-39b 所示。

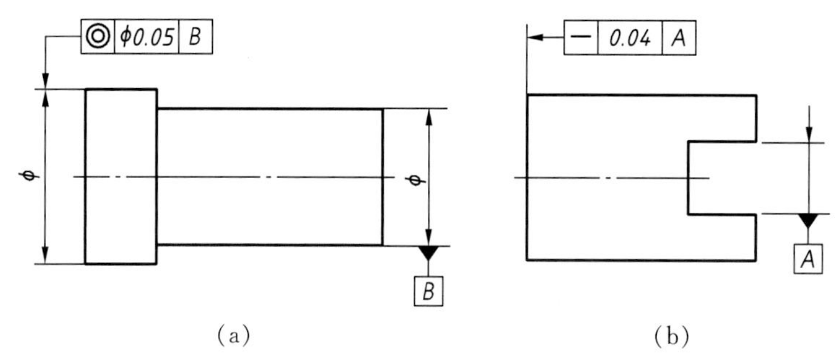


(a)　　(b)

**图 8-39　基准要素为轴线或中心平面时的注法**

### 4. 几何公差标注示例

图 8-40 所示是一根气门阀杆。当被测要素为线或表面时,从框格引出的指引线箭头应指向该要素的轮廓线或其延长线。当被测要素是轴线时,应将箭头与该要素的尺寸线对齐,如 M8×1 轴线的同轴度注法。当基准要素是轴线时,应将基准符号与该要素的尺寸线对齐,如基准 $A$。

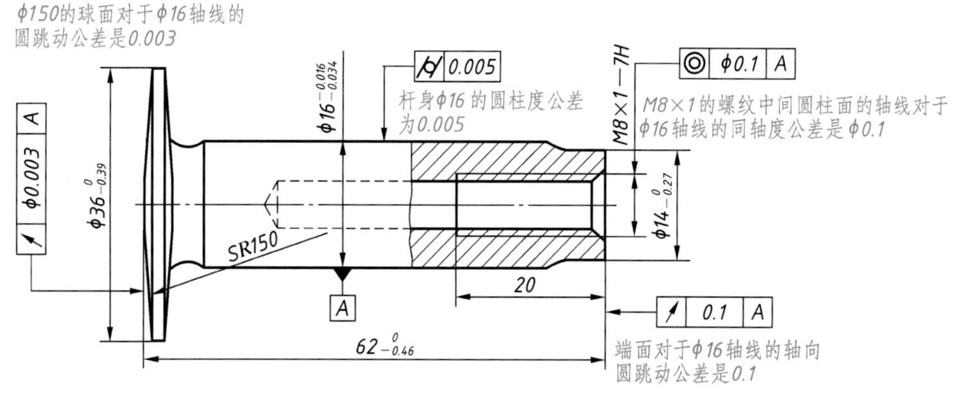


**图 8-40　几何公差标注示例**

## 三、表面结构的图样表示法

在机械图样上，为保证零件装配后的使用要求，除了对零件各部分结构的尺寸、形状和位置给出公差要求外，还要根据功能需要对零件的表面质量——表面结构给出要求。**表面结构是表面粗糙度、表面波纹度、表面缺陷、表面纹理和表面几何形状的总称**。表面结构的各项要求在图样上的表示法在GB/T 131中均有具体规定。本节主要介绍常用的表面粗糙度的表示法。

### 1. 表面粗糙度

零件经过机械加工后的表面并不都是绝对光滑的，用放大镜观察，可看到凹凸不平的刀痕。**表面粗糙度是指零件加工后表面上具有较小间距与峰谷所组成的微观不平度**。它是评定零件表面质量的一项重要技术指标，对于零件的配合、耐磨性、耐蚀性以及密封性都有显著影响。

### 2. 表面粗糙度的评定参数

评定表面粗糙度的主要参数是：**轮廓算术平均偏差 $Ra$ 和轮廓最大高度 $Rz$，优先选用 $Ra$**。零件表面粗糙度 $Ra$ 值的选用，应该既满足零件表面的功能要求，又要考虑经济合理。一般情况下，凡是零件上有配合要求或有相对运动的表面，$Ra$ 值要小。$Ra$ 值越小，表面质量越高，但加工成本也越高。因此，在满足使用要求的前提下，应尽量选用较大的参数值，以降低成本。常用的 $Ra$ 值及其对应的表面特征和加工方法见表8-6。

**表8-6　常用 $Ra$ 数值与应用举例**

| $Ra$/μm | 表面特征 | 主要加工方法 | 应用举例 |
|---|---|---|---|
| 25 | 可见刀痕 | 粗车、粗铣、粗刨、钻、粗纹锉刀和粗砂轮加工 | 非配合表面、不重要的接触面，如螺钉孔、倒角、退刀槽、机座底面等 |
| 12.5 | 微见刀痕 | 粗车、刨、立铣、平铣、钻 | |
| 6.3 | 可见加工痕迹 | 精车、精铣、精刨、铰、镗、粗磨等 | 没有相对运动的零件接触面，如箱、盖、套筒要求紧贴的表面，键和键槽工作表面；相对运动速度不高的接触面，如支架孔、衬套的工作表面等 |
| 3.2 | 微见加工痕迹 | | |
| 1.6 | 看不见加工痕迹 | | |
| 0.8 | 可辨加工痕迹方向 | 精车、精铰、精镗、半精磨等 | 要求很好配合的接触面，如与滚动轴承配合的表面、锥销孔等；相对运动速度较高的接触面，如滑动轴承的配合表面、齿轮轮齿的工作表面等 |

### 3. 表面结构的图形符号

标注表面结构的图形符号种类、名称、尺寸及其含义见表8-7。

表 8-7　表面结构的符号及含义

| 符号名称 | 符　　号 | 含义及说明 |
| --- | --- | --- |
| 基本图形符号 | $H_1$ 60° 60° $H_2$<br>字高 $h = 3.5$ mm<br>$H_1 = 5$ mm<br>$H_2 = 10.5$ mm | 对表面结构有要求的图形符号仅用于简化代号标注，没有补充说明时不能单独使用 |
| 扩展图形符号 | | 对表面结构有指定要求（去除材料）的图形符号<br>通过机械加工获得的表面（车、铣、刨、磨）<br>仅当其含义是“被加工表面”时可单独使用 |
| | | 对表面结构有指定要求（不去除材料）的图形符号<br>用于不去除材料的表面，也可表示保持上道工序形成的表面 |
| 完整图形符号 | 允许任何工艺　去除材料　不去除材料 | 对基本图形符号或扩展图形符号扩充后的图形符号<br>在上述三个符号的长边上加一横线，用于标注有关参数和说明 |

**4. 表面结构要求在图样中的注法**

（1）表面结构要求对每一表面一般只注一次，并尽可能注在相应的尺寸及其公差的同一视图上。除非另有说明，所标注的表面结构要求是对完工零件表面的要求。

（2）表面结构的注写和读取方向与尺寸的注写和读取方向一致。表面结构要求可标注在轮廓线上，其符号应从材料外指向并接触表面（图 8-41）。必要时，表面结构也可用带箭头或黑点的指引线引出标注（图 8-42）。

（3）在不致引起误解时，表面结构要求可以标注在给定的尺寸线上（图 8-43）。

（4）表面结构要求可标注在几何公差框格的上方（图 8-44）。

（5）圆柱和棱柱表面的表面结构要求只标注一次（图 8-45）。

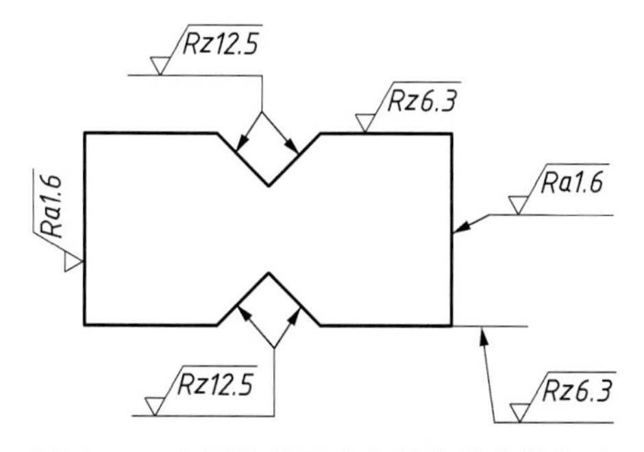


图 8-41　表面结构要求在轮廓线上的标注

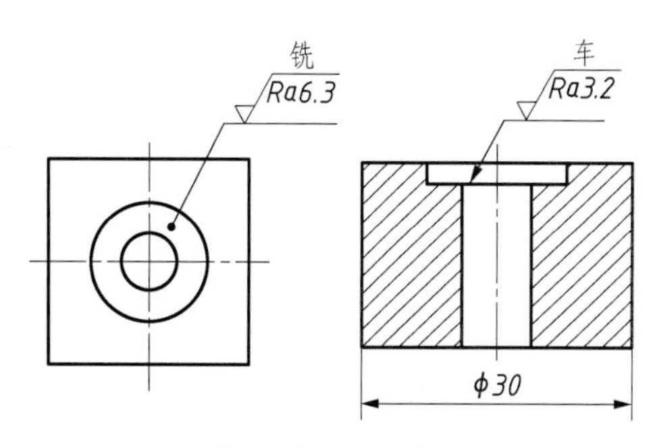


图 8-42　用指引线引出标注表面结构要求

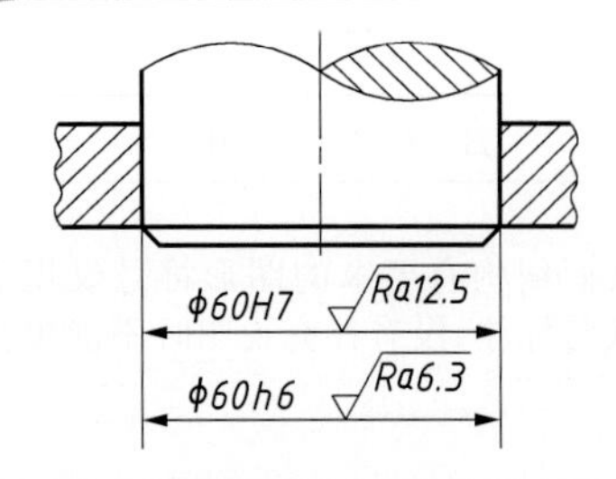


图 8-43 表面结构要求标注在尺寸线上

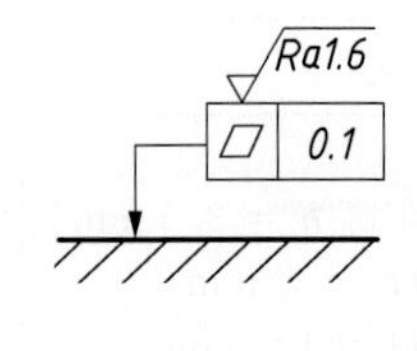


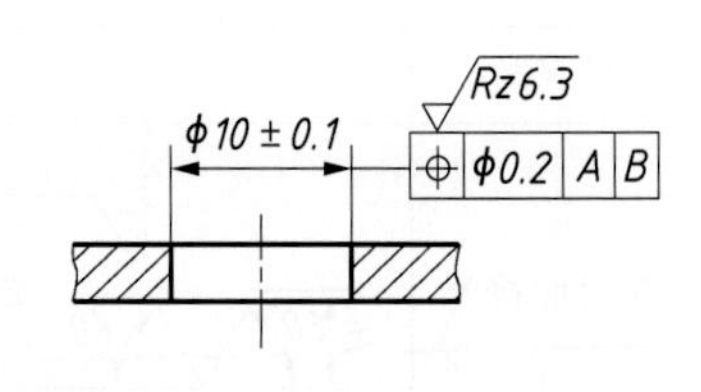


图 8-44 表面结构要求标注在形位公差框格的上方

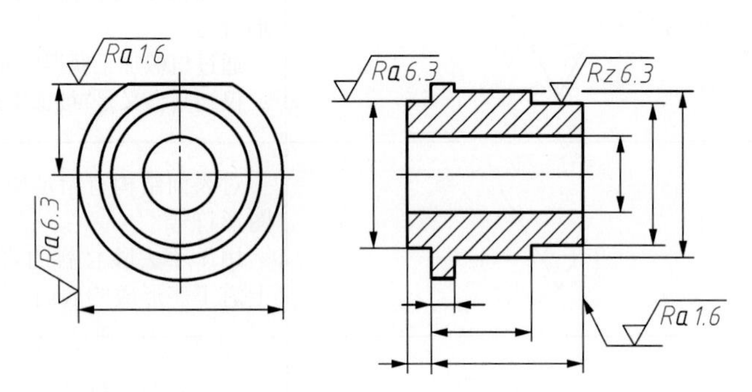


图 8-45 表面结构要求标注在圆柱特征的延长线上

### 5. 表面结构要求在图样中的简化注法

（1）全部表面有相同表面结构要求 当工件全部表面有相同的表面结构要求时，可统一标注在图样的标题栏附近(图 8-46a)。

（2）多数表面有相同表面结构要求 若工件的多数表面有相同的表面结构要求时，可统一标注在图样的标题栏附近，并在符号后面加圆括号，括号内给出无其他标注的基本符号(图 8-46b)，或在括号内给出不同的表面结构要求(图 8-46c)。

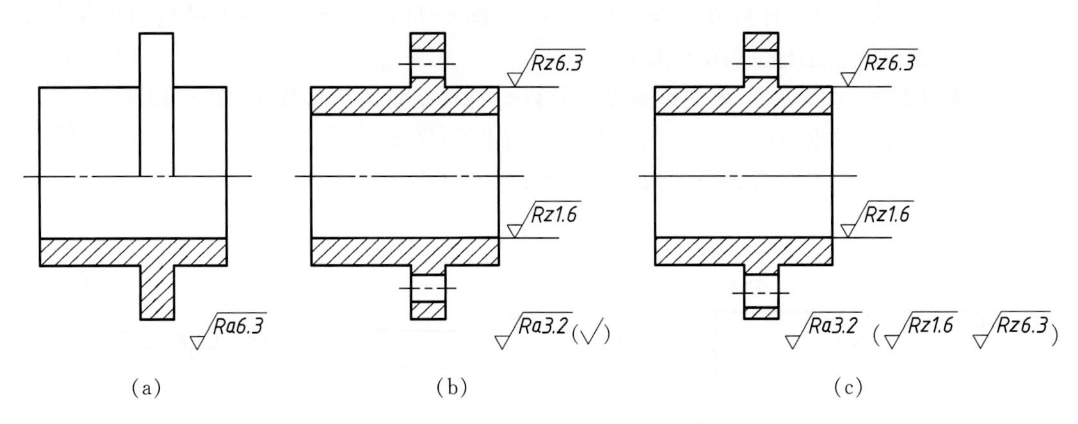


图 8-46 全部或多数表面有相同要求的简化注法

（3）多个表面有共同要求或图纸空间有限时的注法 用带字母的完整符号标注在图样中，以等式的形式，在图形或标题栏附近，对有相同表面结构要求的表面进行简化标注(图 8-47)。

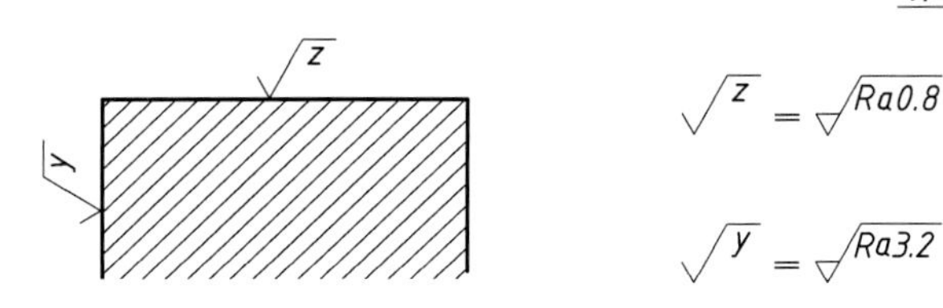


图 8-47 在图纸空间有限时的简化注法

也可用基本符号或扩展符号以等式的形式给出多个表面共同的表面结构要求(图 8-48)。

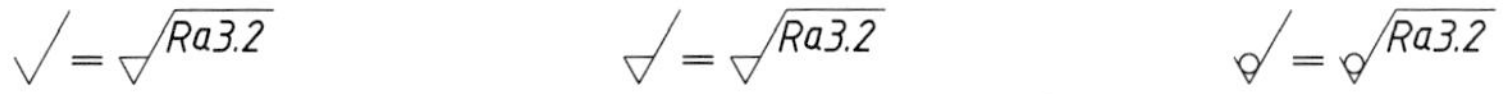

= Ra3.2　　= Ra3.2　　= Ra3.2

(a) 未指定工艺方法　　(b) 要求去除材料　　(c) 不允许去除材料

图 8-48 多个表面结构要求的简化注法

# 第六节 读 零 件 图

零件图是制造和检验零件的依据,是表示零件结构、大小及技术要求的载体。读零件图的目的就是根据零件图想象零件的结构形状,了解零件的尺寸和技术要求。为了更好地读懂零件图,最好能联系零件在机器或部件中的位置、功能以及与其他零件的装配关系来读图。下面通过铣刀头中的主要零件来介绍识读零件图的方法和步骤。

图 8-49 所示为铣刀头的装配轴测图。铣刀头是安装在铣床上的一个部件,用来安装铣刀盘(图中用细双点画线画出)。当动力通过 V 带轮带动轴转动时,轴带动铣刀盘旋转,对工件进行平面铣削加工。轴通过滚动轴承安装在座体内,座体通过底板上的四个沉孔安装在铣床上。由此可知,轴、V 带轮和座体是铣刀头的主要零件。

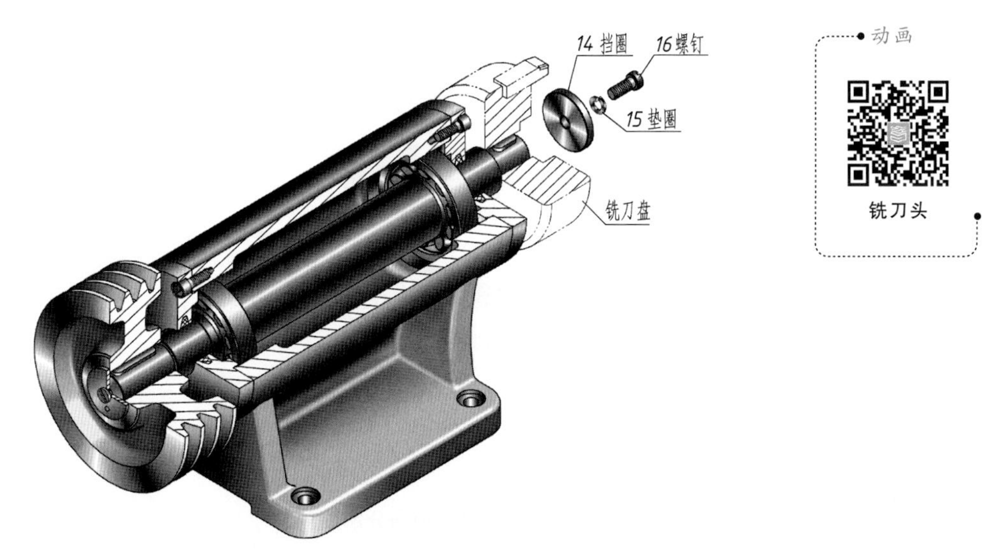


图 8-49 铣刀头装配轴测图

动画

铣刀头

## 一、轴(图 8-51)

### 1. 结构分析

由图 8-49 铣刀头装配轴测图对照图 8-50 铣刀头轴测分解图可看出,轴 *7* 的左端通过普通平键*5* 与 V 带轮 *4* 连接,右端通过两个普通平键(双键)*13* 与铣刀盘连接,用挡圈 *14* 和垫圈*15*、螺钉 *16* 固定在轴上。轴上有两个安装端盖 *11* 的轴段和两个安装滚动轴承 6 的轴段,通过轴承把轴串(指轴和安装在轴上的零件组合)安装在座体 *8* 上,再通过螺钉、端盖实现轴串的轴向固定。安装轴承的轴段,其直径要与轴承的内径一致,轴段长度与轴承的宽度一致。安装 V 带轮轴段的长度要根据 V 带轮的轮毂宽度来确定。

### 2. 表达分析

按轴的加工位置将其轴线水平放置,轴的主体结构形状是实心的同轴回转体。采用一个基本视图(主视图)和若干辅助视图表达。轴的两端用局部剖视表示键槽和螺孔、销孔。截面相同的较长轴段采用折断画法。用两个断面图分别表示单键和双键的宽度和深度。用局部视图的简化画法表达键槽的形状。用局部放大图表示砂轮越程槽的结构。

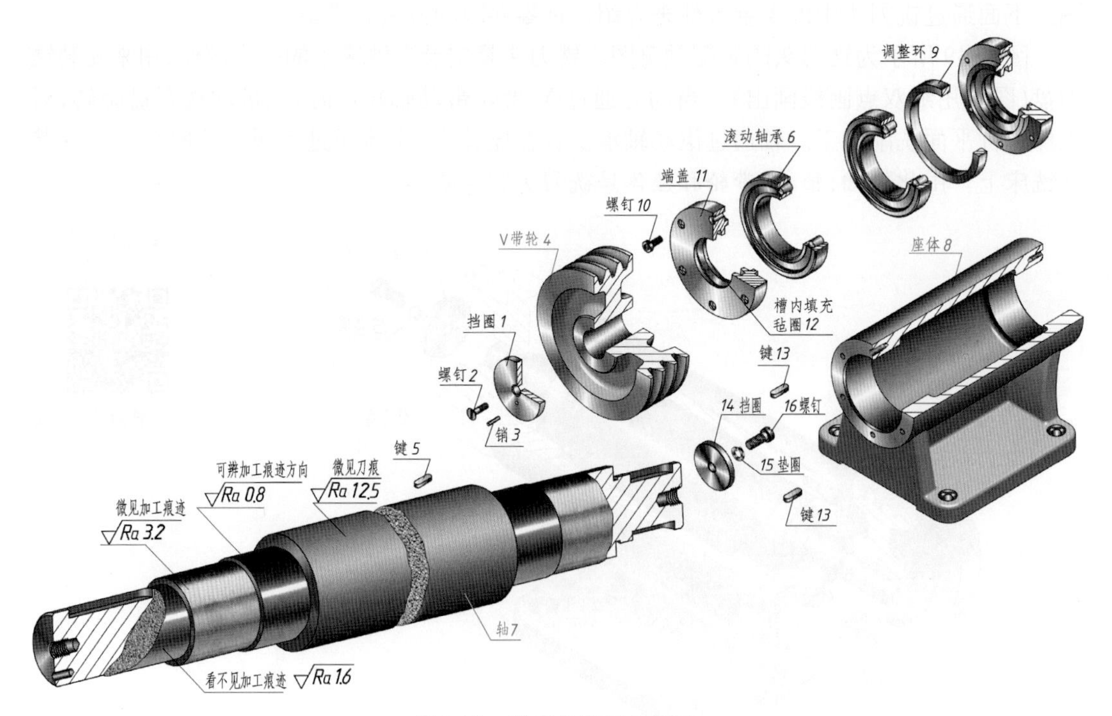


**图 8-50 铣刀头轴测分解图**

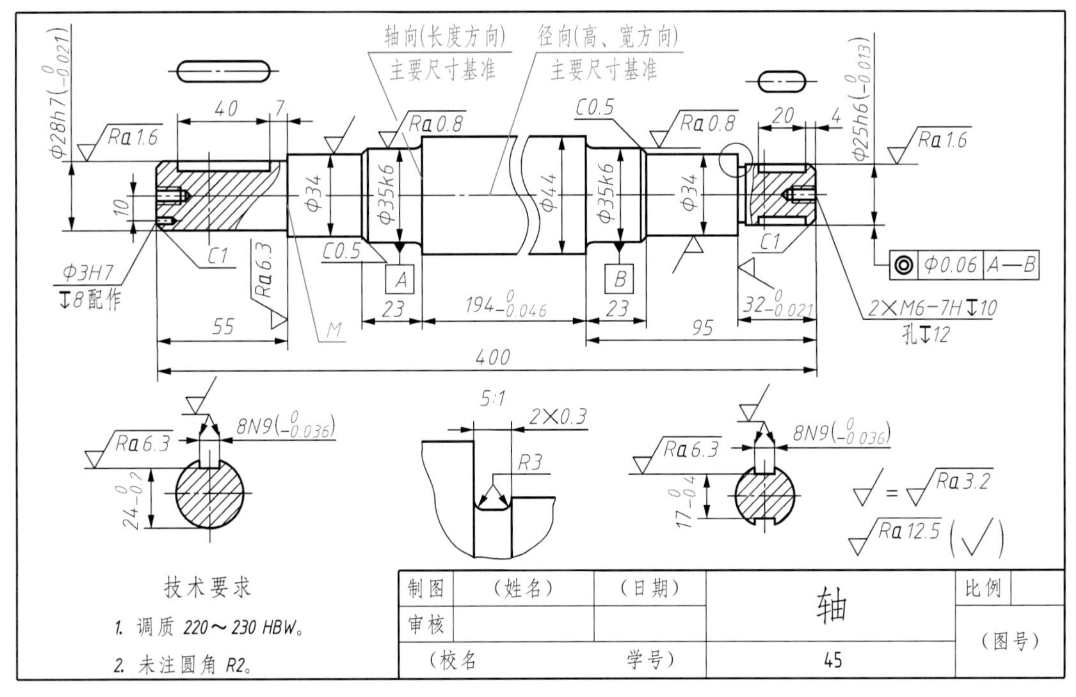


图 8-51 轴零件图

**3. 尺寸分析**

(1) 以水平轴线为径向(高度和宽度方向)主要尺寸基准,由此直接注出各轴段直径及安装 V 带轮、滚动轴承和铣刀盘用的、有配合要求的轴段尺寸,如 $\phi$28h7、$\phi$35k6、$\phi$25h6 等。

(2) 以中间最大直径轴段的端面(可选择其中任一端面)为轴向(长度方向)主要尺寸基准。由此注出 23、$194_{-0.046}^{\ 0}$和 95。再以轴的左、右端面以及 $M$ 端面为长度方向尺寸的辅助基准。由右端面注出 $32_{-0.021}^{\ 0}$、4、20;由左端面注出 55;由 $M$ 面注出 7、40;尺寸 400 是长度方向主要基准与辅助基准之间的联系尺寸。

(3) 轴上与标准件连接的结构,如键槽、销孔、螺纹孔的尺寸,按标准查表获得。

(4) 轴向尺寸不能注成封闭尺寸链,选择不重要的轴段 $\phi$34(与端盖的轴孔没有配合要求)为尺寸开口环,不注长度方向尺寸,使长度方向的加工误差都集中在这段。

**4. 看懂技术要求**

(1) 凡注有公差带尺寸的轴段,均与其他零件有配合要求。如注有 $\phi$28h7、$\phi$35k6、$\phi$25h6 的轴段,表面粗糙度要求较严,$Ra$ 分别为 1.6 μm 或 0.8 μm(参阅图 8-50 中的轴)。

(2) 安装铣刀头的轴段 $\phi$25h6 尺寸线的延长线上所指的几何公差代号,其含义为 $\phi$25h6 的轴线对公共基准轴线 $A$—$B$ 的同轴度误差不大于 0.06。

(3) 轴(45 钢)应经调质处理(220～230 HBW),以提高材料的韧性和强度。所谓调质处理,是指淬火后在 450～650 ℃进行高温回火(附表 17)。

## 二、V 带轮(图 8-52)

### 1. 结构分析

V 带轮是传递旋转运动和动力的零件。从图 8-50 中可看出,V 带轮通过键与轴连接,因此,在 V 带轮的轮毂上必有轴孔和轴孔键槽。V 带轮的轮缘上有三个 A 型轮槽,轮毂与轮缘用辐板连接。

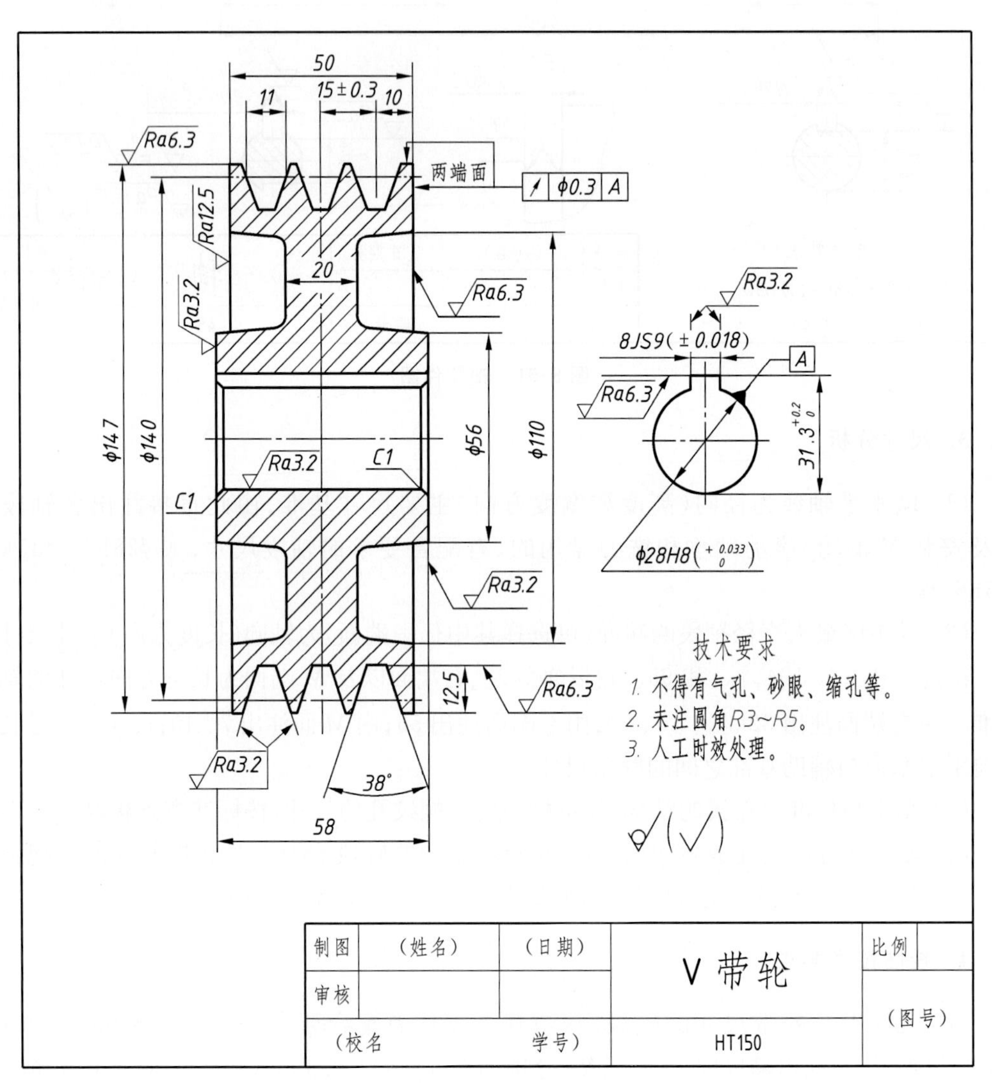


图 8-52 V 带轮零件图

### 2. 表达分析

V 带轮按加工位置轴线水平放置,其主体结构形状是带轴孔的同轴回转体。主视图采用全剖视图,表示V带轮的轮缘(V形槽的形状和数量)、辐板和轮毂,轴孔键槽的宽度和深度用局部视图表示。

### 3. 尺寸和技术要求分析

(1) 以轴孔的轴线为径向基准,直接注出 $\phi$140(基准圆直径)和 $\phi$28H8(轴孔直径)。

(2) 以V带轮的左、右对称面为轴向基准,直接注出 50、10 和 15±0.3 等。

(3) V带轮的轮槽和轴孔键槽为标准结构要素,必须按标准查表,标注标准数值。

(4) 外圆 $\phi$147 表面及轮缘两端面对于孔 $\phi$28 轴线的圆跳动公差为 $\phi$0.3。

## 三、座体(图 8-52)

### 1. 结构分析

座体在铣刀头部件中起支承轴、V带轮和铣刀盘以及包容轴串的功用。座体的结构形状可分为两部分:上部为圆筒状,两端的轴孔支承滚动轴承,其轴孔直径与轴承外径一致,两侧外端面制有与端盖连接的螺纹孔,中间部分孔的直径大于两端孔的直径(直接铸造不加工);下部是带圆角的方形底板,有四个安装孔,将铣刀头安装在铣床上,为了接触平稳和减少加工面,底板下面的中间部分做成通槽。座体的上、下两部分用支承板和肋板连接。

### 2. 表达分析

座体的主视图按工作位置放置,采用全剖视图,表达座体的形体特征和空腔的内部结构。左视图采用局部剖视图,表示底板和肋板的厚度,以及底板上沉孔和通槽的形状。在圆柱孔端面上表示了螺纹孔的位置。由于座体前后对称,俯视图可画出其对称的一半或局部,本例采用 *A* 向局部视图表示底板的圆角和安装孔的位置。

### 3. 尺寸分析

(1) 选择座体底面为高度方向主要尺寸基准,圆筒的任一端面为长度方向主要尺寸基准,前后对称面为宽度方向主要尺寸基准。

(2) 直接注出按设计要求的结构尺寸和有配合要求的尺寸。如主视图中的 115 是确定圆筒轴线的定位尺寸、$\phi$80K7 是与轴承配合的尺寸、40 是两端轴孔长度方向的定位尺寸。左视图和 *A* 向局部视图中的 150 和 155 是四个安装孔的定位尺寸。

(3) 考虑工艺要求,注出工艺结构尺寸,如倒角、圆角等。左视图上螺孔和沉孔尺寸的标注形式参阅表 8-1。

(4) 其余尺寸以及有关技术要求请读者自行分析。

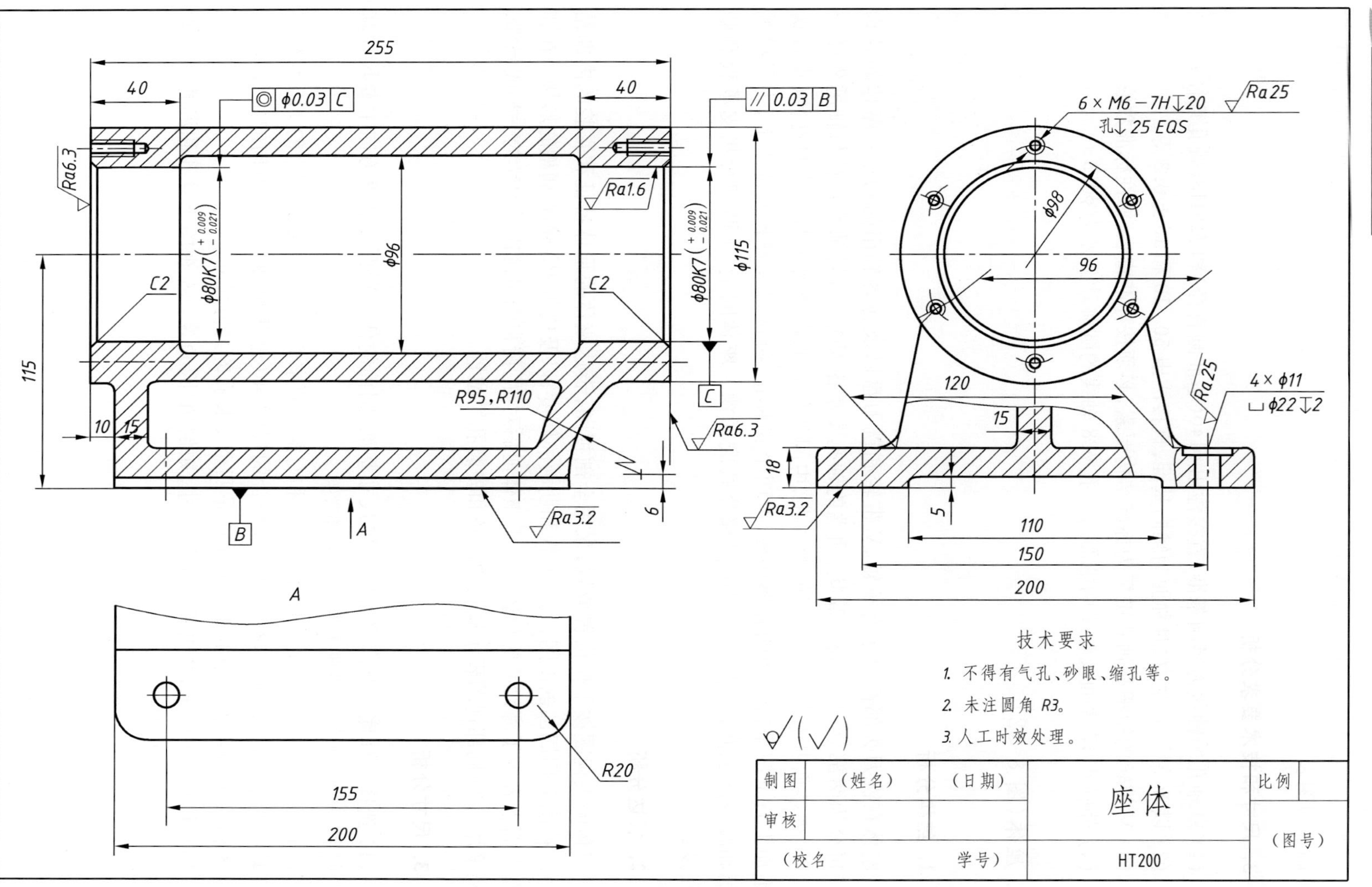
255
40
40
◎ ϕ0.03 C
// 0.03 B
Ra6.3
Ra1.6
ϕ80K7(+0.009 −0.021)
ϕ96
ϕ115
C2
C2
115
R95,R110
10
15
Ra6.3
C
18
B
A
Ra3.2
6
6×M6-7H↧20
孔↧25 EQS
Ra25
ϕ98
96
120
15
Ra25
4×ϕ11
⌴ϕ22↧2
Ra3.2
5
110
150
200
A
R20
155
200
技术要求
1. 不得有气孔、砂眼、缩孔等。
2. 未注圆角 R3。
3. 人工时效处理。
制图 (姓名) (日期)
审核
(校名 学号)
座体
HT200
比例
(图号)

图 8-53 座体零件图

# 第八章　装　配　图

装配图是用来表达机器或部件的图样。表示一台完整机器的图样称为总装配图，表示一个部件的图样称为部件装配图。

装配图主要表达机器或部件的工作原理、装配关系、结构形状和技术要求，用以指导机器或部件的装配、检验、调试、安装、维修等。因此，装配图是机械设计、制造、使用、维修以及进行技术交流的重要技术文件。

## 第一节　装配图的内容

微视频

铣刀头装配图

### 一、初识装配图和装配图的内容

图 9-1 是第八章图 8-48 所示铣刀头的装配图。关于铣刀头的功用及其主要零件和零件间的装配关系，在第八章第六节已作了详细叙述。现仍以铣刀头为例，初步了解识读装配图的方法和内容(图 9-1)。

**1. 一组视图**

用一组视图表示装配体的结构形状、工作原理、各零件间的装配连接关系以及主要零件的结构形状。

主视图采用全剖视，表示了铣刀头全部零件(16 种)和零件间的装配连接关系，主要零件轴、V 带轮、座体的结构形状；左视图采取拆去 V 带轮等零件后，显示了左端盖的形状以及六个连接螺钉的位置，左下角通过局部剖视补充表达了座体的结构形状。

**2. 必要的尺寸**

装配图与零件图的用途不同，因此在图样上标注尺寸的要求也不一样。装配图上不需要标注每个零件的尺寸，而只要注出以下几种尺寸：

(1) 规格(性能)尺寸　表示装配体规格、性能和特征的尺寸，如轴右端安装铣刀盘(假想)、左端安装 V 带轮的轴线高度尺寸 115。

(2) 装配尺寸　表示装配体零件之间配合的尺寸，如 V 带轮与轴的配合尺寸 $\phi$28H8/h7、轴承与座体的配合尺寸 $\phi$80K7/h6 等。

(3) 安装尺寸　表示部件安装到机器上或将整机安装到基座上所需的尺寸，如座体底板上四个沉孔的定位尺寸 155、150 和安装孔 4×$\phi$11 等。

(4) 外形尺寸　表示装配体外形轮廓的大小，即总长(424)、总宽(200)和总高(115＋147/2)尺寸，为包装、运输、安装所需的空间大小提供依据。

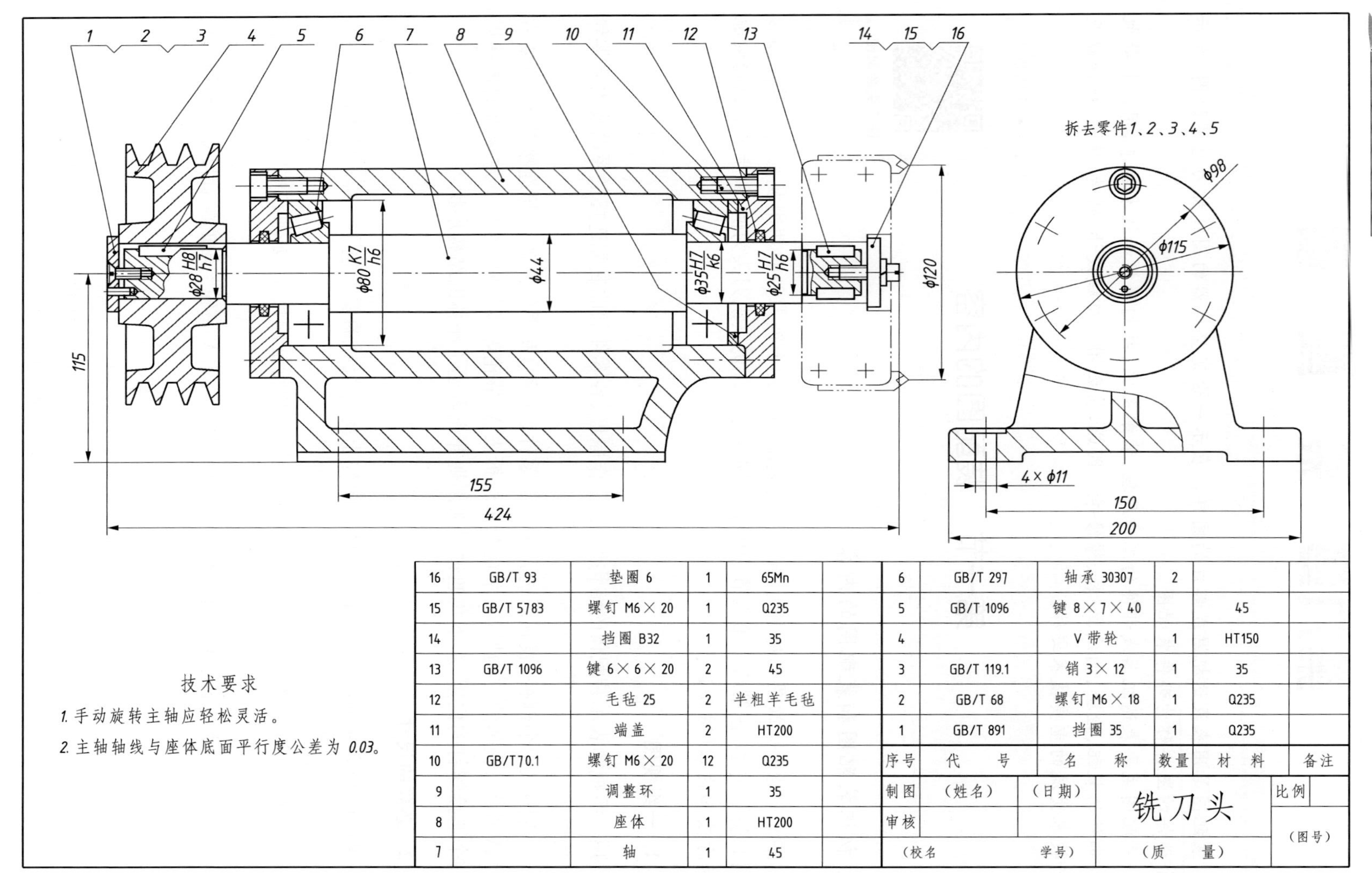
1 2 3 4 5 6 7 8 9 10 11 12 13 14 15 16
拆去零件1、2、3、4、5
φ98
φ115
φ120
φ28 H8/h7
φ80 K7/h6
φ44
φ35 H7/k6
φ25 H7/h6
115
155
424
4×φ11
150
200
技术要求
1. 手动旋转主轴应轻松灵活。
2. 主轴轴线与座体底面平行度公差为 0.03。
16 GB/T 93 垫圈 6 1 65Mn
15 GB/T 5783 螺钉 M6×20 1 Q235
14 挡圈 B32 1 35
13 GB/T 1096 键 6×6×20 2 45
12 毛毡 25 2 半粗羊毛毡
11 端盖 2 HT200
10 GB/T70.1 螺钉 M6×20 12 Q235
9 调整环 1 35
8 座体 1 HT200
7 轴 1 45
6 GB/T 297 轴承 30307 2
5 GB/T 1096 键 8×7×40 45
4 V 带轮 1 HT150
3 GB/T 119.1 销 3×12 1 35
2 GB/T 68 螺钉 M6×18 1 Q235
1 GB/T 891 挡圈 35 1 Q235
序号 代 号 名 称 数量 材 料 备注
制图 (姓名) (日期)
审核
铣刀头
比例
(图号)
(校名 学号)
(质 量)

图 9-1 铣刀头装配图

### 3. 技术要求

用符号、代号或文字说明装配体在装配、安装、调试等方面应达到的技术指标即技术要求。由于装配体的性能、用途各不相同，其技术要求也不同。一般是从装配要求考虑，如图 9-1 中的技术要求 2；从检验要求考虑，如图 9-1 中的技术要求 1。

### 4. 标题栏、零件序号及明细栏

在装配图上，必须对每个零件编号，并在明细栏中依次列出零件序号、代号、名称、数量、材料等，以便统计零件数量，安排生产的准备工作。同时，在看装配图时，也是根据零件序号查阅明细栏，了解零件的名称、材料和数量等，以利于看图和图样管理。

标题栏中，写明装配体的名称、图号、绘图比例以及有关人员的签名等。标题栏和明细栏的格式在国家标准 GB/T 10609.1、GB/T 10609.2 中已有规定(第一章图 1-23)。教学中学生作业可采用简化的标题栏和明细栏(第一章图 1-24)。

## 二、零件序号及其编排方法

如图 9-1 所示，在装配图中每个零件的可见轮廓范围内，画一小黑点，用细实线引出指引线，并在其末端的横线(画细实线)上注写零件序号。若所指的零件很薄或涂黑，可用箭头代替小黑点。

相同的零件只对其中一个进行编号，其数量填写在明细栏内。一组紧固件或装配关系清楚的零件组，可采用公共的指引线编号，如图 9-1 中螺钉连接序号 1、2、3 的形式。

各指引线不能相交，当通过剖面区域时，指引线不能与剖面线平行。指引线可画成折线，但只可曲折一次，如图 9-1 中的序号 9。

零件序号应按顺时针或逆时针方向顺序编号，并沿水平和垂直方向排列整齐。

## 三、明细栏

明细栏是机器或部件中全部零件的详细目录，画在装配图右下角标题栏的上方，栏内分格线为细实线，左边外框线为粗实线，栏中的编号与装配图中的零、部件序号必须一致。填写内容应遵守下列规定：

(1) 零件序号应自下而上。如位置不够时，可将明细栏顺序画在标题栏的左方，如图 9-1 所示。

(2) “代号”栏内，应注出每种零件的图样代号或标准件的标准代号，如 GB/T 891。

(3) “名称”栏内，注出每种零件的名称，若为标准件应注出规定标记中除标准号以外的其余内容，如螺钉 M6×18。对齿轮、弹簧等具有重要参数的零件，还应注出参数。

(4) “材料”栏内，填写制造该零件所用的材料标记，如 HT150。

(5) “备注”栏内，可填写必要的附加说明或其他有关的重要内容，例如齿轮的齿数、模数等。

# 第二节 装配图的图样画法

零件图中的各种表示法(视图、剖视图、断面图等)同样适用于装配图,但装配图着重表达装配体的结构特点、工作原理以及各零件间的装配关系。针对这一特点,国家标准制定了装配图的规定画法和特殊画法。

微视频

装配图中特殊画法

**1. 相邻零件画法**

(1) 相邻零件的轮廓线画法 两个零件的接触表面(或相互配合的工作面)只用一条轮廓线表示,非接触面用两条各自的轮廓线表示(图 9-2)。

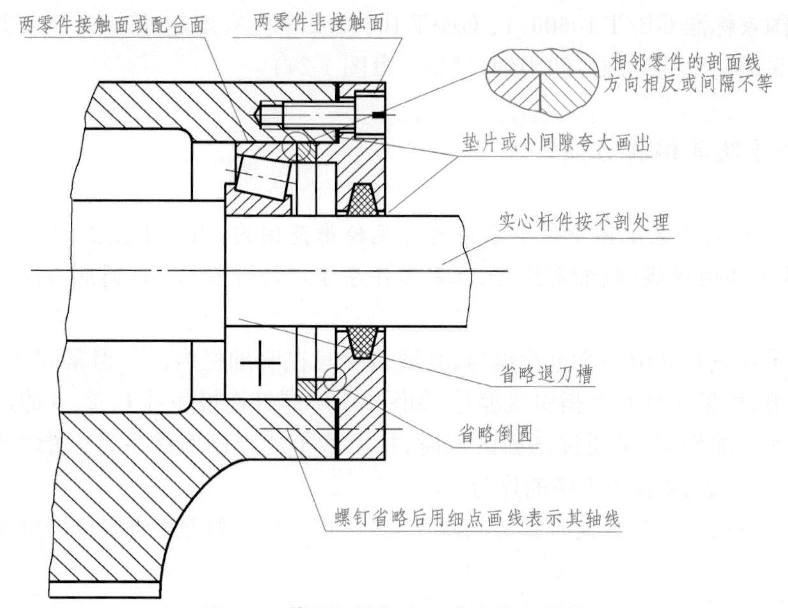


图 9-2 装配图的规定画法和简化画法

(2) 相邻零件的剖面线画法 相邻的两个(或两个以上)相接触的金属零件,剖面线倾斜方向应相反,或者方向一致而间隔不等,以示区别,如图 9-2 中座体与调整环以及滚动轴承的剖面线画法。

**2. 假想画法**

为了表示与本部件有装配关系,但又不属于本部件的其他相邻零、部件时,可采用假想画法,用细双点画线画出,如图 9-1 铣刀头主视图中的铣刀盘。

为了表示运动零件的运动范围或极限位置,可用细双点画线画出其轮廓,如图 9-12 千斤顶装配图中顶垫升高的极限位置。

**3. 夸大画法**

在装配图中,对于薄片零件(如垫片)或微小间隙以及较小的斜度和锥度,无法按其实际尺寸画出，或图线密集难以区分时，可采用夸大画法，即将垫片的厚度或零件的间隙适当夸大画出(图 9-2)。

**4. 简化画法**

(1) 实心零件画法　在剖视图中，对于紧固件以及轴、键、销等实心零件，若按纵向剖切，且剖切平面通过其轴线或对称平面时，这些零件均按不剖处理，如图 9-2 中的轴、螺钉等。如果需要特别表明这些零件上的局部结构，如凹槽、键槽、销孔等，可用局部剖视表示，如图 9-1 中轴的两端用局部剖视表示键、螺钉和销的位置。

(2) 沿零件的结合面剖切和拆卸画法　在装配图中，当某些零件遮住了需要表达的结构和装配关系时，可假想沿某些零件的结合面剖切或假想将某些零件拆卸后绘制。需要说明时，可在相应的视图上方加注“拆去××等”。如图 9-3 俯视图右半部分是沿轴承盖与轴承座结合面剖切，拆去轴承盖等零件后画出的半剖视图，结合面上不画剖面线，被剖切到的螺栓按规定必须画出剖面线。又如图 9-1 中的左视图，是假想将挡圈、V 带轮等五个零件拆卸后画出的，这种画法称为“拆卸画法”。

(3) 相同规格零件组画法　装配图中相同规格的零件组(如螺钉连接)，可详细地画出一处，其余用细点画线表示其装配位置(图 9-2)。

(4) 组合件的简化画法　在装配图中，当剖切平面通过某些标准产品的组合件时，允许只画出其外形轮廓，如图 9-3 中的油杯。

(5) 零件工艺结构的简化　在装配图中，零件的工艺结构，如圆角、倒角、退刀槽等，允许省略不画(图 9-2)。

(6) 单独表示某个零件的画法　在装配图中，可以单独画出某一零件的视图，但必须在所画视图的上方注写该零件的名称，在相应的视图附近用箭头指明投射方向，并注写同样的字母，如图 9-12 中的件 5$C$ 和件 4$B$—$B$。

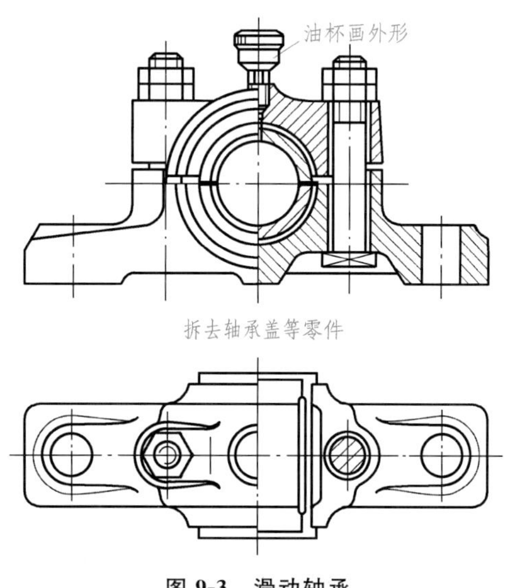


**图 9-3　滑动轴承**

## 第三节　常见装配结构

在绘制装配图时，应考虑装配结构的合理性，以保证机器和部件的性能，使连接可靠，便于零件装拆。

### 一、接触面与配合面结构的合理性

(1) 两个零件在同一方向上只能有一个接触面和配合面(图 9-4)。

(2) 为保证轴肩端面与孔端面接触,可在轴肩处加工出退刀槽,或在孔的端面加工出倒角(图 9-5)。

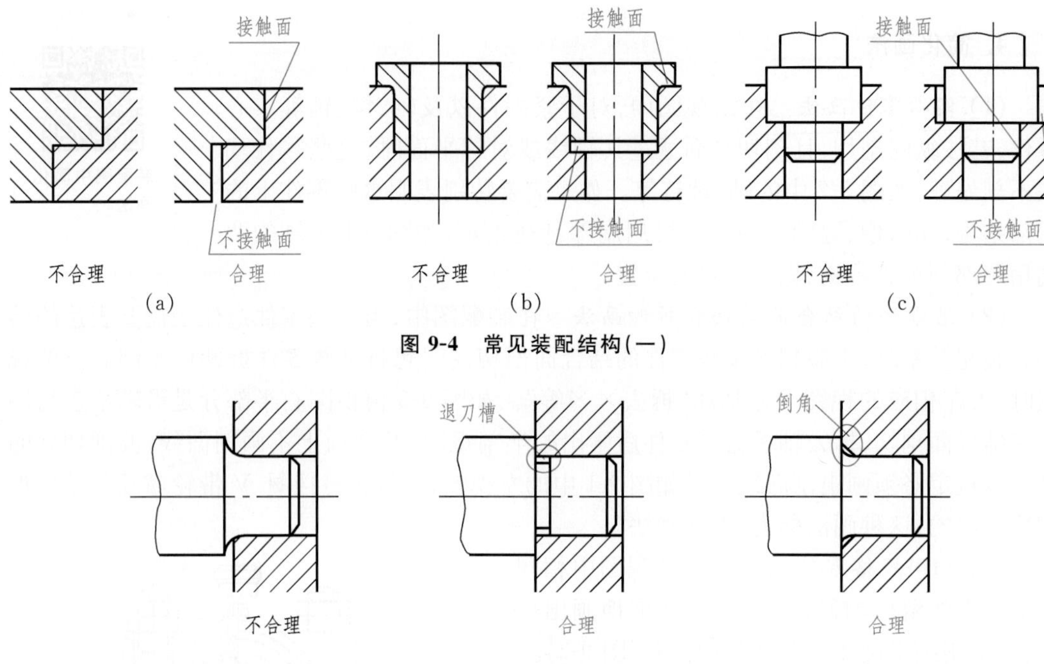


图 9-4 常见装配结构(一)

图 9-5 常见装配结构(二)

## 二、密封装置

为防止机器或部件内部的液体或气体向外渗漏,同时也避免外部的灰尘、杂质等侵入,必须采用密封装置。图 9-6 为典型的密封装置,通过压盖(或螺母)将填料压紧而起防漏作用。为了防止滚动轴承的润滑剂渗漏,其密封方法如图 9-7a、b 所示。

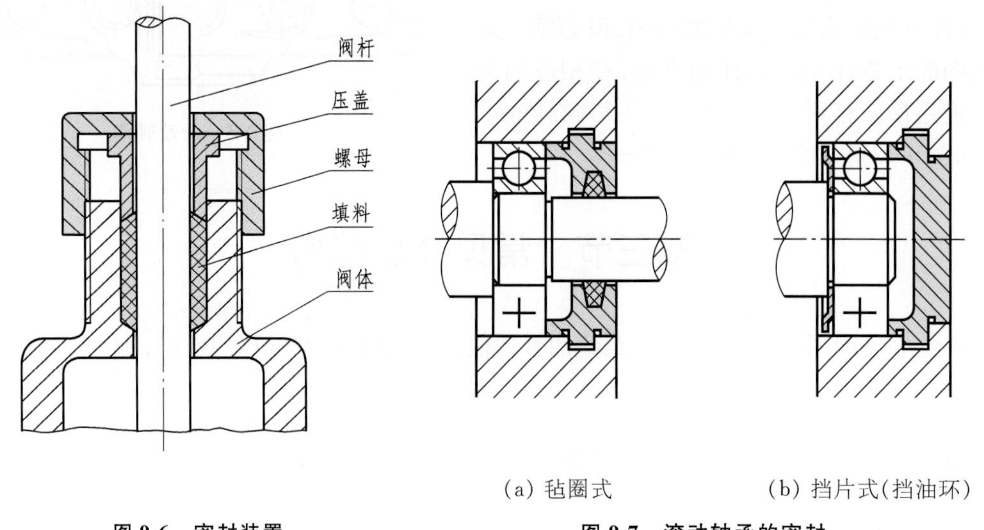


图 9-6 密封装置

图 9-7 滚动轴承的密封

## 三、防松结构

机器或部件在工作时，由于受到冲击或振动，一些紧固件可能产生松动现象。因此，在某些装置中需采用防松结构，图 9-8 所示为几种常用的防松结构。

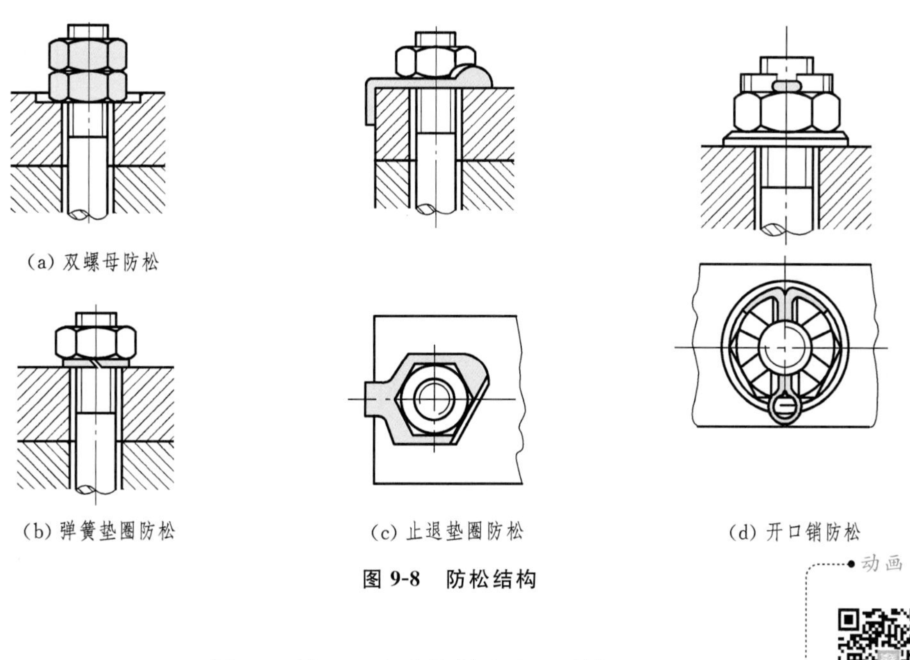

(a) 双螺母防松

(b) 弹簧垫圈防松

(c) 止退垫圈防松

(d) 开口销防松

图 9-8　防松结构

动画

千斤顶

# 第四节　由零件图画装配图

设计机器或部件需要画出装配图，测绘机器或部件时先画出零件草图，再依据零件草图拼画成装配图。画装配图之前，首先要了解装配体的工作原理和零件的种类、每个零件在装配体中的功能和零件间的装配关系等。然后看懂每个零件的零件图，想象出零件的结构形状。下面以图 9-9 所示千斤顶为例，说明由零件图拼画装配图的方法与步骤。

## 一、了解装配体，阅读零件图

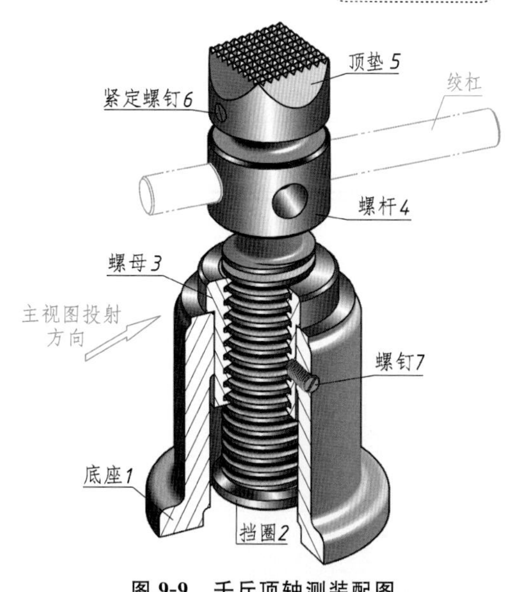


图 9-9　千斤顶轴测装配图

图 9-9 所示千斤顶是机械安装或汽车修理时用来起重或顶压的工具，它利用螺旋传动顶举重物，由底座、螺杆和顶垫等八种零件组成，图 9-10 是千斤顶全部零件的零件图。工

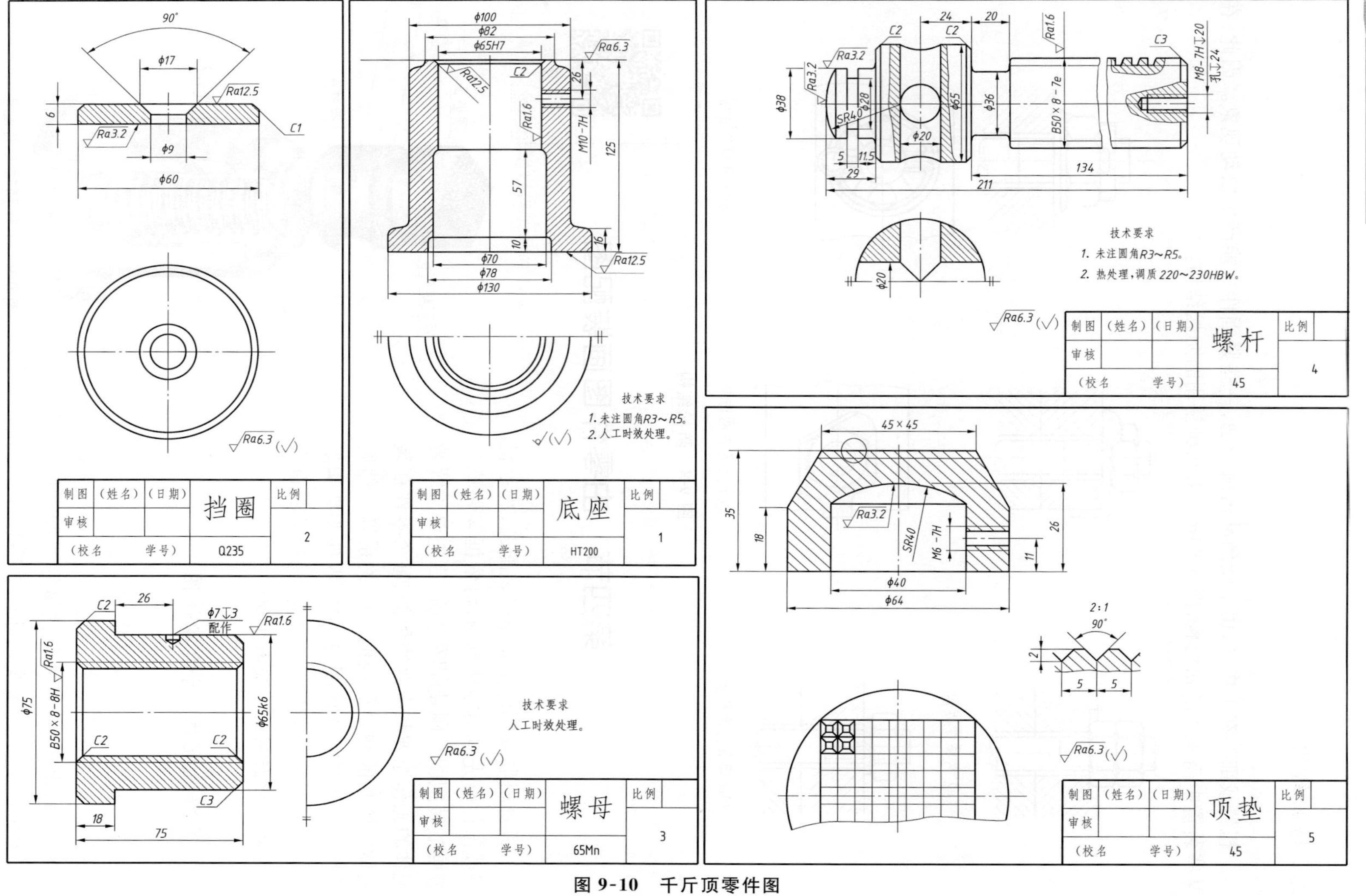

挡圈
比例 2
Q235
底座
技术要求
1. 未注圆角R3~R5。
2. 人工时效处理。
比例 1
HT200
螺杆
技术要求
1. 未注圆角R3~R5。
2. 热处理，调质220~230HBW。
比例 4
45
螺母
技术要求
人工时效处理。
比例 3
65Mn
顶垫
比例 5
45
制图 (姓名) (日期)
审核
(校名 学号)


图 9-10 千斤顶零件图

作时，绞杠(图中细双点画线表示)穿入螺杆 *4* 上部的通孔中，拨动绞杠，使螺杆 *4* 转动，通过螺杆 *4* 与螺母 *3* 之间的螺纹作用使螺杆 *4* 上升而顶起重物。螺母 *3* 镶在底座 *1* 的内孔中，并用螺钉 *7* 紧定。在螺杆 *4* 的球面形顶部套一个顶垫 *5*，顶垫的内凹面是与螺杆顶面半径相同的球面。为了防止顶垫随螺杆一起转动时脱落，在螺杆顶部加工一环形槽，将紧定螺钉 *6* 的圆柱形端部伸进环形槽锁定。从底座和螺母的零件图可看出，螺母外表面与底座内孔的尺寸分别是 $\phi$65k6 和 $\phi$65H7，查表 8-3 可知，两个零件的结合面是基孔制优先过渡配合。

## 二、确定表达方案

### 1. 选择主视图

部件的主视图通常按工作位置画出，并选择能反映部件的装配关系、工作原理和主要零件的结构特点的方向作为主视图的投射方向。如图 9-9 所示千斤顶，按箭头所示作为主视图的投射方向，并作剖视，可清楚表达各主要零件的结构形状、装配关系以及工作原理。

### 2. 选择其他视图

根据确定的主视图，再考虑反映其他装配关系、局部结构和外形的视图。如图 9-9 所示，以俯视方向沿螺母与螺杆的结合面剖切，表示螺母和底座的外形，再补充两个辅助视图，反映顶垫的顶面结构和螺杆上部用于穿绞杆的四个通孔的局部结构。

## 三、画装配图的步骤(图 9-11)

微视频

千斤顶装配图画图步骤

### 1. 布置图面，画出作图基准线

根据部件大小、视图数量定出比例和图纸幅面，然后画出各视图的作图基准线(如对称中心线、主要轴线和主要零件的基准面等)。千斤顶各视图的基准线如图 9-11a 所示。

### 2. 画底稿

一般从主视图画起，几个视图配合进行。画每个视图时，应先画部件的主要零件及主要结构，再画出次要零件及局部结构。对于千斤顶的装配图，可先画出底座、螺母的轮廓线(图 9-11b)，再画出螺杆、顶垫、挡圈以及两个辅助视图的轮廓线(图 9-11c)，然后画出螺钉、孔、槽、螺纹等局部结构(图 9-11d)。

### 3. 检查、描深、完成全图

检查底稿后，画剖面线，标注尺寸，编排零件序号，填写标题栏、明细栏和技术要求，最后将各类图线按规定描深。图 9-12 所示为千斤顶装配图。

图 9-11 千斤顶装配图画图步骤

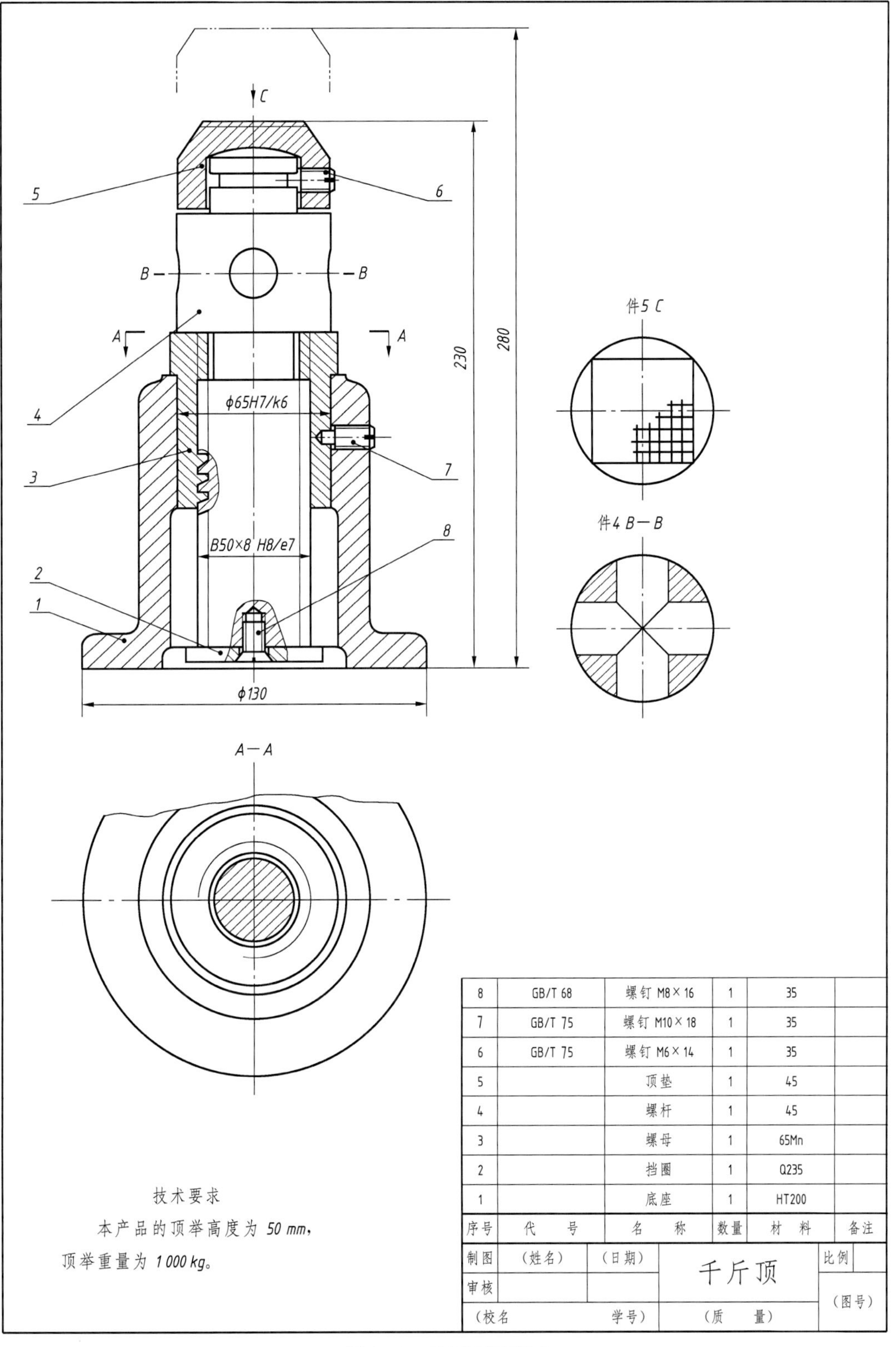


| 序号 | 代　号 | 名　称 | 数量 | 材　料 | 备注 |
|---|---|---|---|---|---|
| 8 | GB/T 68 | 螺钉 M8×16 | 1 | 35 | |
| 7 | GB/T 75 | 螺钉 M10×18 | 1 | 35 | |
| 6 | GB/T 75 | 螺钉 M6×14 | 1 | 35 | |
| 5 | | 顶垫 | 1 | 45 | |
| 4 | | 螺杆 | 1 | 45 | |
| 3 | | 螺母 | 1 | 65Mn | |
| 2 | | 挡圈 | 1 | Q235 | |
| 1 | | 底座 | 1 | HT200 | |

图 9-12　千斤顶装配图

# 第五节　读装配图和拆画零件图

在产品的设计、安装、调试、维修及技术交流时，都需要识读装配图。不同工作岗位的技术人员，读装配图的目的和内容有不同的侧重和要求。有的仅需了解机器或部件的工作原理和用途，以便选用；有的为了维修而必须了解部件中各零件间的装配关系、连接方式、装拆顺序；有时对设备修复、革新改造还要拆画部件中某个零件，需要进一步分析并看懂该零件的结构形状以及有关技术要求等。

## 一、读装配图的方法和步骤

读装配图的基本要求是：

(1) 了解部件的工作原理和使用性能。

(2) 弄清各零件在部件中的功能、零件间的装配关系和连接方式。

(3) 读懂部件中主要零件的结构形状。

(4) 了解装配图中标注的尺寸以及技术要求。

下面以图 9-13 齿轮油泵为例，说明识读装配图的方法和步骤。

微视频

读齿轮泵装配图

### 1. 概括了解

(1) 由标题栏和明细栏了解，齿轮泵由泵体、左右端盖、传动齿轮轴和齿轮轴等 15 种零件装配而成。按明细栏中每个零件的序号，找到它们在装配图中的位置。

(2) 齿轮泵装配图用两个视图表达，主视图采用全剖视，表达泵的主要装配关系，左视图沿左端盖与泵体结合面半剖，反映了泵的外部形状和一对齿轮的啮合情况。进油孔的结构用局部剖视表达。

### 2. 分析工作原理和装配关系

(1) 了解部件工作原理　如图 9-13(参照图 9-14a)所示，外力通过传动齿轮 *11*、键 *14* 传给传动齿轮轴 *3*，产生旋转运动。当传动齿轮轴(主动轮)按逆时针方向旋转时，齿轮轴 *2*(从动轮)则按顺时针方向旋转，如图 9-14b 所示。此时齿轮啮合区右边的压力降低，油池中的油在大气压力作用下，沿吸油口吸入泵腔内，随着齿轮的旋转，齿槽中的油不断沿箭头方向被带至左边压油口把油压出，送至机器需要润滑的部分。

(2) 分析部件的装配关系　如图 9-13 所示，齿轮泵有两条装配干线(组装在同一轴线上的一系列相关零件称为装配干线)，传动齿轮轴 *3* 装在泵体 *6* 的孔内，轴的伸出端装有密封圈 *8*、压盖衬套 *9*、压紧螺母 *10* 等；另一条是从动齿轮系统，齿轮轴 *2* 装在泵体和左右端盖孔内，与传动齿轮轴啮合。

(3) 分析零件的配合关系　凡是配合的工作面，都要看清基准制、配合种类、公差等级等。传动齿轮轴与左右端盖之间的配合尺寸为 $\phi16H7/h6$，属基孔(或基轴)制间隙配合，孔

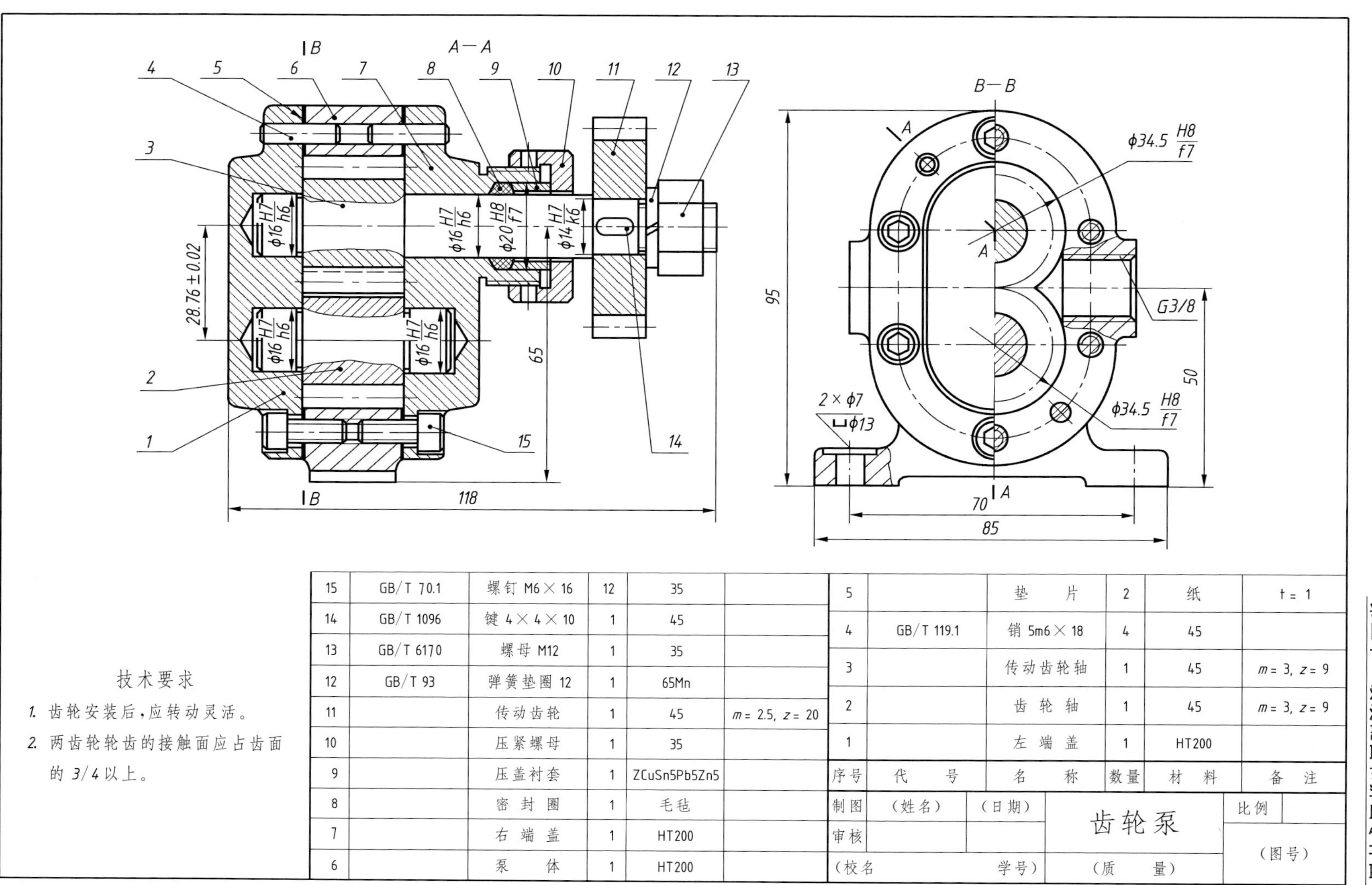


| 15 | GB/T 70.1 | 螺钉 M6×16 | 12 | 35 | |
|---|---|---|---|---|---|
| 14 | GB/T 1096 | 键 4×4×10 | 1 | 45 | |
| 13 | GB/T 6170 | 螺母 M12 | 1 | 35 | |
| 12 | GB/T 93 | 弹簧垫圈 12 | 1 | 65Mn | |
| 11 | | 传动齿轮 | 1 | 45 | $m$ = 2.5, $z$ = 20 |
| 10 | | 压紧螺母 | 1 | 35 | |
| 9 | | 压盖衬套 | 1 | ZCuSn5Pb5Zn5 | |
| 8 | | 密封圈 | 1 | 毛毡 | |
| 7 | | 右端盖 | 1 | HT200 | |
| 6 | | 泵体 | 1 | HT200 | |

| 5 | | 垫片 | 2 | 纸 | t = 1 |
|---|---|---|---|---|---|
| 4 | GB/T 119.1 | 销 5m6×18 | 4 | 45 | |
| 3 | | 传动齿轮轴 | 1 | 45 | $m$ = 3, $z$ = 9 |
| 2 | | 齿轮轴 | 1 | 45 | $m$ = 3, $z$ = 9 |
| 1 | | 左端盖 | 1 | HT200 | |
| 序号 | 代号 | 名称 | 数量 | 材料 | 备注 |

| 制图 | （姓名） | （日期） | 齿轮泵 | 比例 | |
|---|---|---|---|---|---|
| 审核 | | | | （图号） | |
| （校名 | 学号） | | （质量） | | |

技术要求

1. 齿轮安装后，应转动灵活。
2. 两齿轮轮齿的接触面应占齿面的 3/4 以上。

图 9-13　齿轮泵装配图

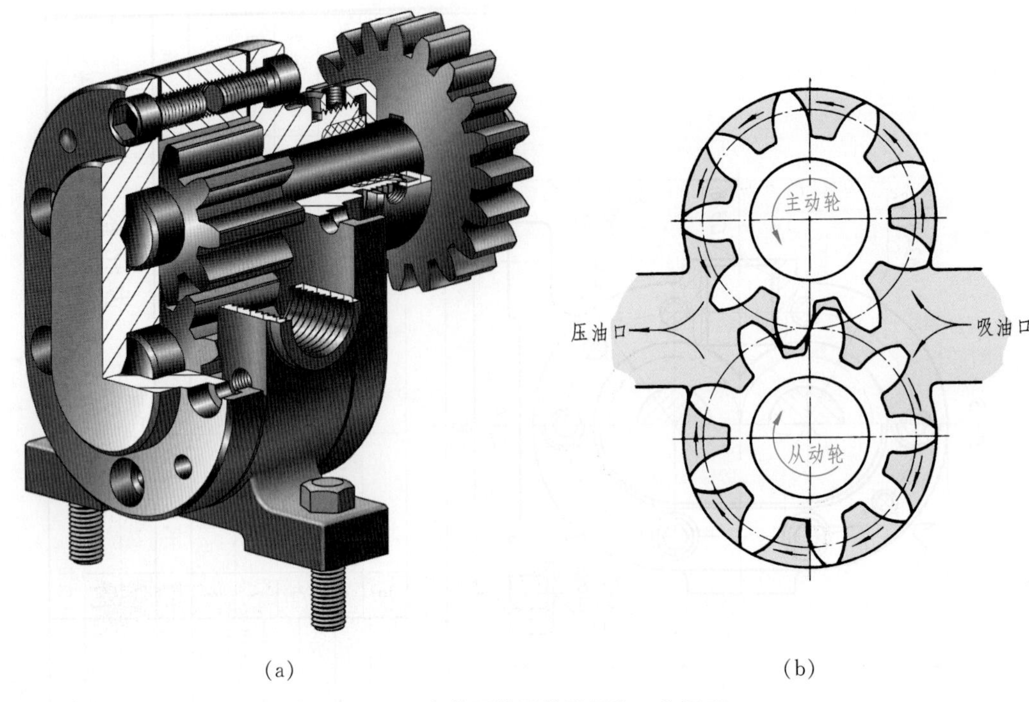


(a) (b)

图 9-14 齿轮泵轴测装配图和工作原理

的公差等级为 7 级，轴的公差等级为 6 级。压盖衬套与右端盖的配合尺寸为 $\phi$20H8/f7，属基孔制间隙配合。齿轮齿顶圆与泵体内腔的配合(左视图上)为 $\phi$34.5H8/f7，属基孔制间隙配合。

(4) 分析零件的连接方式　看清部件中各零件之间的连接固定方式。齿轮泵的左、右端盖与泵体通过六个内六角螺钉连接，并用两个圆柱销准确定位。密封圈 *8* 用压盖衬套 *9* 压紧并用压紧螺母 *10* 连接在泵体上。传动齿轮 *11* 通过键 *14* 与传动齿轮轴连接，其轴向定位是靠轴肩和弹簧垫圈 *12*，并用螺母 *13* 连接在轴上。

### 3. 分析零件结构形状

分析零件时，首先要依据不同方向或不同间隔的剖面线，划定各零件的轮廓范围，并结合该零件的功能来分析零件的结构形状。如图 9-13 所示，泵体的左、右端盖，从主视图可看出，它们与泵体装配在一起，将一对齿轮轴密封在泵腔内，同时对齿轮轴起支承作用。左端盖设有两个轴颈的支承孔(不通孔)，右端盖上部有传动齿轮轴穿过(通孔)，下部有齿轮轴轴颈的支承孔(不通孔)。右端盖右部凸缘的外圆柱面上有螺纹，与压紧螺母连接。由左视图看出，端盖为长圆形，沿周围分布有六个具有沉孔的螺钉孔和两个圆柱销孔。

## 二、由装配图拆画零件图

由装配图拆画零件图简称“拆图”，应在读懂装配图的基础上进行，并对拆画的零件的结构形状作进一步分析。

分析零件的关键是将零件从装配图中分离出来，再通过对投影、想形体，弄清该零件的结构形状。下面以齿轮泵中的泵体为例，说明分析和拆画零件的过程。

(1) 分离零件

根据方向、间隔相同的剖面线将泵体从装配图中分离出来，如图 9-15a 所示。由于在装配图中泵体的部分可见轮廓线可能被其他零件(如螺钉、销)遮挡，所以分离出来的图形可能是不完整的，必须补全(如图中红色图线)。将主视图、左视图对照分析，想象出泵体的整体形状，如图 9-15b 所示。

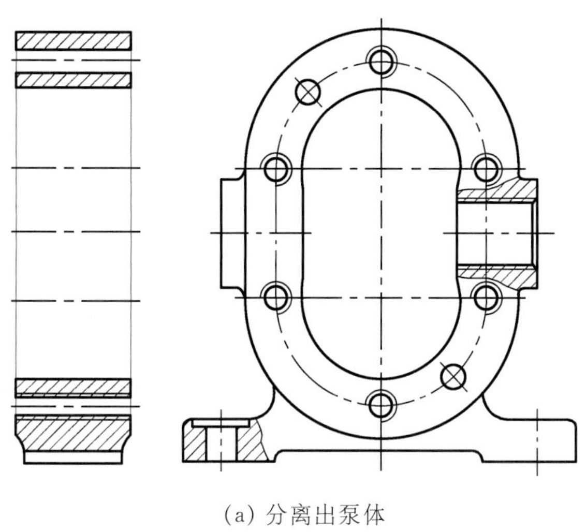

(a) 分离出泵体　　(b) 泵体轴测图

图 9-15　拆画泵体

(2) 确定零件的表达方案

零件的视图表达应根据零件的结构形状确定，而不是从装配图中照抄。在装配图中，泵体的左视图反映了容纳一对齿轮的长圆形空腔以及与空腔相通的进、出油孔，同时也反映了销与螺钉孔的分布以及底座上沉孔的形状。因此，画零件图时按这一方向作为泵体主视图的投射方向比较合适。

装配图中省略未画出的工艺结构，如倒角、退刀槽等，在拆画零件图时应按标准结构要素补全。

(3) 零件图的尺寸标注

装配图中注出的尺寸都是重要尺寸，如 $\phi$34.5H8/f7 是一对啮合齿轮的齿顶圆与泵体空腔内壁的配合尺寸，28.76±0.02 是一对啮合齿轮的中心距尺寸，G3/8 是进、出油口的管螺纹尺寸；另外还有油孔中心高尺寸 50、底板上安装孔的定位尺寸 70 等。上述尺寸可直接抄注在零件图上。其中配合尺寸应标注公差带代号，或查表注出上、下极限偏差数值。

装配图中未注的尺寸，可按比例从装配图中量取，并加以圆整。某些标准结构，如键槽的深度和宽度、沉孔、倒角、退刀槽等，应查阅有关标准注出。

(4) 零件图的技术要求

零件的表面粗糙度、尺寸公差和几何公差等技术要求要根据该零件在装配体中的功能以及该零件与其他零件的装配关系来确定。零件的其他技术要求可用文字注写在标题栏附近。

图 9-16 是根据齿轮油泵装配图拆画的泵体零件图。

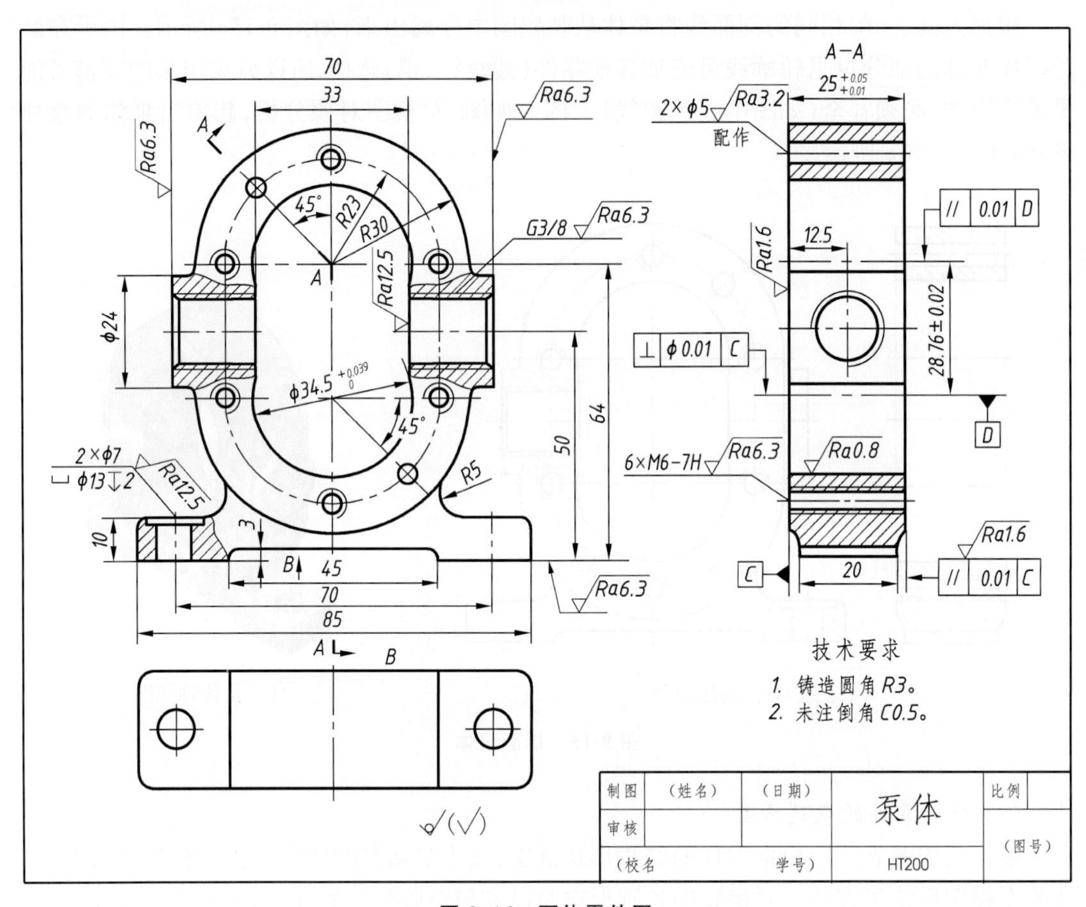


图 9-16 泵体零件图

## 三、读减速器装配图

减速器是安装在原动机(如电动机)和工作机械(如搅拌机)之间,用来降低转速和改变扭矩的独立传动部件。减速器由封闭在箱体内的圆柱齿轮或锥齿轮、蜗轮蜗杆等多种传动形式来实现减速。根据不同分级的传动情况,可分为单级、双级和三级减速器,如图 9-17 所示。

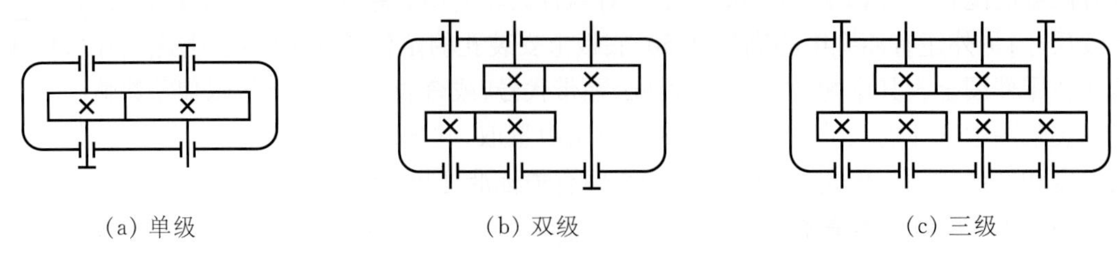

(a) 单级　　(b) 双级　　(c) 三级

图 9-17 圆柱齿轮减速器的运动简图

本例主要介绍单级圆柱齿轮减速器装配图(图 9-19)的识读方法和步骤。图 9-18 所示为 ZDY70 型单级圆柱齿轮减速器的轴测分解图。识读减速器装配图时可对照轴测分解图帮助理解。

## 1. 概括了解

由图 9-19 所示减速器装配图的零件编号和明细栏可知,减速器由 37 种零件组成,其中标准件 14 种,主要零件是轴、齿轮、箱体和箱盖等。减速器装配图采用主、俯、左三个基本视图表达其内外结构形状。图 9-19 中的主视图,是在图 9-18 中用从后向前的投射方向画出的。

动画

减速器

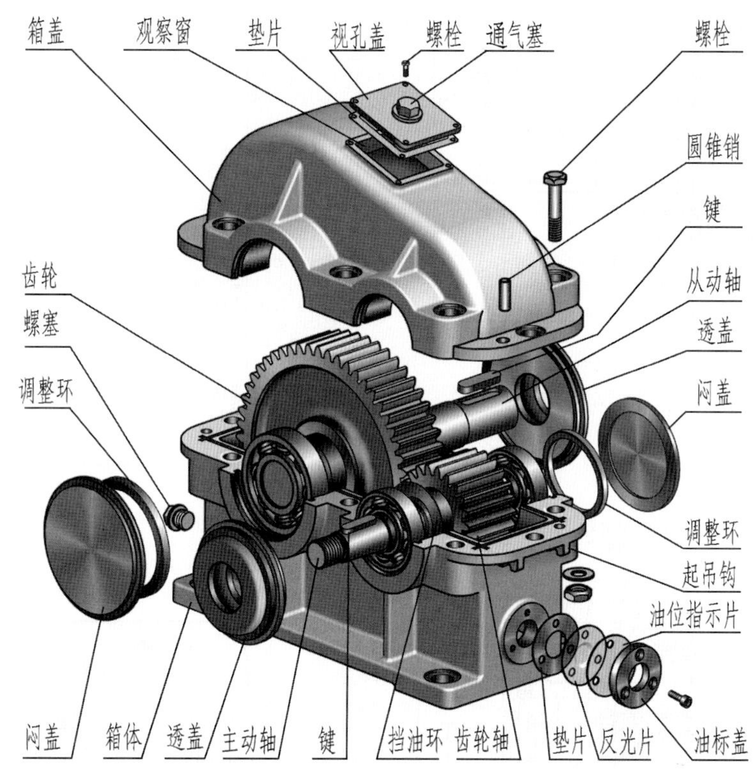


图 9-18　ZDY70 型减速器轴测分解图

(1) 俯视图采用沿箱体与箱盖的结合面剖切的全剖视图,集中表达了两轴系上的各零件及其传动关系。剖切前未取出螺栓及圆锥销,它们被横向切断,所以俯视图中螺栓和圆锥销应画出剖面符号(本例采用涂黑处理)。被纵向剖切的两轴属实心零件,按不剖处理。但为了反映两齿轮的啮合关系,在啮合处的齿轮轴上采用了局部剖视。

(2) 主视图按减速器的工作位置确定,以表达减速器前后面的外形特征为主,并在其上灵活地作了六处局部剖视,分别反映油标、观察窗、油池、排油孔、定位销和螺栓连接等装置和内部结构。

(3) 左视图补充表达减速器整体的外形轮廓,并且反映油标及起吊钩的外形和位置。顶部采用拆卸画法是因为通气塞已在主视图中表示清楚,这样不仅简化了制图,还可显示观察窗的形状。

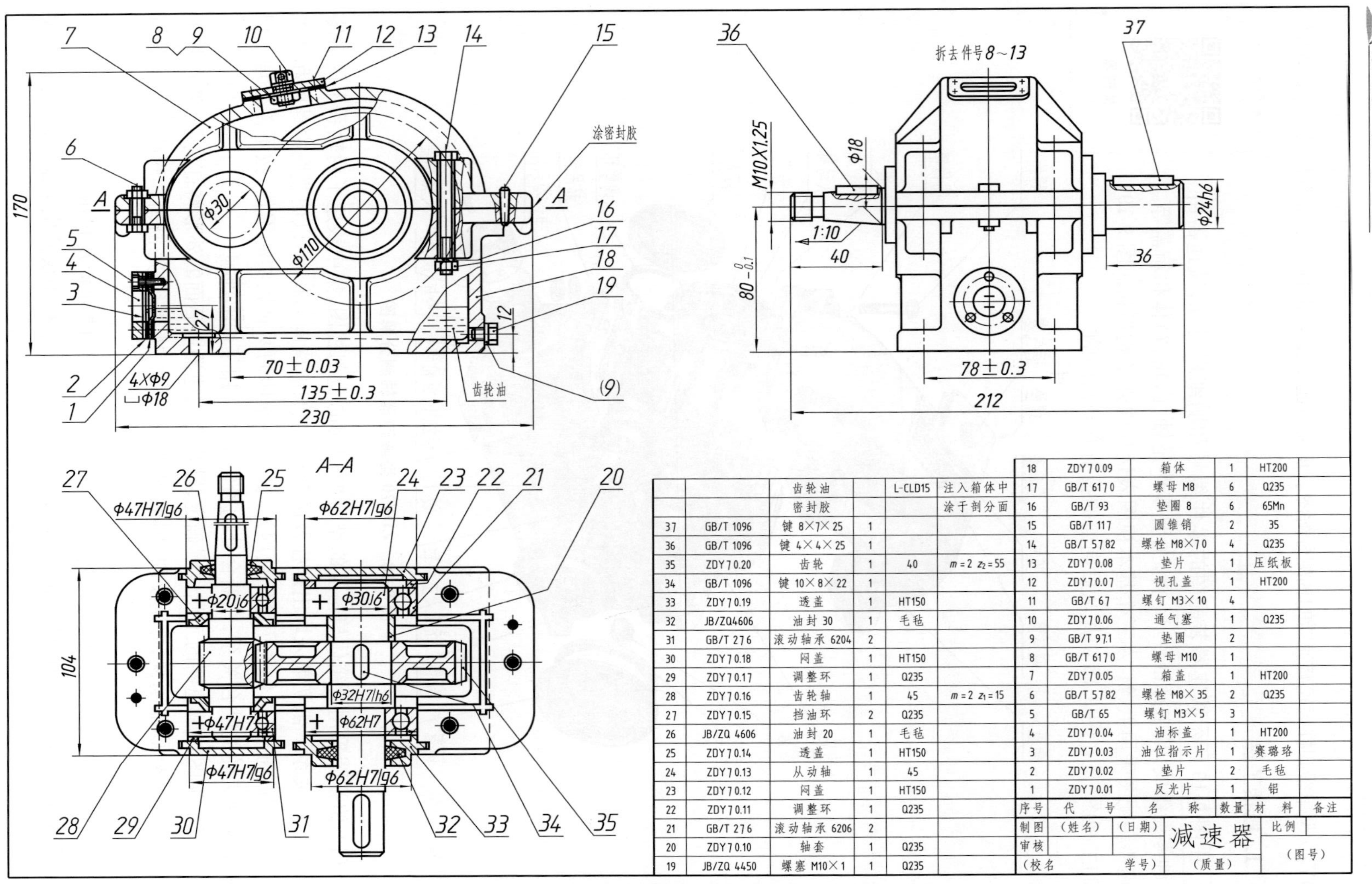


| 序号 | 代号 | 名称 | 数量 | 材料 | 备注 |
|---|---|---|---|---|---|
| | | 齿轮油 | | L-CLD15 | 注入箱体中 |
| | | 密封胶 | | | 涂于剖分面 |
| 37 | GB/T 1096 | 键 8×7×25 | 1 | | |
| 36 | GB/T 1096 | 键 4×4×25 | 1 | | |
| 35 | ZDY70.20 | 齿轮 | 1 | 40 | $m=2$ $z_2=55$ |
| 34 | GB/T 1096 | 键 10×8×22 | 1 | | |
| 33 | ZDY70.19 | 透盖 | 1 | HT150 | |
| 32 | JB/ZQ4606 | 油封 30 | 1 | 毛毡 | |
| 31 | GB/T 276 | 滚动轴承 6204 | 2 | | |
| 30 | ZDY70.18 | 闷盖 | 1 | HT150 | |
| 29 | ZDY70.17 | 调整环 | 1 | Q235 | |
| 28 | ZDY70.16 | 齿轮轴 | 1 | 45 | $m=2$ $z_1=15$ |
| 27 | ZDY70.15 | 挡油环 | 2 | Q235 | |
| 26 | JB/ZQ 4606 | 油封 20 | 1 | 毛毡 | |
| 25 | ZDY70.14 | 透盖 | 1 | HT150 | |
| 24 | ZDY70.13 | 从动轴 | 1 | 45 | |
| 23 | ZDY70.12 | 闷盖 | 1 | HT150 | |
| 22 | ZDY70.11 | 调整环 | 1 | Q235 | |
| 21 | GB/T 276 | 滚动轴承 6206 | 2 | | |
| 20 | ZDY70.10 | 轴套 | 1 | Q235 | |
| 19 | JB/ZQ 4450 | 螺塞 M10×1 | 1 | Q235 | |
| 18 | ZDY70.09 | 箱体 | 1 | HT200 | |
| 17 | GB/T 6170 | 螺母 M8 | 6 | Q235 | |
| 16 | GB/T 93 | 垫圈 8 | 6 | 65Mn | |
| 15 | GB/T 117 | 圆锥销 | 2 | 35 | |
| 14 | GB/T 5782 | 螺栓 M8×70 | 4 | Q235 | |
| 13 | ZDY70.08 | 垫片 | 1 | 压纸板 | |
| 12 | ZDY70.07 | 视孔盖 | 1 | HT200 | |
| 11 | GB/T 67 | 螺钉 M3×10 | 4 | | |
| 10 | ZDY70.06 | 通气塞 | 1 | Q235 | |
| 9 | GB/T 97.1 | 垫圈 | 2 | | |
| 8 | GB/T 6170 | 螺母 M10 | 1 | | |
| 7 | ZDY70.05 | 箱盖 | 1 | HT200 | |
| 6 | GB/T 5782 | 螺栓 M8×35 | 2 | Q235 | |
| 5 | GB/T 65 | 螺钉 M3×5 | 3 | | |
| 4 | ZDY70.04 | 油标盖 | 1 | HT200 | |
| 3 | ZDY70.03 | 油位指示片 | 1 | 赛璐珞 | |
| 2 | ZDY70.02 | 垫片 | 2 | 毛毡 | |
| 1 | ZDY70.01 | 反光片 | 1 | 铝 | |

| 制图 | (姓名) | (日期) | 减速器 | 比例 |
|---|---|---|---|---|
| 审核 | | | | (图号) |
| (校名 | | 学号) | (质量) | |

图 9-19 ZDY70 型减速器装配图

(4) 装配图上标注了必要的尺寸：

70±0.03 是两齿轮中心距的规格尺寸，该尺寸通常是减速器所命名的型号的组成部分(如 ZDY70)。

$80_{-0.1}^{0}$、78±0.3、135±0.3 等尺寸属安装尺寸。

$\phi$32H7/h6、$\phi$62H7/g6、$\phi$47H7/g6 等尺寸属配合尺寸。

230、212、170 为外形尺寸。

### 2. 工作原理

本减速器为单级传动圆柱齿轮减速器，即通过一对齿数不同的齿轮啮合旋转，动力由主动轴 *28*(齿轮轴)的伸出端输入，小齿轮旋转带动大齿轮 *35* 旋转，并通过键 *34* 将动力传递到 *24*(从动轴)输出。

减速器的减速功能是通过互相啮合的齿数差来实现的，其特征参数是传动比 $i$，$i = n_1/n_2 = z_2/z_1$。式中的 $z_1$、$z_2$ 分别表示主动轮、从动轮的齿数，$n_1$、$n_2$ 分别表示主动轮、从动轮的转速。本例中，主动轮的齿数 $z_1 = 15$，从动轮的齿数 $z_2 = 55$，则传动比 $i = \frac{z_2}{z_1} = \frac{11}{3}$。当主动轮转速 $n_1 = 960$ r/min 时，从动轮将被减速为 $n_2 = \frac{n_1}{i} \approx 261.8$ r/min。

由上述可知，传动比 $i$ 越大，转速降低越多。通常，直齿单级圆柱齿轮减速器的传动比 $i \leqslant 5$。

### 3. 装配干线的结构分析

由图 9-19 减速器装配图可以看出，本减速器有主动轴和从动轴两条主要装配干线。此外，还有箱体箱盖装配线、通气塞装配线、油标和放油螺塞装配线。

(1) 主动轴装配干线(图 9-20)

对照图 9-19 减速器装配图，以主动轴 *28* 的轴线为公共轴心线，其上的小齿轮居中，由两个挡油环 *27*、一对滚动轴承 *21*、一个调整环 *22* 以及两端的闷盖 *30* 和透盖 *33* 等零件装配而成。由于小齿轮的齿数较少，所以与轴做成整体，称为齿轮轴。

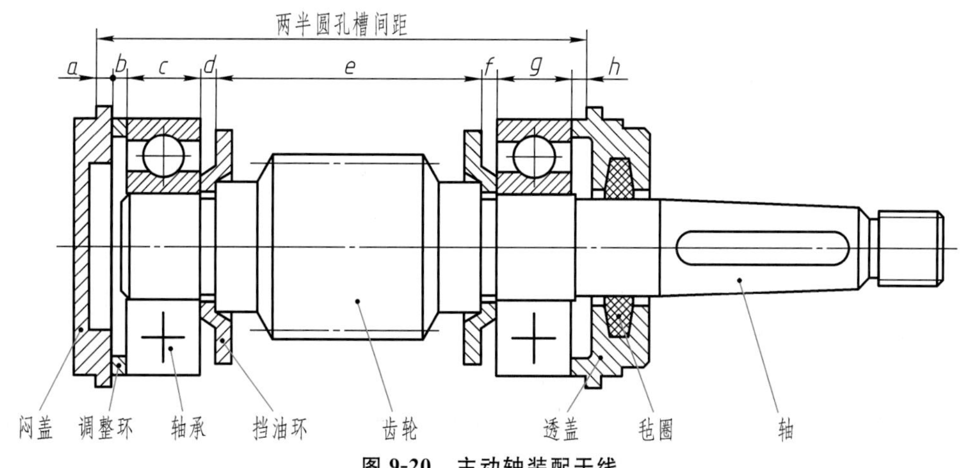


图 9-20　主动轴装配干线

主动轴两端由滚动轴承支承在箱体上。由于本减速器采用直齿圆柱尺轮传动,无轴向力,所以采用深沟球轴承。轴与轴采用过渡配合,具有较好的同轴度,从而保证齿轮啮合的稳定性。

闷盖和透盖采用嵌入式嵌入箱体和箱盖的半圆孔槽中,从而确定了轴和轴上零件的轴向位置。如图 9-20 所示箱体和箱盖上同一轴线的两槽间距,应等于装配干线上各零件轴向相关尺寸 $a$、$b$、$c$、$d$、$e$、$f$、$g$、$h$ 之和,为了避免积累误差过大,通过修磨调整环的厚度 $b$ 来保证装配后合理的轴向间距。

为了避免主动轴伸出端与透盖之间产生摩擦,透盖孔与轴之间留有一定间隙,透盖孔内装有油毡圈,紧套在轴上,以防止箱体油池的润滑油沿轴的表面外向渗透或异物进入箱体。挡油环的作用是借助它旋轴时的离心力,将环面上的油及时甩掉,以防止飞溅润滑油进入滚动轴承而稀释润滑脂。

(2) 从动轴装配干线(图 9-21)

对照图 9-19 减速器装配图,从动轴装配干线与主动轴装配干线类似,不同之处在于从动轴与大齿轮通过键连接。

如图 9-21 所示,从动轴和轴上零件的轴向位置由嵌入箱体半圆孔槽中的透盖和闷盖确定。右边的透盖紧靠轴承外圈,轴承内圈紧靠轴肩的右端面,轴肩左端面紧靠齿轮,齿轮的另一端紧靠轴套,轴套的另一端紧靠轴承内圈,轴承外圈紧靠调整环,调整环的另一端紧靠闷盖。从动轴的轴线上箱体和箱盖的半圆孔中的两槽间距应等于轴上各零件的相关尺寸 $i$、$j$、$k$、$l$、$m$、$n$、$p$、$q$ 之和。与主动轴装配干线一样,装配时通过修磨调整环的厚度 $P$ 来避免积累误差过大。必须注意,轴套(也称为挡圈)的作用是用于齿轮的轴向定位,它空套在轴上,因此内孔应大于轴径。安装齿轮的轴段长度应小于齿轮轮毂的长度,从而保证齿轮轴向定位。

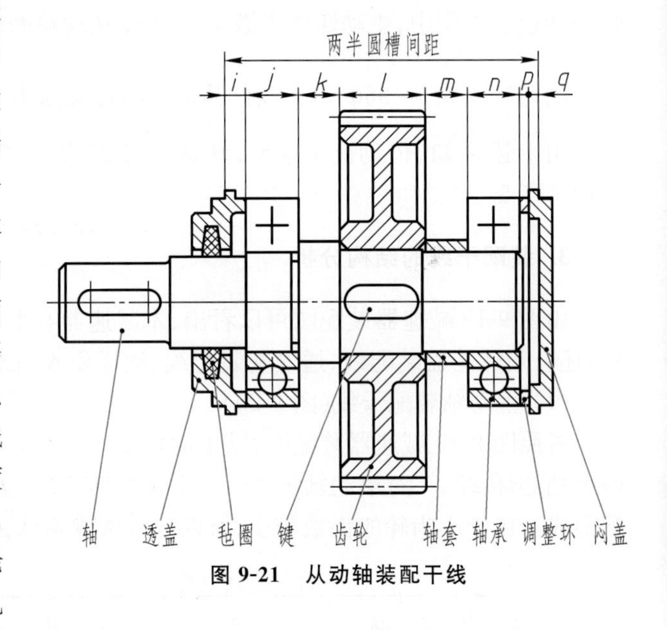

**图 9-21 从动轴装配干线**

(3) 箱体、箱盖装配线(图 9-19)

箱体和箱盖采用上下剖分式结构,通过两个螺栓 *6* 和四个螺栓 *14* 连接,将轴的位置固定,并在接触面之间涂密封胶。销 *15* 使箱体和箱盖在装配时能准确对中定位。

(4) 通气塞装配线(图 9-22)

减速器工作时,由于齿轮高速转动而发热,箱体内温度会升高从而引起气体膨胀,导致压力增高,使润滑油沿分箱面或轴身密封件等其他缝隙渗漏。因此,在箱盖顶部设计有透气装置,通过通气塞的小孔,使箱体内的膨胀气体及时排出。

图 9-18 右下的窥视孔作用于检查传动齿轮的啮合情况和润滑状况,并可由该孔向箱体内注入润滑油,平时由透视盖用螺钉封住。

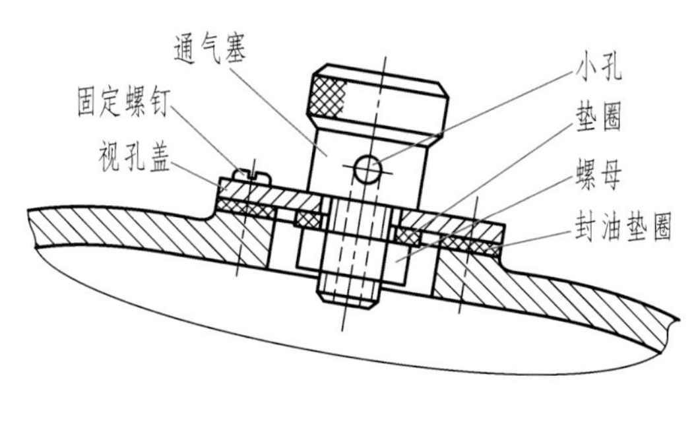


图 9-22 透气塞装配线

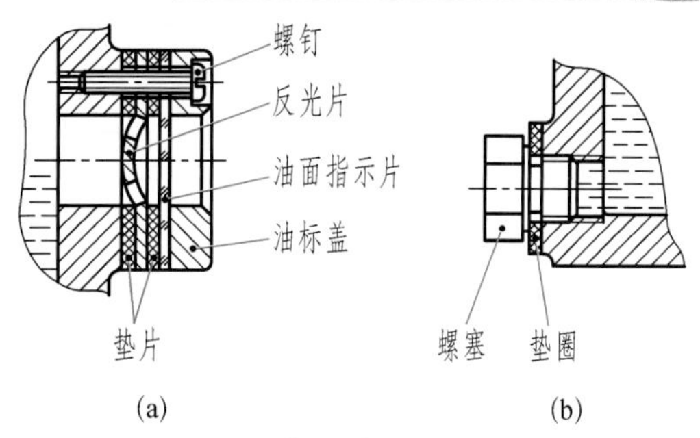


图 9-23 油面指示片、放油螺塞装配线

(5) 油面指示片、放油螺塞装配线(图 9-23)

减速器中运动零件的表面需要润滑减少磨损,箱体的油池内装有润滑油,齿轮旋转时将油带起飞溅和雾化散布到各部位。大齿轮应浸在润滑油中,其深度通常是两倍齿轮高,可以从油面指示片检查箱体内油面的高度,使其保持适当的油量(图 9-23a)。

箱体中的润滑油必须定期更换,污油通过放油孔排出,平时用放油螺塞堵住。箱体的油池底面从左向右做成 $1^{\circ}\sim5^{\circ}$的倾斜面,放油孔位于箱体右下侧底部油池的最低处。必须注意,装配图中螺栓垫圈的序号 *9* 加了括号,因为这个垫圈与通气塞处已标注的序号 *9* 的垫圈相同,在装配图中相同的零件只标注一个序号,为便于看图,这里再加一个带括号的序号 *9*。

**4. 分析零件和拆画零件图**

分析零件的目的是弄清楚装配体中每个零件的结构形状和各零件间的装配关系。下面以减速器中的主要零件从动轴和箱体为例,分析零件的结构形状以及拆画零件图的方法和步骤。

(1) 从动轴

从动轴的主要功能是装在轴承中支承齿轮并传递扭矩(或动力),轴伸出的前端和中间轴段上的键槽分别通过键与外部设备和齿轮连接;前后两端通过滚动轴承支承在箱体上;中间的凸肩是为了固定齿轮的轴向位置。为了便于装配和保护装配表面,应多处制成倒角、退刀槽等局部结构。

图 9-24 是拆画的从动轴零件图。由于轴类零件的结构形状比较简单,其拆画过程以及尺寸标注(参阅图 8-24)、技术要求的注写等,都请读者自行阅读分析,这里不再赘述。

(2) 箱体

箱体的主要功能是容纳、支承轴和齿轮,并与箱盖连接。从减速器装配图的主、俯、左视图对照轴测分解图(图 9-18)分析:箱体中间的长方形空腔是容纳齿轮和润滑油的油池。箱体左下部有油标装置,油标是为观察润滑剂的液面高度而设置的。箱体内的润滑油需定期排放污油,清洗并注入新油,为此,油池底面铸成向一端倾斜的斜面,并在低位端的居中位置上(箱体右下部)钻有排油孔,孔壁制成螺孔,旋入螺塞,排放污油时拧出螺塞,排放后再拧入螺塞。箱体的前、后壁有半圆柱凸缘,是为了支承齿轮轴(主动轴)和从动轴(轴的两端装有滚动轴承);箱体的顶面上有与箱盖连接的定位销孔和螺栓孔,以便最后将箱盖与箱体装配时,先定位,后连接。箱体底板上有四个安装孔,以便在使用这个减速器时,将它安装在机器

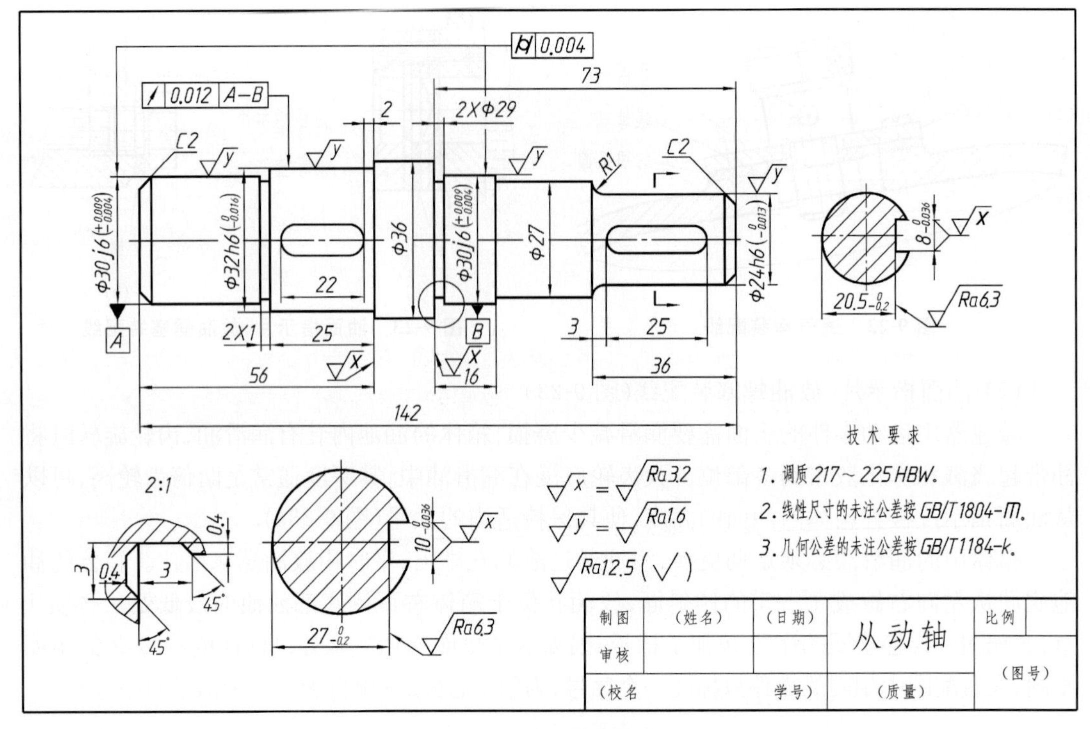


图 9-24 从动轴零件图

上的某一固定位置。底板与半圆弧凸缘之间有加强肋使箱体牢固。

经过对零件的分析,对箱体的结构形状就形成了大致轮廓。在拆画箱体零件图时,首先将箱体的投影轮廓从装配图的主视图中分离出来,再按投影关系分离出俯视图和左视图上的投影轮廓,如图 9-25 所示的徒手草图。

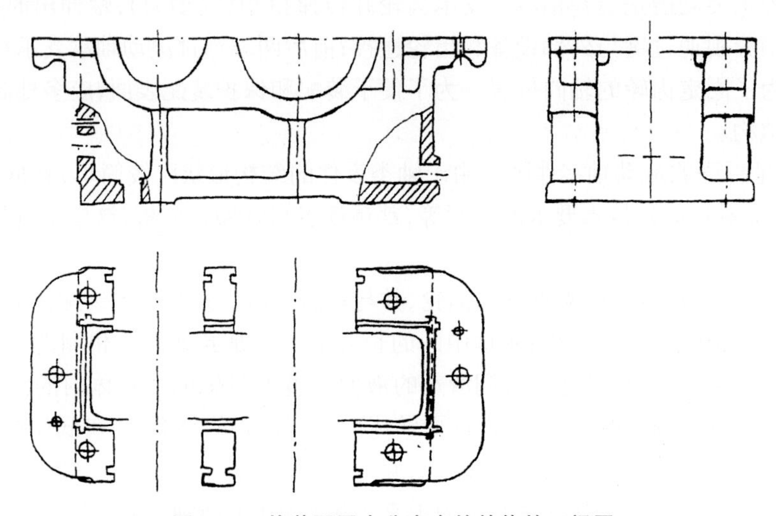

图 9-25 从装配图中分离出的箱体的三视图

然后,要根据箱体以及箱体各部分构造的功能、从装配图中分离出来的投影轮廓,结合与箱体有装配、连接关系的其他零件，分析和想象箱体的结构形状，补齐投影；再按零件结构本身表达的需要，重新选择视图表达方案和绘图比例，画出零件图。对于装配图上省略的一些工艺结构，如小圆角、倒角、退刀槽等，绘制零件图时必须补全。

根据装配图拆画的零件图，应符合设计和工艺要求，零件结构形状合理，尺寸、配合性质和技术要求等应协调一致。**拆画零件图的注意事项如下：**

(1) 选择视图

从装配图上拆画零件图，必须根据零件的具体形状，按照零件图的视图选择原则来考虑。因为有些零件在装配图上的位置不一定符合表达零件的要求，如这个减速箱中的从动轴 *24*，画零件图时，将它的轴线放置成水平位置作为主视图更合适，如图 9-20 所示。而对箱体来说，它的主视图应按工作位置选取，与装配图一致。图 9-26 所示为箱体零件图，其主视图与装配图上箱体的位置一致，左视图采用 *A*—*A* 全剖视，以表达内腔在高度上的形体特征，并使轴线方向上的一些尺寸配置清楚。俯视图表达外形特征。*G*—*G* 局部剖视图反映了仰视时的凸台、沉孔以及起吊钩的形状。*B* 向局部视图反映了油标安装部位的结构。从箱体的俯视图中还可以看到箱体顶面上有一圈矩形槽(见 *C*—*C* 局部剖视图)，是为了使从油池溅到箱体与箱盖接触面间的油流回油池内。必须注意：视图中的细虚线一般不必画出，但表示重要结构特征时仍应画出，如主视图中箱底斜面(为便于换油时排油，箱体内腔底面左高右低的结构，可用夸大画法适当夸大其斜度)的细虚线，俯视图中用细虚线反映底板的长方形结构、螺栓孔的分布以及油标孔和排油孔居中设置等特征。

(2) 尺寸标注

装配图上已标注的尺寸是设计时确定的主要尺寸，应该直接移注到零件图上。如图 9-26 中安装两轴系的轴线之间的尺寸 70±0.03，箱体的高度尺寸 $80_{-0.1}^{\ 0}$、底面宽 104、总长 230 等，对于配合尺寸要注出极限偏差数值，如 $\phi$47H7、$\phi$62H7 在图 9-26 中，用括号分别加注了极限偏差数值 $^{+0.025}_{\ 0}$、$^{+0.03}_{\ 0}$。对于标准结构，如螺钉沉孔、螺栓通孔直径、螺孔深度、倒角、退刀槽、键槽等，其尺寸应查阅有关标准或手册，按标准尺寸标注。零件上的不重要尺寸或非配合的自由尺寸，一般均由装配图上按比例直接量取并圆整。

相邻两零件接触面的有关尺寸及紧固件的有关定位尺寸必须保证一致。如箱体总长 230、宽 104、螺栓孔定位尺寸 74±0.3 等，应与箱盖零件图上对应部分相一致。孔 $\phi47^{+0.025}_{\ 0}$ 和 $\phi62^{+0.03}_{\ 0}$ 两处将装配滚动轴承，为保证圆度，加工时必须将箱体与箱盖装配在一起后作最后加工。因此，在箱体和箱盖零件图上的半圆处均以直径尺寸 $\phi$ 注出。

(3) 注写技术要求

表面粗糙度、几何公差以及一些热处理和表面修饰等技术要求，是根据该零件在机器中的作用和要求确定的，如图 9-26 中的孔 $\phi47^{+0.025}_{\ 0}$、$\phi62^{+0.03}_{\ 0}$ 处与滚动轴承配合，精度较高，其表面粗糙度选用 *Ra*3.2。而螺栓孔要求较低，选用 *Ra*12.5。为保证一对齿轮能全齿均匀啮合，故两齿轮轴的轴线处要求平行度公差为 0.018。通常情况下，技术要求可参照同类产品加以确定，还可参考有关资料和向有经验的人员请教。

最后，对箱体零件图进行仔细核对，还要检查与它邻接各零件(如箱盖等)的零件图相关的内容是否画全，零件的名称、材料、数量是否与减速器装配图的明细栏一致等。

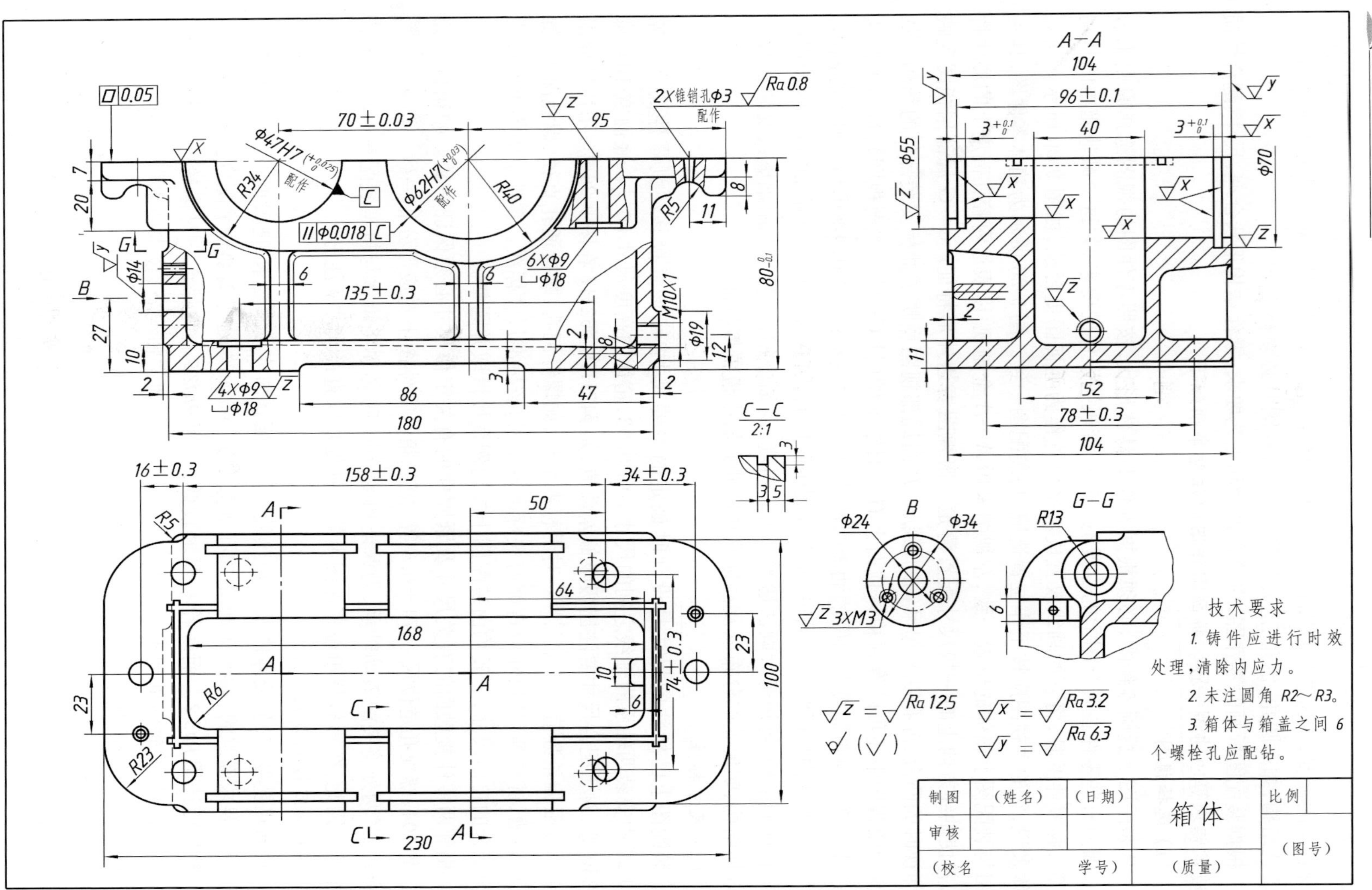
A—A
G—G
B
C—C 2:1
2X锥销孔Φ3 配作
技术要求
1. 铸件应进行时效处理,清除内应力。
2. 未注圆角 R2~R3。
3. 箱体与箱盖之间 6 个螺栓孔应配钻。
制图
(姓名)
(日期)
箱体
比例
审核
(图号)
(校名
学号)
(质量)

图 9-26 箱体零件图

# 第六节 零部件测绘

根据已有的部件(或机器)和零件进行测量,并整理画出零件工作图和装配图的过程,称为测绘。实际生产中,设计新产品(或仿造)时,需要测绘同类产品的部分或全部零件,供设计时参考。机器或设备维修时,如果某一零件损坏,在无备件又无图纸的情况下,也需要测绘损坏的零件,画出图样作为加工依据。在本课程的教学过程中,通过零部件测绘,继续深入学习零件图和装配图的表达和绘制,全面巩固前面所学的知识,培养动手能力,是理论联系实际的一种有效方法。

部件测绘的步骤通常是:了解测绘对象和拆卸部件、画装配示意图、画零件草图、测量和标注尺寸、画装配图、画零件工作图。现以测绘机用虎钳为例,说明测绘零、部件的方法。

## 一、了解测绘对象和拆卸部件

通过观察实物,了解部件的用途、性能、工作原理、装配关系和结构特点等。

图 9-27 所示机用虎钳是安装在机床工作台上,用于夹紧工件以便切削加工的一种通用工具。图 9-28 是虎钳的轴测分解图,它由 11 种零件组成,其中螺钉和圆柱销是标准件。对照虎钳的轴测装配图和轴测分解图,初步了解主要零件之间的装配关系:螺母块 *9* 从固定钳座 *1* 的下方空腔装入工字形槽内,再装入螺杆 *8*,并用垫圈 *11*、垫圈 *5* 以及环 *6*、圆柱销 *7* 将螺杆轴向固定;通过螺钉 *3* 将活动钳身 *4* 与螺母块 *9* 连接;最后用螺钉 *10* 将两块钳口板 *2* 分别与固定钳座和活动钳身连接。

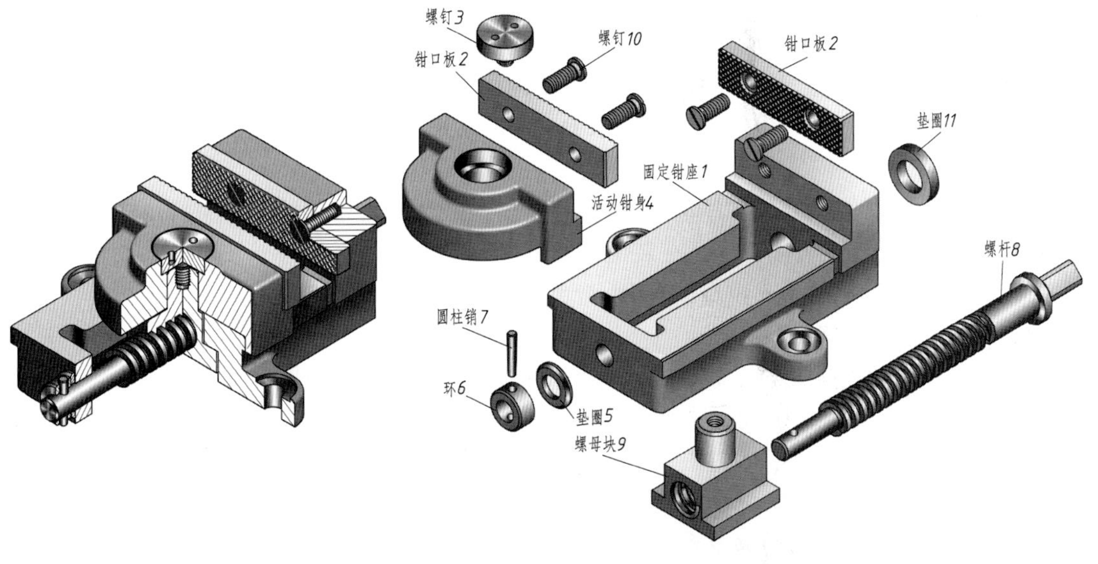


**图 9-27 机用虎钳轴测装配图**　　**图 9-28 机用虎钳轴测分解图**

**虎钳的工作原理**：旋转螺杆 *8* 使螺母块 *9* 带动活动钳身 *4* 作水平方向的左右移动，夹紧工件进行切削加工。

## 二、拆卸部件和画装配示意图

在初步了解部件的基础上，依次拆卸各零件，编号并作相应记录。为了便于部件拆卸后装配复原，在拆卸零件的同时边拆边绘制部件的装配示意图，编写序号，记录零件名称和数量，如图 9-29 所示。

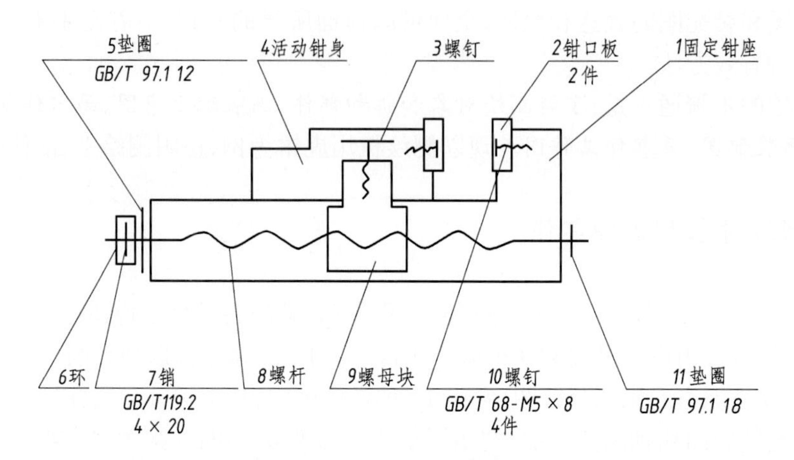


**图 9-29 装配示意图**

## 三、画零件草图

零件测绘一般在生产现场进行，因此不便于用绘图工具和仪器画图，而以徒手目测比例绘制零件的草图。零件草图是绘制部件装配图和零件工作图的重要依据，必须认真仔细。画草图的要求是：**图形正确、表达清晰、尺寸齐全，并注写包括技术要求等必要的内容。**

测绘时对标准件不必画零件草图，只要测量出几个主要尺寸，根据相应的国家标准确定其规格和标记，列表说明或者注写在装配示意图上。

现以机用虎钳中的活动钳身 *4* 为例，介绍**画零件草图的方法和步骤**。

(1) **确定表达方案、布图。**

确定主视图，根据完整、清晰表达零件的需要，画出其他视图。根据零件大小、视图数量多少，选择图纸幅面，布置各视图的位置，先画出中心线及其他定位基准线（图 9-30a）。

(2) **画出零件各视图的轮廓线**（图 9-30b）。

(3) **画出零件各视图的细节和局部结构，采用剖视、断面等表达方法**（图 9-30c）。

(4) **标注尺寸和书写其他必要的内容。**先画出全部尺寸界线、尺寸线和箭头，然后按尺寸线在零件上量取所需尺寸，填写尺寸数值，最后加注向视图的投射方向和图名，如图 9-30d 所示。必须注意：标注尺寸时，应在零件图上将尺寸线全部注出，并检查有无遗漏后再用测量工具一次把所需尺寸量出填写，切忌边测量尺寸边画尺寸线和标注尺寸数字。

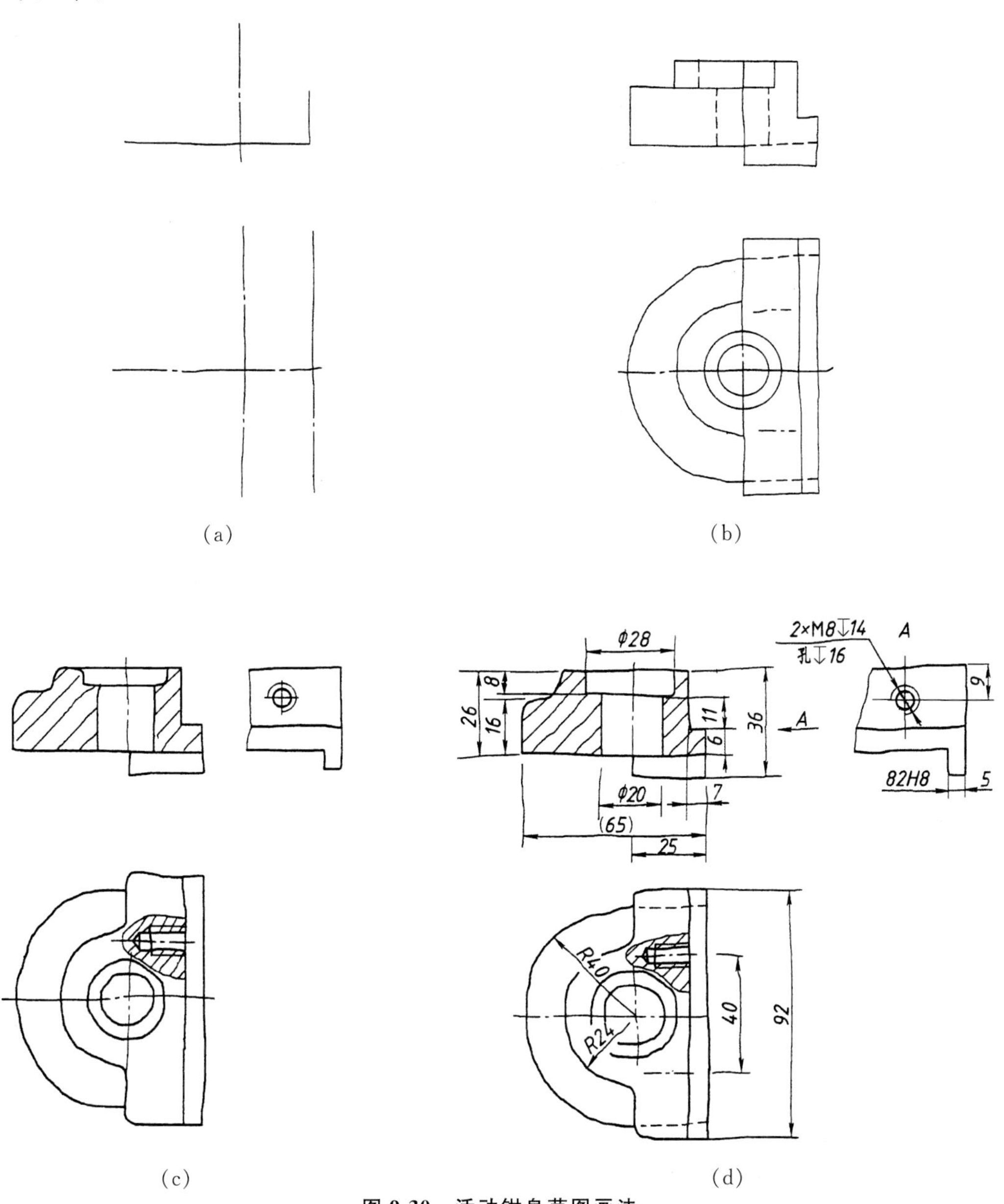


图 9-30 活动钳身草图画法

## 四、常用测量工具及测量方法

尺寸测量是零件测绘过程中的重要一环，常用的测量工具有钢直尺、外卡钳、内卡钳、游标卡尺和千分尺等。

零件的测量方法见表 9-1。

**表 9-1 零件的测量方法**

<table>
<tr>
<td>线性尺寸</td>
<td>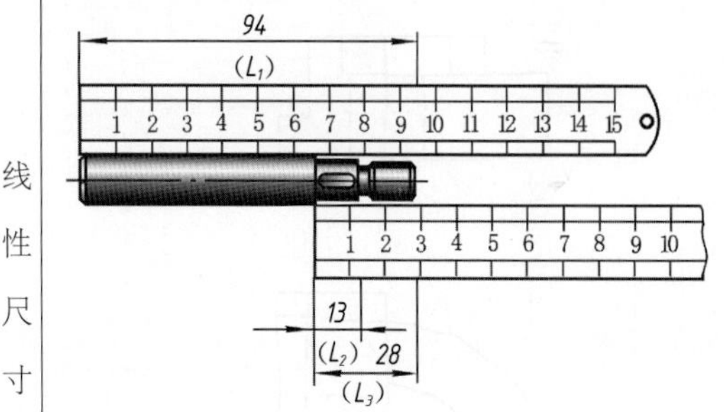

长度尺寸可以用直尺直接测量读数，如图中的长度 $L_1$(94)、$L_2$(13)、$L_3$(28)</td>
<td rowspan="2">孔间距</td>
<td rowspan="2">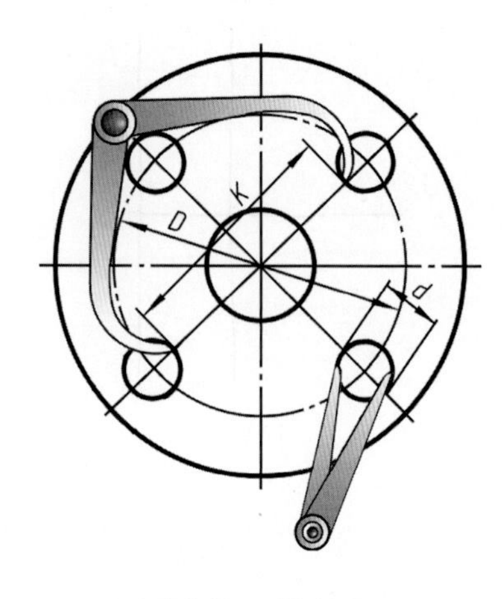

(a) $D = K + d$
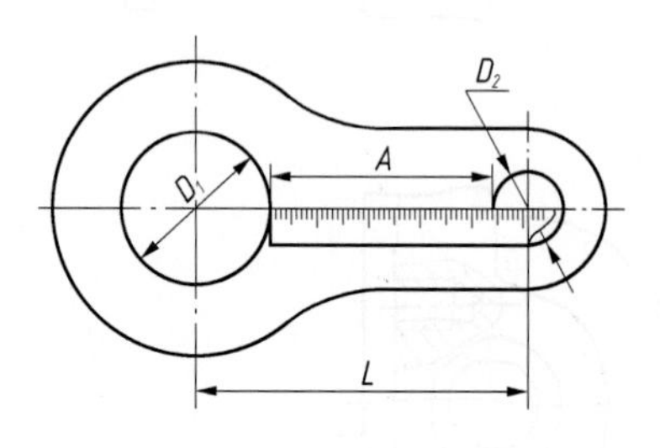

(b) $L = A + \dfrac{D_1 + D_2}{2}$
孔间距可以用卡钳(或游标卡尺)结合直尺测出</td>
</tr>
<tr>
<td>螺纹的螺距</td>
<td>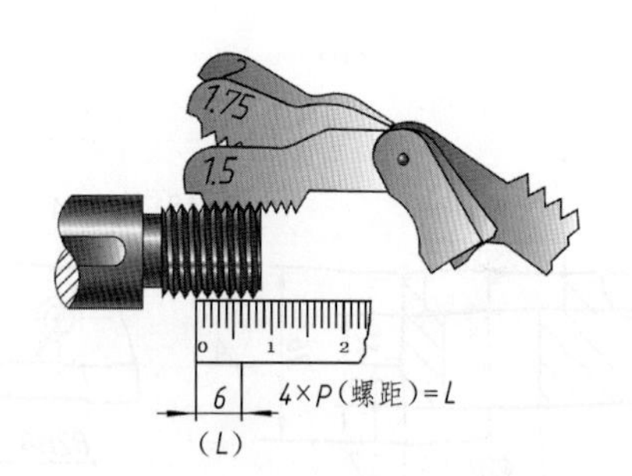

1. 螺纹规测螺距<br>
(1) 用螺纹规确定螺纹的牙型和螺距 $P = 1.5$<br>
(2) 用游标卡尺量出螺纹大径<br>
(3) 目测螺纹的线数和旋向<br>
(4) 根据牙型、大径、螺距，与有关手册中螺纹的标准核对，选取相近的标准值
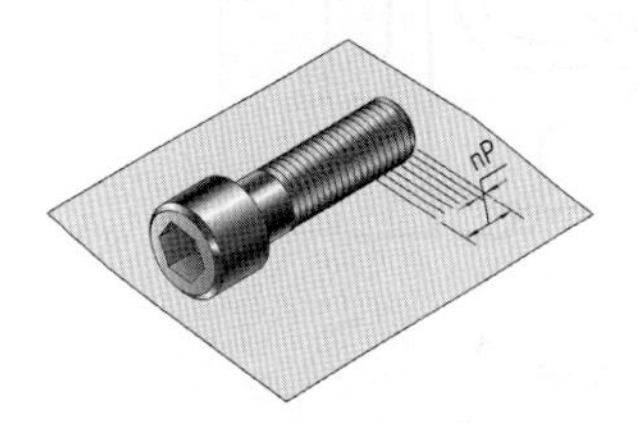

2. 压痕法测螺距<br>
若没有螺纹规，可用一张纸放在被测螺纹上，压出螺距印痕，用直尺量出 5～10 个螺纹的长度，即可算出螺距 $P = p/n$</td>
</tr>
</table>

续　表

<table>
<tr>
<td rowspan="2">直径尺寸</td>
<td rowspan="2">直径尺寸可以用游标卡尺直接测量读数，如图中的直径 $d(\phi14)$<br>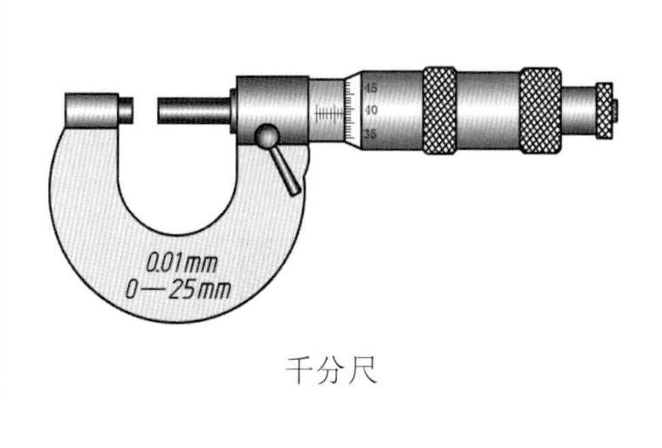<br><br>千分尺</td>
<td>壁厚尺寸</td>
<td>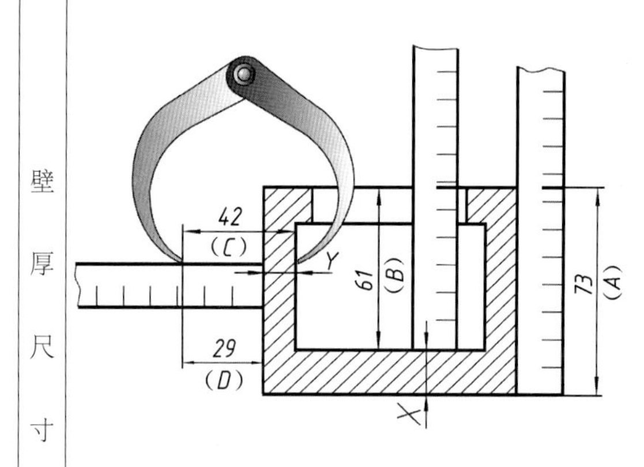<br><br>壁厚尺寸可以用直尺测量，如图中底壁厚度 $X=A-B$，或用卡钳和直尺测量，如图中侧壁厚度 $Y=C-D$</td>
</tr>
<tr>
<td>中心高</td>
<td>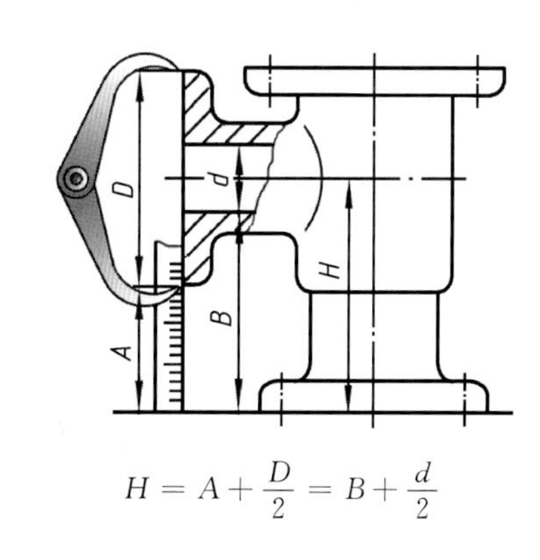<br><br>$H=A+\frac{D}{2}=B+\frac{d}{2}$<br>中心高可以用直尺和卡钳（或游标卡尺）测出</td>
</tr>
<tr>
<td>齿轮的模数</td>
<td colspan="3">1. 数出齿数 $z=16$<br>2. 量出顶圆直径 $d_a=59.8$<br>当齿数为单数而不能直接测量时，可按右下图所示方法量出 $(d_a=d+2e)$<br>3. 计算模数 $m'=\frac{d_a}{z+2}=\frac{59.8}{16+2}=3.32$<br>4. 修正模数。由于齿轮磨损或测量误差，当计算的模数不是标准模数时，应在标准模数表（表 7-5）中选用与 $m'$ 最接近的标准模数，现应定模数为 3<br>5. 按表 7-6 计算出齿轮其余各部分的尺寸<br>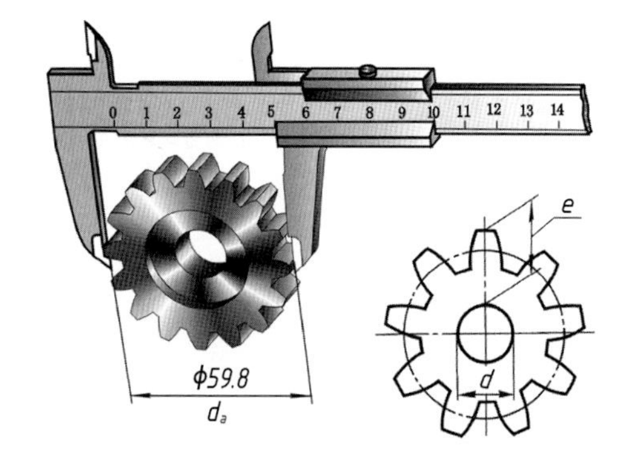<br></td>
</tr>
</table>

动画

## 五、画部件装配图

应根据零件草图和装配示意图画出部件装配图，画装配图的方法和步骤在本章第四节中已有详细叙述。图 9-31 是机用虎钳的装配图，采用三个基本视图和一个表示单个零件的视图（2 号零件）来表达。主视图采用全剖视图，反映虎钳的工作原理和零件间的装配关系。俯视图反映了固定钳座的结构形状，并通过局部剖视表达了钳口板与钳座连接的局部结构。左视图采用 A—A 半剖视图。画装配图时，应考虑草图中可能存在的视图表达和尺寸标准不够妥善之处，在以后画零件工作图时要作必要的修正。

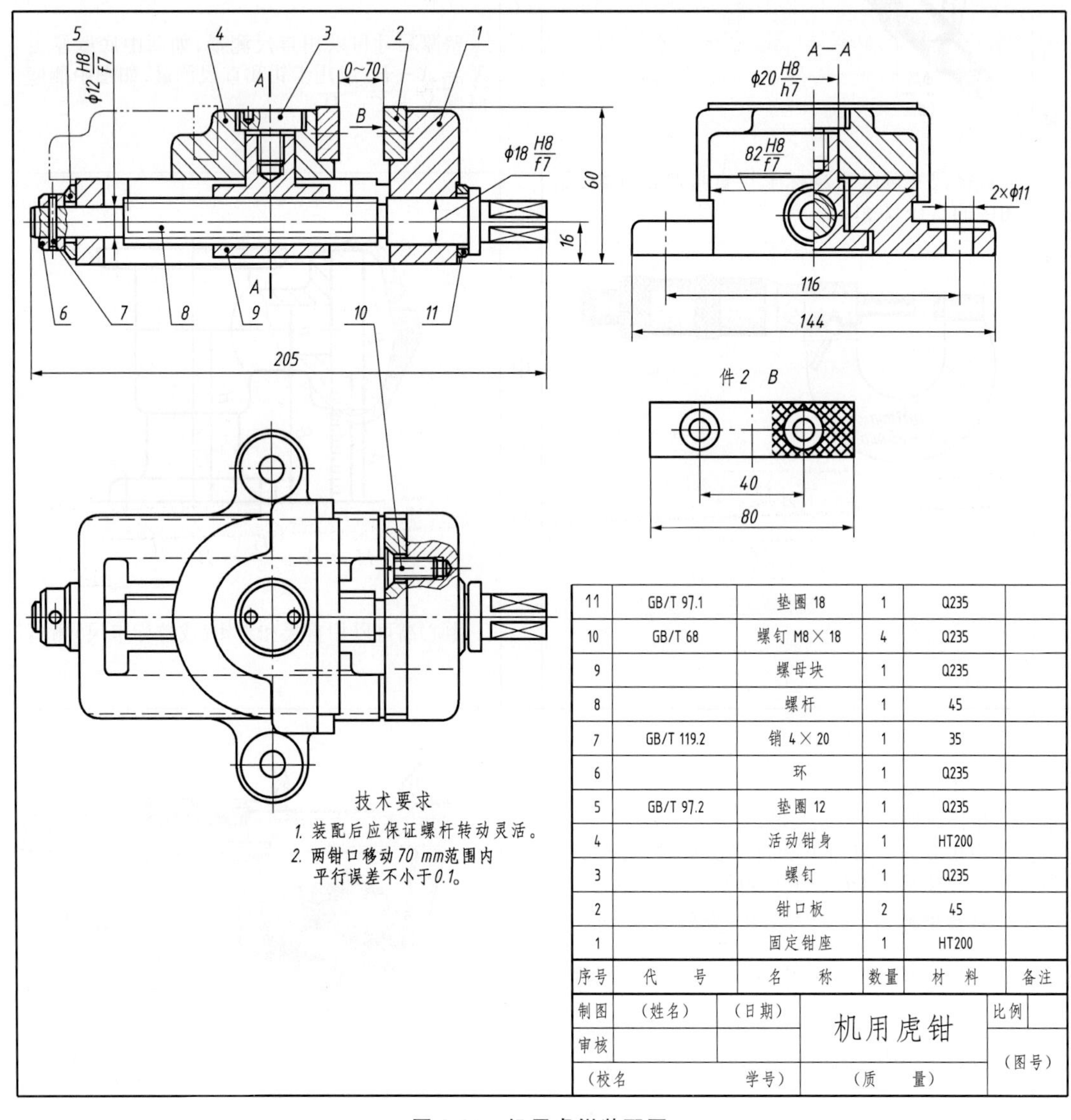


图 9-31 机用虎钳装配图

## 六、画零件工作图

画零件工作图不是对零件草图的简单抄画，而是根据部件装配图，以零件草图为基础，对零件草图中的视图表达、尺寸标注等不合理或不够完善之处，在绘制零件工作图时予以必要的修正。图 9-32a、图 9-32b、图 9-32c、图 9-32d 分别是固定钳座、活动钳身、螺杆和螺母块的零件工作图。

**测绘零、部件时应注意以下问题：**

(1) 为了不损坏机件，应先研究装拆顺序后再动手拆装。零件拆散后，按拆卸顺序将零件编号，妥善保管以防丢失。

(2) 对零件上的制造缺陷如砂眼、缩孔、裂纹以及破旧磨损等，画草图时不应画出。零件上的工艺结构如倒角、退刀槽、越程槽等，应查有关标准确定。

(3) 测量尺寸要根据零件的精度要求选用相应的量具。对非主要尺寸，测量后应尽可能圆整为整数(如 24.8 mm 可取整数 25 mm)。对两零件的配合尺寸和互相有联系的尺寸，应在测量后同时填入相应零件的草图中，以避免错漏。

(4) 零件的技术要求如表面粗糙度、尺寸公差和几何公差、表面处理以及材料牌号等，可根据零件的作用、工作要求等，参照同类产品的图样和资料类比确定。

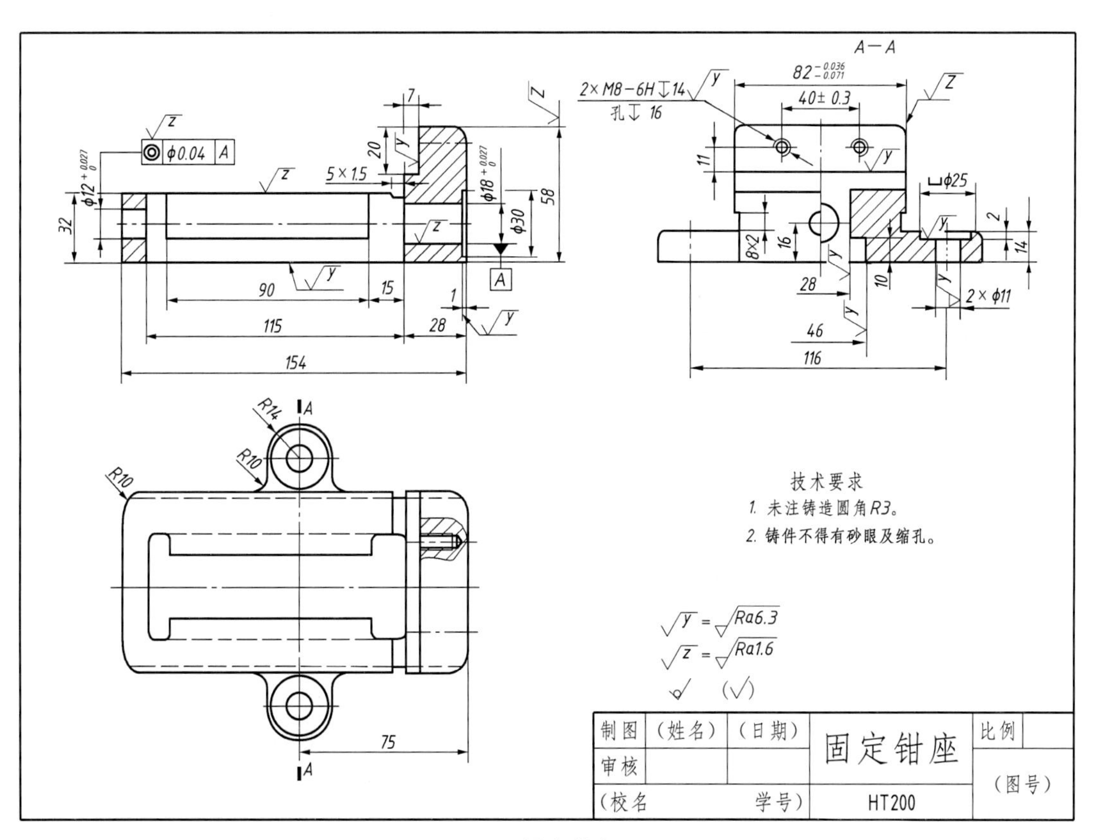


(a) 固定钳座

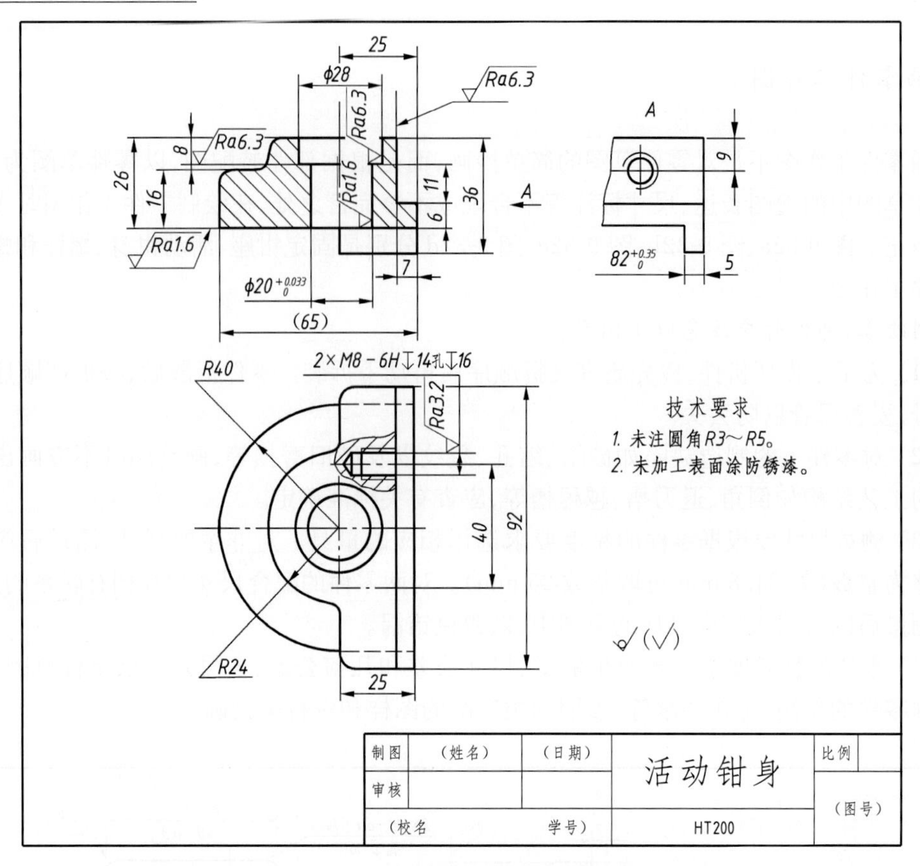
25
ϕ28
Ra6.3
Ra6.3
Ra6.3
8
26
16
Ra1.6
11
36
6
A
Ra1.6
7
ϕ20 +0.033 0
(65)
A
9
82 +0.35 0
5
R40
2×M8－6H↧14孔↧16
Ra3.2
40
92
R24
25
技术要求
1. 未注圆角R3～R5。
2. 未加工表面涂防锈漆。
(√)
制图
(姓名)
(日期)
活动钳身
比例
审核
(图号)
(校名
学号)
HT200

(b) 活动钳身

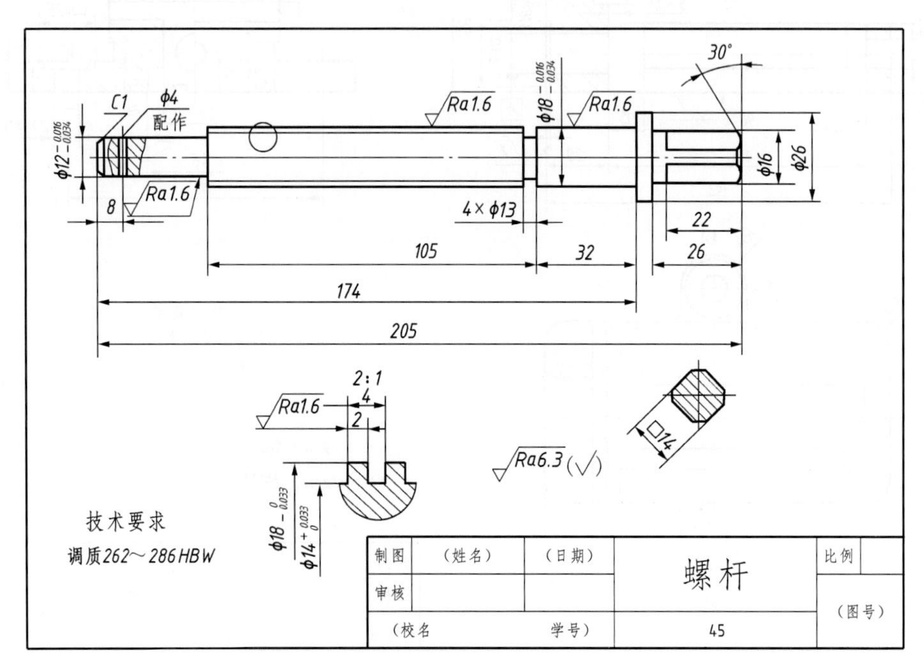
30°
C1
ϕ4
配作
Ra1.6
ϕ18 −0.016 −0.034
Ra1.6
ϕ12 −0.016 −0.034
Ra1.6
8
4×ϕ13
ϕ16
ϕ26
22
105
32
26
174
205
2:1
4
Ra1.6
2
Ra6.3 (√)
□14
ϕ18 0 −0.033
ϕ14 +0.033 0
技术要求
调质262～286 HBW
制图
(姓名)
(日期)
螺杆
比例
审核
(图号)
(校名
学号)
45

(c) 螺杆

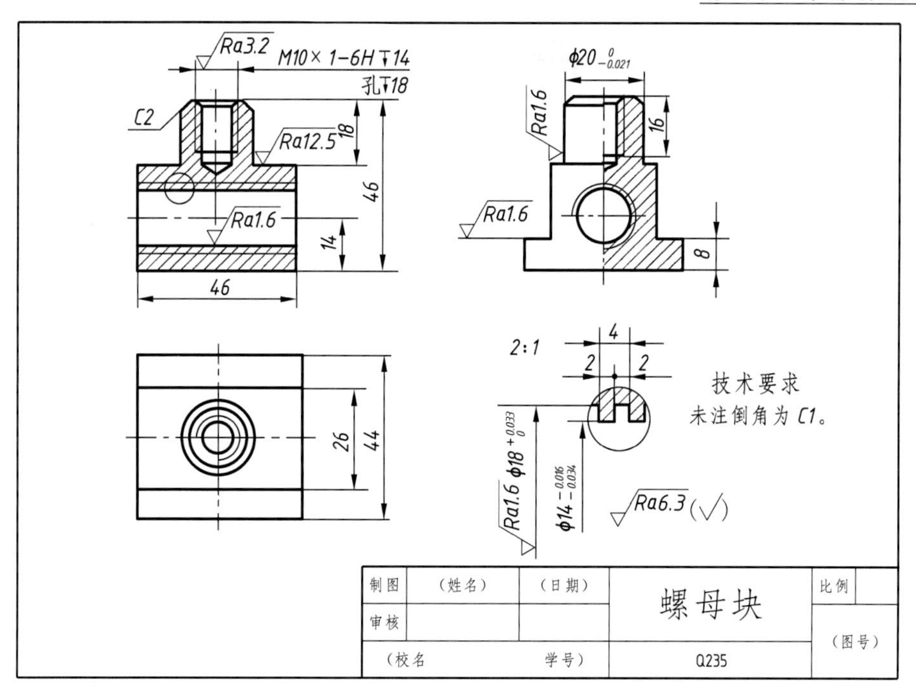


(d) 螺母块

**图 9-32 机用虎钳主要零件的零件图**

# 附　　录

**附表 1　普通螺纹直径与螺距、公称尺寸(GB/T 193 和 GB/T 196)**

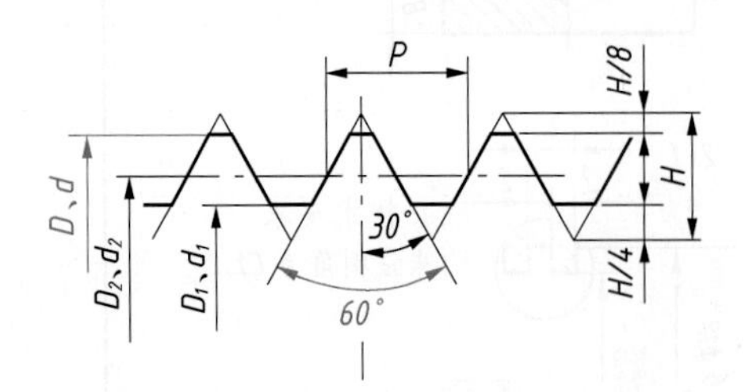


标记示例

公称直径 24 mm,螺距 3 mm,右旋粗牙普通螺纹,其标记为:M24

公称直径 24 mm,螺距 1.5 mm,左旋细牙普通螺纹,公差带代号 7H,其标记为:M24×1.5—LH

mm

| 公称直径 D、d | | 螺距 P | | 粗牙小径 $D_1$、$d_1$ | 公称直径 D、d | | 螺距 P | | 粗牙小径 $D_1$、$d_1$ |
|---|---|---|---|---|---|---|---|---|---|
| 第一系列 | 第二系列 | 粗牙 | 细牙 | | 第一系列 | 第二系列 | 粗牙 | 细牙 | |
| 3 | | 0.5 | 0.35 | 2.459 | 16 | | 2 | 1.5, 1 | 13.835 |
| 4 | | 0.7 | 0.5 | 3.242 | | 18 | 2.5 | 2, 1.5, 1 | 15.294 |
| 5 | | 0.8 | | 4.134 | 20 | | | | 17.294 |
| 6 | | 1 | 0.75 | 4.917 | | 22 | | | 19.294 |
| 8 | | 1.25 | 1, 0.75 | 6.647 | 24 | | 3 | 2, 1.5, 1 | 20.752 |
| 10 | | 1.5 | 1.25, 1, 0.75 | 8.376 | 30 | | 3.5 | (3), 2, 1.5, 1 | 26.211 |
| 12 | | 1.75 | 1.25, 1 | 10.106 | 36 | | 4 | 3, 2, 1.5 | 31.670 |
| | 14 | 2 | 1.5, 1.25*, 1 | 11.835 | | 39 | | | 34.670 |

注:应优先选用第一系列,括号内的尺寸尽可能不用,带 * 号的仅用于火花塞。

**附表 2　梯形螺纹直径与螺距系列、公称尺寸**
**(GB/T 5796.2、GB/T 5796.3、GB/T 5796.4)**

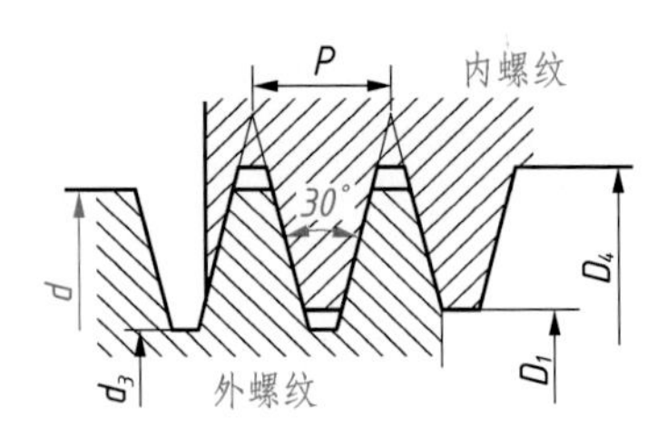


标记示例

公称直径 28 mm、螺距 5 mm、中径公差带代号为 7H 的单线右旋梯形内螺纹,其标记为:Tr28×5－7H

公称直径 28 mm、导程 10 mm、螺距 5 mm、中径公差带代号为 8e 的双线左旋梯形外螺纹,其标记为:Tr28×10(P5)LH－8e

内外螺纹旋合所组成的螺纹副的标记为:Tr24×8－7H/8e

续　表

mm

| 公称直径 $d$ | | 螺距 | 大径 | 小径 | | 公称直径 $d$ | | 螺距 | 大径 | 小径 | |
|---|---|---|---|---|---|---|---|---|---|---|---|
| 第一系列 | 第二系列 | $P$ | $D_4$ | $d_3$ | $D_1$ | 第一系列 | 第二系列 | $P$ | $D_4$ | $d_3$ | $D_1$ |
| 16 | | 2 | 16.50 | 13.50 | 14.00 | 24 | | 3 | 24.50 | 20.50 | 21.00 |
| | | ④ | | 11.50 | 12.00 | | | ⑤ | | 18.50 | 19.00 |
| | 18 | 2 | 18.50 | 15.50 | 16.00 | | | 8 | 25.00 | 15.00 | 16.00 |
| | | ④ | | 13.50 | 14.00 | | 26 | 3 | 26.50 | 22.50 | 23.00 |
| 20 | | 2 | 20.50 | 17.50 | 18.00 | | | ⑤ | | 20.50 | 21.00 |
| | | ④ | | 15.50 | 16.00 | | | 8 | 27.00 | 17.00 | 18.00 |
| | 22 | 3 | 22.50 | 18.50 | 19.00 | 28 | | 3 | 28.50 | 24.50 | 25.00 |
| | | ⑤ | | 16.50 | 17.00 | | | ⑤ | | 22.50 | 23.00 |
| | | 8 | 23.0 | 13.00 | 14.00 | | | 8 | 29.00 | 19.00 | 20.00 |

注：1. 螺纹公差带代号：外螺纹有 9c、8c、8e、7e；内螺纹有 9H、8H、7H。

2. 优先选用圆圈内的螺距。

## 附表 3　管螺纹尺寸代号及公称尺寸

55°非密封管螺纹（GB/T 7307）

55°密封管螺纹（GB/T 7306.2）

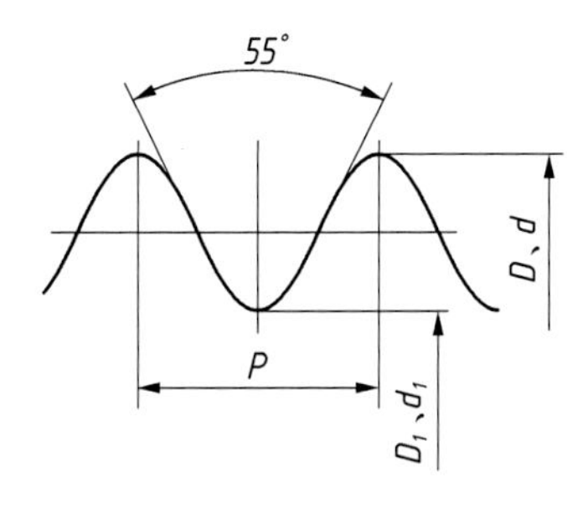


标记示例

尺寸代号为 1/2 的 A 级右旋外螺纹的标记为：G1/2A

尺寸代号为 1/2 的 B 级左旋外螺纹的标记为：G1/2B—LH

尺寸代号为 1/2 的右旋内螺纹的标记为：G1/2

标记示例

尺寸代号为 1/2 的右旋圆锥外螺纹的标记为：$R_2$ 1/2

尺寸代号为 1/2 的右旋圆锥内螺纹的标记为：$R_c$ 1/2

尺寸代号为 3/4 的右旋圆柱内螺纹的标记为：$R_p$ 3/4

| 尺寸代号 | 每 25.4 mm 内的牙数 $n$ | 螺距 $P$/mm | 大径 $D=d$/mm | 小径 $D_1=d_1$/mm | 基准距离/mm |
|---|---|---|---|---|---|
| 1/4 | 19 | 1.337 | 13.157 | 11.445 | 6 |
| 3/8 | 19 | 1.337 | 16.662 | 14.950 | 6.4 |
| 1/2 | 14 | 1.814 | 20.955 | 18.631 | 8.2 |
| 3/4 | 14 | 1.814 | 26.441 | 24.117 | 9.5 |
| 1 | 11 | 2.309 | 33.249 | 30.291 | 10.4 |
| 1 1/4 | 11 | 2.309 | 41.910 | 38.952 | 12.7 |
| 1 1/2 | 11 | 2.309 | 47.803 | 44.845 | 12.7 |
| 2 | 11 | 2.309 | 59.614 | 56.656 | 15.9 |

## 附表 4 六角头螺栓

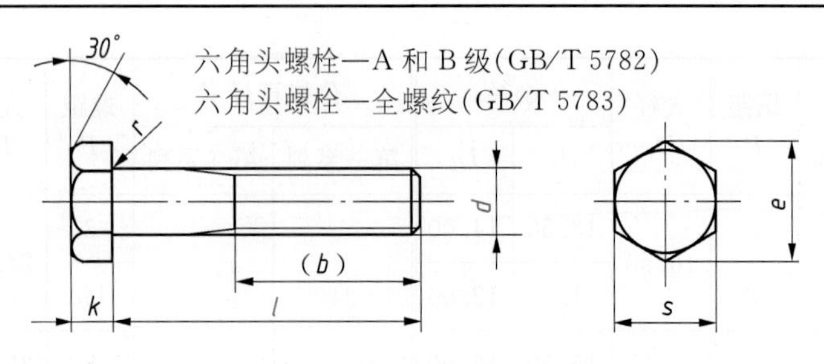


标记示例

螺纹规格 $d$ = M12、公称长度 $l$ = 80 mm、性能等级为 8.8 级、表面氧化、A 级的六角螺栓,其标记为:

螺栓 GB/T 5782 M12 × 80

mm

| 螺纹规格 $d$ | | M3 | M4 | M5 | M6 | M8 | M10 | M12 | M16 | M20 | M24 | M30 | M36 |
|---|---|---|---|---|---|---|---|---|---|---|---|---|---|
| $s$ | | 5.5 | 7 | 8 | 10 | 13 | 16 | 18 | 24 | 30 | 36 | 46 | 55 |
| $k$ | | 2 | 2.8 | 3.5 | 4 | 5.3 | 6.4 | 7.5 | 10 | 12.5 | 15 | 18.7 | 22.5 |
| $r$ | | 0.1 | 0.2 | 0.2 | 0.25 | 0.4 | 0.4 | 0.6 | 0.6 | 0.6 | 0.8 | 1 | 1 |
| $e$ | A | 6.01 | 7.66 | 8.79 | 11.05 | 14.38 | 17.77 | 20.03 | 26.75 | 33.53 | 39.98 | — | — |
| | B | 5.88 | 7.50 | 8.63 | 10.89 | 14.20 | 17.59 | 19.85 | 26.17 | 32.95 | 39.55 | 50.85 | 60.79 |
| ($b$) GB/T 5782 | $l \leqslant 125$ | 12 | 14 | 16 | 18 | 22 | 26 | 30 | 38 | 46 | 54 | 66 | — |
| | $125 < l \leqslant 200$ | 18 | 20 | 22 | 24 | 28 | 32 | 36 | 44 | 52 | 60 | 72 | 84 |
| | $l > 200$ | 31 | 33 | 35 | 37 | 41 | 45 | 49 | 57 | 65 | 73 | 85 | 97 |
| $l$ 范围 (GB/T 5782) | | 20~30 | 25~40 | 25~50 | 30~60 | 40~80 | 45~100 | 50~120 | 65~160 | 80~200 | 90~240 | 110~300 | 140~360 |
| $l$ 范围 (GB/T 5783) | | 6~30 | 8~40 | 10~50 | 12~60 | 16~80 | 20~100 | 25~120 | 30~150 | 40~150 | 50~150 | 60~200 | 70~200 |
| $l$ 系列 | | 6, 8, 10, 12, 16, 20, 25, 30, 35, 40, 45, 50, 55, 60, 65, 70, 80, 90, 100, 110, 120, 130, 140, 150, 160, 180, 200, 220, 240, 260, 280, 300, 320, 340, 360, 380, 400, 420, 440, 460, 480, 500 | | | | | | | | | | | |

## 附表 5 双头螺柱

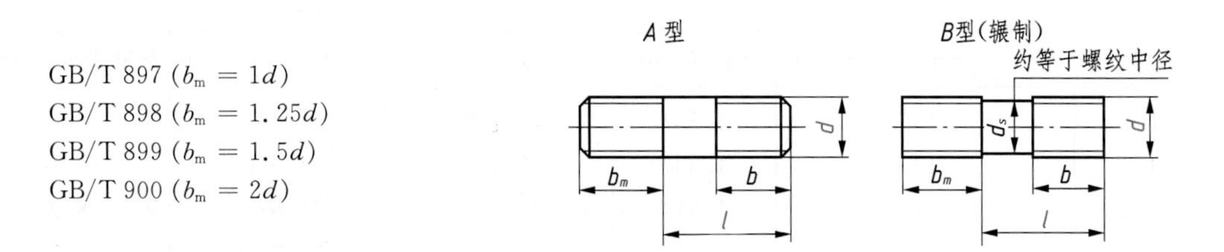


标记示例

两端均为粗牙普通螺纹,$d$ = 10 mm、$l$ = 50 mm、性能等级为 4.8 级、不经表面处理、B 型、$b_m$ = 1$d$ 的双头螺柱,其标记为: 螺柱 GB/T 897 M10×50

若为 A 型,则标记为: 螺柱 GB/T 897 AM10×50

续　表

双头螺柱各部分尺寸　　mm

| 螺纹规格 $d$ | | M3 | M4 | M5 | M6 | M8 |
|---|---|---|---|---|---|---|
| $b_m$ 公称 | GB/T 897 | | | 5 | 6 | 8 |
| | GB/T 898 | | | 6 | 8 | 10 |
| | GB/T 899 | 4.5 | 6 | 8 | 10 | 12 |
| | GB/T 900 | 6 | 8 | 10 | 12 | 16 |
| $\frac{l}{b}$ | | $\frac{16\sim20}{6}$<br>$\frac{(22)\sim40}{12}$ | $\frac{16\sim(22)}{8}$<br>$\frac{25\sim40}{14}$ | $\frac{16\sim(22)}{10}$<br>$\frac{25\sim50}{16}$ | $\frac{20\sim(22)}{10}$<br>$\frac{25\sim30}{14}$<br>$\frac{(32)\sim(75)}{18}$ | $\frac{20\sim(22)}{12}$<br>$\frac{25\sim30}{16}$<br>$\frac{(32)\sim90}{22}$ |
| 螺纹规格 $d$ | | M10 | M12 | M16 | M20 | M24 |
| $b_m$ 公称 | GB/T 897 | 10 | 12 | 16 | 20 | 24 |
| | GB/T 898 | 12 | 15 | 20 | 25 | 30 |
| | GB/T 899 | 15 | 18 | 24 | 30 | 36 |
| | GB/T 900 | 20 | 24 | 32 | 40 | 48 |
| $\frac{l}{b}$ | | $\frac{25\sim(28)}{14}$<br>$\frac{30\sim(38)}{16}$<br>$\frac{40\sim120}{26}$<br>$\frac{130}{32}$ | $\frac{25\sim30}{16}$<br>$\frac{(32)\sim40}{20}$<br>$\frac{45\sim120}{30}$<br>$\frac{130\sim180}{36}$ | $\frac{30\sim(38)}{20}$<br>$\frac{40\sim(55)}{30}$<br>$\frac{60\sim120}{38}$<br>$\frac{130\sim200}{44}$ | $\frac{35\sim40}{25}$<br>$\frac{(45)\sim(65)}{35}$<br>$\frac{70\sim120}{46}$<br>$\frac{130\sim200}{52}$ | $\frac{45\sim50}{30}$<br>$\frac{(55)\sim(75)}{45}$<br>$\frac{80\sim120}{54}$<br>$\frac{130\sim200}{60}$ |

注：1. GB/T 897 和 GB/T 898 规定螺柱的螺纹规格 $d=$ M5 ～ M48，公称长度 $l=16\sim300$ mm；GB/T 899 和 GB/T 900 规定螺柱的螺纹规格 $d=$ M2 ～ M48，公称长度 $l=12\sim300$ mm。

2. 螺柱公称长度 $l$(系列)：12，(14)，16，(18)，20，(22)，25，(28)，30，(32)，35，(38)，40，45，50，(55)，60，(65)，70，(75)，80，(85)，90，(95)，100～260(10 进位)，280，300 mm，尽可能不采用括号内的数值。

3. 材料为钢的螺柱性能等级有 4.8、5.8、6.8、8.8、10.9、12.9 级，其中 4.8 级为常用。

**附表 6　1 型六角螺母(GB/T 6170)**

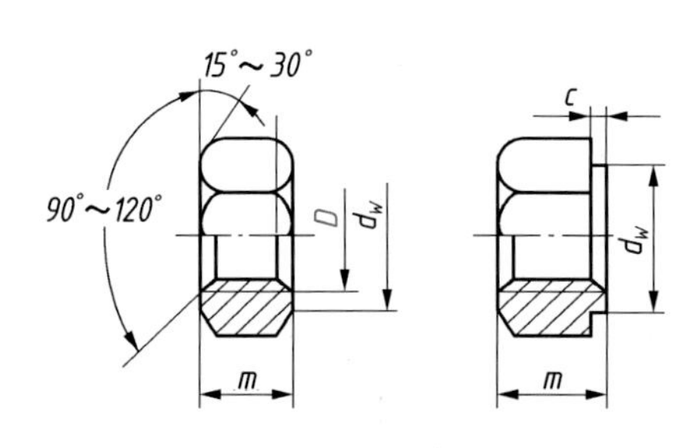


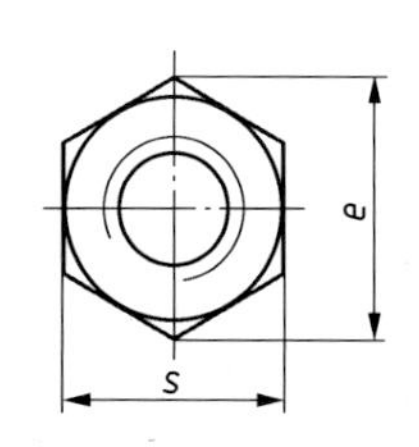


标记示例

螺纹规格 $D=$ M12、性能等级为 8 级、不经表面处理、产品等级为 A 级的 1 型六角螺母，其标记为：

螺母 GB/T 6170 M12

续　表

mm

| 螺纹规格 $D$ | | M3 | M4 | M5 | M6 | M8 | M10 | M12 | M16 | M20 | M24 | M30 | M36 | M42 |
|---|---|---|---|---|---|---|---|---|---|---|---|---|---|---|
| $e$ | GB/T 41 | — | — | 8.63 | 10.89 | 14.20 | 17.59 | 19.85 | 26.17 | 32.95 | 39.55 | 50.85 | 60.79 | 72.02 |
| | GB/T 6170 | 6.01 | 7.66 | 8.79 | 11.05 | 14.38 | 17.77 | 20.03 | 26.75 | 32.95 | 39.55 | 50.85 | 60.79 | 71.3 |
| $s$ | GB/T 41 | — | — | 8 | 10 | 13 | 16 | 18 | 24 | 30 | 36 | 46 | 55 | 65 |
| | GB/T 6170 | 5.5 | 7 | 8 | 10 | 13 | 16 | 18 | 24 | 30 | 36 | 46 | 55 | 65 |
| $m$ | GB/T 41 | — | — | 5.6 | 6.1 | 7.9 | 9.5 | 12.2 | 15.9 | 18.7 | 22.3 | 26.4 | 31.5 | 34.9 |
| | GB/T 6170 | 2.4 | 3.2 | 4.7 | 5.2 | 6.8 | 8.4 | 10.8 | 14.8 | 18 | 21.5 | 25.6 | 31 | 34 |

**附表 7　平垫圈—A 级(GB/T 97.1)、平垫圈倒角型—A 级(GB/T 97.2)**

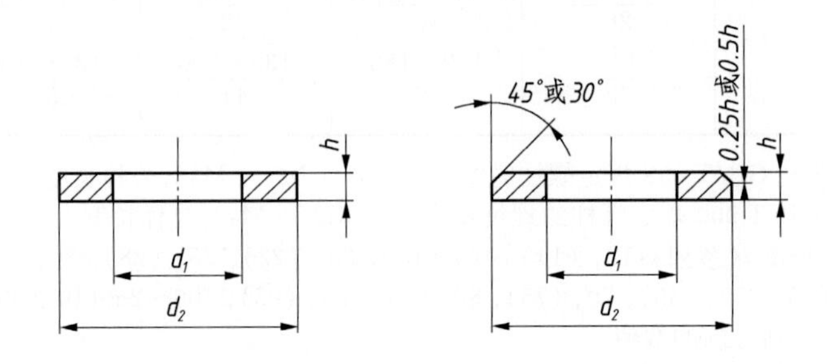


标记示例

标准系列、公称规格 8 mm、由钢制造的硬度等级为 200 HV 级、不经表面处理、产品等级为 A 级的平垫圈，其标记为:垫圈 GB/T 97.1　8

mm

| 公称规格<br>(螺纹大径 $d$) | 2 | 2.5 | 3 | 4 | 5 | 6 | 8 | 10 | 12 | 14 | 16 | 20 | 24 | 30 |
|---|---|---|---|---|---|---|---|---|---|---|---|---|---|---|
| 内径 $d_1$ | 2.2 | 2.7 | 3.2 | 4.3 | 5.3 | 6.4 | 8.4 | 10.5 | 13 | 15 | 17 | 21 | 25 | 31 |
| 外径 $d_2$ | 5 | 6 | 7 | 9 | 10 | 12 | 16 | 20 | 24 | 28 | 30 | 37 | 44 | 56 |
| 厚度 $h$ | 0.3 | 0.5 | 0.5 | 0.8 | 1 | 1.6 | 1.6 | 2 | 2.5 | 2.5 | 3 | 3 | 4 | 4 |

### 附表 8　标准型弹簧垫圈(GB/T 93)和轻型弹簧垫圈(GB/T 859)

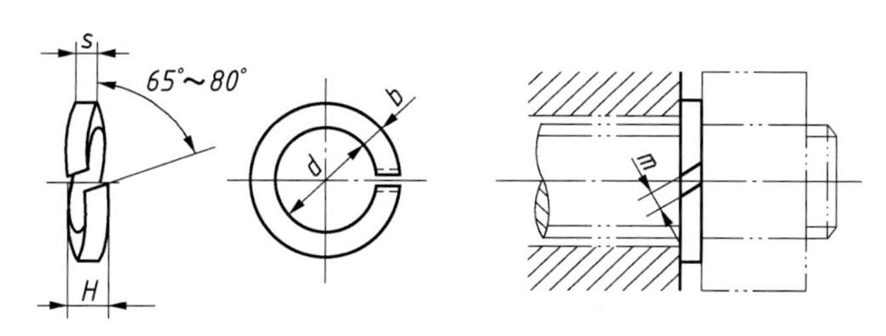


标记示例

规格 16 mm、材料为 65Mn、表面氧化的标准型弹簧垫圈,其标记为:

垫圈 GB/T 93 16

mm

| 规格(螺纹大径) | | 4 | 5 | 6 | 8 | 10 | 12 | 16 | 20 | 24 | 30 |
|---|---|---|---|---|---|---|---|---|---|---|---|
| $d$ | max | 4.4 | 5.4 | 6.68 | 8.68 | 10.9 | 12.9 | 16.9 | 21.04 | 25.5 | 31.5 |
| | min | 4.1 | 5.1 | 6.1 | 8.1 | 10.2 | 12.2 | 16.2 | 20.2 | 24.5 | 30.5 |
| $s(b)$公称 | | 1.1 | 1.3 | 1.6 | 2.1 | 2.6 | 3.1 | 4.1 | 5 | 6 | 7.5 |
| $H$ | max | 2.75 | 3.25 | 4 | 5.25 | 6.5 | 7.75 | 10.25 | 12.5 | 15 | 18.75 |
| | min | 2.2 | 2.6 | 3.2 | 4.2 | 5.2 | 6.2 | 8.2 | 10 | 12 | 15 |
| $m\leqslant$ | | 0.55 | 0.65 | 0.8 | 1.05 | 1.3 | 1.55 | 2.05 | 2.5 | 3 | 3.75 |

### 附表 9　普通型平键的尺寸与公差

普通型　平键
GB/T 1096

平键　键槽的剖面尺寸
GB/T 1095

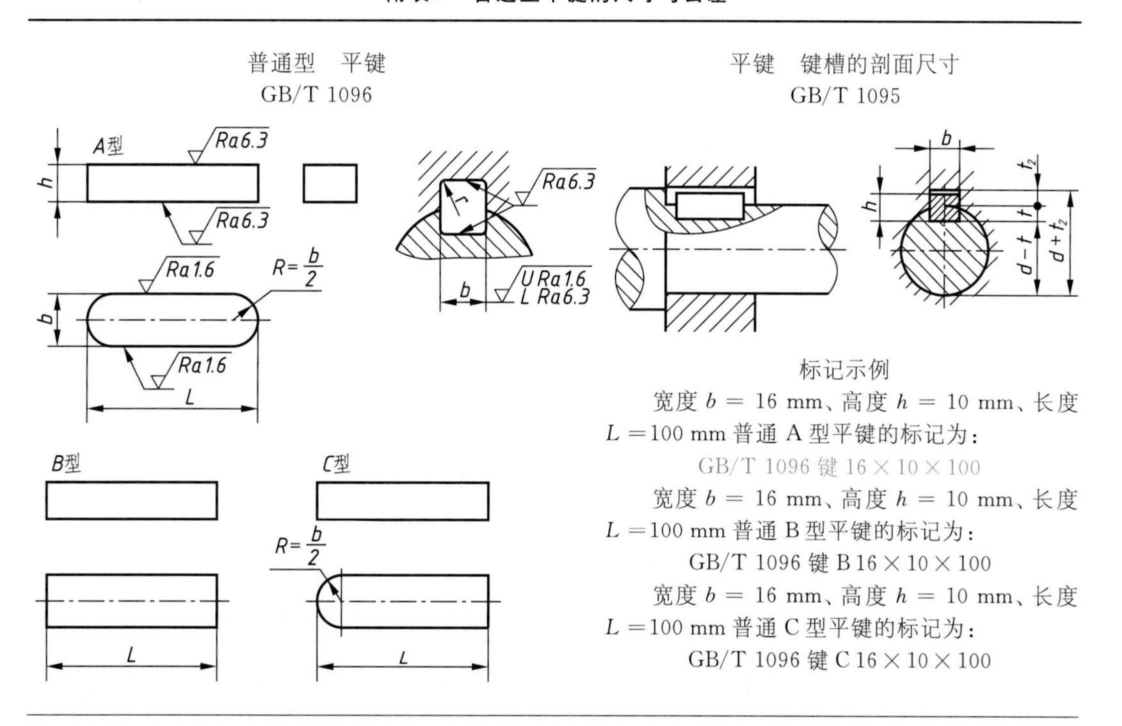


标记示例

宽度 $b$ = 16 mm、高度 $h$ = 10 mm、长度 $L$ =100 mm 普通 A 型平键的标记为:

GB/T 1096 键 16 × 10 × 100

宽度 $b$ = 16 mm、高度 $h$ = 10 mm、长度 $L$ =100 mm 普通 B 型平键的标记为:

GB/T 1096 键 B 16 × 10 × 100

宽度 $b$ = 16 mm、高度 $h$ = 10 mm、长度 $L$ =100 mm 普通 C 型平键的标记为:

GB/T 1096 键 C 16 × 10 × 100

续　表

mm

| 轴的直径 $d$ | 键尺寸 $b\times h$ | 键槽 宽度 $b$ 公称尺寸 | 宽度 $b$ 极限偏差 正常连接 轴 N9 | 正常连接 毂 JS9 | 紧密连接 轴和毂P9 | 松连接 轴 H9 | 松连接 毂 D10 | 深度 轴 $t_1$ 公称尺寸 | 轴 $t_1$ 极限偏差 | 毂 $t_2$ 公称尺寸 | 毂 $t_2$ 极限偏差 | 半径 $r$ min | 半径 $r$ max |
|---|---|---|---|---|---|---|---|---|---|---|---|---|---|
| 6～8 | 2×2 | 2 | −0.004<br>−0.029 | ±0.0125 | −0.006<br>−0.031 | +0.025<br>0 | +0.060<br>+0.020 | 1.2 | +0.1<br>0 | 1.0 | +0.1<br>0 | 0.08 | 0.16 |
| 8～10 | 3×3 | 3 | | | | | | 1.8 | | 1.4 | | | |
| 10～12 | 4×4 | 4 | 0<br>−0.030 | ±0.015 | −0.012<br>−0.042 | +0.030<br>0 | +0.078<br>+0.030 | 2.5 | | 1.8 | | | |
| 12～17 | 5×5 | 5 | | | | | | 3.0 | | 2.3 | | 0.16 | 0.25 |
| 17～22 | 6×6 | 6 | | | | | | 3.5 | | 2.8 | | | |
| 22～30 | 8×7 | 8 | 0<br>−0.036 | ±0.018 | −0.015<br>−0.051 | +0.036<br>0 | +0.098<br>+0.040 | 4.0 | +0.2<br>0 | 3.3 | +0.2<br>0 | | |
| 30～38 | 10×8 | 10 | | | | | | 5.0 | | 3.3 | | 0.25 | 0.40 |
| 38～44 | 12×8 | 12 | 0<br>−0.043 | ±0.0215 | −0.018<br>−0.061 | +0.043<br>0 | +0.120<br>+0.050 | 5.0 | | 3.3 | | | |
| 44～50 | 14×9 | 14 | | | | | | 5.5 | | 3.8 | | | |
| 50～58 | 16×10 | 16 | | | | | | 6.0 | | 4.3 | | | |
| 58～65 | 18×11 | 18 | | | | | | 7.0 | | 4.4 | | | |
| 65～75 | 20×12 | 20 | 0<br>−0.052 | ±0.026 | −0.022<br>−0.074 | +0.052<br>0 | +0.149<br>+0.065 | 7.5 | | 4.9 | | 0.40 | 0.60 |
| 75～85 | 22×14 | 22 | | | | | | 9.0 | | 5.4 | | | |
| 85～95 | 25×14 | 25 | | | | | | 9.0 | | 5.4 | | | |
| 95～110 | 28×16 | 28 | | | | | | 10.0 | | 6.4 | | | |
| 110～130 | 32×18 | 32 | 0<br>−0.062 | ±0.031 | −0.026<br>−0.088 | +0.062<br>0 | +0.180<br>+0.080 | 11.0 | | 7.4 | | | |
| 130～150 | 36×20 | 36 | | | | | | 12.0 | +0.3<br>0 | 8.4 | +0.3<br>0 | 0.70 | 1.00 |
| 150～170 | 40×22 | 40 | | | | | | 13.0 | | 9.4 | | | |
| 170～200 | 45×25 | 45 | | | | | | 15.0 | | 10.4 | | | |
| 200～230 | 50×28 | 50 | | | | | | 17.0 | | 11.4 | | | |
| 230～260 | 56×32 | 56 | 0<br>−0.074 | ±0.037 | −0.032<br>−0.106 | +0.074<br>0 | +0.220<br>+0.100 | 20.0 | | 12.4 | | 1.20 | 1.60 |
| 260～290 | 63×32 | 63 | | | | | | 20.0 | | 12.4 | | | |
| 290～330 | 70×36 | 70 | | | | | | 22.0 | | 14.4 | | | |
| 330～380 | 80×40 | 80 | | | | | | 25.0 | | 15.4 | | 2.00 | 2.50 |
| 380～440 | 90×45 | 90 | 0<br>−0.087 | ±0.0435 | −0.037<br>−0.124 | +0.087<br>0 | +0.260<br>+0.120 | 28.0 | | 17.4 | | | |
| 440～500 | 100×50 | 100 | | | | | | 31.0 | | 19.5 | | | |

注：1. 轴的直径 $d$ 不在本标准所列，仅供参考。

2. $(d-t_1)$ 和 $(d+t_2)$ 两组组合尺寸的极限偏差按相应的 $t_1$ 和 $t_2$ 的极限偏差选取，但 $(d-t_1)$ 极限偏差应取负号(−)。

## 附表 10　圆柱销　不淬硬钢和奥氏体不锈钢(GB/T 119.1)
## 圆柱销　淬硬钢和马氏体不锈钢(GB/T 119.2)

末端形状由制造者确定,允许倒圆或凹穴

标记示例

公称直径 $d=6$ mm、公差 m6、公称长度 $l=30$ mm、材料为钢、不经淬火、不经表面处理的圆柱销,其标记为:

销　GB/T 119.1　6m6 × 30

公称直径 $d=6$ mm、公称长度 $l=30$ mm、材料为钢、普通淬火(A 型)、表面氧化处理的圆柱销,其标记为:

销　GB/T 119.2　6 × 30

| 公称直径 $d$ | | 3 | 4 | 5 | 6 | 8 | 10 | 12 | 16 | 20 | 25 | 30 | 40 | 50 |
|---|---|---|---|---|---|---|---|---|---|---|---|---|---|---|
| $c\approx$ | | 0.50 | 0.63 | 0.80 | 1.2 | 1.6 | 2.0 | 2.5 | 3.0 | 3.5 | 4.0 | 5.0 | 6.3 | 8.0 |
| 公称长度 $l$ | GB/T 119.1 | 8～30 | 8～40 | 10～50 | 12～60 | 14～80 | 18～95 | 22～140 | 26～180 | 35～200 | 50～200 | 60～200 | 80～200 | 95～200 |
| | GB/T 119.2 | 8～30 | 10～40 | 12～50 | 14～60 | 18～80 | 22～100 | 26～100 | 40～100 | 50～100 | — | — | — | — |
| $l$ 系列 | | 8, 10, 12, 14, 16, 18, 20, 22, 24, 26, 28, 30, 32, 35, 40, 45, 50, 55, 60, 65, 70, 75, 80, 85, 90, 95, 100, 120, 140, 160, 180, 200 | | | | | | | | | | | | |

注:1. GB/T 119.1 规定圆柱销的公称直径 $d=0.6\sim50$ mm,公称长度 $l=2\sim200$ mm,公差有 m6 和 h8。

2. GB/T 119.2 规定圆柱销的公称直径 $d=1\sim20$ mm,公称长度 $l=3\sim100$ mm,公差仅有 m6。

3. 当圆柱销公差为 h8 时,其表面粗糙度 $Ra\leqslant1.6\ \mu$m。

## 附表 11　圆锥销(GB/T 117)

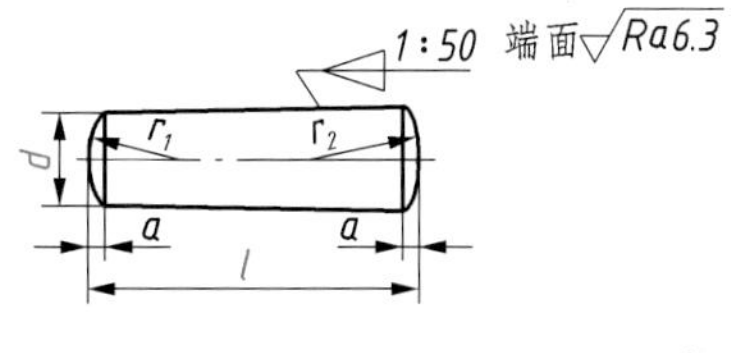


$r_1\approx d\quad r_2\approx d+\frac{a}{2}+\frac{(0.021)^2}{8a}$

标记示例

公称直径 $d=10$ mm、公称长度 $l=60$ mm、材料为 35 钢、热处理硬度(28～38)HRC、表面氧化处理的 A 型圆锥销,其标记为:

销　GB/T 117　10 × 60

mm

| 公称直径 $d$ | 4 | 5 | 6 | 8 | 10 | 12 | 16 | 20 | 25 | 30 | 40 | 50 |
|---|---|---|---|---|---|---|---|---|---|---|---|---|
| $a\approx$ | 0.5 | 0.63 | 0.8 | 1 | 1.2 | 1.6 | 2 | 2.5 | 3 | 4 | 5 | 6.3 |
| 公称长度 $l$ | 14～55 | 18～60 | 22～90 | 22～120 | 26～160 | 32～180 | 40～200 | 45～200 | 50～200 | 55～200 | 60～200 | 65～200 |
| $l$ 系列 | 2, 3, 4, 5, 6, 8, 10, 12, 14, 16, 18, 20, 22, 24, 26, 28, 30, 32, 35, 40, 45, 50, 55, 60, 65, 70, 75, 80, 85, 90, 95, 100, 120, 140, 160, 180, 200 | | | | | | | | | | | |

注:1. 标准规定圆锥销的公称直径 $d=0.6\sim50$ mm。

2. 有 A 型和 B 型。A 型为磨削,锥面表面粗糙度 $Ra=0.8\ \mu$m;B 型为切削或冷镦,锥面粗糙度 $Ra=3.2\ \mu$m。

## 附表 12　开槽螺钉

开槽圆柱头螺钉 GB/T 65　　　　　　　　开槽沉头螺钉 GB/T 68
开槽盘头螺钉 GB/T 67

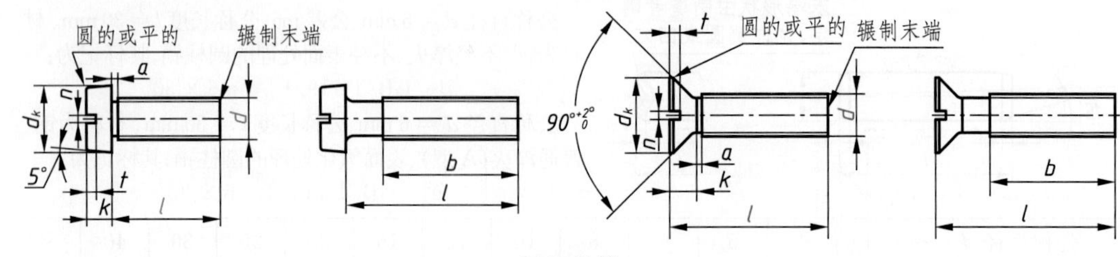


标记示例

螺纹规格 $d$ = M5、公称长度 $l$ = 20 mm、性能等级为 4.8 级、不经表面处理的 A 级开槽圆柱头螺钉，其标记为：

螺钉　GB/T 65　M5 × 20

mm

| 螺纹规格 $d$ | | M3 | M4 | M5 | M6 | M8 | M10 |
|---|---|---|---|---|---|---|---|
| $a$ max | | 1 | 1.4 | 1.6 | 2 | 2.5 | 3 |
| $b$ min | | 25 | 38 | 38 | 38 | 38 | 38 |
| $n$ 公称 | | 0.8 | 1.2 | 1.2 | 1.6 | 2 | 2.5 |
| GB/T 65 | $d_k$ 公称=max | 5.5 | 7 | 8.5 | 10 | 13 | 16 |
| | $k$ 公称=max | 2 | 2.6 | 3.3 | 3.9 | 5 | 6 |
| | $t$ min | 0.85 | 1.1 | 1.3 | 1.6 | 2 | 2.4 |
| | $\frac{l}{b}$ | $\frac{4\sim30}{l-a}$ | $\frac{5\sim40}{l-a}$ | $\frac{6\sim40}{l-a}$ $\frac{45\sim50}{b}$ | $\frac{8\sim40}{l-a}$ $\frac{45\sim60}{b}$ | $\frac{10\sim40}{l-a}$ $\frac{45\sim80}{b}$ | $\frac{12\sim40}{l-a}$ $\frac{45\sim80}{b}$ |
| GB/T 67 | $d_k$ 公称=max | 5.6 | 8 | 9.5 | 12 | 16 | 20 |
| | $k$ 公称=max | 1.8 | 2.4 | 3 | 3.6 | 4.8 | 6 |
| | $t$ min | 0.7 | 1 | 1.2 | 1.4 | 1.9 | 2.4 |
| | $\frac{l}{b}$ | $\frac{4\sim30}{l-a}$ | $\frac{5\sim40}{l-a}$ | $\frac{6\sim40}{l-a}$ $\frac{45\sim50}{b}$ | $\frac{8\sim40}{l-a}$ $\frac{45\sim60}{b}$ | $\frac{10\sim40}{l-a}$ $\frac{45\sim80}{b}$ | $\frac{12\sim40}{l-a}$ $\frac{45\sim80}{b}$ |
| GB/T 68 | $d_k$ 公称=max | 5.5 | 8.40 | 9.30 | 11.30 | 15.80 | 18.30 |
| | $k$ 公称=max | 1.65 | 2.7 | 2.7 | 3.3 | 4.65 | 5 |
| | $t$ max | 0.85 | 1.3 | 1.4 | 1.6 | 2.3 | 2.6 |
| | $t$ min | 0.6 | 1 | 1.1 | 1.2 | 1.8 | 2 |
| | $\frac{l}{b}$ | $\frac{5\sim30}{l-(k+a)}$ | $\frac{6\sim40}{l-(k+a)}$ | $\frac{8\sim45}{l-(k+a)}$ $\frac{50}{b}$ | $\frac{8\sim45}{l-(k+a)}$ $\frac{50\sim60}{b}$ | $\frac{10\sim45}{l-(k+a)}$ $\frac{50\sim80}{b}$ | $\frac{12\sim45}{l-(k+a)}$ $\frac{50\sim80}{b}$ |

注：1. 标准规定螺纹规格 $d$ = M1.6～M10。
2. 公称长度 $l$(系列)为 2, 2.5, 3, 4, 5, 6, 8, 10, 12,(14), 16, 20, 25, 30, 35, 40, 45, 50, (55), 60,(65), 70,(75), 80 mm(GB/T 65 的 $l$ 长无 2.5, GB/T 68 的 $l$ 长无 2),尽可能不采用括号内的数值。
3. 当表中 $l/b$ 中的 $b = l - a$ 或 $b = l - (k + a)$ 时表示全螺纹。
4. 无螺纹部分杆径约等于中径或允许等于螺纹大径。
5. 材料为钢的螺钉性能等级有 4.8、5.8 级,其中 4.8 级为常用。

## 附表 13　紧定螺钉

开槽锥端紧定螺钉
GB/T 71

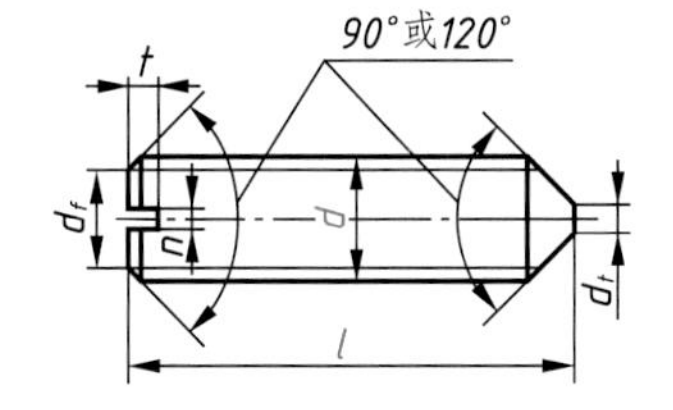


开槽平端紧定螺钉
GB/T 73

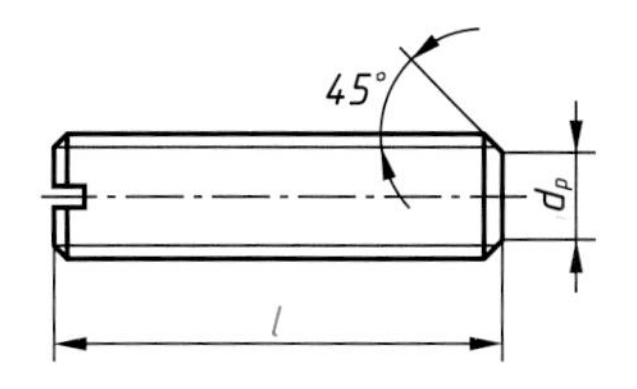


开槽长圆柱端紧定螺钉
GB/T 75

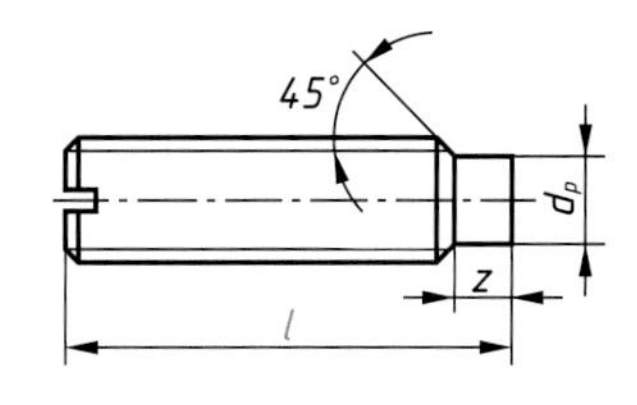


标记示例

螺纹规格 $d$ = M5、公称长度 $l$ = 12 mm、性能等级为 14H 级、表面氧化的开槽锥端紧定螺钉，其标记为：

螺钉　GB/T 71　M5×12

mm

| 螺纹规格 $d$ | | | M2 | M2.5 | M3 | M4 | M5 | M6 | M8 | M10 | M12 |
|---|---|---|---|---|---|---|---|---|---|---|---|
| $d_f$≤ | | | 螺纹小径 | | | | | | | | |
| $n$ | | | 0.25 | 0.4 | 0.4 | 0.6 | 0.8 | 1 | 1.2 | 1.6 | 2 |
| $t$ | | max | 0.84 | 0.95 | 1.05 | 1.42 | 1.63 | 2 | 2.5 | 3 | 3.6 |
| | | min | 0.64 | 0.72 | 0.8 | 1.12 | 1.28 | 1.6 | 2 | 2.4 | 2.8 |
| GB/T 71 | $d_t$ | max | 0.2 | 0.25 | 0.3 | 0.4 | 0.5 | 1.5 | 2 | 2.5 | 3 |
| | $l$ | 120° | — | 3 | — | — | — | — | — | — | — |
| | | 90° | 3～10 | 4～12 | 4～16 | 6～20 | 8～25 | 8～30 | 10～40 | 12～50 | (14)～60 |
| GB/T 73<br>GB/T 75 | $d_p$ | max | 1 | 1.5 | 2 | 2.5 | 3.5 | 4 | 5.5 | 7 | 8.5 |
| | | min | 0.75 | 1.25 | 1.75 | 2.25 | 3.2 | 3.7 | 5.2 | 6.64 | 8.14 |
| GB/T 73 | $l$ | 120° | 2～2.5 | 2.5～3 | 3 | 4 | 5 | 6 | — | — | — |
| | | 90° | 3～10 | 4～12 | 4～16 | 5～20 | 6～25 | 8～30 | 8～40 | 10～50 | 12～60 |
| GB/T 75 | $z$ | max | 1.25 | 1.5 | 1.75 | 2.25 | 2.75 | 3.25 | 4.3 | 5.3 | 6.3 |
| | | min | 1 | 1.25 | 1.5 | 2 | 2.5 | 3 | 4 | 5 | 6 |
| | $l$ | 120° | 3 | 4 | 5 | 6 | 8 | 8～10 | 10～(14) | 12～16 | (14)～20 |
| | | 90° | 4～10 | 5～12 | 6～16 | 8～20 | 10～25 | 12～30 | 16～40 | 20～25 | 25～60 |

注：1. GB/T 71 和 GB/T 73 规定螺钉的螺纹规格 $d$ = M1.2～M12，公称长度 $l$ = 2～60 mm；GB/T 75 规定螺钉的螺纹规格 $d$ = M1.6～M12，公称长度 $l$ = 2.5～60 mm。

2. 公称长度 $l$（系列）：2，2.5，3，4，5，6，8，10，12，(14)，16，20，25，30，35，40，45，50，(55)，60 mm，尽可能不采用括号内的数值。

3. 材料为钢的坚定螺钉性能等级有 14H、22H 级，其中 14H 级为常用。性能等级的标记代号由数字和字母两部分组成，数字表示最低的维氏硬度的 1/10，字母 H 表示硬度。

## 附表 14　螺栓紧固轴端挡圈 GB/T 892

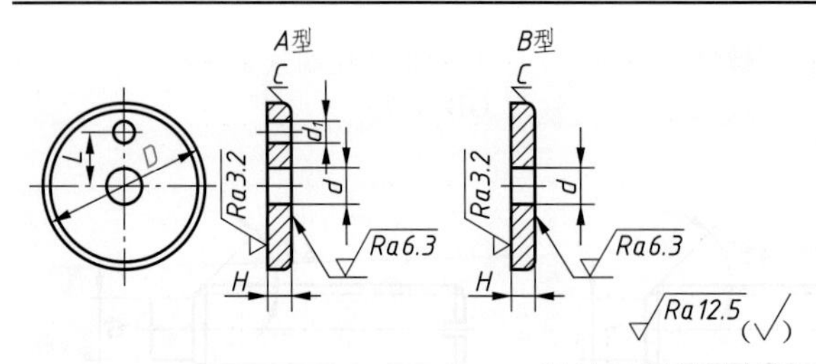


标记示例

公称直径 $D=45$ mm、材料为 Q235A、不经表面处理的 A 型螺栓紧固轴端挡圈的标记为：

挡圈　GB/T 892　45

当挡圈为 B 型时，应加标记 B：

挡圈　GB/T 892　B45

螺栓紧固轴端挡圈各部分尺寸　　mm

| 轴径 ⩽ | 公称直径 $D$ | $H$ | $L$ | $d$ | $d_1$ | $C$ | 螺栓 GB/T 5783 | 圆柱销 GB/T 119.1 | 垫圈 GB/T 93 |
|---|---|---|---|---|---|---|---|---|---|
| 14 | 20 | 4 | — | 5.5 | 2.1 | 0.5 | M5×16 | 2×10 | 5 |
| 16 | 22 | | | | | | | | |
| 18 | 25 | | | | | | | | |
| 20 | 28 | | 7.5 | | | | | | |
| 22 | 30 | | | | | | | | |
| 25 | 32 | 5 | 10 | 6.6 | 3.2 | 1 | M6×20 | 3×12 | 6 |
| 28 | 35 | | | | | | | | |
| 30 | 38 | | | | | | | | |
| 32 | 40 | | 12 | | | | | | |
| 35 | 45 | | | | | | | | |
| 40 | 50 | | | | | | | | |
| 60 | 70 | 6 | 20 | 9 | 4.2 | 1.5 | M8×25 | 4×14 | 8 |

注：公称直径 $D$ 为挡圈的外径，标准规定其大小为 20～100 mm。

## 附表 15　优先配合中轴的极限偏差（GB/T 1800.2）

μm

| 公称尺寸/mm | | 公差带 | | | | | | | | | | | | |
|---|---|---|---|---|---|---|---|---|---|---|---|---|---|---|
| | | c | d | f | g | h | | | | k | n | p | s | u |
| 大于 | 至 | 11 | 9 | 7 | 6 | 6 | 7 | 9 | 11 | 6 | 6 | 6 | 6 | 6 |
| — | 3 | −60<br>−120 | −20<br>−45 | −6<br>−16 | −2<br>−8 | 0<br>−6 | 0<br>−10 | 0<br>−25 | 0<br>−60 | +6<br>0 | +10<br>+4 | +12<br>+6 | +20<br>+14 | +24<br>+18 |
| 3 | 6 | −70<br>−145 | −30<br>−60 | −10<br>−22 | −4<br>−22 | 0<br>−8 | 0<br>−12 | 0<br>−30 | 0<br>−75 | +9<br>+1 | +16<br>+8 | +20<br>+12 | +27<br>+19 | +31<br>+23 |
| 6 | 10 | −80<br>−170 | −40<br>−76 | −13<br>−28 | −5<br>−14 | 0<br>−9 | 0<br>−15 | 0<br>−36 | 0<br>−90 | +10<br>+1 | +19<br>+10 | +24<br>+15 | +32<br>+23 | +37<br>+28 |
| 10 | 14 | −95<br>−205 | −50<br>−93 | −16<br>−34 | −6<br>−17 | 0<br>−11 | 0<br>−18 | 0<br>−43 | 0<br>−110 | +12<br>+1 | +23<br>+12 | +29<br>+18 | +39<br>+28 | +44<br>+33 |
| 14 | 18 | | | | | | | | | | | | | |
| 18 | 24 | −110<br>−240 | −65<br>−117 | −20<br>−41 | −7<br>−20 | 0<br>−13 | 0<br>−21 | 0<br>−52 | 0<br>−130 | +15<br>+2 | +28<br>+15 | +35<br>+22 | +48<br>+35 | +54<br>+41 |
| 24 | 30 | | | | | | | | | | | | | +61<br>+48 |
| 30 | 40 | −120<br>−280 | −80<br>−142 | −25<br>−50 | −9<br>−25 | 0<br>−16 | 0<br>−25 | 0<br>−62 | 0<br>−160 | +18<br>+2 | +33<br>+17 | +42<br>+26 | +59<br>+43 | +76<br>+60 |
| 40 | 50 | −130<br>−290 | | | | | | | | | | | | +86<br>+70 |

续　表

| 公称尺寸/mm | | 公差带 | | | | | | | | | | | | |
|---|---|---|---|---|---|---|---|---|---|---|---|---|---|---|
| | | c | d | f | g | h | | | | k | n | p | s | u |
| 大于 | 至 | 11 | 9 | 7 | 6 | 6 | 7 | 9 | 11 | 6 | 6 | 6 | 6 | 6 |
| 50 | 65 | −140<br>−330 | −100<br>−174 | −30<br>−60 | −10<br>−29 | 0<br>−19 | 0<br>−30 | 0<br>−74 | 0<br>−190 | +21<br>+2 | +39<br>+20 | +51<br>+32 | +72<br>+53 | +106<br>+87 |
| 65 | 80 | −150<br>−340 | | | | | | | | | | | +78<br>+59 | +121<br>+102 |
| 80 | 100 | −170<br>−390 | −120<br>−207 | −36<br>−71 | −12<br>−34 | 0<br>−22 | 0<br>−35 | 0<br>−87 | 0<br>−220 | +25<br>+3 | +45<br>+23 | +59<br>+37 | +93<br>+71 | +146<br>+124 |
| 100 | 120 | −180<br>−400 | | | | | | | | | | | +101<br>+79 | +166<br>+144 |
| 120 | 140 | −200<br>−450 | −145<br>−245 | −43<br>−83 | −14<br>−39 | 0<br>−25 | 0<br>−40 | 0<br>−100 | 0<br>−250 | +28<br>+3 | +52<br>+27 | +68<br>+43 | +117<br>+92 | +195<br>+170 |
| 140 | 160 | −210<br>−460 | | | | | | | | | | | +125<br>+100 | +215<br>+190 |
| 160 | 180 | −230<br>−480 | | | | | | | | | | | +133<br>+108 | +235<br>+210 |
| 180 | 200 | −240<br>−530 | −170<br>−285 | −50<br>−96 | −15<br>−44 | 0<br>−29 | 0<br>−46 | 0<br>−115 | 0<br>−290 | +33<br>+4 | +60<br>+31 | +79<br>+50 | +151<br>+122 | +265<br>+236 |
| 200 | 225 | −260<br>−550 | | | | | | | | | | | +159<br>+130 | +287<br>+258 |
| 225 | 250 | −280<br>−570 | | | | | | | | | | | +169<br>+140 | +313<br>+284 |
| 250 | 280 | −300<br>−620 | −190<br>−320 | −56<br>−108 | −17<br>−49 | 0<br>−32 | 0<br>−52 | 0<br>−130 | 0<br>−320 | +36<br>+4 | +66<br>+34 | +88<br>+56 | +190<br>+158 | +347<br>+315 |
| 280 | 315 | −330<br>−650 | | | | | | | | | | | +202<br>+170 | +382<br>+350 |
| 315 | 355 | −360<br>−720 | −210<br>−350 | −62<br>−119 | −18<br>−54 | 0<br>−36 | 0<br>−57 | 0<br>−140 | 0<br>−360 | +40<br>+4 | +73<br>+37 | +98<br>+62 | +226<br>+190 | +426<br>+390 |
| 355 | 400 | −400<br>−760 | | | | | | | | | | | +244<br>+208 | +471<br>+435 |
| 400 | 450 | −440<br>−840 | −230<br>−385 | −68<br>−131 | −20<br>−60 | 0<br>−40 | 0<br>−63 | 0<br>−155 | 0<br>−400 | +45<br>+5 | +80<br>+40 | +108<br>+68 | +272<br>+232 | +530<br>+490 |
| 450 | 500 | −480<br>−880 | | | | | | | | | | | +292<br>+252 | +580<br>+540 |

附表 16 优先配合中孔的极限偏差(GB/T 1800.2) μm

| 公称尺寸/mm | | 公差带 | | | | | | | | | | | | |
|---|---|---|---|---|---|---|---|---|---|---|---|---|---|---|
| | | C | D | F | G | H | | | | K | N | P | S | U |
| 大于 | 至 | 11 | 9 | 8 | 7 | 7 | 8 | 9 | 11 | 7 | 7 | 7 | 7 | 7 |
| — | 3 | +120<br>+60 | +45<br>+20 | +20<br>+6 | +12<br>+2 | +10<br>0 | +14<br>0 | +25<br>0 | +60<br>0 | 0<br>−10 | −4<br>−14 | −6<br>−16 | −14<br>−24 | −18<br>−28 |
| 3 | 6 | +145<br>+70 | +60<br>+30 | +28<br>+10 | +16<br>+4 | +12<br>0 | +18<br>0 | +30<br>0 | +75<br>0 | +3<br>−9 | −4<br>−16 | −8<br>−20 | −15<br>−27 | −19<br>−31 |
| 6 | 10 | +170<br>+80 | +76<br>+40 | +35<br>+13 | +20<br>+5 | +15<br>0 | +22<br>0 | +36<br>0 | +90<br>0 | +5<br>−10 | −4<br>−19 | −9<br>−24 | −17<br>−32 | −22<br>−37 |
| 10 | 14 | +205<br>+95 | +93<br>+50 | +43<br>+16 | +24<br>+6 | +18<br>0 | +27<br>0 | +43<br>0 | +110<br>0 | +6<br>−12 | −5<br>−23 | −11<br>−29 | −21<br>−39 | −26<br>−44 |
| 14 | 18 | | | | | | | | | | | | | |
| 18 | 24 | +240<br>+110 | +117<br>+65 | +53<br>+20 | +28<br>+7 | +21<br>0 | +33<br>0 | +52<br>0 | +130<br>0 | +6<br>−15 | −7<br>−28 | −14<br>−35 | −27<br>−48 | −33<br>−54 |
| 24 | 30 | | | | | | | | | | | | | −40<br>−61 |
| 30 | 40 | +280<br>+120 | +142<br>+80 | +64<br>+25 | +34<br>+9 | +25<br>0 | +39<br>0 | +62<br>0 | +160<br>0 | +7<br>−18 | −8<br>−33 | −17<br>−42 | −34<br>−59 | −51<br>−76 |
| 40 | 50 | +290<br>+130 | | | | | | | | | | | | −61<br>−86 |
| 50 | 65 | +330<br>+140 | +174<br>+100 | +76<br>+30 | +40<br>+10 | +30<br>0 | +46<br>0 | +74<br>0 | +190<br>0 | +9<br>−21 | −9<br>−39 | −21<br>−51 | −42<br>−72 | −76<br>−106 |
| 65 | 80 | +340<br>+150 | | | | | | | | | | | −48<br>−78 | −91<br>−121 |
| 80 | 100 | +390<br>+170 | +207<br>+120 | +90<br>+36 | +47<br>+12 | +35<br>0 | +54<br>0 | +87<br>0 | +220<br>0 | +10<br>−25 | −10<br>−45 | −24<br>−59 | −58<br>−93 | −111<br>−146 |
| 100 | 120 | +400<br>+180 | | | | | | | | | | | −66<br>−101 | −131<br>−166 |
| 120 | 140 | +450<br>+200 | +245<br>+145 | +106<br>+43 | +54<br>+14 | +40<br>0 | +63<br>0 | +100<br>0 | +250<br>0 | +12<br>−28 | −12<br>−52 | −28<br>−68 | −77<br>−117 | −155<br>−195 |
| 140 | 160 | +460<br>+210 | | | | | | | | | | | −85<br>−125 | −175<br>−215 |
| 160 | 180 | +480<br>+230 | | | | | | | | | | | −93<br>−133 | −195<br>−235 |
| 180 | 200 | +530<br>+240 | +285<br>+170 | +122<br>+50 | +61<br>+15 | +46<br>0 | +72<br>0 | +115<br>0 | +290<br>0 | +13<br>−33 | −14<br>−60 | −33<br>−79 | −105<br>−151 | −219<br>−265 |
| 200 | 225 | +550<br>+260 | | | | | | | | | | | −113<br>−159 | −241<br>−287 |
| 225 | 250 | +570<br>+280 | | | | | | | | | | | −123<br>−169 | −267<br>−313 |
| 250 | 280 | +620<br>+300 | +320<br>+190 | +137<br>+56 | +69<br>+17 | +52<br>0 | +81<br>0 | +130<br>0 | +320<br>0 | +16<br>−36 | −14<br>−66 | −36<br>−88 | −138<br>−190 | −295<br>−347 |
| 280 | 315 | +650<br>+330 | | | | | | | | | | | −150<br>−202 | −330<br>−382 |

续 表

| 公称尺寸/mm | | 公差带 | | | | | | | | | | | | |
|---|---|---|---|---|---|---|---|---|---|---|---|---|---|---|
| | | C | D | F | G | H | | | | K | N | P | S | U |
| 大于 | 至 | 11 | 9 | 8 | 7 | 7 | 8 | 9 | 11 | 7 | 7 | 7 | 7 | 7 |
| 315 | 355 | +720<br>+360 | +350<br>+210 | +151<br>+62 | +75<br>+18 | +57<br>0 | +89<br>0 | +140<br>0 | +360<br>0 | +17<br>−40 | −16<br>−73 | −41<br>−98 | −169<br>−226 | −369<br>−426 |
| 355 | 400 | +760<br>+400 | | | | | | | | | | | −187<br>−244 | −414<br>−471 |
| 400 | 450 | +840<br>+440 | +385<br>+230 | +165<br>+68 | +83<br>+20 | +63<br>0 | +97<br>0 | +155<br>0 | +400<br>0 | +18<br>−45 | −17<br>−80 | −45<br>−108 | −209<br>−272 | −467<br>−530 |
| 450 | 500 | +880<br>+480 | | | | | | | | | | | −229<br>−292 | −517<br>−580 |

**附表 17　常用热处理和表面处理(GB/T 7232 和 JB/T 8555)**

| 名称 | 有效硬化层深度和硬度标注举例 | 说　明 | 目　的 |
|---|---|---|---|
| 退火 | 退火(163～197)HBW 或退火 | 加热→保温→缓慢冷却 | 用来消除铸、锻、焊零件的内应力，降低硬度，以利切削加工，细化晶粒，改善组织，增加韧性 |
| 正火 | 正火(170～217)HBW 或正火 | 加热→保温→空气冷却 | 用于处理低碳钢、中碳结构钢及渗碳零件，细化晶粒，增加强度与韧性，减少内应力，改善切削性能 |
| 淬火 | 淬火(42～47)HRC | 加热→保温→急冷<br>工件加热奥氏体化后以适当方式冷却获得马氏体或(和)贝氏体的热处理工艺 | 提高机件强度及耐磨性。但淬火后引起内应力，使钢变脆，所以淬火后必须回火 |
| 回火 | 回火 | 回火是将淬硬的钢件加热到临界点($Ac_1$)以下的某一温度，保温一段时间，然后冷却到室温 | 用来消除淬火后的脆性和内应力，提高钢的塑性和冲击韧性 |
| 调质 | 调质(200～230)HBW | 淬火→高温回火 | 提高韧性及强度，重要的齿轮、轴及丝杠等零件需调质 |
| 感应淬火 | 感应淬火 DS＝0.8～1.6，(48～52)HRC | 用感应电流将零件表面加热→急速冷却 | 提高机件表面的硬度及耐磨性，而心部保持一定的韧性，使零件既耐磨又能承受冲击，常用来处理齿轮 |
| 渗碳淬火 | 渗碳淬火 DC＝0.8～1.2，(58～63)HRC | 将零件在渗碳介质中加热、保温，使碳原子渗入钢的表面后，再淬火回火渗碳深度(0.8～1.2)mm | 提高机件表面的硬度、耐磨性、抗拉强度等，适用于低碳、中碳($w_C$＜0.40%)结构钢的中小型零件 |
| 渗氮 | 渗氮 DN＝0.25～0.4，≥850 HRC | 将零件放入氨气内加热，使氮原子渗入钢表面。氮化层(0.25～0.4)mm，氮化时间(40～50)h | 提高机件的表面硬度、耐磨性、疲劳强度和抗蚀能力。适用于合金钢、碳钢、铸铁件，如机床主轴、丝杠、重要液压元件中的零件 |

续 表

| 名　称 | 有效硬化层深度和硬度标注举例 | 说　　明 | 目　　的 |
| --- | --- | --- | --- |
| 碳氮共渗淬火 | 碳氮共渗淬火<br>DC = 0.5 ~ 0.8,<br>(58 ~ 63)HRC | 钢件在含碳氮的介质中加热，使碳、氮原子同时渗入钢表面。可得到(0.5~0.8)mm 硬化层 | 提高表面硬度、耐磨性、疲劳强度和耐蚀性，用于要求硬度高、耐磨的中小型、薄片零件及刀具等 |
| 时效 | 自然时效<br>人工时效 | 机件精加工前，加热到(100~150)℃后，保温(5~20)h，空气冷却，铸件也可自然时效(露天放一年以上) | 消除内应力，稳定机件形状和尺寸，常用于处理精密机件，如精密轴承、精密丝杠等 |
| 发蓝、发黑 | 发蓝或发黑 | 将零件置于氧化剂内加热氧化、使表面形成一层氧化铁保护膜 | 防腐蚀、美化，如用于螺纹紧固件 |
| 镀镍 | 镀镍 | 用电解方法，在钢件表面镀一层镍 | 防腐蚀、美化 |
| 镀铬 | 镀铬 | 用电解方法，在钢件表面镀一层铬 | 提高表面硬度、耐磨性和耐蚀能力，也用于修复零件上磨损了的表面 |
| 硬度 | HBW(布氏硬度见 GB/T 231.1)<br>HRC(洛氏硬度见 GB/T 230)<br>HV(维氏硬度见 GB/T 4340.1) | 材料抵抗硬物压入其表面的能力<br>依测定方法不同而有布氏、洛氏、维氏等几种 | 检验材料经热处理后的力学性能<br>——硬度 HBS 用于退火、正火、调制的零件及铸件<br>——HRC 用于经淬火、回火及表面渗碳、渗氮等处理的零件<br>——HV 用于薄层硬化零件 |

注：“JB/T”为机械工业行业标准的代号。

**附表 18　铁和钢**

1. 灰铸铁(摘自 GB/T 9439)、一般工程用铸造碳钢件(摘自 GB/T 11352)

| 牌　号 | 统一数字代号 | 使　用　举　例 | 说　　明 |
| --- | --- | --- | --- |
| HT150<br>HT200<br>HT350 |  | 中强度铸铁：底座、刀架、轴承座、端盖<br>高强度铸铁：床身、机座、齿轮、凸轮、联轴器、机座、箱体、支架 | “HT”表示灰铸铁，后面的数字表示最小抗拉强度(MPa) |
| ZG230—450<br>ZG310—570 |  | 各种形状的机件、齿轮、飞轮、重负荷机架 | “ZG”表示铸钢，第一组数字表示屈服强度(MPa)最低值，第二组数字表示抗拉强度(MPa)最低值 |

续 表

| 2. 碳素结构钢(摘自GB/T 700)、优质碳素结构钢(摘自GB/T 699) | | | |
|---|---|---|---|
| 牌 号 | 统一数字代号 | 使 用 举 例 | 说 明 |
| Q195<br>Q215<br>Q235<br>Q275 | | 受力不大的螺钉、轴、凸轮、焊件等<br>螺栓、螺母、拉杆、钩、连杆、轴、焊件<br>金属构造物中的一般机件、拉杆、轴、焊件<br>重要的螺钉、拉杆、钩、连杆、轴、销、齿轮 | "Q"表示钢的屈服点,数字为屈服点数值(MPa),同一钢号下分质量等级,用A,B,C,D表示质量依次下降,例如Q235A |
| 30<br>35<br>40<br>45<br>65Mn | U20302<br>U20352<br>U20402<br>U20452<br>U21652 | 曲轴、轴销、连杆、横梁<br>曲轴、摇杆、拉杆、键、销、螺栓<br>齿轮、齿条、凸轮、曲柄轴、链轮<br>齿轮轴、联轴器、衬套、活塞销、链轮<br>大尺寸的各种扁、圆弹簧,如座板簧/弹簧发条 | 牌号数字表示钢中平均含碳量的万分数,例如:"45"表示平均含碳量为0.45%,数字依次增大,表示抗拉强度、硬度依次增加,延伸率依次降低。当含锰量在0.7%~1.2%时需注出"Mn" |
| 3. 合金结构钢(摘自GB/T 3077) | | | |
| 牌 号 | 统一数字代号 | 使 用 举 例 | 说 明 |
| 15Cr<br>40Cr<br>20CrMnTi | A20152<br>A20402<br>A26202 | 用于渗透零件、齿轮、小轴、离合器、活塞销<br>用于心部韧性较高的渗碳零件,如活塞销、凸轮<br>工艺性好,汽车拖拉机的重要齿轮,供渗碳处理 | 符号前数字表示含碳量的万分数,符号后数字表示元素含量的百分数,当含量小于1.5%时,不注数字 |

**附表19 有色金属及其合金**

| 1. 加工黄铜(摘自GB/T 5231)、铸造铜合金(摘自GB/T 1176) | | |
|---|---|---|
| 牌号或代号 | 使 用 举 例 | 说 明 |
| H62(代号) | 散热器、垫圈、弹簧、螺钉等 | "H"表示普通黄铜,数字表示铜含量的平均百分数 |
| ZCuZn38Mn2Pb2<br>ZCuSn5Pb5Zn5<br>ZCuAl10Fe3 | 铸造锰黄铜:用于轴瓦、轴套及其他耐磨零件<br>铸造锡青铜:用于承受摩擦的零件,如轴承<br>铸造铝青铜:用于制造蜗轮、衬套和耐蚀性零件 | "ZCu"表示铸造铜合金,合金中其他主要元素用化学符号表示,符号后数字表示该元素含量的平均百分数 |
| 2. 铝及铝合金(摘自GB/T 3190)、铸造铝合金(摘自GB/T 1173) | | |
| 牌 号 | 使 用 举 例 | 说 明 |
| 1060<br>1050A<br>2A12<br>2A13 | 适于制作储槽、塔、热交换器、防止污染及深冷设备<br>适用于中等强度的零件,焊接性能好 | 铝及铝合金牌号用4位数字或字符表示,部分新旧牌号对照如下:<br>新 旧 新 旧<br>1060 L2 2A12 LY12<br>1050A L3 2A13 LY13 |
| ZAlCu5Mn<br>(代号ZL201)<br>ZAlMg10<br>(代号ZL301) | 砂型铸造,工作温度在175 ℃~300 ℃的零件,如内燃机缸头、活塞<br>在大气或海水中工作,承受冲击载荷,外形不太复杂的零件,如舰船配件、氨用泵体等 | "ZAl"表示铸造铝合金,合金中的其他元素用化学符号表示,符号后数字表示该元素含量的平均百分数。代号中的数字表示合金系列代号和顺序号 |

# 参考文献

[1] 大连理工大学工程图学教研室. 机械制图[M]. 7 版. 北京:高等教育出版社,2013.
[2] 刘朝儒,等. 机械制图[M]. 5 版. 北京:高等教育出版社,2006.
[3] 谭建荣,张树有. 图学基础教程[M]. 3 版. 北京:高等教育出版社,2019.
[4] 丁一,王健. 工程图学基础[M]. 3 版. 北京:高等教育出版社,2018.
[5] 王槐德. 机械制图新旧标准代换教程[M]. 3 版. 北京:中国标准出版社,2017.
[6] 何铭新,钱可强,徐祖茂. 机械制图[M]. 7 版. 北京:高等教育出版社,2016.
[7] 钱可强. 零部件测绘实训指导[M]. 3 版. 北京:高等教育出版社,2017.
[8] 西北工业大学机械原理与机械零件教研室. 机械原理[M]. 9 版. 北京:高等教育出版社,2021.